Eisenbahn-Fahrzeug-Archiv
Band A.2

Richard Rotter/Helmut Petrovitsch
Triebfahrzeuge österreichischer Eisenbahnen
Elektrische Lokomotiven und Triebwagen

Eisenbahn-Fahrzeug-Archiv

Rotter/Petrovitsch

Triebfahrzeuge österreichischer Eisenbahnen

Elektrische Lokomotiven und Triebwagen

alba

Die Verfasser möchten jenen Stellen danken, die durch ihre Unterstützung zum Gelingen dieses Werkes beigetragen haben. Im besonderen der Maschinendirektion der ÖBB, der Bibliothek der Generaldirektion der ÖBB, den ÖBB-Hauptwerkstätten Floridsdorf, Linz und St. Pölten sowie den Zugförderungsleitungen Attnang-Puchheim und Innsbruck. Von Firmenseite den Firmen ELIN und Siemens in Wien, JW in Jenbach in Tirol und AEG in Berlin. Von Privatbahnseite der Montafonerbahn in Schruns, Stern & Hafferl in Gmunden und der GySEV-Direktion in Budapest.

CIP-Kurztitelaufnahme der Deutschen Bibliothek

Triebfahrzeuge österreichischer Eisenbahnen : Elektrische Lokomotiven und Triebwagen /
Richard Rotter/Helmut Petrovitsch. –
Düsseldorf : Alba, 1990
(Eisenbahn-Fahrzeug-Archiv ; A.2)
ISBN 3-87094-132-4
NE: GT

Erschienen: November 1990
Layout: Susanne Kreitzberg, Solingen
Zeichnungen: Helmut Petrovitsch, Innsbruck
Herstellung: Boss-Druck und Verlag, Kleve
ISBN: 3-87094-132-4

Vorwort

Nachdem in der Buchreihe *Eisenbahn-Fahrzeug-Archiv* 1989 ein Werk über die Dampflokomotiven in Österreich erschienen ist, war es nur eine Frage der Zeit, ein gleichartiges Buch über die elektrischen Triebfahrzeuge vorzulegen.

In dem nun vorliegenden Band werden die Lokomotiven und Triebwagen behandelt, wobei neben dem geschichtlichen und entwicklungstechnischen Aspekt auch die Fahrzeugtechnik nicht zu kurz kommen sollte. Ist doch gerade auf dem elektrischen Triebfahrzeugsektor seit den sechziger Jahren eine gewaltige Umwälzung in der Technik der Antriebssysteme zu verzeichnen, so daß es gerechtfertigt erscheint, dem Leser darüber eingehender zu berichten.

Damit ist eine abweichende Darstellungsweise gegenüber Dampflokomotiven, deren Technik immer grundsätzlich gleich geblieben ist, notwendig. Aber auch die Gliederung des Werkes nach Verwendungszweck von Lokomotiven, wie für Schnellzüge, Güterzüge und andere erscheint wenig sinnvoll, da seit der 2. Hälfte der zwanziger Jahre Lokomotiven für universelle Verwendung gebaut werden. Als zweckmäßig erwies es sich, die Fahrzeuge in numerischer Folge darzustellen. Der Betrachtungszeitraum beginnt mit der Inbetriebnahme der Reihe 1099 im Jahre 1911. Veränderungen im damals noch sehr bescheidenen Elektrotriebfahrzeugpark durch das Ende des 1. Weltkrieges wie bei den Dampflokomotiven gab es nicht, so daß hier eine zeitliche Zäsur nicht gegeben ist.

Dargestellt werden alle seit damals gebauten Wechselstrom-Vollbahntriebfahrzeuge, die auf österreichischen Bahnen in den Grenzen von 1918 eingesetzt waren bzw. sind. Gleichstromlokomotiven sind nur für Lokalbahnen und Bahnen mit straßenbahnähnlichen Betriebsverhältnissen gebaut worden, sie sind hier ausgenommen.

Signifikante Entwicklungen, welche internationalen Niederschlag gefunden haben, werden dabei erwähnt. Der aufmerksame Leser mag vielleicht überrascht sein, welche Pioniertaten zu verzeichnen sind und welche Risiken auch eingegangen wurden. Daß damit auch Schwierigkeiten verbunden waren, wird nicht verschwiegen. Besonders herauszustreichen ist die erstmalige Anwendung vierachsiger Drehgestellokomotiven mit voll abgefederten Motoren, also jener Bautyp, der heute auf der ganzen Welt fast ausschließlich hergestellt wird. Auch in der Thyristortechnik lieferte Österreich wertvolle Erkenntnisse, hier fährt noch immer die spezifisch leistungsstärkste Lokomotive dieser Bauart auf der ganzen Welt. In der modernsten Technik mit Antrieb durch Drehstrommotoren zeichnet sich eine hoffnungsvolle Entwicklungsvariante ab.

Es war den Verfassern ein besonderes Anliegen, die Technik der elektrischen Wechselstrom-Vollbahn-Triebfahrzeuge in einem eigenen Unterabschnitt näher darzustellen. Damit werden so manche allgemeinen Angaben, vor allem die, die sich auf die Fahrzeugleistung beziehen, verständlicher und ermöglichen auch dem technisch nicht vorgebildeten Leser eine ausreichende Beurteilungs- und Vergleichsbasis. Einige technische Begriffe werden dabei erläutert, so daß manche nebulose Vorstellungen klargestellt werden können.

Es werden zwei Bauartenverzeichnisse angeführt: Eines in numerischer Reihenfolge mit Bestandsliste und vornehmlich für den historisch interessierten Leser, ein zweites in chronologischer Folge. Verfolgt man die Einzelbeschreibungen in dieser Reihenfolge, ist die Entwicklung in ihren Details erkennbar. Länderbahnen, wie

Werkstätte Innsbruck, ca. im Jahre 1928
Foto: Sammlung Petrovitsch

in Deutschland, hat es in Österreich in diesem Sinne nicht gegeben, so daß auch im vorliegenden Werk die Gliederung von den *Elektrischen Lokomotiven deutscher Eisenbahnen* abweicht.

Auf eine ausführliche Darstellung der elektrischen Lokomotive in ihrer Entwicklungsgeschichte wurde verzichtet, sie beschränkt sich nur auf Österreich. Der interessierte Leser müßte dies aus dem vorangeführten Werk entnehmen.

In den Einzelbeschreibungen wird in allen Fällen Wert darauf gelegt, auch die Voraussetzungen für die Entwicklung des jeweiligen Fahrzeuges anzuführen. Damit verbundene wesentliche Konstruktionsdetails werden ausführlicher beschrieben (Antriebe, Steuerungen u. a.). Über Betriebsbewährung, Einsatz und Bestand wird im einzelnen berichtet. In den *Konstruktiven Merkmalen* wird dann schließlich das Fahrzeug detailliert dargestellt.

Das vorliegende Buch stellt ein Werk dar, in dem erstmals ein Gesamtüberblick über die elektrischen Lokomotiven und Triebwagen für den elektrischen Vollbahnbetrieb in Österreich gegeben wird. Es wird neben dem für Eisenbahnliteratur interessierten Leser aber auch ein fachlich befaßter Leserkreis angesprochen, der sich aus Anwender- und Herstellerkreisen zusammensetzt und dem damit ein brauchbares Nachschlage- und Informationswerk vorgelegt wird. Möge das Buch eine gute und verbreitete Aufnahme finden.

Inhalt

Einführung

AEG – Erstversuch mit industriefrequentem Einphasenwechselstrom 2,5 kV/42,5 Hz anno 1904: Meterspurige Stubaitalbahn Innsbruck–Fulpmes (Bild: Tw 4 beim Sonnenburgerhof im Jahr 1905) *Werkfoto: AEG Berlin*

Allgemeines zur elektrischen Traktion

In diesem Buch erfolgt eine Darstellung der elektrischen Vollbahnbetriebfahrzeuge in Österreich. Unter Vollbahnen versteht man Bahnen, die voll dem Verkehrsumfang von Personen und Gütern über lange Strecken gerecht werden. Darüber hinaus kennen wir Straßenbahnen, Stadt-, Überland-, Industrie- und Bergbahnen.

Die österreichischen Vollbahnen werden fast ausschließlich vom Staat betrieben (Österreichische Bundesbahnen, ÖBB), daneben gibt es einige Privatbahnen. Etwa 90 % des gesamten Verkehrsaufkommens werden elektrisch gefördert, was die Bedeutung dieser Traktionsart unterstreicht.

Vorerprobung der Mittenwaldbahnlok 1060.001 auf der KPEV-Strecke Dessau–Bitterfeld im Jahr 1911 (mit Scherenstromabnehmer) *Werkfoto: AEG Berlin*

„Talschnellzuglok“ 1570 im Bergdienst auf der 31‰ steilen Arlberg-Westrampe: Reisezug auf dem Radonatobelviadukt ca. 1932. Die schmaleren Tunnelstromabnehmer waren zu diesem Zeitpunkt schon entbehrlich geworden *Foto: Sammlung Petrovitsch*

Dazu rückblickend einige Erläuterungen. Seit dem Ende der Dampftraktion ist neben der elektrischen die Dieseltraktion die zweite zeitgemäße Art. Zunächst schien ein ausgewogenes Nebeneinander beider Traktionsarten zu bestehen, wobei dem Dieselbetrieb mehr Zubringer-, Nebenstrecken- und vor allem Verschubeinsatz vorbehalten waren. Eine bestimmte Belastungsdichte für Flach- und Hügellandstrekken war das Kriterium für die Elektrifizierungswürdigkeit, bei Gebirgsstrekken stand dies seit jeher außer Frage. Der Ölschock 1974 bewirkte ein Emporschnellen des Dieselkraftstoffpreises um rund 50 %. Damit war die wirtschaftliche Komponente neu zu betrachten. Was spricht darüber hinaus noch für den elektrischen Eisenbahnbetrieb? In Ländern ohne nennenswerte eigene Ölförderung eine mögliche Krisenunabhängigkeit. Drittens treten heute die Umweltschutzfaktoren immer mehr in den Vordergrund, die eindeutig für die saubere elektrische Energie sprechen. Viertens hat sich ein Nahverkehrsschnellbahnwesen in Ballungsräumen als zwingende Alternative zum Individualverkehr entwickelt, das nur elektrisch, im Hinblick auf die rasche Zugfolge und die hierfür erforderlichen fahrdynamischen Voraussetzungen, abgewickelt werden kann. Seit den sechziger Jahren wird konkret die Hochgeschwindigkeitstechnologie entwickelt, die heute bereits Plangeschwindigkeiten bis 300 km/h aufweist, was als fünftes Argument für den elektrischen Betrieb spricht. Damit ist heute die elektrische Traktion allgemein als die zukunftsträchtigste zu erkennen.

In Österreich wird man der Entfernungen wegen bzw. Topographie kaum 300 km/h fahren. Abgesehen davon wäre eine neue Streckentrassierung nötig. Aber eine Obergrenze von 200 km/h läßt sich heute für bestimmte Streckenabschnitte durchaus realistisch beurteilen.

Die Entwicklung in Österreich

Ein kurzgehaltener Abriß über die Entwicklung der elektrischen Traktion in Österreich soll bereits einige Aussagen zum Verständnis des Gesamtwerkes liefern. 1879 wird als Geburtsjahr der elektrischen Lokomotive bezeichnet, wo die berühmte 3-PS-Siemenslokomotive auf der Berliner Gewerbeausstellung auf ihrem 300-m-Rundkurs kurvte. Bereits 1880 war ebenfalls anläßlich einer Gewerbeausstellung in Wien eine Ausstellungsbahn zu sehen, deren Lokomotive, im Gegensatz zu ihrer Berliner Schwester, auch die Fahrtrichtung ändern konnte. Die Energiezuführung erfolgte mit 150 V Gleichstrom von der Schiene her. 1883 verkehrte anläßlich der großen elektrotechnischen Ausstellung in Wien eine 1,7 km lange Bahn, bei der im Triebfahrzeug selbst Personen mitbefördert wurden, es sich also um einen echten Triebwagen handelt. Und diesem Typ von elektrischen Schienenfahrzeugen gehörten die Jahre bis zur Jahrhundertwende. Elektrische Triebwagen blieben vornehmlich auf den Stadtverkehr in Form von Straßenbahnen, zum Teil auch auf Überlandstrecken kurzer Entfernung, begrenzt. Die Energieversorgung erfolgte mit Gleichstrom.

Wie verlief nun der weitere Fortschritt in Österreich, sehen wir von den Ausstellungsbahnen ab. Ebenfalls 1883 eröffnete die Südbahngesellschaft

Sonderzug zur Arbeiter-Olympiade 1932 mit Umformerlok 1082 und Schiebelok 1180 in St. Anton am Arlberg
Werkfoto: WSSW

Probefahrt der 1170.204 (spätere 1245.04) auf der Brennerstrecke bei St. Jodok im Jahr 1934
Werkfoto: WSSW

die von Siemens und Halske ausgerüstete 4,4 km lange Lokalbahn von Mödling nach Hinterbrühl. 1894 folgte die Inbetriebnahme der Gmundner Straßenbahn, 1895 der Straßenbahn in Baden mit Überlandstrecke nach Bad Vöslau. Weitere Straßenbahnlinien wurden in einer größeren Anzahl von Städten der damaligen österreichisch-ungarischen Monarchie eröffnet, 1896 die erste Untergrundbahn des Kontinents in Budapest. 1897 verkehrte die erste Elektrische Straßenbahn in Wien, Linz und Graz folgten. Auch die Eröffnung der 30 km langen Überlandbahn von Wien nach Baden fällt in diese Zeit.

Die weiteren Betrachtungen sollen nun dem Vollbahnbetrieb vorbehalten bleiben und sich mehr den Lokomotiven zuwenden. Vollbahntriebwagen treten erst in den zwanziger Jahren in Erscheinung.

Man erkannte bald, daß sich der Elektrobetrieb auch für den Vollbahnbetrieb mit Lokomotiven hervorragend eignen müßte, besonders dort, wo die Zugkräfte sehr hoch sein mußten und die Rauchplage lästig fiel. Dies trifft für Gebirgs- und tunnelreiche Strecken zu. Desweiteren war man von der Notwendigkeit überzeugt, hochgespannten Wechselstrom für Traktionszwecke einzuführen. Dieser konnte durch seine Eigenschaft, auf beliebige Spannungen transformiert zu werden, günstigere Einspeisemöglichkeiten für die Fahrleitung schaffen. Weiterhin ist eine bessere Reguliermöglichkeit für die Motordrehzahl gegeben. Bei Gleichstrom können Dauerfahrstufen nur durch unterschiedliche Motorgruppierung (Serie-parallel) und wenige Shuntstufen erreicht werden. Das Hochfahren erfolgt über Widerstände, die einen erheblichen Energieverlust bedeuten. Bei Wechselstrom kann durch Spannungsstufen, die aus dem Lokomotivtransformator herausgeführt werden, eine wesentlich größere Anzahl verlustfreier Dauerfahrstufen erreicht werden – dies vorwegnehmend für die Entwicklung der Vollbahnlokomotive in Österreich.

1890 erhielt die Londoner U-Bahn die ersten Elektrolokomotiven, 1895 Baltimore (USA) Vollbahnlokomotiven für eine Tunnelstrecke, beide noch für Gleichstrombetrieb. Der Wechselstrom, den wir als Einphasenwechselstrom präzisieren, kam auf dem Umweg über den Drehstrom in die Eisenbahnzugförderung. 1899 wurde in der Schweiz die Emmental-Burgdorf-Thunbahn mit diesem System eingerichtet. Ein Versuchsbetrieb bei Berlin führte 1903 zu Schnellfahrversuchen, bei welchen erstmals eine Geschwindigkeit von mehr als 200 km/h, für damals ein unfaßbarer Wert, auf der Schiene erreicht worden war. Wegen seiner Kompliziertheit mit einer dreiphasigen Anspeisung konnte das System nur in beschränktem Umfang Fuß fassen (Norditalien).

1903 begannen die ersten Versuche mit einphasigem Wechselstrom. Wie schon erwähnt, kann die Fahrleitung mit einer hohen Übertragungsspannung arbeiten. Das bedeutet neben dem einpoligen Fahrdraht mit relativ geringem Querschnitt große Einspeiseabstände (Unterwerke), somit eine wirtschaftliche Streckenausrüstung. Problematisch wird das Verhalten des Fahrmotors, denkt man dabei an die Frequenz des öffentlichen Versorgungsnetzes von 50 Hz. Bei dieser Frequenz wechselt der Strom fünfzigmal in der Sekunde seinen positiven und negativen Maximalwert. Dies bringt aber unzulässig hohe Induktionsspannungen, so daß starke Funkenbildungen am Kollektor des Motors auftreten. Neben einem hohen Kohlebürsten- und Kupferverschleiß ist eine permanente Gefahr von Überschlägen, somit von großer Störanfälligkeit vorhanden. Deshalb unternahm man Versuche mit niederfrequentem Wechselstrom, die sehr erfolgreich verliefen. Man wählte hierfür 15 Hz. Dieser Wert wurde bald auf 16⅔ Hz (= ein Drittel von 50 Hz) angehoben. Als Fahrleitungsspannung wurden 15 000 V festgelegt.

Als erste Strecke mit diesem System wurde 1905 auf dem kurzen Abschnitt von Seebach nach Wettingen in der Schweiz der Betrieb aufgenommen. Die beiden eingesetzten Lokomotiven können als Urahnen für die vielen Systemnachfolgerinnen bezeichnet werden. Ein Jahr vorher wurde die Lokalbahn von Murnau nach Oberammergau auch mit niederfrequentem Strom, aber bloß 5000 V Fahrleitungsspannung eröffnet. 1909 wurde auf dem internationalen Eisenbahnkongreß in Bern von den Ländern Deutschland, Schweiz, Schweden, Norwegen und Österreich das 15 000-V-16⅔-Hz-System für die Elektrifizierung ihrer Bahnlinien beschlossen.

Wie war nun der Verlauf der weiteren Entwicklung in Österreich? 1902 wurde eine normalspurige Werkseisenbahn in der k.u.k. Munitionsfabrik Wöllersdorf mit Drehstrom von 3000 V ausgerüstet. Die hierfür gebaute 50 PS starke Lokomotive von der Firma Ganz & Co. in Budapest kann dabei als Vorläufertyp für die norditalienischen Drehstromlokomotiven angesehen werden. Eine weitere Bahn muß, da ihr eine besonders entscheidende Bedeutung für die Systemwahl zukommt, herausgestrichen werden, sie war übrigens die erste Wechselstrombahn in Europa. Die 1904 eröffnete rund 18 km lange meterspurige Stubaitalbahn von Innsbruck nach Fulpmes. Zwei Wiener Ingenieure, Winter und Eichberg, versuchten einen Wechselstrombahnmotor für die Netzfrequenz von 50 Hz zu bauen. Trotz der bescheidenen Leistung von 40 PS, wobei zunächst die Frequenz nur 42 Hz betrug, konnte kein befriedigendes

Erste Nachkriegs-Neukonstruktion: Reihe 1041 Erstlieferjahr 1952, im mechanischen Teil nach Schweizer Vorbildern ausgeführt
Werkfoto: WSSW

Elektrisch bis Wien seit Ende 1952: Neugelieferte 1010.02 im Jahr 1955 vor dem Orient-Expreß in Wien-Westbahnhof
Werkfoto: WSSW

Ergebnis erreicht werden, so daß die Überlegungen für eine niedrigere Frequenz dadurch maßgeblich bestätigt wurden. Bei Großversuchen Jahrzehnte später wurden ähnliche Motoren erprobt, was aber zum gleichen Ergebnis führte. Erst die Gleichrichtertechnik, im besonderen auf Halbleiterbasis, schafften den Durchbruch für die 50-Hz-Technik nach 1950.

Beim Übergang in Österreich zum niederfrequenten Traktionssystem treffen wir bereits auf Fahrzeuge, die in den Einzelbeschreibungen ausführlich behandelt werden. Da aber in diesen Einzelbeschreibungen auch die Voraussetzungen für die Entstehung des jeweiligen Fahrzeugtyps berücksichtigt sind, können die folgenden Ausführungen sehr knapp gehalten werden.

Der Beginn erfolgte auf einer fast 100 km langen Schmalspurbahn mit ausgesprochenem Gebirgscharakter, mit dem die erste Elektrifizierungsetappe vor dem Ersten Weltkrieg eingeleitet wurde. Es ist dies die 1907 eröffnete Mariazellerbahn von St. Pölten nach Mariazell und einem kurzen Stück weiter bis Gußwerk. Mariazell war das Nationalheiligtum der k.u.k. Monarchie. Die Dampflokomotiven waren schon im ersten Betriebsjahr nicht in der Lage, den Wallfahrtsverkehr zu bewältigen. Dies führte zum Entschluß, auf dieser Strecke den elektrischen Betrieb einzuführen. Bereits 1911 konnte dieser aufgenommen werden mit dem zunächst noch abweichenden System von 6500 V und 25 Hz. Die Lokomotiven arbeiteten schon in jener Schaltung, die durch viele Jahrzehnte für Wechselstromtriebfahrzeuge beibehalten wurde. Es folgten noch zwei Normalspurstrecken mit dem international vereinbarten System. 1912 wurde die Mittenwald- oder Karwendelbahn von Innsbruck über Garmisch-Partenkirchen nach Reutte fertiggestellt, 1914 eine neue Bahnverbindung von Wien nach Preßburg (Preßburgerbahn).

Die nächste Etappe umfaßt den Zeitraum von 1919 bis 1940, in welchem die Elektrifizierung der gebirgigen westlichen Bundesländer abgeschlossen werden konnte. Nach dem Zweiten Weltkrieg setzte die dritte Etappe ein und umfaßt die östlichen Bundesländer mit dem Ballungsraum Wien. Sie ist bis auf einige Reststrecken praktisch abgeschlossen.

Die Lokomotiven der ersten Etappe besitzen in Anlehnung an die Dampflokomotiven ausschließlich Stangenantrieb. Auch wurde streng nach Einsatzzwecken wie bei Dampflokomotiven unterschieden. So umfaßte das erste Lokbauprogramm eine „Gebirgsschnellzuglocomotive", eine für leichte Schnell- und Personenzüge und eine langsamlaufende Güterzuglokomotive. Am Beginn der zweiten Etappe stehen ebenfalls noch Stangenlokomotiven,

Mit den Gepäcktriebwagen 4061 hätte ein Leichtschnellzugnetz aufgezogen werden sollen, defacto wanderten die Maschinen in den Personenzugdienst ab. Eine der wenigen Ausnahmen bildete die Bespannung des TEE-Flügelzuges Rosenheim–Zell a. See zum „Blauen Enzian" (Wörgl, September 1971)
Foto: Petrovitsch

aber schon mit kleineren, raschlaufenden Motoren und Zwischengetriebe (Vorgelege). Nach 1925 beginnt der Übergang zum Einzelachsantrieb, bei welchem jede Triebachse von einem eigenen Motor (oder auch Doppelmotor) angetrieben wird. Fahrzeuge großer Leistung mußten noch, um den zulässigen Achsdruck nicht zu überschreiten, Laufachsen erhalten. Rund 500 kW Motorleistung konnten damals gewichtsmäßig beherrscht werden, wo das gesamte Fahrzeuggewicht der Reibung zwischen Rad und Schiene nutzbar wurde.

Nach 1945 tritt charakteristisch die laufachslose Hochleistungslokomotive in den Vordergrund, deren Leistung von rund 750 kW in mehreren Jahren auf 1000 kW je Motor gesteigert werden konnte. Weitere Kennzeichen sind die Einführung waggonbaulicher Konstruktionsgrundsätze für den Fahrzeugteil und Hochspannungssteuerung. Elektronische Bauelemente, vor allem in der Leistungselektronik ermöglichten den Übergang auf den Gleichstrombahnmotor. (Die richtige Bezeichnung müßte eigentlich Misch- oder Wellenstrommotor lauten, da der gleichgerichtete Motorstrom einen bestimmten Welligkeitsgrad aufweist.) Die Thyristorlokomotiven der siebziger Jahre geben bereits eine Motorleistung von 1350 kW ab. Bei der neuesten Entwicklung treffen wir wieder auf Drehstrommotoren, die stufenlos über statische Umrichtereinheiten angespeist werden. Die jüngsten ÖBB-Lokomotiven sind bereits mit diesem Antriebssystem versehen, was auch in zukünftigen Bautypen zur Anwendung gelangen wird. Damit sind wir wieder bei der Zukunft angelangt und können die Kurzdarstellung der geschichtlichen Entwicklung der elektrischen Triebfahrzeuge in Österreich abschließen.

1958 präsentierte sich die 760-mm-spurige Mariazellerbahn (6,5 kV/25 Hz) noch im weitgehend unveränderten ursprünglichen Erscheinungsbild
Foto: K. Pfeiffer

Grundsätzliches über den Aufbau von Elektrotriebfahrzeugen

Dieses Kapitel kann vom fachkundigen Leser überschlagen werden, mag aber für weniger mit der Eisenbahnfahrzeugtechnik vertraute wesentlich zum Verständnis der Einzelbeschreibungen beitragen. Zunächst ein bißchen Theorie, und zwar sollen die vier zugförderungstechnischen Einflußgrößen

Zugkraft, Reibung, Geschwindigkeit und Leistung

erläutert werden.

Die vom Triebfahrzeug aufzubringende Zugkraft soll es ermöglichen, eine Zuglast entgegen den auftretenden Widerständen zu bewegen. Sie wird in Kilonewton (kN) angegeben. Auf der Schiene können in der Ebene mit 0,3 bis 0,4 kN rund 10 t bewegt werden (bei Straßenfahrzeugen kann nur etwa mit 1/10 der Last gerechnet werden). Für einen 1000 t schweren Zug sind somit von der Lokomotive 35 kN i.M. Zugkraft aufzubringen. Mit zunehmender Geschwindigkeit nimmt dieser Wert nach einer quadratischen Funktion zu. In Steigungsabschnitten müssen je 1 ‰, was einer Steigung von 1 m auf 1000 m Streckenlänge entspricht, 0,01 kN Zugkraft je t aufgebracht werden. Das heißt für den 1000-t-Zug auf 10 ‰ 100 kN, wozu für die Durchfahrt noch der Luftwiderstand von 35 kN zu überwinden ist, die Lokomotive also eine Zugkraft von 135 kN aufbringen muß. Auf einer 25 ‰ Bergstrecke, wie der Semmeringstrecke, sind 285 kN erforderlich. Enge Kurven erhöhen den Streckenwiderstand weiter. Schließlich ist zu berücksichtigen, daß neben der Anhängelast auch das Eigengewicht des Triebfahrzeuges mitbewegt werden muß, wofür ein dem Gewicht proportionaler Zugkraftanteil aufzubringen ist.

Die Zugkraft muß von den Rädern auf die Schiene übertragen werden. Die

Reibung zwischen Rad und Schiene gestattet etwa 25 % des Triebachsgewichtes zu übertragen (Reibungsgewicht!). Bei schlechtem Schienenzustand (feucht, ölig, Rauhreif, Laubfall usw.) sinkt der Wert auf 10 % ab. Bei sehr guten Voraussetzungen steigt er über 30 %. Das bedeutet, daß bei einer 80 Tonnen schweren Lokomotive der Achsfolge Bo'Bo' im Mittel 200 kN auf die Schienen gebracht werden können. Ist die erforderliche Zugkraft höher als der mögliche Reibungswert, dann drehen sich die Räder durch, wir sagen hierzu „Schleudern". Zum Ingangsetzen eines Zuges ist ein kurzzeitiger Zugkraftspitzenwert notwendig, um den Zug aus seiner Ruhelage heraus in den Bewegungszustand überzuführen. Muß ein Zug in einer Steigung angefahren werden, wird die Schleuderneigung erhöht.

Ein weiterer Zugkraftmehrbedarf ist zur Beschleunigung erforderlich. Je höher das Zugkraftangebot, um so rascher beschleunigt das Fahrzeug. Diese Beschleunigungszugkraft muß zusätzlich zu jenem Anteil aufgebracht werden, der für die Überwindung der vorgenannten Widerstände benötigt wird. Der elektrische Bahnmotor hat die gute Eigenschaft, daß seine Betriebskennlinien im Anfahrbereich große Zugkräfte gestatten und im höheren Geschwindigkeitsbereich bei entsprechender Dimensionierung noch eine ausreichende Zugkraftreserve vorhanden ist. Man empfindet das besonders beim Durchfahren von Steigungen, wo sich an der Geschwindigkeit kaum etwas ändert. Anders bei Dieselfahrzeugen oder gar

Ab 1963 prägte die Baureihe 1042 das Erscheinungsbild der ÖBB: Neugelieferte 1042.612 vor dem „Romulus" in Bruck/Mur im August 1973
Foto: Petrovitsch

Erste Thyristorlok auf ÖBB-Gleisen: Vorführfahrt des ASEA-Erprobungsträgers SJ Rb1 1001 (umgerüstete Diodenlok) in Breitenstein am Semmering im November 1966
Werkfoto: ASEA

bei Dampflokomotiven, wo ein mehr oder minder starker Geschwindigkeitsabfall die Regel war.

Die Geschwindigkeit ist der Motordrehzahl verhältnisgleich, letztere hängt von der dem Motor zugeführten Spannung ab. Niedrige Spannung bedeutet kleine Drehzahl bzw. Geschwindigkeit und umgekehrt. Der Triebfahrzeugführer regelt die Geschwindigkeit dadurch, daß er mit dem Fahrschalter verschiedene Spannungen an den Fahrmotor schaltet. Bei den Wechselstromtriebfahrzeugen der konventionellen Bauweise (bis zur Einführung der Gleichrichter- bzw. Umrichtertechnik) werden hierzu diese Spannungen am Transformator herausgeführt und mittels einer Stufenschalteinrichtung dem Motor zugeführt. Die Spannungswerte betragen dabei 50 bis 550 V. Diese Regelvorgänge bezeichnen wir als „Steuerung“ des Fahrzeuges. Bei Thyristortriebfahrzeugen erfolgt die Spannungszuführung über die Anschnittsteuerung stufenlos, der Transformator hat nur noch eine Anzapfung für die Motorenspannung. Da hier praktisch Gleichstrommotoren zur Verwendung gelangen, kann die Motorspannung bis zu 1200 V gesteigert werden. Bei der Drehstromtechnik erfolgt die Steuerung über Umrichter, wobei die Drehzahlen durch Veränderung von Spannung und Frequenz reguliert werden.

Das Produkt aus Zugkraft und Geschwindigkeit ergibt die Leistung. Sie wird in Kilowatt (kW) angegeben. Zum Beispiel errechnet sich für unseren vorgenannten Zug (1000 t auf 10 ‰) bei einer Geschwindigkeit von 80 km/h eine Leistung von 3000 kW. Um diesen Wert zu erhalten, müssen wir das errechnete Leistungsprodukt durch den Faktor 3,6 dividieren, der die Umrechnung der Geschwindigkeit von m/s auf km/h berücksichtigt. Es werden zumeist zwei Leistungskennwerte angegeben, die Stunden- und Dauerleistung. Erstere kann eine Stunde lang abgegeben werden, dann ist die Grenztemperatur für die Motorerwärmung erreicht. Diese Dimensionierung geht auf die Zugförderung auf Bergstrecken zurück, wo die Steilrampen innerhalb einer Stunde durchfahren werden konnten, die zugehörige Geschwindigkeit lag bei 60 bis 70 % der Höchstgeschwindigkeit. Dauerleistung kann dauernd abgegeben werden und liegt 5 bis 10 % unter der Stundenleistung, die Geschwindigkeit ist entsprechend höher. Triebfahrzeuge mit nur einem Leistungswert (v. a. Drehstromlokomotiven) können dauernd damit betrieben werden. Die angegebenen Leistungen können kurzzeitig zum Beschleunigen oder Durchfahren kurzer Steigungen überschritten werden. Man findet manchmal Angaben z. B. für eine 5- oder 15-Minuten-Leistung.

Nun wollen wir versuchen, Gliederung, Aufbau und Details eines elektrischen Triebfahrzeuges kurz und übersichtlich darzustellen. Zuerst betrachten wir den Fahrzeugteil oder mechanischen Teil. Die Übertragung der Antriebskraft des Triebfahrzeugs zur Schiene und dessen Führung wird durch das Laufwerk bewirkt. Wir unterscheiden zwischen Trieb- und Laufachsen. Triebachsen übertragen auch die Zugkraft auf die Schienen, Laufachsen dienen lediglich dazu, das Mehrgewicht des Fahrzeuges abzustützen (damit der zulässige Achsdruck nicht überschritten wird), wobei auch ein günstiger Einfluß auf die Führungseigenschaften entsteht. Der heutigen Tendenz entsprechend, das gesamte Fahrzeuggewicht der Zugkraftübertragung aus Reibungsgründen zugänglich zu machen, werden nur noch Triebachsen eingebaut. Die schlechtere Führung wird dadurch ausgeglichen, daß man Drehgestelle und entsprechende Feder- und Dämpfungssysteme einbaut. Bei Fahrzeugen mit Laufachsen sind die Triebachsen meist im durchgehenden Haupt-

Ab 1979 erschienen die Thyristor-Nahverkehrstriebwagen ET 4020: Offizielle Erstfahrt Innsbruck–Telfs mit 4020.01 + 06 bei Zirl im März 1979
Foto: Petrovitsch

Der Einsatz leistungsfähiger Thyristorloks führte zu Rückwirkungen auf die Bahnstromversorgung: Lastprobefahrt mit 1043.10 + 09 + E-Meßwagen 950.100 im Mai 1979 Spittal–Mallnitz
Foto: Petrovitsch

rahmen, zum Teil seitenverschieblich oder mit schwächeren Radreifen, gelagert und zusätzlich schwenkbare Laufachsen eingebaut. Man hat auch z. B. Laufachse und erste Triebachse in ein gemeinsames Lenkgestell vereinigt, während nur die mittleren Triebachsen im Hauptrahmen gelagert sind. Zur Definition des Laufwerkes und damit auch Verteilung der Antriebsleistung auf die Achsen dient die Achsfolgekennzeichnung. Sie erfolgt durch Großbuchstaben und Ziffern. Buchstaben entsprechen Triebachsen, Ziffern Laufachsen. Dabei bedeuten: A. . .1 Triebachse, B. . .2 Triebachsen, C. . .3 Triebachsen usw., 1. . .1 Laufachse, 2. . .2 Laufachsen usw. Ist eine Achse nicht im Hauptrahmen gelagert, dann wird dies durch einen hochgestellten Strich nach dem Zeichen ausgedrückt. Handelt es sich um einzeln angetriebene Achsen, dann deutet man dies durch eine kleine nachgestellte Null an. Einige Beispiele:

1'C1' . . . Lokomotive mit je einer Laufachse vorne und hinten, die nicht im Hauptrahmen gelagert ist, drei miteinander verbundene Triebachsen (Stangenantrieb).

1'Do1' . . . Triebfahrzeuge mit Laufachsen wie vor, vier im Hauptrahmen gelagerte einzeln angetriebene Achsen.

Bo'Bo' . . . Triebfahrzeug mit zwei mal zwei einzeln angetriebenen, nicht im Hauptrahmen gelagerten Achsen. Es handelt sich also hier um eine Drehgestellokomotive mit zwei zweiachsigen Gestellen.

Die Antriebskraft des Motors wird über ein Getriebe mit zugehörigen Übertragungselementen auf die Räder übertragen. Diese Teile werden kurz als „Antrieb" bezeichnet. Wir wissen bereits, daß wir zwischen Stangen-(Gruppen-)Antrieb und Einzelachsantrieb zu unterscheiden haben.

Beim Stangenantrieb älterer Art ist ein hochgelegener, großer langsamlaufender Motor vorhanden, dessen Welle über ein Gestänge mit einer im Rahmen gelagerten Blindwelle verbunden ist, die ihrerseits wieder mittels Stangen die Verbindung zu den Radsätzen herstellt. Später ging man dazu über, kleinere raschlaufende Motoren zu bauen und über ein Zahnradgetriebe ihre Drehzahl auf die der Räder zu übersetzen. Das große Getriebezahnrad ist mit einer Vorgelegewelle verbunden, die nun wieder mittels Trieb- und Kuppelstangen an den Rädern angreift. Die relativ großen Motoren, die zweimalige Umwandlung der Antriebskraft (Rotation – hin- und hergehende Bewegung – Rotation), der große Wartungsaufwand, die Anfälligkeit usw. ließen es jedoch geboten scheinen, den von der Dampflokomotive her abgeleiteten Antrieb durch Einzelachsantrieb zu ersetzen. Beim Einzelachsantrieb wird die Fahrzeugleistung auf eine bestimmte Anzahl kleinerer, schnellaufender Motoren aufgeteilt. Die Antriebe laufen ruhig, hin- und hergehende Massen fallen weg, die neueren Bauarten sind wartungsfrei und außerdem kann bei Ausfall eines Motors das Fahrzeug noch immer verwendet werden. Dabei muß eine sehr wichtige Tatsache angeführt werden: Damit die Stoßkräfte, welche auf die Räder einwirken und bis zu 100 kN und mehr betragen können, nicht ungefedert auf das übrige Fahrzeug übertragen werden, sind zwischen Achse und Rahmen Federn zwischengeschaltet. Das gilt sowohl für Drehgestell- als auch Rahmenbauarten. Da der Motor nun im gefederten Teil gelagert ist, muß der Antrieb das Federspiel zwischen Achse und Motor aufnehmen können. Bei Stangenantrieben ist die Federung üblicherweise im Ritzel angeordnet. Beim Einzelachs-Tatzlagerantrieb ist die Federung nur zu 50 % vorhanden, weshalb dieser Antrieb geschwindigkeitsmäßig eingeschränkt ist. Die anderen Einzelachsantriebe haben voll abgefederte Motoren. Sie werden in den Fahrzeug-Einzelbeschreibungen eingehend behandelt, so daß hier davon abgesehen werden kann.

Der Fahrzeugkasten ruht am Rahmen auf. Bei Rahmenfahrzeugen sind auch die Achsen im Rahmen, zumindest teilweise, gelagert. Bei Drehgestellfahrzeugen stützt sich der Kastenrahmen federnd auf den Drehgestellen, seit ca. 1950 wie bei Reisezugwagen auch über Wiegenkonstruktionen, ab. In jüngster Zeit liegt der Kasten schwimmend über ein sogenanntes Flexicoildernsystem auf den Drehgestellen auf, wobei auch gleichzeitig die Rückstellkräfte beim Ausschwenken des Kastens von hier aus wirksam werden.

An den Fahrzeugstirnseiten sind die Zug- und Stoßvorrichtungen angebracht. Im Kasten selbst befinden sich alle Ausrüstungsteile, welche geschützt sein müssen, vor allem elektrische. Bei Triebwagen sind die Personenabteile und evtl. Gepäckräume untergebracht. Es leuchtet wohl ein, daß die Leistung eines Triebwagens, bei welchem praktisch die gesamte elektrische Ausrüstung unter den Wagenboden verlegt ist, nicht solche Werte wie die einer Lokomotive aufweisen kann. Schnell- und Hochgeschwindigkeitstriebzüge besitzen in den Zugverband optisch integrierte „Triebköpfe“, die aber praktisch Lokomotiven sind. Bei den ÖBB stellt die Reihe 4010 einen derartigen Fall dar. Für Hochgeschwindigkeitszüge (TGV in Frankreich, ICE in der Bundesrepublik) sind an beiden Enden Triebköpfe erforderlich.

Zur mechanischen Ausrüstung gehört noch die Bremse. Alle elektrischen Triebfahrzeuge sind mit einer Druckluftbremsanlage ausgerüstet. Erzeugung und Speicherung der Druckluft erfolgt im Triebfahrzeug. Hierzu dient ein Kompressor, mehrere Druckluftbehälter, die nötigen Armaturen und Anzeigegeräte. Neben der Druckluftbremse muß jedes Triebfahrzeug mit einer Handbremse zum Festhalten versehen sein. Viele Triebfahrzeuge besitzen noch zusätzlich eine elektrische Bremse. Indirekt zu den Bremsanlagen sind noch Gleit- und Schleuderschutzeinrichtungen hinzuzuzählen. Für die Versorgung elektrischer Apparate ist ein eigener Druckluftkreis mit geringerem Druck vorhanden. Ein kleiner batteriegetriebener Kompressor liefert Druckluft zum erstmaligen Betätigen von Stromabneh-

Von Juni bis September 1969 stand die zur Thyristorlok umgerüstete Re 4/4 161 der Lötschbergbahn im ÖBB-Probebetrieb am Semmering
Werkfoto: BBC

mer und auch für den Hauptschalter.

Vervollständigt wird die mechanische Ausrüstung durch Schmiereinrichtungen, Sandstreuanlage, akustische Signaleinrichtungen und Geschwindigkeitsmesser.

Wir gehen nun über zum elektrischen Teil. Bevor wir diesen dem Hauptstromverlauf nach verfolgen, sei ein allgemeiner Hinweis auf die Einzelbeschreibungen angebracht. Viele Details, wie z. B. Trennschütze oder Schalter, Meßinstrumente, Relais, Fahrzeugbeleuchtung usw., welche für alle Fahrzeuge in irgendeiner Form vorhanden sein müsen, werden dort nicht mehr besonders angeführt.

Verfolgen wir die Anordnung der elektrischen Ausrüstung mit dem Hochspannungsteil beginnend. Über Stromabnehmer, wovon wir Scheren- und Einholmstromabnehmer kennen, fließt der Fahrleitungsstrom über eine isolierte Dachleitung zum Hauptschalter. Dieser dient zum betriebsmäßigen Ein-und Ausschalten des Triebfahrzeuges, muß aber auch die selbsttägige Abschaltung in Störungsfällen übernehmen, welche durch verschiedene Schutzrelais eingeleitet wird. Üblicherweise fließt der Strom über eine Hochspannungsdachdurchführung, die mit dem Primärstromwandler eine Einheit bildet, in die Hochspannungswicklung des Haupttransformators.

Der Transformator übersetzt den hochgespannten Fahrleitungsstrom, im Fahrzeug üblicherweise als Primär- oder Oberspannungsstrom bezeichnet, auf den Sekundär- oder Niederspannungsstrom, mit welchem die Fahrmotoren und Hilfsbetriebe versorgt werden. Auch der Zugheizstrom mit ca. 1000 V Spannung wird dem Transformator entnommen. Die Sekundärwicklung des Transformators besitzt eine Anzahl von Ausführungen bzw. Anzapfungen, welche die gewünschten Spannungen liefern. Die für die Fahrmotoren bestimmten Spannungsanzapfungen sind mit einer Stufenschaltanlage verbunden. Diese kann entweder als einheitliches Schaltwerk (Stufenschalter, Nockenschaltwerk) ausgeführt sein oder besteht aus Einzelschaltern (Schützen). Bei leistungsstärkeren Triebfahrzeugen hat man, um die großen Sekundärströme (die mehr als 10 000 A betragen) mit den dadurch bedingten schweren Schaltvorrichtungen nicht direkt schalten zu müssen, die Ansteuerung der Spannungsstufen auf die Hochspannungsseite des Transformators verlegt. Von einer mit Anzapfungen versehenen Hochspannungswicklung wird ein unter Öl befindlicher Stufenschalter angespeist, welcher mit dem Eingang eines Transformators mit fixem Übersetzungsverhältnis verbunden ist. Im erstbeschriebenen Fall sprechen wir von Niederspannungssteuerung, im letzteren von Hochspannungssteuerung.

Der über die Steuerung dem Transformator entnommene Motorstrom wird den Fahrmotoren über eine Umschaltvorrichtung für Fahrtrichtungswechsel (dem Fahrtwender) und Trennorganen (Trennschütze) nunmehr zugeführt. Von den Fahrmotoren fließt der Strom zurück zum Transformator, der mit der Fahrzeugerde bzw. Schiene verbunden ist. Als Fahrmotoren werden üblicherweise Einphasen-Reihenschlußmotoren mit Kollektor (Stromwender, Kommutator) verwendet.

Abweichend ist der Hauptstromverlauf in den neueren Thyristortriebfahrzeugen. Bis zum Transformatoreingang ist er unverändert. Der Transformator

Prototyp-Thyristorlok 1044.01 in Leoben im März 1975
Foto: Petrovitsch

des Thyristortriebfahrzeuges hat jedoch keine Anzapfungen mit verschiedenen Spannungen für die Fahrmotoren, sondern nur einen Ausgang mit der maximalen Motorspannung. An diesem ist der Thyristorgleichrichter, als Kombination von Thyristoren und Dioden in Brückenschaltung ausgeführt, angeschlossen. Der Thyristor ist eine steuerbare Gleichrichterzelle auf Halbleiterbasis, bei der stufenlos über eine Steuerelektrode die Spannung von null bis Maximalwert eingeregelt wird. Der Spannungswert wird dabei durch unterschiedliches Anschneiden der Spannungshalbwelle verändert, weshalb wir von einer Anschnittsteuerung sprechen. An den Fahrmotoren liegt dabei ein welliger Gleichstrom, der über eine Drosselspule geglättet wird, so daß praktisch ein Gleichstromfahrmotor (Mischstrommotor) verwendet werden kann. Dieser gestattet eine etwa 1,3fache Leistungsausnützung im gleichen Volumen wie der Einphasenmotor. Anstelle des Fahrtwenders können ebenfalls Thyristoren in der sogenannten Antiparallelschaltung verwendet werden. Mit dem Fahrschaltergriff wird nur noch der Zündzeitpunkt für die Steuerelektronik vorgegeben.

Auch die neue Drehstromtechnik weist einen abweichenden Hauptstromverlauf auf. An die Sekundärseite des Transformators ist ein Gleichstromstellglied geschaltet, dessen Ausgang einen Gleichstromzwischenkreis mit konstanter (eingeprägter) Spannung speist. Dieser wiederum versorgt parallelgeschaltete Umrichter mit dreiphasigen Ausgängen, somit einen Drehstrom liefert. Ein Umrichter versorgt das Hilfsbetriebebordnetz. Die Steuerung der Umrichter erfolgt über Thyristoren, wobei Spannung und Frequenz die Fahrzeugleistung beeinflussen.

Zusammentreffen einer ÖBB 1044 mit ihrer seinerzeitigen schweizerischen „Stammutter“ BLS Re 4/4 161 in Interlaken West im August 1988 anläßlich des 75jährigen Jubiläums der Lötschbergbahn
Foto: Petrovitsch

Wird ein elektrisches Fahrzeug elektrisch gebremst, dann können entweder die Motoren, welche nun als Stromerzeuger oder Generatoren wirken, auf Widerstände geschaltet werden (Widerstandsbremse) oder über den Transformator ins Netz zurückspeisen (Netz- oder Rekuperationsbremse). Die Umschaltung für den Bremskreis wird über den Bremswender, der mit dem Fahrtwender meist eine bauliche Einheit darstellt, hergestellt. Wegen der kräftigen Bremswirkung dient die elektrische Bremse auch zum Schutz gegen Überbeanspruchung der Bremsklötze und Radreifen. Letztere können bei langen Gefällefahrten ohne elektrische Bremse durch die großen Wärmemengen, die durch die Bremswirkung entstehen, sogar lose werden.

Neben diesem für die Traktion notwendigen Hauptstromkreis benötigt ein elektrisches Triebfahrzeug noch eine Anzahl von Hilfsstromkreisen für die diversen Hilfsbetriebe. Da sich Motoren, Transformator, Stromrichter und Bremswiderstände im Betrieb erwärmen, müssen sie mittels Ventilatoren gekühlt werden, die von Motoren (ebenfalls zumeist Einphasenreihenschlußmotoren, in letzter Zeit auch Drehstrommotoren) bis zu 40 kW Leistung angetrieben werden. Der Luftwechsel ist sehr beachtlich, z. B. erfordert ein Fahrmotor 2 bis 3 m³/s an Kühlluft. Eine leistungsstarke Bo'Bo'-Lokomotive benötigt einschließlich Transformator etwa 70 000 m³ in der Stunde. Ölpumpe und Ölkühler gehören ebenfalls noch zur Kühlanlage des Transformators. Der für die Drucklufterzeugung bereits erwähnte Kompressor wird über einen Druckschalter selbsttätig gesteuert, der bei Erreichen eines Mindestdruckes im Hauptluftbehäler den Kompressormotor ein- und beim Höchstdruck von 8 bis 10 bar wieder ausschaltet. Außer für die Bremse wird Druckluft zur Betätigung der Stromabnehmer, des Hauptschalters, der verschiedenen Schütze, Schaltwerke, Fahrt- und Bremswender, Sandventile und Signaleinrichtungen benötigt. Für die Stromversorgung dieser Hilfseinrichtungen, wozu auch noch die Beheizung der Führerräume gehört, wird Wechselstrom von ca. 200 V dem Transformator entnommen. Er dient auch bei einigen Reihen als Betätigungsstrom für die Steuerung (Steuerstrom). Die Beheizung des Wagenzuges erfolgt, wie schon erwähnt, von einer eigenen Zugheizanzapfung des Transformators mit 1000 bzw. auch 800 V aus. Bei neueren Fahrzeugen ist für die Hilfsbetriebe ein eigenes Drehstromnetz mit 380 V vorhanden, wofür ein Umformeraggregat zur Verfügung steht.

Verschiedene Einrichtungen, wie die Beleuchtung, oder etwa das Anheben der Stromabnehmer müssen auch bei ausgeschaltetem Hauptschalter funktionsfähig sein. Hierzu steht Gleichstrom von 24 V aus einer Batterie zur Verfügung, welche im Betrieb aus einem Umformer, Gleichrichter oder elektronischem Ladegerät aufgeladen wird. Der Großteil der ÖBB-Elektrotriebfahrzeuge verwendet den Batteriegleichstrom auch als Steuerstrom.

Für Überwachung und Schutz des Fahrzeuges sind verschiedene Einrichtungen vorhanden. Im Betrieb müssen Fahrleitungsstrom und -spannung, Motorströme, Heizstrom und manches andere am Führerstand dauernd ablesbar sein. Zum Schutz des Fahrzeuges dienen Sicherungen, Automatenschalter und Relais, welche im Störfall einen bestimmten Stromkreis oder das ganze Fahrzeug abschalten.

Ferner sind zwei Schutzeinrichtungen vorhanden, welche der Sicherheit des Zuges und damit den Reisenden bzw. des geförderten Gutes dienen. Die eine ist die Sicherheitsfahrschaltung (Sifa), die als Schutz gegen Unpäßlichkeit des Triebfahrzeugführers wirkt. Der Führer muß hierzu während der Fahrt in Zeitabständen von 30 Sekunden mittels Pedals oder Drückers Impulse auslösen. Fahrschalter- oder Bremsbetätigung lösen ebenso die Impulse aus. Unterbleiben diese, beginnt ein Zeitwerk, auf Relaisbasis oder elektronisch gesteuert, abzulaufen. Nach einer bestimmten Zeit ertönt ein Summer, dann ein lautes Horn und schließlich erfolgt selbsttätig die Abschaltung der Motoren, wobei gleichzeitig eine Schnellbremsung eingeleitet wird. Selbstverständlich hat der Führer bei Ertönen des Summers oder Horns durch Impulsabgabe die Möglichkeit, das System wieder in seine Ausgangsstellung zu bringen, ohne daß eine Bremsung eintritt.

Die zweite Schutzeinrichtung ist die induktive Zugbeeinflussung, kurz Indusi genannt. Diese kontrolliert, ob die Stellung von Haupt- oder Vorsignal berücksichtigt wird. Überfährt das Triebfahrzeug ungewollt ein haltzeigendes Hauptsignal, wird der Zug durch eine Zwangsbremsung zum Stehen gebracht. Im Gleis verlegte Magnete, die durch die Signalstellung beeinflußt sind, wirken auf einen Fahrzeugmagnet, wobei im Regelfall durch Tastendruck des Führers die Beeinflussung unwirksam gemacht wird. Wird aber die Signalstellung „Halt" bzw. am Vorsignal „Vorsicht" nicht quittiert, erfolgt selbsttätig die Zwangsbremsung. Fallweise werden Indusimagnete auch an Stellen, wo eine genaue Geschwindigkeitskontrolle wünschenswert erscheint, zur Überwachung fest installiert.

An dieser Stelle muß auch der Zugbahnfunk angeführt werden, der nicht nur die Sicherheit entscheidend erhöht, sondern auch eine flüssigere Betriebsabwicklung garantiert. Er ist derzeit in Österreich auf den stärkst belasteten Hauptstrecken in Betrieb, die Ausdehnung erfolgt systematisch auf die weiteren. Auf den so ausgerüsteten Strecken steht der Triebfahrzeugführer mit den Betriebsdienststellen in dauerndem Funkkontakt. Neben Durchgabe einer Anzahl codierter Signale kann jederzeit Sprechverbindung hergestellt werden.

Aus vorstehenden Ausführungen haben wir nun einen Überblick gewonnen, welche Vielfalt an Details ein elektrisches Triebfahrzeug aufweist, aber auch wie seine Funktionen ablaufen. Damit dürften auch dem Eisenbahnwesen ferner stehende Leser in der Lage sein, die nachfolgenden Fahrzeugbeschreibungen verständlich zu finden.

Bezeichnungssysteme der ÖBB-Triebfahrzeuge

Die Bezeichnung der österreichischen Elektrolokomotiven ist von der Bezeichnungsweise der Dampflokomotiven (Siehe Eisenbahn-Fahrzeugarchiv, Heribert Schröpfer: Triebfahrzeuge österreichischer Eisenbahnen, Dampflokomotiven BBÖ und ÖBB) her abgeleitet. Diese kurz in Erinnerung gerufen, besteht die Bezeichnung einer Dampflokomotive aus einer ein- bis dreistelligen Reihen- bzw. Seriennummer und einer Ordnungsnummer, die von zwei bis auf vier Stellen ausgedehnt werden konnte. Das nach Rihosek ab 1904 vorgesehene Reihenschema sah folgende Einteilung vor:

1 bis 30	Schnell- und Personenzuglokomotiven,
31 bis 67	Güterzuglokomotiven mit drei gekuppelten Achsen,
68 bis 69	Zahnradlokomotiven
70 bis 79	Güterzuglokomotiven mit vier und
80 bis 82	mit fünf gekuppelten Achsen,
83 bis 89	leichte Lokomotiven mit zwei gekuppelten und
90 bis 99	mit drei gekuppelten Achsen.

Ab 1905 gebaute vier- und fünffach gekuppelte Schnellzuglokomotiven für Hügelland- und Gebirgsstrecken wurden entsprechenden Reihenbezeichnungen für Güterzuglokomotiven zugeordnet, da Reisezuglokomotiven mit mehr als drei gekuppelten Achsen nicht vorgesehen waren. Technische Bauartänderungen wurden durch eine Indexziffer gekennzeichnet, welche der Ordnungsnummer vorangestellt wurde.

Von diesem Grundschema wurde auch die Bezeichnungsweise der Elektrolokomotiven her abgeleitet. Um diese von vornherein als Elektrotriebfahrzeug zu deklarieren, wurde die Reihenbezeichnung vierstellig als Eintausendernummer ausgeführt. Zum Beispiel Dampfreihe 80 – Elektrolokomotivreihe 1080. Da zunächst auch die Elektrolokomotiven nach Einsatzarten gebaut wurden, konnten diese Richtlinien beibehalten werden. Nicht berücksichtigt werden konnten Einzelachsantriebe. Man setzte daher Kupelachsen gleich mit Antriebsachsen, egal ob durch Stangen mit Gruppenmotor oder durch Achsmotor einzeln angetrieben. Zum Beispiel Dampfreihe 170 mit vier Kuppelachsen, elektrisch Bo'Bo' als 1170. Oder die in einem einzigen Exemplar gebaute Dampfreihe 100 mit sechs Kuppelachsen und die Elektrolokomotive mit Achsfolge (1'C) (C1') als Reihe 1100. Die Schmalspurlokomotiven der Mariazellerbahn erhielten ebenso wie die Schmalspurdampflokomotiven für ihre Reihenbezeichnung anstelle der Ziffergruppe einen Großbuchstaben, in diesem Falle E, an welchen sich die Ordnungsnummer anschloß (z. B. E 1). Die Elektrotriebwagen erhielten vor der Reihenbezeichnung die Großbuchstabenfolge ET vorangestellt (z. B. ET 11.01). Es würde zu weit führen, zu jeder Elektrolokomotivreihe die analoge Dampfreihe zu nennen. Einige Ergänzungen scheinen jedoch angebracht. Die Preßburgerbahnlokomotiven gehörten bis 1921 zur Übernahme durch die BBÖ der Lokalbahn Wien–Preßburg. Die Reisezuglokomotiven trugen die Bezeichnung Ewp 1–8 und erhielten dann die Reihenbezeichnung 1005 in Anlehnung an die 1B1-Dampflokomotivreihe 5. Die drei Güterzuglokomotiven der Mittenwaldbauart wurden mit Ewl 1–3 angeliefert, um dann folgerichtig als 1060.10–12 umbezeichnet zu werden. Bei der Anwendung der Indexziffern dagegen ist man im Fall der Bo'Bo'-Lokomotiven großzügig umgegangen. Die Nachfolgebauart der Reihe 1170, wohl noch mit fast identischer elektrischer Ausrüstung, mechanisch schon abweichend, wurde mit 1170.100 bezeichnet. Die Weiterentwicklung, die sowohl elektrisch als auch mechanisch weitgehend vom Ursprungstyp abweicht, erhielt die Bezeichnung 1170.200. Diese hätte zumindest als 1270 bezeichnet werden müssen. In den Fällen der Reihen 1100 – 1100.100, 1670 – 1670.100 und 1080 – 1080.100 sind die Richtlinien gewahrt. Schließlich soll die Schnellzuglokomotive der Achsfolge 1'Do1', deren Bestellung noch in die Zeit der BBÖ fiel, Bau und Lieferung bereits aber in der Reichs-

Fahrleitungsmeßfahrten auf der Nordbahn-Probestrecke bei Dürnkrut im Dezember 1988: Versuchsgarnitur mit Schnellfahrloks DB 120 001 und ÖBB 1044.501
Foto: Petrovitsch

bahn-Zeit erfolgte, hier noch angeführt werden. Sie sollte in logischer Folge eine siebziger Nummer, und zwar 1870 erhalten. Sie wurde dann dem Reichsbahnvorbild E 18 entsprechend angepaßt.

Mit der Übernahme der BBÖ durch die Deutsche Reichsbahn im Jahre 1938 wurden auch die Elektrotriebfahrzeuge in deren Bezeichnungssystem übergeführt. Im Detail ist dieses im Eisenbahn-Fahrzeug-Archiv, Bäzold/Fiebig: Elektrische Lokomotiven deutscher Eisenbahnen, dargestellt. Das für die Reichsbahn-Zeit der BBÖ-Lokomotiven gültige Schema geht auf das Jahr 1927 zurück. Dieses sieht vor, daß sich die Betriebsnummer einer Elektrolokomotive aus dem Großbuchstaben E, der dann anschließenden zweistelligen Reihennummer (für Einphasenwechselstrom für 16⅔ bzw. 25 Hz) und der Ordnungsnummer zusammensetzt. Zum Beispiel 1170.01-14 nunmehr neu E 45.01-14.

Für die Bezeichnung von Unterbauarten, vergleichbar mit den Indexziffern des BBÖ-Systems, fügte man zwei- und dreistelligen Ordnungsnummern deren erste Ziffer als Hochzahl der Stammnummer hinzu. Zum Beispiel 1170.101 neu als E 45.101; E 45^1 bzw. analog E 45^2. Das Schema lautete:

E 00 bis E 29 Lokomotiven mit V_{max} = 90 km/h und darüber,
E 30 bis E 59 Lokomotiven mit V_{max} = 70 bis 90 km/h,
E 60 bis E 99 Lokomotiven bis V_{max} = 70 km/h.

Die österreichischen Elektrotriebfahrzeuge wurden in dieses Schema, so gut es ging, eingefügt. Sie erhielten z. T. Fortsetzungsnummern bei schon vorhandenen DR-Lokomotiven, z. B. Reihe 1029 erhielt E 33, zugewiesen, bei der DR war die E 32 schemamäßig die logische Vorgängerreihe. Oder wurden sie schon Hochzahlen angepaßt, wie z. B. die 1'C-Reihe 1060 als E 60^1. Die schon zitierte Schnellzuglokomotive nach der Reihe E 18 als E 18^2 bezeichnet. Da das Reichsbahn-Schema bis 1953 bei den ÖBB noch beibehalten wurde, erhielten sogar die ersten Nachkriegslokomotiven des Typs Bo'Bo' kurzzeitig die Bezeichnung E 45^3. Den Schmalspurlokomotiven war die Seriennummer 99 zugeordnet. So wurden die Mariazeller-Lokomotiven mit der Bezeichnung E 99 versehen. Da das neue Schema schon in Vorbereitung war, erhielten die ab 1952 zur Auslieferung gelangenden neuen Bo'Bo'-Lokomotiven bereits die Bezeichnung 1041, und nicht etwa noch E 45^4. Aus dem Baureihenverzeichnis sind die DR-Bezeichnungen im Vergleich zur früheren BBÖ-Bezeichnung ersichtlich.

Erste ÖBB-Schritte Richtung Hochgeschwindigkeit: Probefahrten Drösing–Angern (max. 234.4 km/h) mit DB-Umrichterlok 120 001 im Oktober 1984
Foto: Petrovitsch

Vorläufig nutzen nur die beiden 1146 die Drehstrom-Antriebstechnik in voller Entwicklungsbreite inklusive 4qS: 1146.002 + 001 in Doppeltraktion Wien–Budapest vor dem EC „Lehar“ (Ausfahrt Wien Ost, Juli 1988)
Foto: Petrovitsch

Im Jahre 1953 wurde dann das neue österreichische Bezeichnungssystem eingeführt. Es nimmt darauf Rücksicht, daß gewisse Lokomotiven vornehmlich dem Schnellzug- bzw. Güterzugeinsatz vorbehalten sein werden, aber auch die Lokomotive für universelle Einsatzzwecke findet ihren Platz. Die Einteilung war noch von der Annahme geprägt, daß ausschließlich die Wechselstromlokomotiven konventioneller Ausführung allein den Verkehr abwickeln werden und hier gewisse Grenzen sowohl für Geschwindigkeit als auch Zugkraft gegeben sind. Die Verschublokomotiven fanden ebenfalls ausreichend Berücksichtigung, was sich später als sehr kluge Maßnahme erwiesen hat. In diesem neuen Schema hat man wieder auf das alte österreichische zurückgegriffen, so daß die Elektrolokomotiven wieder eine vierstellige Eintausenderreihenbezeichnung tragen, die Elektrotriebwagen sind durch eine Viertausenderreihe gekennzeichnet. Das Schema hat folgende Einteilung:

1001 bis 1019 Schnellzuglokomotiven,
1020 bis 1039 Güterzuglokomotiven,
1040 bis 1059 Lokomotiven für gemischte Einsätze (Universallokomotiven),
1060 bis 1069 Verschublokomotiven,
1070 bis 1089 bleibt frei und wird zunächst durch österreichische Altbaulokomotiven besetzt,
1090 bis 1099 Schmalspurlokomotiven.

Auch die Form der Indexziffern wurde beibehalten, z. B. 1042 und 1042.500, wenn auch keine ganz exakte Berücksichtigung jeder Abänderung gegenüber der Ursprungsausführung erfolgte. Dies ist auch logisch, denn wenn heute eine Baureihe (im Gegensatz zu früher, wo relativ kleine Stückzahlen üblich waren) über zehn Jahre hinaus in großer Stückzahl zur Ausführung gelangt, ergeben sich entwicklungsbedingt zwangsläufige Abänderungen. Diese alle zu erfassen würde ziffermäßig schwer beherrschbar und vollkommen unübersichtlich werden. Aufgrund der hohen Stückzahlen ergibt sich zwangsläufig, daß bei mehr als hundert Fahrzeugen die Hunderter- bzw. Zweihunderterstelle in die Ordnungsnummer einfließt und sonach nicht mehr eine Indexziffer sein kann. Das wird dadurch überbrückt, daß nach einer größeren Bauartänderung auf die nächste oder gar übernächste Hunderterstelle gesprungen wird. Zum Beispiel bei der Reihe 1044 von der Betriebsnummer 1044.126 auf 1044.201. In Zusammenhang mit der elektronischen Datenerfassung und -verarbeitung sind ab 1986 die Ordnungsnummern dreistellig anzuschreiben. Damit wird aus 1042.01...1042.001 und aus 1042.21...1042.021, wozu noch durch einen Strich getrennt eine einstellige Prüfziffer folgt.

Baureihenverzeichnis in numerischer Reihenfolge und Bestandsliste

Seite	ÖBB-Reihe	Hersteller	BBÖ-Reihe	DR-Reihe	Achsfolge	Erstes Baujahr	Bestand 1937	1949	1966	1990
36	1010	ABES/SGP	–	–	Co'Co'	1955	–	–	20	20
36	1110	ABES/SGP	–	–	Co'Co'	1956	–	–	30	19[1)]
36	1110.500	ABES/SGP	–	–	Co'Co'	1971[1)]	–	–	–	10[1)]
42	1018	AEG-Siemens/WLF	–	E 18^2	1'Do'1'	1939	–	7	8[4)]	4
42	1118	AEG	–	E 18	1'Do'1'	1934	–	1	1	–
46	1020	AEG-Siemens-ELIN/ div.	–	E 94	Co'Co'	1940	–	44	47	39
50	1040	ABES/WLF	–	–	Bo'Bo'	1950	–	–	16	16
54	1041	ABES/SGP	–	–	Bo'Bo'	1952	–	–	25	23
56	1141	ABES/SGP	–	–	Bo'Bo'	1956	–	–	30	30
59	1042	BES/SGP	–	–	Bo'Bo'	1963	–	–	40	60
59	1042.500	BES/SGP	–	–	Bo'Bo'	1966	–	–	–	195
66	1043	ASEA	–	–	Bo'Bo'	1971	–	–	–	10
70	1044	BES/SGP	–	–	Bo'Bo'	1974	–	–	–	133
77	1045	ELIN/W.-Neust.-WLF	1170	E 45	Bo'Bo'	1927	14	12	12	3
80	1145	ELIN/Krauss-WLF	1170.100	E 45^1	Bo'Bo'	1930	15	13	13	4
83	1245[2)]	ABES/WLF	1170.200	E 45^2	Bo'Bo'	1934	8	38	38	32
87	1046	ABES/WLF	–	–	Bo'Bo'	1956	–	–	25	19
92	1146	ELIN/ÖBB HW LZ[3)]	–	–	Bo'Bo'	1987	–	–	–	2
95	1050	ELIN/SGP	–	–	Bo'Bo'	1957	–	–	1	–
98	–	AEG/WLF	1060 E	E 60^1	1'C	1912	4	–	–	–
101	1061	AEG/WLF	1070	E 61	D	1926	5	4	5[4)]	4
101	1161	AEG/WLF	1070.100	E 61^1	D	1928	16	21	21	13
104	1062	AEG-Siemens/WLF	–	–	D	1954	–	–	12	12
106	1063	BES/SGP	–	–	Bo'Bo'	1982	–	–	–	37
112	1064	BES/SGP	–	–	Co'Co'	1984	–	–	–	8
115	1067	ELIN/Jenb. W.	–	–	C	1962	–	–	5	2
118	1570	Siemens/Krauss	1570	E 22	(1A)'Bo(A1)'	1926	4	4	4	–
122	1670	Siemens/Krauss-WLF	1670	E 22^1	(1A)'Bo(A1)'	1928	29	24	26[4)]	–
122	1670.100	Siemens/WLF	1670.100	E 22^2	(1A)'Bo(A1)'	1932	5	4	4	–
126	1072	AEG/Waggonf. Graz	1005	E 72	1'B1	1914	8	6	6	–
130	1073	AEG/Steg	1029	E 33	1'C1'	1923	20	7	11[4)]	–
133	1080	Siemens/Krauss	1080	E 88	E	1923	20	14	16[4)]	5
133	1180	Siemens/Krauss	1080.100	E 88^1	E	1926	10	10	10	5
139	1280	AEG/Steg-WLF	1280	E 88^2	E	1927	22	20	20	–
142	–	Siemens/WLF	1082	E 88^3	E	1931	1	–	–	–
145	1089	BBC/WLF	1100	E 89	(1'C)(C1')	1923	7	5	6[4)]	–
145	1189	BBC/WLF	1100.100	E 89^1	(1'C)(C1')	1926	9	9	9	–
149	1099	Siemens/Krauss	E	E 99	C'C'	1911	16	16	16	15
153	–	Ganz/WLF	1180	–	E	1927	–	–	–	–
153	–	Ganz/WLF	1470	–	1'D1'	1925	–	–	–	–

Seite	ÖBB-Reihe	Hersteller	BBÖ-Reihe	DR-Reihe	Achs-folge	Erstes Baujahr	Bestand 1937	1949	1966	1990
157	4010	BES/SGP	–	–	Bo'Bo'	1964	–	–	3	29
163	4020	BES/SGP	–	–	Bo'Bo'	1978	–	–	–	120
168	4030	AEG-BBC-ELIN/SGP	–	–	Bo'Bo'	1956	–	–	26	26
174	4030.200	BES/SGP	–	–	Bo'Bo'	1962	–	–	18	46
177	4130	Siemens/SGP	–	–	Bo'Bo'	1958	–	–	4	2
181	4041	ELIN/Krauss	ET 10	ET 83	Bo'2'	1929	8	8	8	–
184	4042	AEG/Waggonf. Simmering	ET 11	ET 42	Bo'2'	1936	2	2	2	–
187	4060	BES/WLF	ET 30	ET 94	Bo'Bo'	1936	2	2	2	–

[1] Die 10 Lokomotiven 1110.500 wurden wahllos von den 30 vorhandenen zum Einbau der elektrischen Bremse abgezweigt. Umbau in ÖBB-Hw Linz.
[2] 1245 enthält auch die mit 1245.500 bezeichneten Lokomotiven.
[3] 1146.01-02 sind auf Drehstromtechnik umgebaute Lokomotiven, mechan. Umbau Hw Linz.
[4] Bestandserhöhung durch Wiederaufbau kriegszerstörter Lokomotiven.

Baureihenverzeichnis in chronologischer Reihenfolge

Seite	ÖBB-Reihe	BBÖ-Reihe	DR-Reihe	In Betrieb von – bis	Anmerkung
149	1099	E	E 99	1911 –	
98	–	1060	E 60[1]	1912 – 1945?	Eine Lokomotive im Technischen Museum Wien
126	1072	1005	E 72	1914 – 1975	Eine Museumslokomotive betriebsfähig
145	1089	1100	E 89	1923 – 1979	
130	1073	1029	E 33	1923 – 1975	
133	1080	1080	E 88	1923 –	
153	–	1470	–	1925	Keine Übernahme durch BBÖ
145	1189	1100.100	E 89[1]	1926 – 1979	Zwei Museumslokomotiven betriebsfähig
118	1570	1570	E 22	1926 – 1978	Eine Lokomotive im Technischen Museum Wien
101	1061	1070	E 61	1926 –	
133	1180	1080.100	E 88[1]	1926 –	
133	–	1180	–	1927	Inbetriebnahme nicht möglich
77	1045	1170	E 45	1927 –	Drei Lokomotiven an Montafonerbahn verkauft
139	1280	1280	E 88[2]	1927 – 1976	
101	1161	1070.100	E 61[1]	1928 –	
122	1670	1670	E 22	1928 – 1983	Zwei Museumslokomotiven betriebsfähig
181	4041	ET 10	ET 83	1929 – 1973	Drei Museumstriebwagen betriebsfähig
80	1145	1170.100	E 45[1]	1930 –	
142	–	1082	E 88[3]	1931 – 1939?	

Seite	ÖBB-Reihe	BBÖ-Reihe	DR-Reihe	In Betrieb von – bis	Anmerkung
122	1670.100	1670.100	E 22^2	1932 – 1982	Eine Museumslokomotive betriebsfähig
83	1245	1170.200	E 45^2	1934 –	
42	1118	–	E 18	1934 – 1985	
184	4042	ET 11	ET 42	1936 – 1966	Beide Triebwagen an Steiermärk. LB verkauft
187	4060	ET 30	ET 94	1936 – 1971	Ein Triebwagen an Montafonerbahn verkauft
42	1018	–	E 18^2	1939 –	
46	1020	–	E 94	1940 –	
50	1040	–	E 45^3	1950 –	Übergangsbezeichnung ÖBB
54	1041	–	–	1952 –	
104	1062	–	–	1954 –	
36	1010	–	–	1955 –	
36	1110	–	–	1956 –	10 Lokomotiven später als 1110.500 mit E-Bremse ausgerüstet
56	1141	–	–	1956 –	
87	1046	–	–	1956 –	
168	4030	–	–	1956 –	Später als 4030.300 bzw. Ausg. 4030.100 (4 Tw)
95	1050	–	–	1957 – 1973	
177	4130	–	–	1958 –	Ein Triebwagen an Montafonerbahn verkauft
115	1067	–	–	1962 –	
59	1042	–	–	1963 –	
157	4010	–	–	1964 –	
59	1042.500	–	–	1966 –	
66	1043	–	–	1971 –	
70	1044	–	–	1974 –	Noch in Lieferung
163	4020	–	–	1978 –	
106	1063	–	–	1982 –	Noch in Lieferung
112	1064	–	–	1984 –	Noch in Lieferung
92	1146	–	–	1987 –	Zwei auf Drehstromtechnik umgebaute Lokomotiven 1046

Wechselstrombahnen in Österreich

Übersicht über Eröffnung des elektrischen Zugbetriebes

(Fahrdrahtspannung 15 kV/16⅔ Hz, soweit keine gegenteilige Angabe im Einzelfall)

1. 8. 1904	Innsbruck-Wilten–Fulpmes STB 2,5 kV/42 Hz
1. 9. 1906	Guntramsdorf–Leesdorf WLB 500 V/16⅔ Hz
22. 12. 1906	Matzleinsdorf–Guntramsdorf WLB detto
7. 10. 1911	St. Pölten–Mariazell–Gußwerk NÖLB 6,5 kV/25 Hz
18. 9. 1912	Innsbruck Westbf.–Scharnitz (–Garmisch kBayStb)
29. 6. 1913	(Garmisch–Griesen kBayStB)–Reutte in Tirol jeweils 15 kV/15 Hz
5. 2. 1914	Groß Schwechat–Berg NÖ–Köpcsény (LWP/POHEV)
15. 4. 1916	Freilassing (kBayStb)–Salzburg Hbf.
22. 7. 1923	Innsbruck Westbf.–Telfs-Pfaffenhofen
26. 10. 1923	Telfs-Pfaffenhofen–Silz
1. 12. 1923	Silz–Imst-Pitztal
12. 12. 1923	Imst-Pitztal–Landeck
23. 4. 1924	Stainach-Irding–Bad Aussee
24. 7. 1924	Bad Aussee–Attnang/Puchheim
8. 11. 1924	St. Anton a. A.–Langen a. A.
29. 4. 1925	Landeck–St. Anton a. A.
14. 5. 1925	Langen a. A.–Bludenz
6. 8. 1926	Bludenz–Feldkirch
16. 12. 1926	Feldkirch–Schaan-Vaduz–Buchs SG (SBB)
15. 2. 1927	Feldkirch–Bregenz
21. 2. 1927	Innsbruck Westbf.–Ibk. Hbf.–Solbad Hall
14. 3. 1927	Solbad Hall–Wörgl
3. 5. 1927	Innsbruck Hbf. Güterbf.
8. 6. 1927	Wörgl–Kufstein
25. 7. 1927	Kufstein–Kiefersfelden (DRG)
3. 4. 1928	Wörgl–Saalfelden
6. 10. 1928	Innsbruck Hbf.–Brennersee
16. 9. 1929	Schwarzach-St. Veit–Salzburg
11. 3. 1930	Saalfelden–Scharzach-St. Veit
1. 12. 1933	Schwarzach-St. Veit–Mallnitz
1. 4. 1934	Brennersee–Brennero/Brenner (FS)
15. 5. 1935	Mallnitz–Spittal/Millstättersee
6. 12. 1940	Salzburg Hbf. bzw. Gnigl–Attnang/Puchheim
11. 1. 1941	Berg (Niederdonau)–Engerau (Petržalka)
Nov. 1943	Umfahrungsstrecke Thaur–Innsbruck Hbf.
12. 1. 1949	(Bregenz–)Abzwg. Lauterach–St. Margrethen (SBB)
12. 5. 1949	Attnang/Puchheim–Linz Hbf.
17. 5. 1950	Spittal/Millstättersee–Villach Hbf.
15. 6. 1950	Tauernbahnschleife Abzwg. Lind–Villach Westbf.
30. 6. 1950	Villach Hbf.–Villach Westbf.
5. 4. 1951	Villach Westbf.–Warmbad Villach
28. 6. 1951	Linz Hbf.–Amstetten
24. 9. 1951	Abzwg. Ebelsberg–Linz Verschiebebf.
29. 9. 1951	Bischofshofen–Eben i. P.
5. 10. 1952	Warmbad Villach–Arnoldstein
19. 12. 1952	Amstetten–Wien Westbf.
28. 9. 1953	Arnoldstein–Thörl-Maglern–Tarvisio C. (FS)
14. 12. 1954	Bregenz–Lochau-Hörbranz–Lindau Hbf. (DB)
3. 5. 1955	Villach Westbf.–Rosenbach
18. 5. 1955	Wels–Wernstein–Passau Hbf. (DB)
28. 7. 1955	Abzwg. Vöcklabruck Bl. 1–Kammer-Schörfling
30. 4. 1956	Konzertkurve Innsbruck (Streckenumlegung)
29. 9. 1956	Wien Südbf.–Gloggnitz
30. 9. 1956	Villach–Klagenfurt–St. Veit/Glan und Villach–Feldkirchen–St. Veit/Glan
6. 2. 1957	Rosenbach–Jesenice (JŽ)
10. 3. 1957	Leobersdorf–Wittmannsdorf
28. 9. 1957	Gloggnitz–Payerbach/Reichenau
21. 6. 1958	Eben i. P.–Schladming
27. 5. 1959	Schladming–Selzthal
29. 5. 1959	Payerbach/Reichenau–Mürzzuschlag

29. 9. 1961	St. Veit/Glan–Knittelfeld
17. 1. 1962	Meidling–Floridsdorf–Gänserndorf bzw. Stockerau, Abzwg. Aspangbf.–Groß Schwechat
24. 5. 1963	Knittelfeld–St. Michael–Mürzzuschlag
28. 9. 1963	Leoben Hbf. bzw. Göss–Donawitz–Vordernberg
26. 9. 1964	Selzthal–St. Michael
29. 5. 1965	Selzthal–Spital am Pyhrn
22. 5. 1966	Bruck/Mur–Graz Hbf.
22. 8. 1966	Abzwg. Bruck-Stadtwald–Abzwg. Übelstein
18. 7. 1968	Umstellung StLB Peggau–Übelbach (ex 750 V=)
27. 9. 1968	St. Valentin–Kleinreifling
13. 12. 1968	Amstetten–Abzwg. Kastenreith (-Kleinreifling)
23. 5. 1970	Selzthal–Hieflau–Eisenerz
22. 3. 1971	Hieflau–Landl
5. 6. 1971	Hütteldorf bzw. Penzing–Meidling
11. 12. 1971	Landl–Kleinreifling
6. 3. 1972	Umstellung MBS Bludenz–Schruns (ex 800 V=)
29. 5. 1972	Graz Hbf.–Spielfeld-Straß
12. 9. 1972	Graz Hbf.–Graz Ostbf.
1. 10. 1972	Meidling–Oberlaa–Klein Schwechat
3. 6. 1973	Oberlaa–Kledering, Oberlaa–Simmering Vbf.–Abzwg. Hasenleiten–Stadlau, Matzleinsdorf–Verbindungsgleise Wien Südbf. Süd/Ostseite–Kledering bzw. Abzwg. Hasenleiten
26. 5. 1974	Stadlau–Abzwg. Breitenlee–Süssenbrunn bzw. Leopoldau, Simmering Vbf.–Klein Schwechat, Maxing–Meidling (Streckenumlegung)
29. 9. 1974	Maxing–Abzwg. Altmannsdorf, Inzersdorf Ost–Wampersdorf–Ebenfurth–Wiener Neustadt, Kledering–Gramatneusiedl–Wampersdorf, Abzwg. Erdbergerlände–Brigittenau, Brigittenau–Wien Nordwestbf.
1. 6. 1975	Linz–Summerau
30. 5. 1976	Gramatneusiedl–Nickelsdorf–Hegyeshalom (MÁV)
19. 5. 1977	Groß Schwechat–Flughafen Wien–Markt Fischamend (Streckenumlegung)
25. 9. 1977	Linz–Spital am Pyhrn
25. 9. 1977	Gänserndorf–Bernhardsthal Haltestelle
1. 10. 1978	Wien FJB–Tulln–Tulln Stadt Haltestelle, Nußdorf bzw. Heiligenstadt–Brigittenau
27. 5. 1979	Stockerau–Hollabrunn, Stockerau–Absdorf-Hippersdorf, Tulln–Absdorf-Hippersdorf
30. 9. 1979	Abzwg. Parndorf–Neusiedl am See
24. 5. 1980	Zentralverschiebebf. Wien samt Zufahrtschleifen
31. 5. 1980	Stadlau (Erzhg.-Karl-Str.)–Hirschstetten-Aspern
31. 5. 1981	Tulln Stadt–St. Pölten
26. 9. 1982	Absdorf-Hippersdorf–Krems a. d. Donau
25. 9. 1983	Leopoldau bzw. Süssenbrunn–Mistelbach (Pseudo-Eröffnung als Politinszenierung wegen Wahltermins bereits am 19. 3. 1983)
30. 9. 1984	Absdorf-Hippersdorf–Sigmundsherberg
1. 6. 1986	Bernhardsthal–Systemtrennstelle Staatsgrenze
30. 5. 1987	Penzing–Heiligenstadt (Vorortelinie)
31. 5. 1987	Hirschstetten-Aspern–Haltestelle Hausfeldstr.
29. 5. 1988	Sopron (GySEV)–Ebenfurth (ROeEE 25 kV/50 Hz)
29. 5. 1988	Vordernberg–Vordernberg Markt
4. 12. 1988	(Spittal/M.)–Abzwg. Lendorf–Lienz
28. 5. 1989	Lienz–Sillian–San Candido/Innichen (FS)

Außerbetriebnahme von Wechselstromelektrifizierungen

13. 2. 1945	WLB Matzleinsdorf–Leesdorf eingestellt, ab 22. 12. 1946 Gleichstrombetrieb 750 V
3. 4. 1945	Wolfsthal–Berg–Engerau (Gesamtstilllegung)
Mai 1945	Umfahrung Innsbruck außer Betrieb, abgetragen
2. 7. 1983	Umstellung Stubaitalbahn auf Gleichstrom 940 V
29. 5. 1988	Mariazell-Gußwerk stillgelegt, nicht abgetragen

Farbgebung österreichischer E-Triebfahrzeuge

Die verschiedenen Anstrichschemata sind im Rahmen der Typenbeschreibungen illustriert, einzelne Sonderfarbgebungen auf den folgenden zwei Seiten zusammengestellt.

In maschinentechnischer Hinsicht mögen die Farbtöne der Lackierung ein völlig nebensächliches Detail darstellen. Die Farbgebung bestimmt aber andererseits zusammen mit den Proportionen die Ästethik des Triebfahrzeuges, dessen einprägsames Erscheinungsbild sich mit einer Umlackierung (z. B. Triebzug 4010.022) nachhaltig verändern kann.

In der BBÖ-Zwischenkriegsära trugen die elektrischen Triebfahrzeuge moosgrünen Anstrich, teils in Verbindung mit gelben oder schwarzen Verschneidungslinien. Abweichend davon wurden die beiden ET 11 im Jahr 1936 gemäß dem blau-beigen Anstrichschema der Verbrennungstriebwagen abgeliefert, die (nachmaligen) 1099 trugen die einheitlich braune Lackierung der Mariazellerbahnfahrzeuge.

Die SGP-Entwurfsskizze zur Baureihe 1042 wich von der tannengrünen Einheitslackierung der Nachkriegs-ÖBB erstmals ab und hätte eine mittelblaue Farbgebung mit hellgrauem Rahmen vorgeschlagen. Defacto wurde erst die 1042.510 abweichend von der bis dahin gültigen Normfarbgebung in Blutorange in Dienst gestellt. Im Juni 1969 wurde das blutorange Farbschema mit elfenbeinfarbigen Zierlinien für alle Tfz-Neulieferungen und hauptrevidierte Maschinen bindend. Nach dem Muster der 4010-Triebzüge wurde späterhin ab 1978 auch bei den übrigen Triebwagen die Farbanordnung invertiert.

Ab 1987 wurde die einheitliche Linie durch verschiedene abweichende Stilelemente (dunkle Frontfensterumrahmungen, „Bauchbinden" in Elfenbein oder diversen Grau- und Weißtönen, Weglassung von Zierlinien usw.) durchbrochen. Neuerdings ersetzt der anfänglich auch von den SBB verwendete Farbton „Verkehrsrot" die blutorange Grundfarbe des ÖBB-Designs, „Grauweiß" kommt anstelle des kurzfristig bevorzugten „Achatgrau". Zum Berichtszeitpunkt Mitte 1990 waren die Garnituren ET 4010.022 (verkehrsrot – umbragrau – grauweiß) und ET 4030.308 (grauweiß – ultramarinblau) bezüglich des neukonzipierten Anstrichschemas noch Einzelstücke.

Kurzzeitiges Erscheinungsbild der 1010.01 im Jahr 1960 mit chromgelber Front: Einer Laune des damaligen Generaldirektors soll der „Schantl-Bart" entsprungen sein
Foto: Sammlung Doleschal

Designvorstoß aus Personalkreisen (Zfltg. Wien West): Vorübergehende weiße Foliendekoration auf der im blutorangen Normalschema lackierten 1044.100 (Feldkirch, September 1985)
Foto: Petrovitsch

Die umspringende karoartige Versetzung der Zierflächen (anstelle einer umlaufenden „Bauchbinde“) an den 1044.092, 117, 201–203 muß als gestalterischer Fehlgriff betrachtet werden (1044.092 Zweitbesetzung, Innsbruck März 1990)
Foto: Petrovitsch

Schnellfahr-Umbaulok 1044.501 ex Prototyp 1044.01 mit dunkler Frontfensterumrahmung („Brille“) à la AMTRAK und elfenbeinfarbigen Absetzflächen, wobei der seitliche Längsstreifen mit jenem an den reinorangen Eurofima-Z-Waggons korrespondierte (Wien Nord, Oktober 1987)
Foto: Petrovitsch

Ab 1988 wurde das Anstrichschema der Loks durch Weglassung von Zierlinien „entfeinert“ (1042.573 in Blutorange mit umbragrauem Dach und Fahrwerk und einer einzigen breiten elfenbeinfarbigen Zierlinie, aufgenommen in Lambach im Mai 1990).
Ab Herbst 1990, beginnend mit 1042.579 erscheinen hauptrevidierte 1042 dann in Verkehrsrot mit dunkler „Brille“, grauweißer „Bauchbinde“ und entfallenen gekrümmten Eckfenstern
Foto: Petrovitsch

Standardlackierung Elektroloks ÖBB

bis 1969:	Kasten	Tannengrün	RAL 6009
	Zierstreifen	Resedagrün	RAL 6011
	Dach	Weißalumin.	RAL 9006
	Rahmen, Laufwerk	Tiefschwarz	RAL 9005
ab 1970:	Kasten	Blutorange	RAL 2002
	Zierstreifen	Elfenbein	RAL 1014
	Dach ... teilw.	Weißalumin.	RAL 9006
	teilw.	Elfenbein	RAL 1014
	Rahmen, Laufwerk	Tiefschwarz	RAL 9006
ab 1985:	Kasten	Blutorange	RAL 2002
	Zierstreifen	Elfenbein	RAL 1014
	Dach, Rahmen, Laufwerk	Umbragrau	RAL 7022
ab 1987:	Kasten	Blutorange	RAL 2002
	Gliederungsflächen	Elfenbein	RAL 1014*)
	Umrahmung Frontfenster	Umbragrau	RAL 7022*)
	Dach, Rahmen, Laufwerk	Umbragrau	RAL 7022

ab 1990: genereller Ersatz des Blutorange RAL 2002 durch Verkehrsrot RAL 3020

*) Nur 1043.06,10, 1046.009, 1146, 1044.92,117,201–203,501

Abweichende Einzelfarbgebungen

1960:	1010.01 „Schnurrbart"		Chromgelb	RAL 1007
1962/63:	Probelok EH 600 C Jenbacher (nachmalige 1067.01):			
		Kasten	Blutorange	RAL 2002
		Zierlinien	Gelb	RAL 1004
		Rahmen, Laufwerk	Eisengrau	RAL 7011
1988:	1046.023 HG:	Kasten	Blutorange	RAL 2002
		„Bauchbinde"	Hellgrau	RAL 7035
		Fenstermasken	Umbragrau	RAL 7022
		Dach	Umbragrau	RAL 7022
		Rahmen, Laufwerk	Umbragrau	RAL 7022
1989:	1046.007 HG:	Kasten	Verkehrsrot	RAL 3020
		„Bauchbinde"	Kieselgrau	RAL 7032
		Sonstiges	Umbragrau	RAL 7022
1989/90:	1046.008 HG, 1046.012 HG, 1044.204 ff.:			
		Kasten	Verkehrsrot	RAL 3020
		„Bauchbinde"	Achatgrau	RAL 7038
		Sonstiges	Umbragrau	RAL 7022
1990:	Gliederungsflächen Grauweiß RAL 9002 statt Achatgrau (beginnend mit 1042.579)			

GySEV/ROeEE V 43:	Kasten	Azurblau
	Gliederungsflächen	Honiggelb
(keine RAL-Töne)	Dach, Rahmen, Laufwerk	Eisengrau

Standardlackierung Elektrotriebwagen ÖBB

Reihen 4010, 4020 (ab 1978 auch 4030 und 4130)

Kasten incl. Dach		Elfenbein	RAL 1014
Fensterband, Zierlinien usw. bis 1975		Saphirblau	RAL 5003,
	ab 1976	Ultramarinblau	RAL 5002
Scheinwerferumrandung 4010		Karminrot	RAL 3002

Reihen 4041, 4042, anfänglich auch 4030, 4130

Kastenunterteil		Saphirblau	RAL 5003
Fensterband, Zierlinien		Beige	RAL 1001
Dach		Weißaluminium	RAL 9006
Rahmen bzw. Schürze		Eisengrau	RAL 7011
„Schnurrbart" und Schürze S-Bahn		Gelborange	RAL 2000
	ab 1976	Blutorange	RAL 2002

Einzelne Sonderfarbgebungen

1975: 4010.12 und 4030.228 Cremeweiß RAL 9001 statt Elfenbein

1989: ET 4855 Lambach-Haag (Farbgebung Stern & Hafferl):

	Kasten	Creme	RAL 1014
	Gliederungsflächen	Feuerrot	RAL 3000
	Dach, Fahrwerk	Umbragrau	RAL 7022

1990: Triebzüge ET 4010.022 und 015:

	Kasten incl. Dach	Verkehrsrot	RAL 3020
	Fensterband, Laufwerk	Umbragrau	RAL 7022
	Gliederungsstreifen	Grauweiß	RAL 9002

1990: Triebwagengarnitur ET 4030.308

	Kasten incl. Dach	Grauweiß	RAL 9002
	Fensterband, Zierlinien usw.	Ultramarinblau	RAL 5002

Privatbahntriebwagen

MBS ab 1965:	Kasten untere Hälfte	Karminrot	RAL 3002
	Kasten obere Hälfte, Gliederungsstreifen, Schriftzüge	Ginstergelb	RAL 1032
	Rahmen, Drehgestelle	Nußbraun	RAL 8011
	Dächer	Weißaluminium	RAL 9006

MBS aktuelle Abwandlungen

	Fahrwerke, Dächer	Umbragrau	RAL 7022
	Fensterband ET 10.103,105	Umbragrau	RAL 7022
	seitl. Fensterband NPZ	Blaugrau	NCS 7502 B
	Drehgestelle, Pflug NPZ	Schwarzgrau	RAL 7021

Steiermärkische Landesbahnen Peggau–Übelbach

ET 11–13:	Kasten untere Hälfte	Blutorange	RAL 2002
	Kasten obere Hälfte	Zinkgelb	RAL 1018
	Untergestell	Fehgrau	RAL 7000
	Dach	Weißaluminium	RAL 9006

Beschreibung der Baureihen

1010.005 (Serienausführung mit realem Drehzapfen) im heutigen Erscheinungsbild (Innsbruck, Mai 1989) *Foto: Petrovitsch*

Lokomotiven

1010
1110
1110.500

Co'Co'

1955

Techn. Daten: Seite 218

Typenbild Bauform 1010.03-20 mit tiefliegendem Drehzapfen („Andreaskreuz"), Ablieferungszustand

Im Jahre 1949 wurde der elektrische Betrieb auf der Westbahnstrecke von Attnang-Puchheim bis Linz aufgenommen, die Fortsetzung nach Wien war beschlossene Tatsache. Nach 1945 standen die Reihen 1570, 1670 und 1018 als Schnellzuglokomotiven zur Verfügung. Erstere waren leistungs- und geschwindigkeitsmäßig, aber auch ihrer überholten Konzeption wegen, für die Strecke Salzburg–Wien unzureichend, letztere ihrer geringen Stückzahl zufolge für das Verkehrsaufkommen nicht ausreichend. Auch der Schnellzugverkehr westlich von Salzburg bedurfte zeitgemäßer Lokomotiven. Dieser wurde nach 1945 von den schweren sechsachsigen Güterzuglokomotiven E 94 der Deutschen Reichsbahn abgewickelt, die aber durch langandauerndes Fahren im Bereich ihrer Höchstgeschwindigkeit überfordert waren. Auch der Oberbau wurde davon übermäßig in Mitleidenschaft gezogen. Der Bau einer zeitgemäßen, den gehobenen Leistungsansprüchen entsprechende Schnellzuglokomotive war notwendig geworden, zeichnete sich doch bereits auch die Elektrifizierung der Südbahnstrecke von Wien zur italienischen beziehungsweise jugoslawischen Grenze ab. Es wurde dabei auch erwogen, die Reihe 1018 nachzubauen. Jedoch war diese Konstruktion ebenfalls technisch überholt, die Verwendug von Laufachsen aufgrund neuer Baugrundsätze leistungsfähiger Fahrmotoren überflüs-

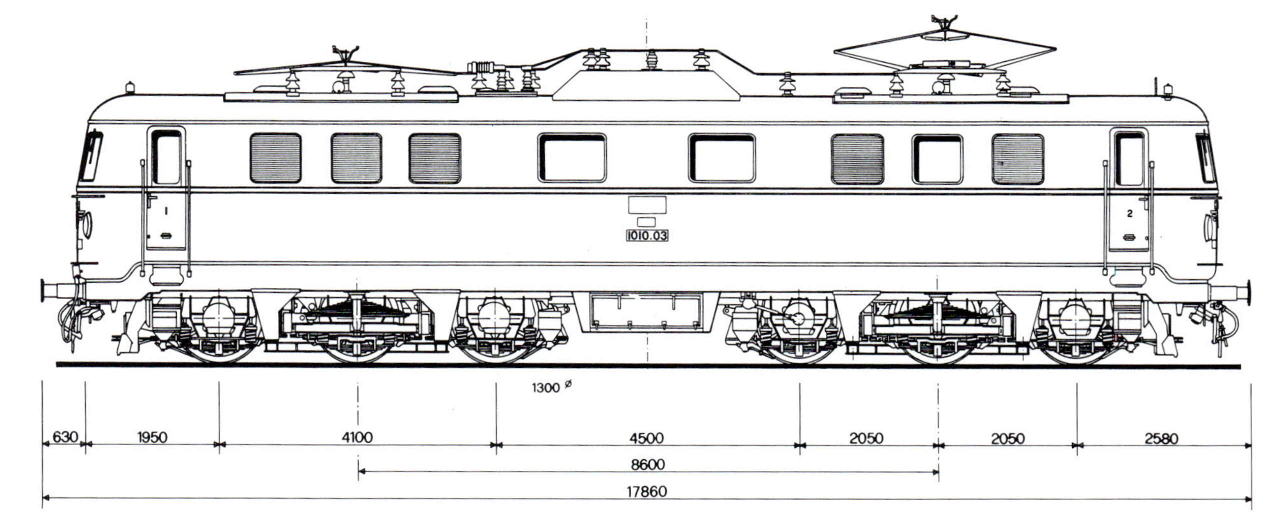

Maßstab 1:110

sig geworden. Eine Bo'Bo'-Lokomotive war auch in die Planungsüberlegungen einbezogen worden. Ein Weiterbau der Reihe 1018 wäre sehr kostenaufwendig gewesen, die Bo'Bo'-Lokomotive dagegen hätte einen Achsdruck von mehr als 20 t aufgewiesen. Schließlich wurde die Entscheidung zugunsten einer Co'Co'-Type gefällt, die einerseits ein sehr hohes Reibungsgewicht auf die Schienen bringt und andererseits der Achsdruck zur Schonung des Oberbaues möglichst mit 18 t begrenzt werden sollte.

Die Westbahnstrecke als Hauptverkehrsader mit über 700 km Länge von Wien bis zur Schweizer Grenze läßt sich geographisch in Hügelland mit teilweise geraden Strecken (Wien–Salzburg) und Gebirgsland mit längeren Talabschnitten (Salzburg–Schweizer Grenze) einteilen. Lokomotivlangläufe waren zur Zeit der Planung noch nicht aktuell, außerdem mußten in Salzburg alle Züge gestürzt werden, so daß man für den ersten Abschnitt eine Lokomotive für max. 130 km/h vorsah, für den zweiten eine für max. 110 km/h mit entsprechend höherer Zugkraftentwicklung, wobei letztere die Reihe 1020 weitestgehend entlasten sollte. Beide Typen sollten im Aufbau identisch sein und nur unterschiedliche Übersetzungen aufweisen.

Das Garantieprogramm für die 130-km/h-Lokomotiven, die die Reihenbezeichnung 1010 erhielten, umfaßte nachfolgende Anforderungen:

1. Strecke Wien–Salzburg
(314 km, max. 12 ‰ Steigung).
650 t bei 0 ‰ mit 120 km/h,
650 t bei 5 ‰ mit 110 km/h,
650 t bei 10 ‰ mit 90 km/h.

2. Rampenstrecken. Hier wurde die Auflage gemacht, daß am Ende einer Bergfahrt noch eine Anfahrt möglich sein muß, ohne die Grenzerwärmungen zu überschreiten. Am Rampenbeginn wird eine Vorerwärmung von 45 Grad vorausgesetzt.

Arlberg West
(31,4 ‰) 345 t mit 55 km/h,
Arlberg Ost
(26,4 ‰) 420 t mit 55 km/h,
Tauernbahn
(28 ‰) 400 t mit 55 km/h,
Semmering und Brenner
(25 ‰) 425 t mit 55 km/h,
Neumarkter Sattel
(18 ‰) 650 t mit 55 km/h.

Für die Reihe 1110 mit 110 km/h Höchstgeschwindigkeit ergaben sich im Hinblick auf das geänderte Übersetzungsverhältnis bei gleicher Leistung nachstehende Werte:

1. Wien–Salzburg 1110 t.
2. Arlberg West 460 bzw. Ost 550 t,
Tauernbahn und Semmering 550 t,
Brenner 460 t,
Neumarkter Sattel 850 t.

1010.02, eine der beiden versuchsweise mit lenkergeführten Drehgestellen (ideeller Drehpunkt) ausgeführten 1010 in Wien West im Jahr 1955
Werkfoto: WSSW

Insgesamt wurden 50 Lokomotiven gebaut, hiervon 20 der Reihe 1010 und 30 der Reihe 1110.

Bei den meßtechnischen Erprobungen zeigte sich, daß man die Garantielasten teilweise für den Regelbetrieb 10 % höher ansetzen konnte.

Als Hersteller für den elektrischen Teil fungierte wieder die Firmengemeinschaft ABES, wobei die Fa. Brown Boveri die Federführung innehatte, der mechanische Teil wurde vom SGP-Werk Graz konstruiert und ausgeführt. Für letzteren galten die neueren Konstruktionsprinzipien, wobei sich der Kasten unter Zwischenschaltung eines Wiegensystems auf die Drehgestelle abstützt. Hauptproblem war die Ausbildung und Anordnung des Drehzapfens, was bei allen Lokomotiven mit Gestellmotoren und dreiachsigem Drehgestell auf Schwierigkeiten stößt. Die Herstellerfirma hat zwei Varianten konstruiert, beide kamen zur Ausführung, und zwar:

1. Anordnung eines tiefliegenden Drehzapfens unterhalb des mittleren Fahrmotors.

2. Anordnung eines aufgelösten Wiegen- und Zugkraftübertragungssystems mit ideellem Drehzapfen.

Letztere Ausführung wurde, um ihre Brauchbarkeit zu studieren, in den ersten beiden gelieferten Lokomotiven 1010.01 und 02 eingebaut. 21 Lokomotiven des Typs 1110 wurden serienmäßig damit ausgerüstet. Sie weisen dabei nur 17,6 t Achsdruck gegenüber 18,3 t bei der Drehzapfenausführung auf. Als Antrieb wurde in Anlehnung an die Schweizer Lokomotive Ae 6/6 der einseitige BBC-Federantrieb gewählt. Dieser vielfach bewährte Antrieb besteht aus einem Großrad, welches auf einem Hohlwellenstummel in Pendelrollenlagern gleitet und in diesem Falle neun Federkammern mit Wickelfedern aufweist. Zwischen diesen greifen mit dem Antriebsrad fest verbundene Mitnehmerarme hindurch, die über Druckstücke mit den Federn korrespondieren. Bei der elektrischen Ausrüstung wurde in Österreich erstmals von der Niederspannungssteuerung abgewichen. Das schaltungstechnische Beherrschen von Strömen, insbesondere in der Anfahrphase von mehr als 12 000 A bei einer sechsmotorigen Lokomotive erfordert einen großen Aufwand an Platz und Gewicht. Es wurde daher auf die in der Schweiz schon verbreitete Hochspannungsstufensteuerung übergegangen. Dabei wird die Spannung auf der Primärspannungsseite eines fixen Transformators über einen Stufenwähler und Spannungsteiler mit 28 Anzapfungen angesteuert. Spannungsteiler und Transformator sind gemeinsam im Ölkessel radial geblecht angeordnet, das Hochspannungsstufenschaltwerk ebenfalls unter Öl am Kessel angeflanscht. Neben dem Vorteil der wesentlich kleineren Schaltströme ergibt sich auch eine viel höhere Stufenzahl, somit eine feinere Abstufung der Zugkraftsprünge. Dies bedingt nicht nur eine bessere Reibungsausnützung, sondern wirkt sich auch auf den Fahrkomfort (Stufensprünge) günstig aus. Die Betätigung der Steuerung erfolgt nicht mehr durch direkte Stufeneinstellung, sondern durch Vorwahl der gewünschten Stufe, die dann automatisch angewählt wird (Nachlaufsteuerung). Neu ist auch das System der Kühlung für das Transformatoröl. Dieses wird in ein Kühlsystem gepreßt, bei welchem hinter den Luftansaugjalousien Rippenrohr-

Typenbild Bauform 1110.11-30 (lenkergeführte Drehgestelle mit ideellem Drehpunkt, Front mit Schürze) in der Umbauversion 1110.500 mit E-Bremse

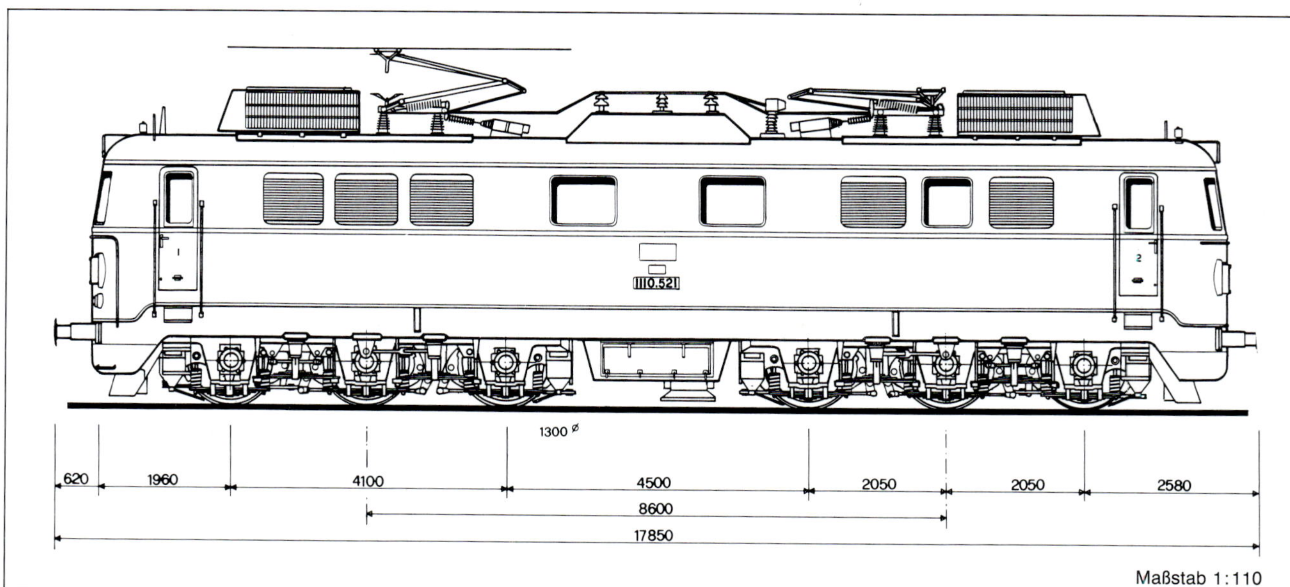

kühler angeordnet sind, die sich vor den Schächten für die Ansaugung der Motorkühlluft zu den Lüfteraggregaten befinden.

Die ersten 16 Lokomotiven des Typs 1010 wurden im Zeitraum Mai 1955 bis Oktober 1956 ausgeliefert. Ende 1956 begann die vorgezogene Auslieferung 1110, von welcher zehn Lokomotiven bis Mitte 1958 geliefert wurden, die restlichen Lokomotiven 1010.17 bis 20 bis Ende 1958. Ab Anfang 1959 begann die weitere Auslieferung 1110 und war im April 1961 mit der dreißigsten Lokomotive abgeschlossen. Die Lokomotiven absolvierten ihren Probebetrieb in der Zfltg. Wien West, von wo sie dann aufgeteilt wurden. Die drehzapfenlosen Lokomotiven 1010.01 und 02 blieben in Wien West, während ein Teil der weiteren der Zfltg. Innsbruck zugeteilt wurden. Die Reihe 1110 wurde in der Zfltg. Bludenz beheimatet. Mit der Inbetriebnahme des elektrischen Betriebes der signifikanten Semmeringstrecke 1959 wurden fünf Lokomotiven der Reihe 1110 zur ausschließlichen Beförderung von Güterzügen der Zfltg. Wien Süd zugewiesen, während für die Schnellzüge ebenfalls dorthin fünf Lokomotiven 1010 zugeteilt wurden. Mit Lieferbeginn der Reihe 1042 ab 1963 wurden die Lokomotiven 1010 und 1110 von der Südbahn abgezogen. Die engen Kurven mit einem Radius von 189 m beanspruchten die dreiachsigen Drehgestelle sehr stark, es kam zu wiederholten Speichenbrüchen. Ende der sechziger Jahre waren die Lokomotiven der Reihe 1010 auf die Zfltgn. Wien West und Salzburg, die der Reihe 1110 auf die Zfltgn. Salzburg, Innsbruck, Bludenz und Villach aufgeteilt. Womit wieder die anfangs erwähnten Einsatzbereiche, 1010 Hügelland und 1110 Gebirge, befahren wurden. In den siebziger Jahren, wo die Auslieferung der Reihe 1043 (Thyristorlokomotive) mit Inverwendungsnahme in der Zfltg. Villach ausschlaggebend war, erfolgte eine Konzentration 1110 auf den Bereich der BBD Innsbruck, das heißt, Zfltgn. Innsbruck und Bludenz. Die 20 Lokomotiven der Reihe 1010 wurden alle der Zfltg. Salzburg zugeteilt.

Von einigen anfänglichen Schwierigkeiten, wie mechanisch auf Schweißkonstruktionen und elektrisch auf zunächst zu geringe Winterfestigkeit, was zum Eindringen von Staubschnee und damit zu Ausfällen in den Fahrmotoren führte, haben sich die Lokomotiven ausgezeichnet bewährt. Die Reihe 1010 erreichte in den Schnellzugeinsätzen Jahreslaufleistungen von mehr als 300 000 km, wobei auch der forcierte Einsatz mit der DB wesentlichen Anteil hatte. Bis auf die Lokomotive 1110.13, die durch einen schweren Unfall außer Dienst gestellt werden mußte, befinden sich noch alle Lokomotiven im Einsatz. Die Reihe 1110 besorgt heute verstärkt Güterzuglanglaufeinsätze zwischen Wien (Zentralverschiebebahnhof) und der Schweizer Grenze.

1110.03 aus der Erstserie (Front und Drehgestellführung wie 1010.03ff.) in Seefeld i. T. im Juni 1972
Foto: Petrovitsch

Von geringen Verbesserungen, welche zur raschen Behebung obengenannter anfangs aufgetretenen Mängel führten, sind zwei Umbauten zu nennen, die aber nicht auf fahrzeugbedingte Unzulänglichkeiten zurückzuführen sind. Der verstärkte Einsatz der Lokomotiven im anspruchsvollen grenzüberschreitenden Verkehr war auslösend dafür, die Gleitachslager auf Wälzlager umzubauen. Es war dies eher eine prophylaktische Reaktion, die zum Teil für nicht unbedingt notwendig erkannt wurde. Im weiteren wurden zehn Lokomotiven der Reihe 1110 mit einer elektrischen, thyristorgesteuerten Widerstandsbremse nach dem gleichen System, wie es die Reihe 1042.500 aufweist, ausgestattet. Dies war für die vorwiegend im Steilrampeneinsatz verwendeten Lokomotiven eine durchaus berechtigte Maßnahme. War doch beim Bau der Lokomotiven zu dieser Zeit eine gewisse Aversion gegenüber elektrischen Bremsen vorhanden, so daß die gesamte Reihe ohne eine solche ausgeführt wurde. Die mit elektrischer Bremse nachträglich versehenen Lokomotiven erhielten die Unternummer 1110.500, wobei die Nummernfestlegung wahllos, je nachdem die Lokomotiven zu einer Hauptwerkstättenrevision fällig waren, erfolgte. Die zehn mit elektrischer Bremse ausgestatteten Lokomotiven sind alle in Bludenz beheimatet. Die Bremsanlage ist grundsätzlich wie bei 4010 ausgeführt, wo sie auch ausführlich beschrieben ist, so daß hierzu keine weiteren Erläuterungen notwendig erscheinen.

Konstruktive Merkmale

Fahrzeugteil

Laufwerk: Zwei unterschiedliche Drehgestellbauarten.

– *Ausführung mit Drehzapfen:* Anstelle eines Wiegebalkens ein Wiegenrahmen, der unter den Mittelmotor mit dem Drehzapfenträger hindurchgreift. Der Drehzapfen ist mit einem darunterliegenden Andreaskreuz verbunden, dessen vier Enden am Brückenrahmen befestigt sind. Der Wiegenrahmen ist über die Wiegenfeder mit der Kastenabstützung verbunden und mittels Schrägpendel am Drehgestell aufgehängt. Die Zugkraft wird über diagonal angeordnete Lenker von den Drehgestellquerträgern auf den Wiegenrahmen übertragen und von dort über den Drehzapfen auf den Brükkenrahmen. Drehgestellrahmen und Wiegenrahmen als Hohlträgerkonstruktion. Alle Verbindungen in geschweißter Ausführung. Gleitachslager der Bauart Friedmann mit Schöpfscheiben, durch Bordring Ölförderung bei hohen Geschwindigkeiten mit Druck (Druckumlaufschmierung). Die Spurkränze der mittleren Achse sind um 5 mm schwächer gedreht. Blatttragfedern sind unten am Gehäuse über Schraubenfedern und Gummischeiben beidseitig mit am Drehgestell gelagerten Druckstützen verbunden.

– *Ausführung ohne Drehzapfen:* Eigenes System für Kastenabstützung samt Wiege und Zugkraftübertragung. Das Wiegensystem besteht aus zwei Wiegebalken, auf deren Enden sich die Brücke abstützt. Balken ihrerseits auf Wiegenfedern an deren Enden abgestützt. Die Wiegenfederspannschrauben, gleichzeitig als Pendel fungierend, sind an den Drehgestelllängsholmen angelenkt. Die Zugkraft wird über ein eigenes Gestänge übertragen. Zwei waagerechte Winkelhebel sind in je einem Drehgestelllängsholm drehbar gelagert und durch einen Balken verbunden. In Fahrzeuglängsrichtung greifen die Winkelhebel mit einem Lenker an den Brückenrahmen an. Die Angriffspunkte am Brükkenrahmen liegen in jener Fahrzeugquerebene, welche durch den Drehpunkt des Gestells hindurchgeht. Neben der leichteren Ausführung gewährt diese Gestellbauart ungehinderten Zugang zum Mittelmotor. Beide Gestellbauarten sind durch eine federnde Querkupplung verbunden.

Antrieb: Einseitiger BBC-Federantrieb, schrägverzahnte Getrieberäder mit 27:86 Zähnen für 1010, 24:89 Zähnen für 1110.

Hauptrahmen: Geschweißte Hohlträgerkonstruktion. Kastenförmige Querträger zur Versteifung. Bei der Drehzapfenausführung sind an jedem Brükkenträger vier Konsolen angeschraubt, an welchen das Andreaskreuz angreift. An den Ende steife Blechkästen zur Aufnahme der Zug- und Stoßvorrichtung.

Lokomotivkasten: Selbsttragende Kastenkonstruktion mit abgerundeten Stirnseiten windschnittig ausgeführt. Drei Dachfelder über dem Maschinen-

Umbauversion 1110.502 ex 1110.02 (Nachrüstung Widerstandsbremse und geänderte Pufferbohle) in Bludenz im Juni 1990
Foto: Petrovitsch

1110.526 ex 1110.26 (Serienausführung 1110.11-30 mit Frontschürze, Drehgestelle mit ideelem Drehpunkt) in Innsbruck im Februar 1990
Foto: Petrovitsch

raum abhebbar. Im Maschinenraum vorne und hinten Podeste, auf denen Lüfter, Hilfseinrichtungen und elektrische Apparate angeordnet sind. Transformatoraggregat in Fahrzeugmitte. Z-Förmiger Maschinenraumdurchgang, Türe hierzu jeweils führerseitig angeordnet.

Bremseinrichtung: Schnellwirkende automatische Druckluftbremse mit Druckübersetzern für den Wagenzug. Nachbremsventil. Direktwirkende Zusatzbremse nur für die Lokomotive ebenfalls mit Druckübersetzer. Schleuderschutzbremse mit Druckknopfsteuerung. Drucklufterzeugung durch zweistufigen Kolbenkompressor Brk 15 für eine stündliche Fördermenge von 150 m³ mit 9 bar. Handbremse auf das dem jeweiligen Führerstand zugeordnete Gestell wirkend.

Hilfseinrichtungen: Kühlluftansaugung durch zwei auf den Podesten stehende Lüfteraggregate direkt von außen durch seitliche Jalousien über die Transformatorölkühler und Saugschächte. Druckschächte von den Lüftern, die als Radialgebläse ausgebildet sind, zu je drei Fahrmotoren und deren Wendefeldwiderstände, letztere über das Dach ausblasend. Fördermenge je Aggregat 600 m³/min. Luftbedarf je Fahrmotor 180 m³/min. Druckluftsandstreuer auf die jeweilig vorauslaufende Achse eines Gestells wirkend. Druckluftpfeife. Mechanische Antriebe für Geschwindigkeitsmesser, Sicherheitsfahrschaltung, Achslagerbremsdruckregler und Zentralschmierpumpe. Spurkranzschmierung.

Elektrischer Teil

Hochspannungsausrüstung: Zwei Scherenstromabnehmer Bauart V mit Doppelwippe, Druckluftschnellschalter Type DBTF.

Haupttransformator: Radialbauweise mit zylindrischer Kernsäule und sechs magnetischen Rückschlußjochen. Auf der Kernsäule die Regulierwicklung mit Spannungsteilerfunktion sowie Primär- und Sekundärwicklung. Kühlung durch Zwangsumlauf im Kessel mit zusätzlich belüftetem Ölkühlsystem, angeflanschtes Ölpumpenaggregat mit 950 l/min Ölumlaufmenge. 28 Fahrstufenspannungen von 18 bis 517 V, Nennleistung 3500 kVA, Heizspannung für 812 und 1018 V und 485 kW dauernd, 206-V-Hilfsbetriebspannung.

Steuerung: Hochspannungsstufenschaltwerk mit 28 Fahrstufen, Schaltwerk mit zwei gestreckten Kontaktbahnen und Kontaktwalzen, Anordnung unter Öl. Funkenschalter (Lastschalter) für den Überschaltvorgang außerhalb des Gehäuses. Nachlaufsteuerung, Antrieb von batteriegespeistem Nebenschlußmotor.

Fahrmotor: Sechs fremdbelüftete zehnpolige Einphasenreihenschlußmotoren mit Kompensation für 665 kW Stundenleistung und 1730 U/min bei Höchstgeschwindigkeit. Motor in je einem Pendelrollenlager und Zylinderrollenlager gelagert. Läufer mit offenen Kühlfahnen ausgeführt, Läuferdurchmesser noch immer gleich wie Reihe 1245. Gewicht des Motors 3360 kg.

Elektrische Bremse (nur bei 1110.500): Elektrische Hochleistungswiderstandsbremse wie bei 4010. Bremsleistung 2460 kW, Bremskraft bei 70 km/h 132,5 kN.

Hilfseinrichtungen: 24-V-Gleichstromversorgungsnetz für Steuerung, Beleuchtung und Betätigungen. Zwei Batterien für je 60 Ah Kapazität, Umformeraggregat mit Einphasenasynchronmotor von 2,6 kW Leistung mit Anlaufkondensator, Laderegler Bauart Dick. Wechselstromantriebsmotoren für die Lüfteraggregate von je 29 kW und 17 kW für den Kompressor. Impulssicherheitsfahrschaltung und Induktive Zugbeeinflussung (Indusi).

1018
1118
DR E 18^2, E 18

1'Do1'

1940, 1938 bis 1985

Techn. Daten: Seite 219

Es darf hier vorweggenommen werden, daß nur die Entstehung der österreichischen Reihe 1018 behandelt wird. Die Reihe 1118, identisch mit der deutschen Bauart 118, wird nicht im Rahmen dieses Buches gesondert erfaßt. Auf die einschlägige Literatur (siehe Eisenbahn-Fahrzeug-Archiv: Bäzold/Fiebig, Elektrische Lokomotiven deutscher Eisenbahnen) wird verwiesen.

Schon nach dem Ersten Weltkrieg wurde 1920 in Österreich ein Elektrifizierungsprogramm erstellt, das innerhalb von 15 Jahren auch die Elektrifizierung der Westbahn von Vorarlberg nach Wien beinhaltete. 1930 war Salzburg vom Westen her voll angeschlossen. Wie bei der Reihe 1245 nachzulesen ist, veranlaßte 1931 ein Regierungsbeschluß, Detailprojekte für die Strecke Salzburg–Wien auszuarbeiten. Neben einer universell einsetzbaren Lokomotive für den Güter- und leichten Reisezugdienst, die dann als Reihe 1245 verwirklicht wurde, war Bedarf für eine Schnellzuglokomotive gegeben. Die zur damaligen Zeit hochmodernen Dampflokomotiven der Reihe 214 mit 2700 PS und einer Geschwindigkeit von 120 km/h beförderten die Schnellzüge in etwas mehr als vier Stunden über die 314 km lange Strecke, in der drei längere Rampenabschnitte mit bis zu 12 ‰ vorhanden sind. Somit mußte für den elektrischen Betrieb aufgrund der Eigenschaften einer Elektrolokomotive ein fühlbarer Fahrzeitgewinn möglich sein. Das würde eine Triebfahrzeugleistung von etwa 3000 kW, also etwas mehr als 4000 PS voraussetzen. Diese Lokomotive war nach den Kriterien längerer Beharrungsfahrten in den eher kurvenreichen Streckenabschnitten in den 12 ‰-Rampen, aber auch mit hoher Geschwindigkeit auf längeren geraden Abschnitten mit Neigungen bis 5 ‰ auszulegen. Mit Einführung genieteter Stahlwagen für Reisezüge in den dreißiger Jahren ergaben sich Schnellzuggewichte von 550 bis 650 t, wobei von der Reihe 214 auf 12 ‰ mit 550 t noch 60 km/h erreicht werden konnten. Die Vorgängerserie 113 keuchte mit 40 km/h vor dieser Anhängelast bergwärts. Hier konnte die Elektrifizierung wirksame Zeitgewinne erbringen. Dementsprechend war das garantierte Leistungsprogramm für die elektrische Schnellzuglokomotive Wien–Salzburg angesetzt:

650 t bei 0 ‰ mit 120 km/h,
650 t bei 5 ‰ mit 110 km/h,
650 t bei 10 ‰ mit 90 km/h.

Verschiedene Entwürfe wurden vorgelegt, wo neben vier Triebachsen auch vier Laufachsen vorhanden waren. Ausschlaggebend war aber dann die bereits vorhandene 1'Do1'-Lokomotive E 18 der Deutschen Reichsbahn mit ähnlichen Leistungsvoraussetzungen. Für ebene Strecken war hier sogar eine planmäßige Höchstgeschwindigkeit von 140 km/h vorgeschrieben.

Für die österreichische Lokomotive war eine optimale Leistungsauslegung zwischen 90 und 100 km/h vorzusehen. Die Stundenleistung wurde mit etwa 3350 kW, die Höchstgeschwindigkeit mit 130 km/h festgelegt. Es war ein kluger Schritt der damaligen Unternehmensleitung, auf ein bewährtes Vorbild zu greifen, wodurch man weniger Unannehmlichkeiten mit Inbetriebnahme und im Zeitraum der Erstbewährung erwarten konnte, wie die Ausführung dann auch bestätigte. In der Auslegung des elektrischen Teiles mußten dem Betriebsprogramm entsprechend geänderte Bauteile, vor allem Transformator und Fahrmotor neu entwickelt werden. Aber auch bei den BBÖ übliche Einheitsbauteile sollten verwendet werden. 1937 wurde dann unter Verwendung von Zeichnungen der Deutschen Reichsbahn eine Serie von acht Lokomotiven bestellt, für welche die Reihenbezeichnung, in Anlehnung an das deutsche Vorbild, gemäß den BBÖ-Richtlinien 1870 vorgesehen war.

Im Gegensatz zu der üblichen Vergabe des elektrischen Teiles an alle vier österreichischen Elektrofirmen war die Ausführung in diesem Falle, adäquat wie in Deutschland an die Firmen AEG-Union und Siemens vergeben worden. Für die Ausführung des mechanischen Teiles zeichnete die Wiener Lokomotivfabriks AG verantwortlich. In die Bauzeit fällt die Übernahme der BBÖ durch die Deutsche Reichsbahn. Damit wurden Korrekturen an der Ausführung, auf österreichischen Normen beruhend, vorgenommen, um eine weitgehende Anpassung an die DR-Normen zu erreichen. Dies führte letztendlich zu einer Lieferverzögerung.

Das Grundkonzept war von österreichischen Normen weitgehend entfernt. Setzte man in Österreich bereits 1927 auf Drehgestelle mit voll abgefederten Fahrmotoren, baute man in Deutschland für höhere Geschwindigkeiten Rahmenlokomotiven mit voll

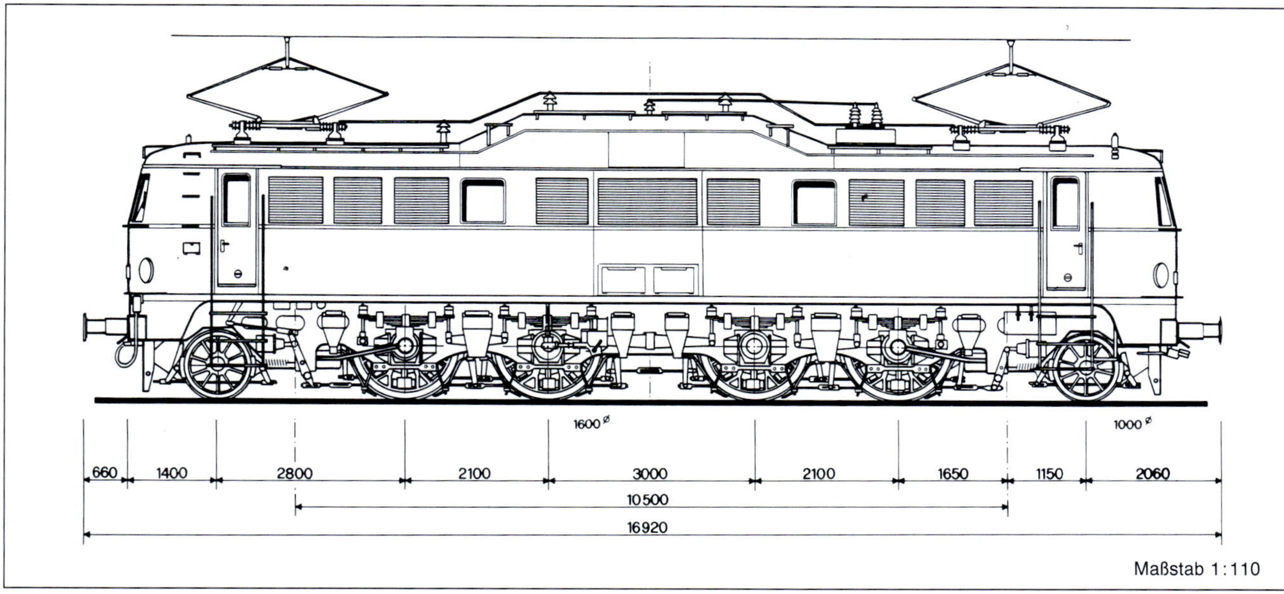

Typenbild 1018.01-08 vor der HG-Modernisierung

abgefederten Fahrmotoren. Abweichend vom Sècheron-Federantrieb wurde hier der AEG-Kleinow-Federtopfantrieb erfolgreich angewendet, der dann auch in Österreich nach 1945 teilweise in modifizierter Form übernommen wurde. Aus lauftechnischen Gründen stand man der Verwendung von Laufachsen wohlwollend gegenüber, wenn das Fahrzeuggewicht zu hoch wurde. Auch die Leistungssteuerung war anders. Man bevorzugte als Steuerspannung 200 V Wechselstrom, als Stufenschalteinrichtung dominierte das Niederspannungs-Nockenschaltwerk mit Feinregler, womit eine feinere Unterteilung der Zugkraftsprünge durch Halbstufen zwischen den Dauerstufen möglich wurde. Wurde das Nockenschaltwerk bisher von Hand aus mit erheblichem Kraftaufwand des Lokomotivführers betätigt, erfolgte der Antrieb bei der E 18 mittels Steuermotor. In diesem Sinne wurden auch die österreichischen Lokomotiven ausgeführt, die inzwischen die Reihenbezeichnung E 18.2 erhielten. Als rein österreichischer Beitrag verblieben Transformator und Fahrmotor, wobei letzterer eine Spitzenentwicklung auf dem Motorenbausektor darstellt. Es muß vermerkt werden, daß sich dieser auf die Grundlagen der Reihe 1245 aufbaut, wobei eine Leistungssteigerung von rund 80 % erreicht werden konnte.

Alle acht Lokomotiven gelangten im Zeitraum Februar bis Oktober 1940 zur Auslieferung und wurden dem Betriebswerk Salzburg Hbf. zugeteilt. Von dort wurden sie ausschließlich im Schnellzugdienst nach Spittal a. d. Drau (Tauernbahn), Wörgl, München und Attnang–Puchheim eingesetzt. Ein Großteil der Lokomotiven wurde im Krieg mehr oder minder beschädigt. Bis auf die E 18.206 wurden alle Lokomotiven instand gesetzt. 1943 wurden zwei Lokomotiven der Reihe E 18, die E 18.42 und 046 zur Verstärkung nach Salzburg zugewiesen, wobei erstere unbeschädigt blieb, die 046 dagegen schwersten Bombenschaden erlitt. Der große Lokomotivmangel war Veranlassung, aus dem Wrack der E 18.046 und den Resten der 206 sowie aus Tauschteilen in der Hauptwerkstätte Linz eine Lokomotive aufzubauen. Es entstand ein Gemisch aus beiden Bauarten, leistungsmäßig identisch mit der österreichischen Bauart. Sie erhielt die Bezeichnung 1018.101 und wurde 1953 in den Betriebsstand eingegliedert. Im gleichen Jahr erfolgte die Umnumerierung von E 18.2 auf die neue ÖBB-Bezeichnung 1018. Die E 18.42 als unveränderte Reichsbahnausführung wurde als 1118.01 in das neue Schema aufgenommen. Mit der Aufnahme des elektrischen Betriebes bis Wien Ende 1952 dominierte die Reihe 1018 (inklusive 1118.01) den Schnellzugverkehr auf dieser Strecke. Ein Großteil der Lokomotiven wurde der Zfltg. Wien West zugewiesen, die übrigen der Zfltg. Linz, so daß die ursprüngliche Heimatdienststelle Salzburg ohne Reihe 1018 war. Nach Einlieferung der Reihe 1010 ab 1955 wurden dann alle Lokomotiven der Zfltg. Linz zugeordnet, wo sie bis heute verblieben.

Die Lokomotiven sowie auch ihr deutsches Vorbild waren zu ihrer Zeit am Lokomotivbau revolutionär. Sie bewährten sich ganz ausgezeichnet und konnten die in sie gesetzten Erwartungen voll erfüllen. Die deutsche E 18 wurde umfangreichen meßtechnischen Erprobungen unterzogen, für die E 18.2 war durch den inzwischen ausgebrochenen Krieg keine Zeit, die Lokomotiven mußten betrieblich voll genutzt werden. Daß hier gerade der österreichischen Elektroindustrie ein großer Wurf insbesondere im Motorenbau gelungen war, beweist der von Anfang an problemfreie Betrieb in den verstärkten Einsätzen der Kriegs- und Nachkriegsjahre. Natürlich hatte die Lokomotive einige Schwachstellen, die immer wieder Störungen auslösten. Die Laufachslager waren besonders empfindlich, ebenso die Deichselanlenkungen an den Endtriebachsen. Die Schmierung aller Lager des mechanischen Teiles durch Einzelstellenschmierung hinkten im Modernisierungsgrad etwas nach. Elektrisch waren die Schaltrelais für den Steuermotor sehr anfällig und mußten immer wieder vom Lokomotivpersonal mit Schmirgelpapier und Schraubenzieher besonders betreut werden. Im Gesamtkonzept gab es keine gravierenden Erschwernisse.

1018.02 mit modernisierter Kastenbauform im Juli 1973 in Linz
Foto: Petrovitsch

Wieder im Triebfahrzeugpark der ÖBB eingegliedert, wurden schrittweise Verbesserungen bzw. Anpassungen vorgenommen. Zunächst wurde eine Zentralschmieranlage Bauart Friedmann eingebaut und die Laufachslagerung verbessert, ferner erfolgte der Umbau auf Druckluftschnellschalter DBTF und verstärkte Steuerrelais. Die Antriebsfedertöpfe, die im Betrieb einem sehr starken Verschleiß ausgesetzt waren, wurden in den sechziger Jahren generell durch Gummipuffer ersetzt. Im Rahmen von Großausbesserungen erfolgte eine weitgehende Anpassung der Schaltungen in den Betätigungskreisen an ÖBB-Ausführungen. Die Führerstände wurden ebenfalls in moderner Form hergerichtet und die drei für die Bauart charakteristischen Stirnfenster durch zwei schrägliegende ersetzt. Anfang der siebziger Jahre wurde eine Spurkranzschmierung installiert.

Trotz dieser Maßnahmen konnte die Lokomotive gegenüber den leistungsfähigeren und moderner konzipierten der fünfziger Jahre nicht mehr mithalten. Sie blieb ein Produkt der zweiten Hälfte der dreißiger Jahre, vor allem wirkte sich das erhaltungsmäßig aus. Mit dem Rückgang der Kilometerleistungen durch minderwertige Einsätze sank ihre Wirtschaftlichkeit. Auch zeigte das Material bereits Alterserscheinungen, so daß man an eine Ausmusterung denken mußte.

Die beiden Einzelexemplare 1018.101 und 1118.01 waren die ersten Opfer, ab 1986 wurden dann auch Serienlokomotiven ausgemustert. Der in den letzten Jahren rasante Verkehrsanstieg erforderte die Mobilisierung aller Reserven, so daß zunächst die Ausmusterung gestoppt wurde. Somit befinden sich heute noch vier Lokomotiven im Einsatz, und zwar die 1018.02, 04, 07 und 08. Die Lokomotive 1018.05 wird als Museumslokomotive in der Zfltg. Linz hergerichtet.

Konstruktive Merkmale

Fahrzeugteil

Laufwerk: Vier im Hauptrahmen gelagerte, einzeln angetriebene Achsen mit einem Seitenspiel von ±15 mm, die Räder der mittleren Triebachsen mit 10 mm Spurkranzschwächung. Laufachsen in einem Krauss-Helmholtz-Gestell, welches von AEG-Kleinow abgeändert wurde, gelagert. Nachfolgende Triebachse über einem Bügel und Deichselabstützung mit dem Lenkgestell verbunden, Drehzapfenverbindung mit dem Hauptrahmen. Drehzapfen und Stützzapfen mit pneumatisch zu beaufschlagenden Rückstellfedern, wobei das jeweils nachlaufende Lenkgestell starr wird (nur seitenverschieblich). Laufräder mit ±100 mm seitenbeweglich. Gleitachslager Bauart Friedmann mit Schöpfscheibenschmierung, E 18.42 und 046 mit Peyinghaus-Lager.

Antrieb: AEG-Kleinow-Federtopfantrieb mit Hohlwelle, welche beidseitig über ein schrägverzahntes Getriebe mit 33:97 Zähnen (DR-Lok 34:95) und sechs Auslegern mit im Rad über Druckplatten gelagerten Federtöpfen korrespondiert. Später Ersatz der Federtöpfe durch Gummipuffer.

Hauptrahmen: Außenrahmen in vollständig geschweißter Stahlblechkonstruktion und Querstreben zur Versteifung. An den Stirnseiten verstärkte Pufferträger zur Aufnahme der Zug- und Stoßvorrichtungen.

Lokomotivkasten: Abgerundete strömungstechnisch günstige und optisch wirksame Stirnfront mit einem schmalen mittleren und zwei breiteren Fenstern. Profilstahlgerippe in geschweißter Ausführung, seitliche Jalousien zur Luftansaugung, Kasten mit dem Hauptrahmen verbunden. Abnehmbare Dachteile zum Ausbau von Fahrmotoren und Transformator sowie Apparaten. Zwei geräumige Führerstände. Maschinenraum mit einem Durchgang, alle elektrischen Bauteile vom Maschinenraum aus zugänglich.

Bremseinrichtung: Schnellwirkende automatische Hochleistungsdruckluftbremse mit Druckübersetzer für Lokomotive und Wagenzug, nicht selbsttätige Lokomotivdruckluftbremse. Spätere einheitliche Ausrüstung mit Rotationskompressor für 140 m³/h gegen 8 bar, ebenso nachträglicher Einbau von Nachbremsventilen. Handbremse auf die beiden benachbarten Triebachsen wirkend.

Hilfseinrichtungen: Vier Fahrmotorenlüfter mit zwei Radialgebläsen und einer Gesamtförderleistung 145 m³/min, Transformatorlüfter 240 m³/min. Kühlluftansaugung aus dem Maschinenraum. Druckluftsandstreuer auf alle vier Triebachsen in der jeweiligen Fahrtrichtung wirkend. Druckluftpfeifen. Antriebe der Geschwindigkeitsmesser mechanisch, spätere Umstellung auf elektrisch. Sicherheitsfahrschaltung, Zentralschmierpresse, Spurkranzschmierung.

Elektrischer Teil

Hochspannungsausrüstung: Zwei Scherenstromabnehmer Bauart IV mit Doppelwippe, Druckluftschnellschalter DBTF. Ursprünglich waren die Lokomotiven mit dem Einheitsölschalter ELO 3 bzw. die DR-Lokomotiven mit Druckgasschalter APB 104 ausgerüstet.

Haupttransformator: Manteltransformator mit zwangsweisem Ölumlauf im Kessel und äußerer zusätzlicher Kühlung durch seitliche Kühlrohre. Angeflanschtes Ölpumpenaggregat mit 4-kW-Antriebsmotor. 18 Fahrstufenanzapfungen von 62,5 bis 594 V. Dauerleistung des Transformators 2880 kVA, Heizleistung 400 kW bei 1000 V, Hilfsbetriebspannung 203 V. (DR-Lokomotive 15 Stufenanzapfungen von 60 bis 614 V, Dauerleistung 2565 kVA).

Steuerung: Von einem Steuermotor angetriebenes Nockenschaltwerk mit Feinregler, Stromteilerdrossel mit Zusatztransformator, 18 Dauerfahrstufen und 17 Zwischenstufen (1118.01... 15/14), bei welchen jeweils nur eine Anzapfung angeschlossen ist. Auf-Ab-Steuerung mit zwei Aufschaltgeschwindigkeiten, und zwar normal 4 sek/Stufe, schnell 1 sek/Stufe, Stufenzeiger über elektrische Welle mit Feinregler gekuppelt. 200-V-Wechselstromsteuermotor mit 1 kW Leistung mit gekuppeltem Bremsgenerator, Betätigung über 200-V-Steuerrelais vom Fahrschalter. Elektropneumatische Fahrtwender. Die Lokomotiven 1118.01 und 1018.101 hatten den deutschen Vorbildern entsprechend Handtrennschalter.

Fahrmotoren: Vier fremdbelüftete kompensierte 12polige Einphasenreihenschlußmotoren mit 835 kW Stundenleistung und 1304 U/min bei Höchstgeschwindigkeit (1118.01... 760 kW und 1330 U/min). Österreichische Motoren mit offenen Kühlfahnen ausgeführt. Gewicht des Motors 5100 kg (1118.01...4900 kg).

Hilfseinrichtungen: 24-V-Gleichstromnetz für Betätigungen und Beleuchtung. Batterie für 52 Ah über Hilfstransformator und Gleichrichter geladen. Wechselstromantriebsmotoren für die Lüfteraggregate und Transformatorlüfter 8,6 kW, Kompressormotor 17,6 kW. Impulssicherheitsfahrschaltung und Indusi.

1020
DR E 94

Co'Co'

1940

Techn. Daten: Seite 219

Diese Lokomotive stellt keine österreichische Entwicklung dar, ihr Bau fällt in die Zeit der Deutschen Reichsbahn (DR). Trotzdem ist die Topographie Österreichs entscheidend für die Ausbildung dieses Typs gewesen. Im Netz der DR fehlten Steilstrecken, wie sie in Österreich häufig anzutreffen sind. Lediglich die Geislinger Steige zwischen Ulm und Stuttgart reicht an den Begriff Steilstrecken heran. Die schlesische Gebirgsbahn hatte geländegünstigere Ausweichrouten. Daher bestand wenig Bedarf für ausgesprochene elektrische Berglokomotiven. Die Elektrifizierung auf ersterer Strecke und der damit zu erwartende Verkehrszuwachs veranlaßte dann doch die DR, einen hierfür geeigneten Lokomotivtyp zu bauen. Es war dies eine Co'Co'-Lokomotive mit 20 t Achsdruck, von denen insgesamt 18 mit der Reihenbezeichnung E 93 bis 1938 geliefert wurden. Die Konstruktion entspringt aus einer Notzeit, wo Einfachheit und Billigkeit ausschlaggebend waren, die Stundenleistung war mit 2500 kW, die Höchstgeschwindigkeit mit 70 km/h festgesetzt. Dank der hohen Reibungsausnutzung und einfachen Konstruktion bewährte sich die Lokomotive sehr gut. Angesichts der großen Vermehrung von Steilstrecken im Netz der DR durch die Besetzung Österreichs im Jahre 1938 sowie der sich abzeichnenden politischen Ereignisse war dringender Bedarf nach einer sehr leistungsfähigen Lokomotive gegeben. Sie sollte vornehmlich Güterzugeinsätze, aber auch Schnellzüge auf den Rampen und Zubringerstrecken fahren. Gegenüber der Reihe E 93 sollte die Leistung um 30 % höher sein. Folgende Anforderungen an die Lokomotive wurden gestellt:

2000 t auf 0 ‰ mit 85 km/h,
1600 t auf 10 ‰ mit 40 km/h,
1000 t auf 16 ‰ mit 50 km/h,
600 t auf 25 ‰ mit 50 km/h,
500 t auf 31 ‰ mit 50 km/h.

Die größte Anfahrzugkraft sollte 400 kN betragen. Zusätzlich wurde auf Wunsch österreichischer Stellen eine elektrische Widerstandsbremse verlangt, welche das Eigengewicht bei 31 ‰

Typenbild 1020.01-44 nach der HG-Ausbesserung

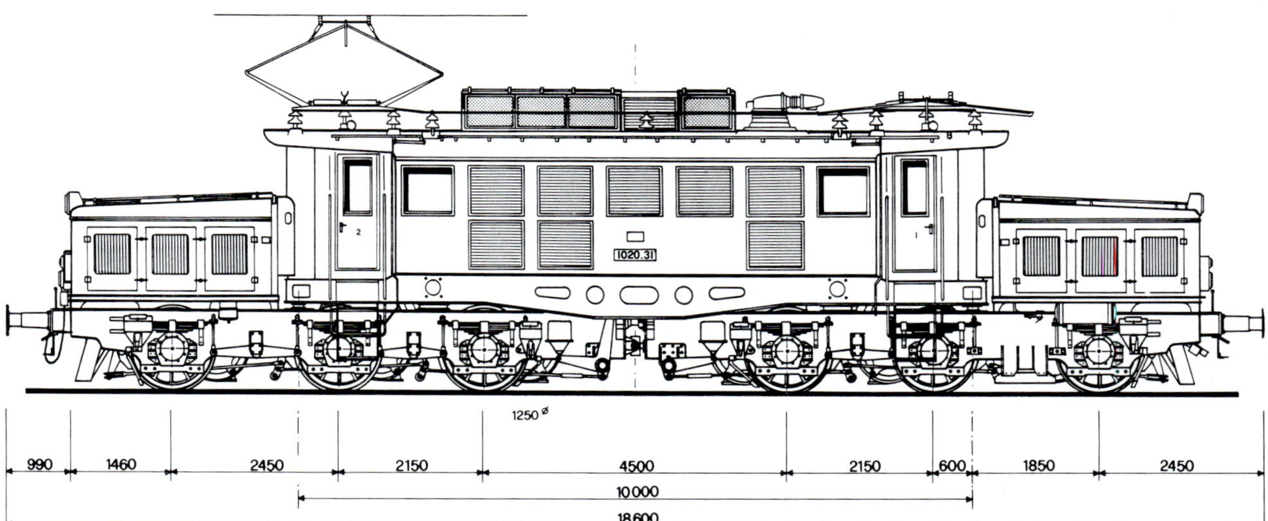

Maßstab 1:110

voll abbremst. Der Achsdruck war auch hier mit 20 t einzuhalten, die Höchstgeschwindigkeit 90 km/h.

Als Hersteller waren zunächst nur deutsche Firmen vorgesehen, ab 1943 auch solche auf ehemaligem österreichischen Gebiet. Die elektrischen Ausrüstungen lieferten die Firmen AEG, Siemens und später auch ELIN. Der Fahrzeugteil wurde bei AEG, Krauss-Maffei, Hentschel und Lokomotivfabrik Wien-Floridsdorf hergestellt. Die baulichen Grundsätze der E 93 wurden beibehalten, zwei Drehgestelle mit längeren halbhohen Vorbauten und der zurückgesetzten Brücke mit dem Kastenaufbau. Die logische Reihenbezeichnung lautete E 94. Letztendlich auch der einfache Tatzlagerantrieb, obwohl bei 90 km/h der unabgefederte Motorgewichtsanteil den Oberbau stärker beansprucht und auch die Rüttelschwingungen, die bei dieser Lokomotive akustisch deutlich werden, die Anfahrphase nachteilig beeinflussen können. Die elektrische Ausrüstung übernimmt weitgehend Normbauteile früher ausgeführter Typen. Für den Fahrmotor war ebenfalls eine Vorbildausführung in den DR-Lokomotiven E 44.506–509 vorhanden. Eine neue Komponente brachte die Anwendung von Aluminium anstelle von Kupfer als Auswirkung der Rohstoffknappheit auf das Leitermaterial. Spätere Lokomotiven waren mit Transformatoren, Stromschienen, Starkstromkabel und Hilfstransformatoren in Aluminiumausführung geliefert worden. Bei den Ständern der Fahrmotoren gab es Einzelexemplare mit Aluminiumwicklung.

Im Mai 1940 (also bereits im Krieg) wurde die Lokomotive E 94.001 in das damalige Betriebswerk Innsbruck eingeliefert. Bis Kriegsende 1945 waren 145 Lokomotiven ausgeliefert. Serienmäßig waren nur die ersten elf Lokomotiven im österreichischen Bereich eingeliefert worden. Die weiteren Lieferungen verteilten sich ohne besondere Seriennummernzusammenfassung auf das ganze Reichsgebiet. Es würde zu weit führen, hier ins Detail zu gehen. Es sollen lediglich die Lokomotiven aus österreichischer Sicht betrachtet werden. Sie wurden im Bereich der heutigen Zfltgn. Salzburg, Innsbruck und Bludenz sowie deren Nebenstellen, die in der Reichsbahnzeit ebenfalls den Status eines Betriebswerkes (BW) hatten, beheimatet, wo sie die schweren Schnellzüge und Güterzüge vornehmlich beförderten.

Nach Kriegsende verblieben endgültig 44 Lokomotiven auf österreichischem Gebiet. Zum Teil schwer beschädigt, erfolgte aufgrund des großen Bedarfsmangels ihre Wiederinstandsetzung, was bei der damaligen Materialsituation nicht einfach war. Sogar ein Totalschadenfall, die E 94.031 wurde 1952 von der Hauptwerkstätte Linz neu aufgebaut. 1953 wurde die neue ÖBB-Reihenbezeichnung eingeführt, die Lokomotiven wurden als Reihe 1020 bezeichnet, wobei eine Durchnumerierung der bunt zusammengewürfelten Lokomotiven von 1020.01–44 erfolgte. Das Schema war, erstens die Siemens-Lokomotiven in ihrer baulichen Folge und dann die AEG-Lokomotiven zu reihen. Im selben Jahr wurden aus noch vorhandenen Bauelementen in der Wiener Lokomotivfabrik (aus nicht mehr zur Auslieferung gelangten Lokomotiven) und Verwendung von Ersatzteilen aus der Hauptwerkstätte Linz drei neue Lokomotiven, die die Betriebsnummern 1020.45–47 erhielten, in den Betriebsstand übernommen. Sie weisen einige Abänderungen auf, wobei Wechsel- durch Gleichstromschütze ersetzt sind und ein anderes Schaltwerk zum Einbau gelangte. Es mag aus historischer Sicht für diese signifikante Lokomotivtype vermerkt werden, daß die ursprünglich erste Lokomotive E 94.001 heute als 1020.18 im Einsatz steht. Mit der Ausdehnung des elektrischen Betriebes in den Bereich Villach wurden 1952 Lokomotiven der Zfltg. Villach zugewiesen. Die Verteilung auf die genannten Zfltgn. entspricht auch noch dem heutigen Stand. Der schwere Güterverkehr auf den Rampen gestattet derzeit noch nicht, auf den Einsatz der Reihe 1020 zu verzichten, so daß die Lokomotiven im Gegensatz zur DB, wo sie bereits ausgemustert sind, weiter in Betrieb bleiben.

Die Lokomotiven haben sich von Anfang an bewährt, obwohl auch Kinderkrankheiten aufgetreten sind, wie zum Beispiel ein sehr starker Radreifenverschleiß. Der Einbau der in Österreich schon lange bekannten Spurkranzschmierung schaffte rasch Abhilfe. Es zeigt sich auch bei dieser Lokomotive, daß längere Einsätze, bei denen die Fahrzeughöchstgeschwindigkeit zu fahren ist, den Motoren nicht gut bekommt. Überschläge traten verstärkt neben anderen Störanfälligkeiten auf, so daß es zur Regel wurde, nach ca. 40 000 Einsatzkilometern nach einer Revision die Lokomotiven vom Schnellzugdienst in reine Güterzugpläne abzuziehen. Nach Lieferung der neuen Co'Co'-Lokomotiven 1010 und 1110 wanderten daher die 1020-Lokomotiven immer mehr in den reinen Güterzugdienst ab, wobei in verstärktem Ausmaß auch Vorspann- und Schiebedienstleistungen zum Betriebsprogramm gehören. Die Lokomotiven waren neben einigen spektakulären Unfällen durch höhere Gewalt in solche durch Bremsanstände verwickelt, und zwar dadurch, daß es durch ungebremstes Zuggewicht mehrfach zum Durchgehen von Güterzügen auf Steilrampen führte. Deshalb wurde aufgrund des damaligen technischen Standards eine elektrische Hochleistungswiderstandsbremse mit Gleichstromfremderregung entwickelt. Diese war in der Lage, sämtliche bergwärts geförderte Lasten auf der Talfahrt voll abzubremsen.

In den sechziger Jahren wurden die Lokomotiven in der Hauptwerkstätte Linz einer Großausbesserung unterzogen, wobei neben zeitgemäßen Erneuerungen auch einige Umbauten vorgenommen wurden. Wie angeführt, wurden sie dabei mit der elektrischen Hochleistungsbremse ausgerüstet. Die Führerstände wurden modernisiert, wobei die Bedienbarkeit der Hilfseinrichtungen auf eine zeitgemäße Ausführung gebracht wurde, anstelle der drei Stirnfenster sind nur mehr zwei breite mit besserem Ausblick vorhanden. Die einfachen Vorbaujalousien, durch welche in strengen Winterperioden immer wieder Flugschnee eingedrungen war und oft zu schwerwiegenden Ausfällen führte, wurden durch Mehrfachdüsenlüftungsgitter ersetzt. Daneben läuft der großzügige Umbau der Fahrmotoren auf eine höhere Isolationsklasse mit gleichzeitiger Verringerung der Lagenzahl und Übergang vom geschlossenen Kollektor auf offene Kühlfahnen. Gerade diese letzte Maßnahme hat ein Übel ausgemerzt, wo durch thermische Beanspruchung Auslötungen mit schweren Folgeschäden vermieden werden können.

ÖBB-Reihe 1020 unentbehrlich im Gegensatz zu den ausgemusterten DB 184 und DR 254: 1020.007 (ex E 94 011) im Februar 1990 in Innsbruck
Foto: Petrovitsch

Die Lokomotiven der Reihe 1020 sind, wie schon erwähnt, aufgrund ihres Konzeptes für Steilrampeneinsätze für die ÖBB noch immer von Bedeutung. Obwohl die Erhaltungskosten deutlich über den modernerer Typen liegen, ist ihre zugförderungsmäßige Bedeutung unbestritten. Es wurden neben den Lokomotiven 1020.45–47 ab 1986 fünf weitere aufgrund ihres schlechten Erhaltungszustandes ausgemustert.

Konstruktive Merkmale

Fahrzeugteil

Laufwerk: Drehgestellrahmen als Außenrahmen in geschweißter Plattenbauweise ausgeführt und mit kastenförmigen Querverbindungen versteift. Kastenabstützung in sechs Punkten auf den Drehgestellen lagernd und durch Drehzapfen (als Führungszapfen) geführt. Vorderer Zapfen fest, hinterer längsverschiebbar. Zugkraftübertragung durch Kurzkupplung mit Hauptkuppeleisen und zwei seitlichen gefederten Stoßpuffern. Zusätzliche Ausgleichskupplung. Radsätze als Speichenräder mit außenliegenden Gleitachslagern mit Schöpfscheibenschmierung. Spurkränze der zweiten und fünften Achse um 10 mm schwächer gedreht, oben angeordnete Blatttragfedern. Zug- und Stoßvorrichtungen an den Drehgestellstirnseiten. Die Drehgestelle nehmen neben den Fahrmotoren unter den Vorbauhauben einen Teil der elektrischen Ausrüstung auf, wozu Fahrt- und Bremswender, Motorlüfteraggregate, Kompressoraggregat mit Druckluftarmaturen, Gleichstromversorgung und anderes gehören. Die Seitenwände sind mit aufklappbaren Jalousietüren versehen.

Die drei österreichischen Nachbau-1020er erfuhren nur Teilumbauten und wurden 1984 ausgemustert: 1020.46 in Innsbruck im März 1981
Foto: Petrovitsch

Antrieb: Tatzlagerantrieb zweiseitig ausgeführt, Tatzlager als dochtgeschmierte Gleitlager, schrägverzahnte Getrieberäder mit 20:79 Zähnen, Ritzel ungefedert.

Hauptrahmen: Schweißkonstruktion mit zwei außenliegenden Längsträgern und fünf Querträgern, mittlerer Querträger nimmt den Transformator auf. An äußeren Querträgern Führungszapfen befestigt und Aufnahme der gefederten seitlichen Tragstützen.

Lokomotivkasten: Als Schweißkonstruktion hergestellt und auf die Brücke aufgeschweißt. An den Enden die genormten Führerstände, dazwischen der Maschinenraum mit einseitigem Durchgang. Auf jeder Seite zwei Fenster und Lüftungsjalousien, Dachteil mit Bremswiderstandsaufbau abhebbar. Im Maschinenraum sind untergebracht: Haupttransformator, je ein Lüfteraggregat für zwei Fahrmotoren und den Transformator, Bremswiderstandslüfter, Nockenschaltwerk und Feinregler mit Antrieben und Hilfstransformatoren sowie weitere elektrische Ausrüstungsteile.

Bremseinrichtung: Automatische Druckluftbremse für die Lokomotive und den Wagenzug, Nachbremsventil. Direkt wirkende Zusatzdruckluftbremse für die Lokomotive allein. Kolbenkompressor mit einer Förderleistung von 100 m³/h gegen 10 bar. Im Zuge der Großausbesserung Umrüstung auf ÖBB Einheitskolbenkompressor für 150 m³/h. Handbremse auf das jeweilige Drehgestell unter dem Führerstand wirkend.

Hilfseinrichtungen: Drei Doppellüfteraggregate als Radialgebläse für die Fahrmotoren mit 250 m³/min, ein Doppellüfteraggregat für Transformator und halben Bremswiderstand mit 300 m³/min, ein Bremslüfter für 250 m³/min, ein Zusatzlüfter für Hilfstransformator. Kühlluftansaugung aus dem Maschinenraum bzw. den Vorbauhauben. Druckluftsandstreuer für alle Räder, wobei jedes Rad in jeder Fahrtrichtung gesandet werden kann. Druckluftpfeife, Mechanische Antriebe für Geschwindigkeitsmesser und Sicherheitsfahrschaltung. Schmierpresse und Spurkranzschmierung.

Elektrischer Teil

Hochspannungsausrüstung: Nachträgliche Umrüstung auf ÖBB-Einheitsscherenstromabnehmer IV mit Doppelwippe. Ursprünglich waren die AEG-Lokomotiven mit Druckgasschalter und die von Siemens mit Expansionsschalter ausgerüstet. Im Rahmen der Großausbesserungen einheitliche Bestückung mit Type DBTF. Ursprünglich teilweise Ausrüstung mit Kathodenfallableiter.

Haupttransformator: Manteltransformator mit Fremdlüftung und zwangsweisem Ölumlauf im Kessel. Kühlung des Öls in beiderseitigen Rippenrohrkühlern, Ölpumpe am Transformator angebaut mit einer Förderleistung von 800 l/min. 18 Fahrstufenanzapfungen von 58 bis 551 V. Ferner eine Heizstufe für 1000 V und 400 A, 200-V-Hilfsbetriebspannung. Zwei Ausführungen mit Kupfer bzw. Aluminium als Leitermaterial. Kupfertransformator mit 3135 kVA Dauerleistung und 9130 kg Gewicht, Aluminiumtransformator 3275 kVA und 8650 kg.

Steuerung: Handangetriebenes Nokkenschaltwerk mit Feinregler, Stromteilerdrossel und Zusatztransformator. Die Lokomotiven 1020.45 bis 47 waren mit Wanderwalzenschaltwerken versehen, die wegen ihrer schlechten Bewährung bald ausgebaut wurden. 18 Fahrstufen und 17 Zwischenstufen, bei welchen jeweils nur eine Anzapfung angeschlossen ist. Zwei elektropneumatische Fahrtwender, drei elektropneumatische Bremswender.

Fahrmotoren: Sechs zehnpolige kompensierte Einphasenreihenschlußmotoren mit 550 kW Stundenleistung mit Fremd- und Eigenlüftung, 1564 U/min bei Höchstgeschwindigkeit. Ursprüngliche Läuferausführung mit hochgezogenen Kollektorlamellen und eingelöteten Stabenden. Da die thermische Beanspruchung immer wieder zu Auslötungen führte, wurden die Läufer auf das bewährte österreichische System mit offenen Kühlfahnen abgeändert. Gesamtgewicht des Fahrmotors 3960 kg. Erwähnt werden muß noch, daß die Motorenhersteller sich bemühten, die Leistung anzuheben. Zwei Typen mit 720 und 780 kW Stundenleistung waren in zwei in Österreich verbliebenen Lokomotiven vorhanden. (Die 780-kW-Type stammte von Siemens-Wien.)

Elektrische Bremse: Ursprünglich zehnstufige fremderregte Wechselstrom-Widerstandsbremse mit einer Leistung von 675 kW. Wie zuvor beschrieben erfolgte seit den sechziger Jahren die Umrüstung auf eine fremderregte Gleichstromhochleistungswiderstandsbremse mit 1740 kW Bremsleistung. Dabei werden die in Serie geschalteten Feldwicklungen über das Schaltwerk, Umsetztransformator und Selengleichrichter geschaltet. Jeweils zwei Motoren wirken auf die neuen Hochleistungsbremswiderstände, auch die Kühlung derselben wurde verstärkt. Eine Abhängigkeitsschaltung mit der Druckluftbremse verhindert ein Überbremsen.

Hilfseinrichtungen: 24-V-Gleichstromversorgungsnetz für Betätigungen und Beleuchtung. Batterie für 60 Ah über Gleichrichter geladen. Wechselstromantriebsmotoren für die Lüfteraggregate mit 18,5 kW, für Bremslüfter 8,5 kW, für Kompressor 17 kW, für Ölpumpe 3,6 kW und den Lüfter für den Zusatztransformator 0,7 kW. Impulssicherheitsfahrschaltung und Indusi.

1040

Bo'Bo'

1950

Techn. Daten: Seite 219

Nach dem Ende des Zweiten Weltkrieges funktionierte der elektrische Betrieb westlich von Attnang–Puchheim sehr bald in vollem Umfang, während der Dampfbetrieb östlich infolge der Schwierigkeiten an der Versorgung mit Kohle nur notdürftig weitergeführt werden konnte. So wie vor mehr als 20 Jahren stellte sich die weitere Streckenelektrifizierung als eine staatspolitische Notwendigkeit dar. 1946 lag ein diesbezüglicher Plan vor, nachdem innerhalb von zwölf Jahren weitere 2000 Kilometer zu elektrifizieren sind. Als absolute Priorität galt die Fortsetzung der Strecke von Attnang–Puchheim bis Wien, deren erster Teilabschnitt im Juni 1949 bis Linz vollendet war. Ein Jahr später konnte in Kärnten, im Anschluß an die Tauernstrecke von Spittal/Drau bis Villach, elektrisch gefahren werden. Reichte der Bedarf an vorhandenen Triebfahrzeugen für die 20 % des Gesamtnetzes umfassenden elektrischen Strecken, so war für die Weiterelektrifizierung eine Vergrößerung des Triebfahrzeugparks dringend erforderlich. Man darf nicht übersehen, daß der vorhandene Triebfahrzeugpark zum Teil aus Fahrzeugen bestand, deren Konzeption mehr als 20 Jahre zurückliegt und für die gegenwärtigen und künftigen Anforderungen nicht mehr gerecht wird. Für den gemischten Betrieb hat sich die Reihe 1245 seit mehr als zehn Jahren gut bewährt, wobei erinnert werden darf, daß als Entwurfsgrundlage der Einsatz für die Strecke Wien–Salzburg bestimmend war. Es war daher naheliegend, den Bau neuer Lokomotiven mit dem vorhandenen Modell fortzusetzen. Ersten Überlegungen nach sollte ein unveränderter Weiterbau zunächst erfolgen, andererseits wollte man die technischen Fortschritte der letzten zehn Jahre, die in anderen nicht kriegführenden Ländern getätigt worden waren, nicht unberücksichtigt lassen. Ein neues Betriebsprogramm wurde nicht vorgeschrieben, es verblieb vielmehr das vorhandene für die Reihe 1245 verbindlich.

Es war bei den meisten früher bestellten Fahrzeugreihen üblich, jene Fahrzeughöchstgeschwindigkeit vorzuschreiben, die im normalen Betriebsalltag verlangt wurde, das heißt, Einsatz ohne Leistungsreserven. Daher wurde für die 1947 bestellten zehn Lokomotiven in Anlehnung an das Vorkriegsmodell eine Bo'Bo'-Type mit dem den technischen Fortschritt entsprechenden Verbesserungen am mechanischen und elektrischen Teil bestellt, wobei letzterer eine Erhöhung der Leistung erfuhr und auch die Höchstgeschwindigkeit um 10 km/h angehoben wurde. Die Lokomotive erhielt die neue Reihenbezeichnung 1040.

Konstruktion und Bauausführung wurden der nach 1945 wiedererstandenen Firmengemeinschaft ABES für den elektrischen Teil und der Wiener Lokomotivfabriks A.G. für den mechanischen Teil übertragen. Die Baugrundsätze der Reihe 1245 sollten, wie erwähnt, unter Einbringung moderner technischer Erkenntnisse beibehal-

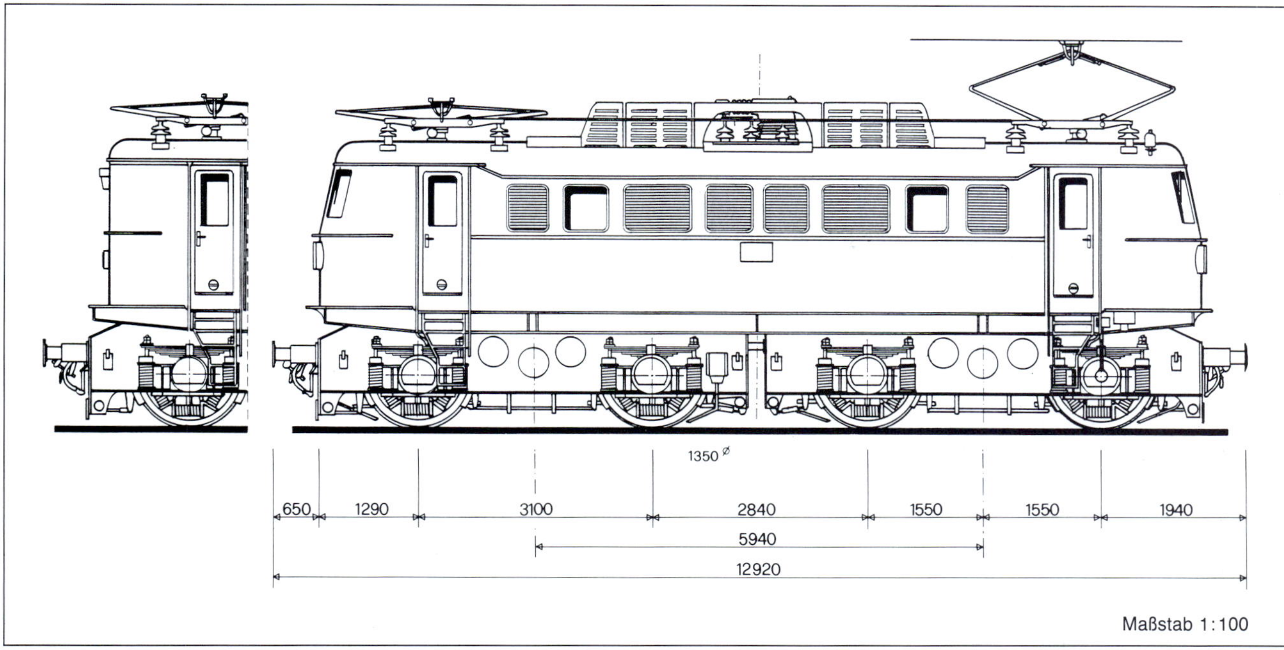

ten bleiben. Anstelle von Niet- und Schraubverbindungen waren nunmehr Schweißverbindungen vorzusehen. Anstelle der direkten Zugkraftkupplung zwischen den Drehgestellen trat eine Dreieckskupplung, welche eine Verminderung der Führungsdrücke zur Folge hat. Der Sécheron-Federantrieb wurde unverändert übernommen. Die Höchstgeschwindigkeit auf 90 km/h hinaufgesetzt, damit auch fallweise Schnellzugseinsätze gefahren werden konnten. Eine elektrische Widerstandsbremse war ebenfalls vorzusehen. Nach der Erstbestellung von zehn Lokomotiven erfolgte eine weitere auf sechs, die alle bis 1953 ausgeliefert waren. Letztere Ausführung ist durch eine gefälligere abgewinkelte Stirnfläche gekennzeichnet, und im Zuge größerer Hauptwerkstättenrevisionen wurden auch die ersten zehn Lokomotiven in diese Form gebracht.

Die erste Lokomotive wurde im Oktober 1950 in der Zfltg. Salzburg eingeliefert. Es war ein historisches Ereignis, als die erste elektrische Nachkriegslokomotive den ÖBB übergeben wurde. Die Lokomotiven wurden in Salzburg beheimatet, von wo aus sie bevorzugt im Tauernverkehr eingesetzt waren. Mit der Eröffnung des elektrischen Betriebes bis Wien wurden zehn Lokomotiven der Zfltg. Wien West zugeordnet. Durchgangsgüterzüge hatten damals eine planmäßige Höchstgeschwindigkeit von 60 km/h, mit verbesserten Wagenbremsen teilweise 80 km/h. Das schien als das ideale Einsatzgebiet, so daß bis in die sechziger Jahre der Güterverkehr zum Großteil von der Reihe 1040 zwischen Wien und Salzburg abgewickelt wurde. Dieser schwere Dauereinsatz überforderte die Lokomotiven offensichtlich, was sich in einer Häufung von Fahrmotorausfällen bemerkbar machte.

Typenbild Ablieferungszustand 1040.11-16, dem bezüglich der gepfeilten Stirnfront die 1040.01-10 (Die Ursprungsbauform ist als Detailzeichnung links abgebildet) später angeglichen wurden

Die Höchstgeschwindigkeit wurde auf 80 km/h herabgesetzt. Vor allem durch die Auslieferung der Reihe 1042 in den sechziger Jahren bedingt wurde die Reihe 1040 in andere Einsatzgebiete abgedrängt. Sie kam in den Nebendienststellen Amstetten und Mürzzuschlag zum Einsatz. In erstere für den Regional- und Güterverkehr, in letzterer vornehmlich für Vorspanndienst auf der Semmering-Rampenstrecke. Da von diesen Dienststellen auch Lokomotiven für Verschubzwecke und Ladegüterzüge zu stellen sind, wanderten sie teilweise in dieses Einsatzgebiet ab, wofür sie auch entspre-

1040.06 noch mit der originalen flachen Stirnfront im August 1958 in Linz
Foto: A. Luft

chend hergerichtet wurden. In den gesteigerten Einsätzen erreichten manche Lokomotivleistungen bis zu 20 000 km.

Der mechanische Teil, nach erfolgreichen Baugrundsätzen konzipiert, gab überhaupt keinen Anlaß zu Störungen. Nur beim Antrieb traten Brüche der Sècheron-Federn auf. Als Ursache stellte sich heraus, daß keine Überbeanspruchung vorlag, sondern die Nachkriegsqualität des Federstahls nicht die beste war. Es wurde deshalb von den ÖBB eine Gummihohlfedernvariante entworfen, die in den siebziger Jahren zum Einbau kam. Elektrisch waren, wie erwähnt, unverhältnismäßig hohe Ausfälle bei den Fahrmotoren zu verzeichnen, wovon der größte Anteil auf Kollektorfahnen- und Wendefeldwicklungsbrüche entfiel. Es wurden viele Versuche angestellt, bis sich schließlich als Ursache Schwingungsbrüche herausstellten. Bei 60 km/h trat eine Resonanzschwingung auf, also gerade dort, wo bevorzugt gefahren wurde. Veränderte Einsatzbedingungen lösten das Problem kurzfristig. Zeitbedingt war auch das Kabelmaterial nicht von hoher Qualität, so daß nach relativ kurzer Betriebszeit, das heißt in diesem Falle von etwas mehr als zehn Jahren, eine Neuverkabelung erforderlich war. Im Rahmen dieser Großausbesserungen wurde neben der genannten Stirnwandveränderung das Gleichstromsystem anstelle des rotierenden Umformers auf einen Ladegleichrichter umgestellt. Die geänderten Einsatzbedingungen, bei welchen verstärkt der Verschubanteil dominierte, erforderten einen Führerstandsumbau in der Form, daß nichtführerseitig ein Blindfahrschalter mit Zusatzbremse eingebaut wurde. In dieser Form versehen auch heute noch alle 16 Lokomotiven zufriedenstellend ihren Dienst.

Konstruktive Merkmale

Fahrzeugteil

Laufwerk: Drehgestellrahmen als Außenrahmen aus Stahlblechplatten in vollkommen geschweißter Ausführung. Kastenabstützung in Dreipunktausführung wie 1245, jedoch mit nachstellbaren Federn. Seitenverschiebliche Stützzapfen, hinten auch längsverschieblich. Zugkraftübertragung durch Dreieckskupplung, Spitze des Dreiecks kugelig im vorderen Gestell, Basis drehbar in Stirnwand des hinteren gelagert. Dadurch bessere Laufeigenschaften und verminderte Führungsdrücke. Zusätzlich zwei gefederte Druckstößel. Verbesserte Fahrmotorenlagerung beiderseits in mechanisch bedingten Querversteifungen. Gleitachslager Bauart Friedmann mit Druckumlaufschmierung und verbesserter Schöpfscheibenausbildung. Zug- und Stoßvorrichtungen an den Drehgestellstirnseiten.

Antrieb: Sècheron-Hohlwellenfederantrieb wie 1245, Anschlagbegrenzung etwas vermindert, Antriebsräder geradverzahnt mit 21 : 93 Zähnen.

Hauptrahmen: Stahlblechrahmen in geschweißter Ausführung.

Lokomotivkasten: Schweißkonstruktion aus Walzprofilen und Blechwänden. Kastenaufbau bis zur Pufferbrust vorgezogen, schräg abgewinkelte Stirnfront, geräumige Führerstände. Einseitiger Maschinenraumdurchgang, Transformator in der Mitte, davor und dahinter quer angeordnete Schützenbatterien, darunter Lüfteraggregate. Weitere Hilfsbetriebe und Apparate an den Maschinenraumenden. Seitliche Lüfterjalousien. Großer abnehmbarer Dachteil.

Bremseinrichtungen: Automatische Druckluftbremse für Lokomotive und

Wagenzug, Nachbremsventil, direktwirkende Zusatzdruckluftbremse für die Lokomotive, Kolbenkompressor mit 150 m³/h Förderleistung gegen 8 bar. Handbremse auf zugeordnetes Gestell wirkend.

Hilfseinrichtungen: Zwei Lüfteraggregate, je ein Aggregat versorgt zwei Fahrmotoren und eine Transformatorhälfte, Radialgebläse. Kühlluftbedarf je Motor 120 m³/min, Transformator 180 m³/min, Kühlluftansaugung aus dem Maschinenraum. Druckluftsandstreuer auf jeweilig vorauslaufende Achse im Drehgestell wirkend. Druckluftpfeife. Mechanische Antriebe für Geschwindigkeitsmesser, Sicherheitsfahrschaltung und Zentralschmierpresse.

Elektrischer Teil

Hochspannungsausrüstung: Zwei Scherenstromabnehmer IV mit Doppelwippe, Druckgasschalter APB 104w als österreichischer Nachbau des deutschen AEG-Druckgasschalters.

Haupttransformator: Fremdbelüfteter ölgekühlter Transformator mit zwangsweisem Ölumlauf durch Umlaufpumpe im Kessel. Kernbauart, mit unverändertem Kern wie ab 1245.209, Niederspannungswicklung und Heizwicklung verstärkt. Dauerleistung 2200 kVA, elf Fahrstufenanzapfungen von 88 bis 539 V, Zugheizleistung 368 kW bei 921 V. Hilfsbetriebeanspeisung 200 V. Überschaltdrosseln im Transformatorkessel.

Steuerung: Elektropneumatische Gleichstromschützensteuerung für 21 Fahrstufen in Dreidrosselschaltung. Totales Verriegelungssystem der Schütze untereinander, Schütze für 2000 A Dauerstrombelastung, 24-V-Gleichstromsteuerspannung, elektropneumatischer Einheitsnockenrichtungs- und Fahrbremswender.

Fahrmotoren: Einphasenreihenschlußmotor als Weiterentwicklung des Fahrmotors der Reihe 1245 mit gleichen Abmessungen, jedoch vergrößerter Stundenleistung auf 590 kW und Drehzahlsteigerung auf 1620 U/min bei Fahrzeughöchstgeschwindigkeit. Erreicht wurde diese Steigerung durch Neuauslegung der Läuferwicklung und Verminderung der Zusatzverluste. Gewicht des Motors 3900 kg.

Elektrische Bremse: Fremderregte Widerstandsbremse mit Wechselstromerregung über die Leistungsschütze, wobei die vier Felder in Reihe geschaltet sind. Jeder Fahrmotor arbeitet auf eigenen Bremswiderstand. Widerstände in Dachaufbau, Kühlung durch Transformatorabluft. Dimensionierung für Eigengewichtsabbremsung, Bremsleistung 340 kW.

Hilfseinrichtungen: 24-V-Gleichstromversorgungsnetz für Steuerung, Beleuchtung und Betätigungen. Ursprünglich Versorgung über 1-kW-Umformeraggregat und Laderegler, später Direktanspeisung über Hilfstransformator und Selengleichrichter, Batteriekapazität 60 Ah. Wechselstromantriebsmotoren für Lüfter mit 15 kW, Kompressormotor 17 kW und als Einphasenasynchronmotor ausgeführter Ölpumpenmotor mit 1,4 kW. Impulssicherheitsfahrschaltung und Indusi.

Aktuelles Erscheinungsbild der Baureihe 1040: 1040.002 in St. Pölten Hbf. im März 1990
Foto: Petrovitsch

1041

Bo'Bo'

1952

Techn. Daten: Seite 219

Bei der Beschreibung der Reihe 1040 wurde bereits darauf hingewiesen, daß man für den Lokomotivbau nach zehn Jahren zeitbedingten Stillstand auch die Erkenntnisse der in anderen Ländern erfolgten technischen Weiterentwicklung berücksichtigen sollte. Besonders interessant war die Entwicklung in der benachbarten Schweiz, wo in der ersten Hälfte der vierziger Jahre beim mechanischen Fahrzeugteil ein vollkommen neuer Weg beschritten wurde. Das Einführen waggonbaulicher Elemente war durch die Steigerung der Fahrgeschwindigkeit aus lauftechnischen Erwägungen fast zur Notwendigkeit geworden. So entstanden Lokomotiven, zuerst bei der Lötschbergbahn, wo sich der Kasten nicht mehr federnd auf die Drehgestellrahmen abstützt, sondern auf Wiegebalken, was wieder neue Überlegungen für die Übertragung der Zugkraft bringt. Vorführfahrten auf der Arlbergstrecke ließen den erzielten Fortschritt deutlich erkennen. Den Sofortbedarf hat man mit der 1947 bestellten Reihe 1040 eingeleitet. Nach einem Jahr wurden 1948 zunächst sechs Lokomotiven des neuen Typs in Auftrag gegeben, wobei der elektrische Teil unverändert beizubehalten war. Damit änderte sich auch nichts am Leistungsprogramm, ebenso blieb die Höchstgeschwindigkeit mit 90 km/h gleich. Die neue Reihenbezeichnung hieß 1041.

Mit dem Bau dieser Lokomotive erfolgte ein Neueinstieg der Firma Simmering-Graz-Pauker A.G. in den österreichischen Lokomotivbau. Das hatte zu dieser Zeit einen tieferen Hintergrund, bedingt durch die labilen weltpolitischen Verhältnisse der Nachkriegszeit. Die Wiener Lokomotivfabrik befand sich in der russischen Zone Österreichs und war deshalb russischer Aufsicht unterstellt. Das Werk Graz der SGP befand sich in der britischen Besatzungszone, wo die österreichischen Eigentumsrechte Gültigkeit hatten. Das Werk hatte eine gute

Typenbild Bauform 1041.01-15 im Ablieferungszustand

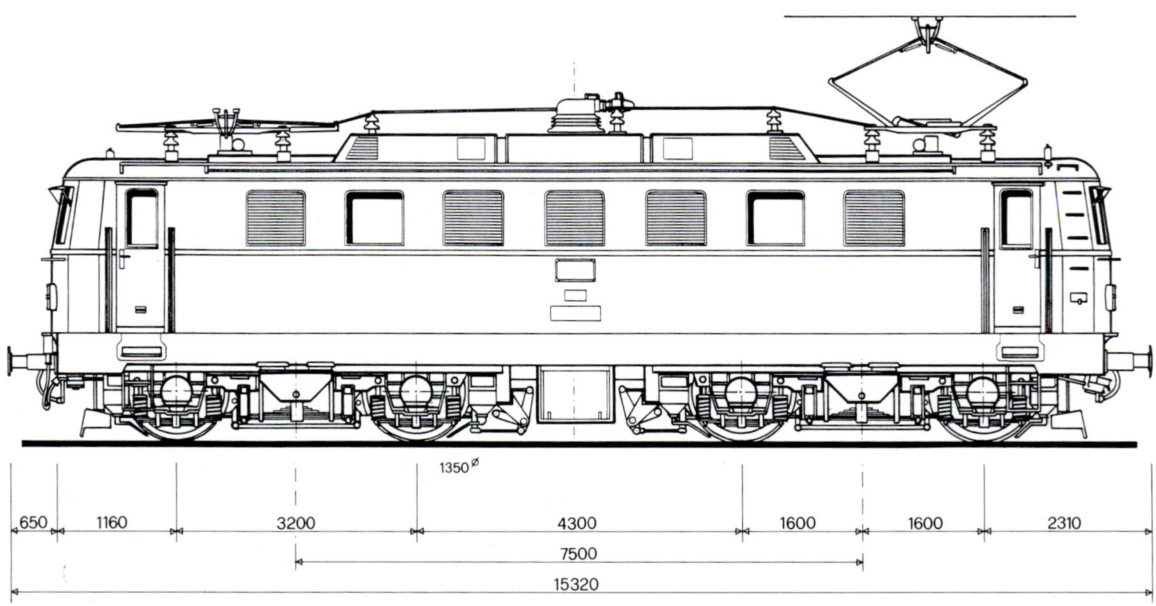

Maßstab 1:100

Tradition im Waggonbau, früher wurden dort auch Triebwagen, in der Monarchie sogar Lokomotiven gebaut. So entstand Konstruktion und Fahrzeugteil im SGP Werk Graz, wo die ABES auch ihre elektrischen Ausrüstungen montierte. Der Kasten und die Drehgestelle bekamen ein ganz anderes Aussehen. Drehzapfenabstand und geführte Länge wurden der Laufeigenschaften wegen vergrößert, die Lokomotive ist um 2400 mm länger als Reihe 1040. Trotz gewichtsparender Konstruktionen ergibt sich ein Mehrgewicht von 3 t. Neben dem Fahrzeugteil wurde aber auch ein anderer Antrieb vorgesehen. Man wählte den in der Reihe 1018 bewährten AEG-Federtopfantrieb. Er unterscheidet sich hier jedoch infolge des kleineren Raddurchmesssers in einer Ausführung mit nur fünf Töpfen und dementsprechender Radkörperausbildung. Der Fahrzeugteil ist wie vermerkt grundsätzlich anders. Seine Details sind dem Abschnitt „Konstruktive Merkmale“ zu entnehmen.

An die Erstbestellung 1948 wurde eine weitere 1950 über neun und 1951 über zehn in Auftrag gegeben, somit ein Bestellumfang von 25 Lokomotiven. Die letzteren zehn unterschieden sich wieder durch eine gefälligere Stirnform. Im Januar 1952 wurde die 1041.01 in die Zfltg. Salzburg eingeliefert. Neben Salzburg wurden Lokomotiven 1041 auch in Linz beheimatet und im anspruchsvollen Reisezugverkehr verwendet. Mit Aufnahme des elektrischen Betriebes auf der Semmeringstrecke wurden acht Lokomotiven der Nebenstelle Mürzzuschlag für den Vorspanndienst zugeteilt, später durch die Reihe 1040 abgelöst. Spätere Beheimatungen erfolgten in Amstetten, Linz, Attnang-Puchheim und Bischofshofen. Heute ist der größte Anteil in Attnang, vier sind noch in Bischofshofen. Aber auch der Reihe 1041 widerfuhr ein ähnliches Schicksal wie der Reihe 1040, daß auch sie teilweise Einsätze mit vielen Verschubbewegungen durchzuführen hat. Daneben werden noch Reisezüge, wie etwa auf der Salzkammergutstrecke, geführt.

Was die Bewährung betrifft, sind am elektrischen Teil die gleichen Pro-

Reihe 1041 als erste Nachkriegskonstruktion: 1041.015 (aus der Bauserie 1952/53 mit flacher Stirnfront) im Mai 1990 in Attnang-Puchheim
Foto: Petrovitsch

1041.22 aus der Nachlieferserie 1953/54 mit gepfeilter Stirnfront, Blendschutzdächern und Sternenbanner der US-Besatzungsmacht (Tfz für USTC-Dienstzug „Mozart“) 1955 in Wien Westbahnhof
Foto: E. Schmidt/Jocham

bleme wie bei der Reihe 1040 zu verzeichnen. Besondere Schwierigkeiten gab es mit den Antrieben, wo offenbar nur fünf Federtöpfe zu Überbeanspruchungen an Radspeichen und Befestigungselementen führten und Brüche zur Folge hatten. Erst ein Umbau auf Gummipuffer konnte hier endgültig Abhilfe schaffen. Die Laufeigenschaften waren aber deutlich besser als die der Reihe 1040, weshalb die Lokomotiven vom Personal sehr geschätzt waren. Größere Umbauten erfolgten im Zuge der notwendigen Neuverkabelung und auch in Zusammenhang mit den immer umfangreicheren Verschubeinsätzen im gleichen Rahmen wie bei der Reihe 1040.

Die Lokomotiven 1041.14 und 21 wurden in den Jahren 1985 bzw. 1986 infolge schwerer Beschädigungen ausgemustert.

Konstruktive Merkmale

Fahrzeugteil

Laufwerk: Drehgestellrahmen als Innenrahmen in geschweißter Hohlträgerbauweise (Holmenbauweise), Fahrmotorenaufhängung an Querträgern. Kastenabstützung am Drehgestell über einen kastenförmigen Wiegebalken an dessen äußeren Enden und der über die Wiegenfedern pendelnd am Drehgestell aufgehängt ist. In Wiegebalkenmitte ist der Drehzapfen gelagert, der fest mit der Brücke verbunden ist. Die Zugkraft wird von den Drehgestellen über Lenker auf den Wiegebalken und von dort über den Drehzapfen auf die Brücke übertragen, an deren Enden sich Zug- und Stoßvorrichtungen befinden. Gleitachslager Bauart Friedmann wie Reihe 1040, unten angeordnete Blatttragfeder und Schraubenfedern. Beide Drehgestelle durch eine Querkupplung verbunden.

Antrieb: AEG-Kleinow-Federtopfantrieb, später Ersatz durch Gummipuffer, Getriebe gleich Reihe 1040.

Hauptrahmen: Brückenkonstruktion aus geschweißten Hohlträgern, kräftig ausgebildete Stirnkästen zur Aufnahme der Zug- und Stoßvorrichtungen. Kräftige Kastenkonstruktion in Brückenmitte als Unterlage für Transformator und Schützengerüste. Beiderseits nach unten durchgekröpfte Querträger mit eingepreßtem Drehzapfen.

Lokomotivkasten: In selbsttragender Konstruktion, Gerippe aus dünnwandigen Hohlkörpern elektrisch verschweißt, Stirnfensterpartie schräg zurückgezogen, abgeschrägtes Blech als Übergang zu den Seitenwänden. Ab 1041.16 windschnittige Stirnfront. Maschinenraumdach dreiteilig abhebbar, mittlerer mit Druckgasschalter, seitliche mit Bremswiderständen versehen. Die größere Maschinenraumlänge erlaubt die elektrische Ausrüstung aufgelockerter anzuordnen. Der Maschinenraum kann wieder durch zwei seitliche Türen vom Führerraum aus betreten werden, die Lüfteraggregate stehen parallel zur Lokomotivlängsachse. Führerräume später etwas vergrößert.

Bremseinrichtungen: Wie Reihe 1040.

Hilfseinrichtungen: Wie Reihe 1040, einige spätere Abänderungen, zum Beispiel Drucklufttyphon, elektrischer Geschwindigkeitsmesserantrieb und andere.

Elektrischer Teil

Unverändert wie Reihe 1040.

1141

Bo'Bo'

1955

Techn. Daten: Seite 220

Bis in die fünfziger Jahre war in Österreich die Streckenhöchstgeschwindigkeit mit 100 km/h begrenzt, so daß der Bedarf der Lokomotiven für maximal 90 km/h für den leichteren und mittleren Dienst, wofür sich der Typ Bo'Bo' bestens eignete, abgedeckt werden konnte. Weitere Lokomotiven nach Auslieferung der 25 der Reihe 1041 waren mit fortschreitender Streckenelektrifizierung dringend notwendig. Ein unveränderter Weiterbau kam infolge höherer Fahrgeschwindigkeiten nicht mehr in Frage.

Die ÖBB beschlossen daher, eine Lokomotive für 110 km/h zu bestellen, die aber weitgehend nach den Baugrundsätzen der Reihe 1041 auszuführen ist. Es waren 30 Lokomotiven vorgesehen, die Leistung sollte dabei etwas angehoben werden. Vorsichtigerweise hatte man zunächst die Garantieleistungen etwas geringer als bei 1041 (1040) angesetzt, konnten dann aber bedenkenlos angepaßt werden. Vom Betriebsprogramm wird ein Teil der geforderten Anhängelasten wiedergegeben, die endgültigen Werte in Klammern angeführt. Es sind dies wie üblich Beharrungswerte, die Lasten müssen aber überall auch angefahren werden können.

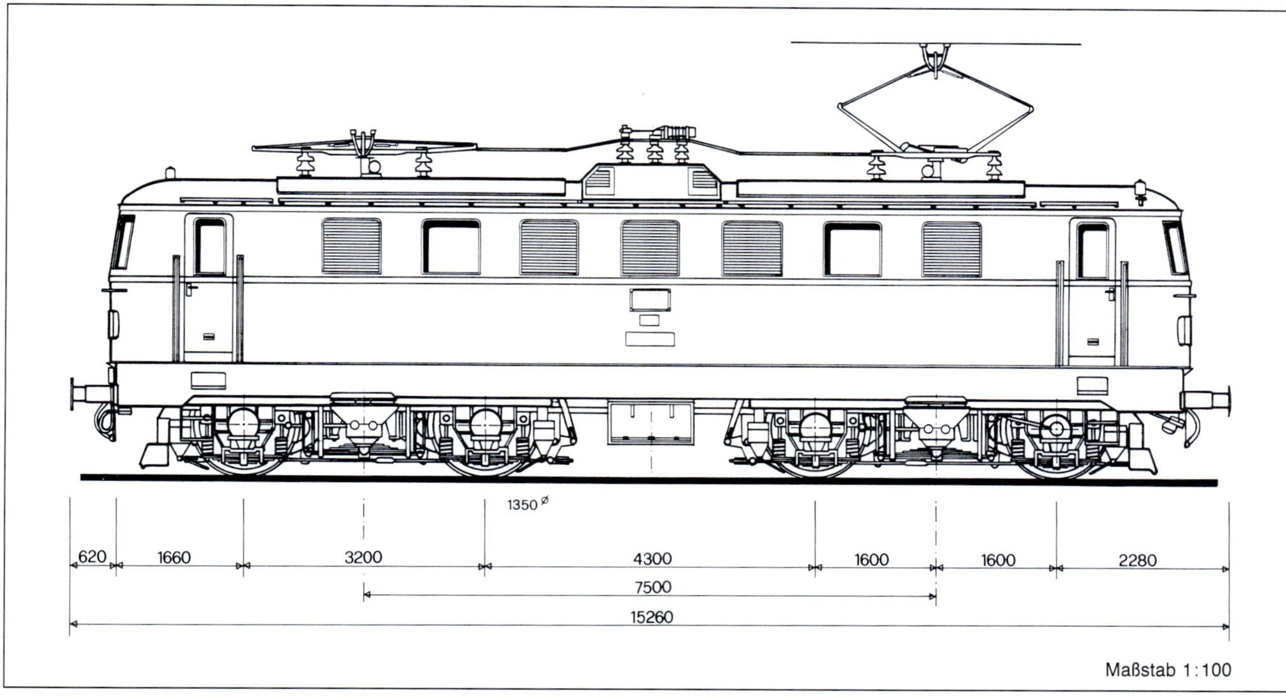

Typenbild Baureihe 1141 im Ablieferungszustand

1500 t auf 3 ‰ mit 60 km/h,
790 t auf 3 ‰ mit 90 km/h (800 t),
370 t auf 3 ‰ mit 110 km/h,
625 t auf 10 ‰ mit 77 km/h (650 t),
165 t auf 10 ‰ mit 110 km/h (170 t),
380 t auf 20 ‰ mit 60 km/h (425 t),
200 t auf 20 ‰ mit 90 km/h (220 t),
235 t auf 30 ‰ mit 60 km/h (270 t).

Das Fahrzeuggewicht durfte 80 t nicht überschreiten, was infolge Verzichts auf die elektrische Bremseinrichtung kein Problem war. Die maximale Anfahrzugkraft war mit 210 kN festgelegt, ein Wert, welcher den Erfahrungen mit optimaler Reibungsausnutzung in allen Betriebsfällen gerecht wird. Die logische Reihenbezeichnung wurde mit 1141 bestimmt.

Als Hersteller wurde die ABES unter Federführung der ELIN für den elektrischen Teil, die SGP in ihrem Grazer Werk für den mechanischen Teil vorgesehen. Grundsätzlich sollte letzterer weitestgehend von der Reihe 1041 übernommen werden. Besonderes Augenmerk wurde auf eine neue Querkupplung gelegt, damit die Spurkranzabnutzung klein gehalten werden kann. Für den Antrieb stand eine neue Bauart außer Frage. Die ÖBB riskierten es, ein Antriebssystem, welches bei der DB in einer Prototyplokomotive und in einem Drehgestell einer Serienlokomotive versuchsmäßig lief, serienmäßig in die Reihe 1141 einzubauen. Es war dies der inzwischen weltbekannte Siemens-Gummiringfederantrieb, der in Tausenden Triebachsen heute angewendet wird. Bei diesem Antrieb greifen Träger am Großrad mit Armen durch Ausnehmungen im Triebrad und tragen den Außenring (A-Segmente) der Gummiringfeder. Der Innenring (I-Segmente) ist mit dem Triebradkörper verbunden.

Zwischen diesen Ringsegmenten sind die Gummielemente einvulkanisiert. Die Großräder laufen auf einer Hohlwelle. Am Drehgestell sind die Motoren ebenfalls über Gummielemente federnd aufgehängt. Man kann deshalb auch von einem vollgefederten Tatzmotor sprechen. Dem Kasten wurde eine etwas modernere Stirnfront verpaßt. Die elektrische Ausrüstung ist weitgehend an die der Reihe 1041 angepaßt, sieht man von den Bauteiländerungen für die höhere Leistung ab, die sich vor allem in den Wicklungen ergibt. Schließlich mußte die Bremsanlage der höheren Geschwindigkeit angepaßt werden.

Die Lokomotive 1141.01 wurde Ende 1955 in der Zfltg. Salzburg eingelie-

1141.022 im März 1987
in Attnang-Puchheim
Foto: Petrovitsch

fert, die dreißigste Lokomotive anfangs 1958. Nach dem Firmenprobebetrieb gelangten die ersteren Lokomotiven zum Einsatz in die Zfltg. Villach. 1956 erfolgten Teilinbetriebnahmen der Südbahnstrecke, und zwar von Wien bis Gloggnitz und Villach-St. Veit a d. Glan. Hierfür wurden zehn Lokomotiven der Zfltg. Wien Süd zugeordnet. Mit fortschreitender Auslieferung waren sie dann auch in Wien West, Linz und Salzburg beheimatet. Heute sind alle 30 Lokomotiven im Bereich der BBD Linz konzentriert, wobei der Großteil zur Zfltg. Attnang-Puchheim gehört, sieben der Zfltg. Linz. Monatliche Laufleistungen von 20 000 km waren früher keine Seltenheit, heute bewegen sie sich im Schnitt um 10 000 km. Untauglichkeitsfälle sind fast ein Fremdwort bei dieser Reihe. Ein Beweis, daß hier eine langjährige Entwicklung und den damit gemachten Erfahrungen zu einer optimalen Fahrzeugtype führt. Die Erhaltungskosten sind minimal, sie betragen etwa ein Drittel gegenüber der Reihe 1245.

Interessant der Hinweis auf ausführliche Meßfahrten zur Beurteilung des Querkupplungseinflusses als ORE-Versuch mit dem Zentralamt Minden der DB, wobei sich bei Weglassen der Querkupplung ein um 50 % höherer Spurkranzverschleiß ergibt, für Lokomotiven für krümmungsreichen Streckeneinsatz ein sehr wesentliches Baukriterium. Umbauten in der laufenden Serie aufgrund erkannter Mängel waren nicht erforderlich, sieht man von einigen Verstärkungen am Drehgestellrahmen ab. Der Gummiringfederantrieb als neues Element war natürlich auch Gegenstand umfangreicher Versuche und Meßfahrten. Die gewonnenen Erkenntnisse führten schließlich zu seiner Einführung auf breitester Basis, wobei die DB ihre Einheitsreihen fast ausschließlich damit ausrüstete.

Die Lokomotive 1141.03 wurde, bedingt durch einen schweren Unfall, ausgemustert. Sie erscheint aber wieder im Bestand, und zwar wurde der Kasten der auszumusternden Zweifrequenzlokomotive 1050.01 (siehe dort) im Jahre 1973 samt einigen gleichartigen Bauteilen hierzu verwendet, der Rest aus dem Ersatzteilbestand abgedeckt.

Konstruktive Merkmale

Fahrzeugteil

Laufwerk: Drehgestellrahmen in geschweißter Holmenbauweise wie Reihe 1041, ebenso Kastenabstützung und Zugkraftübertragung. Motoraufhängung über Schwingmetallfedern an Drehgestellquerverbindung. Achslagerung wie Reihe 1041. Drehgestelle durch federnde Querkupplung verbunden.

Antrieb: Doppelseitig angeordneter Siemens-Gummiringfederantrieb, Hohlwelle in Gleitlagern mit Polsterschmierung gelagert, schrägverzahnte Getrieberäder, 23 : 88 Zähne.

Hauptrahmen: Geschweißte Hohlträgerkonstruktion, leichtere Blechstärken als Reihe 1041, verstärkte Drehzapfenquerträger, ebenso verstärkte Stirnrahmenkonstruktion zur Aufnahme der Zug- und Stoßvorrichtungen.

Lokomotivkasten: Selbsttragende Konstruktion mit abgerundeten Stirnseiten windschnittig ausgeführt. Soweit möglich, Verwendung von Leichtmetall. Stromabnehmer auf abhebbaren Dachteilen aufgesetzt. Einfachere Dachausbildung durch Entfall der elektrischen Bremse. Elektrische Ausrüstung im Maschinenraum wie Reihe 1041.

Bremseinrichtung: Schnellwirkende automatische Druckluftbremse mit Druckübersetzern für die Lokomotive und Wagenzug, Nachbremsventil. Direktwirkende Zusatzdruckluftbremse für die Lokomotive ebenfalls mit Druckübersetzer. Schleuderschutzbremse mit Druckknopfbetätigung. Kolbenkompressor mit einer Förderleistung von 150 m³/h gegen 8 bar. Handbremse auf das dem jeweiligen Führerstand zugeordnete Drehgestell wirkend.

Hilfseinrichtungen: Zwei Doppellüfteraggregate mit je 240 m³/min für zwei Fahrmotoren und 180 m³/min für eine Transformatorhälfte. Ausführung als Radialgebläse. Kühlluftansaugung aus dem Maschinenraum. Druckluftsandstreueinrichtung auf die vorauslaufende Achse im Drehgestell wirkend. Druckluftpfeife. Mechanische Antriebe für Geschwindigkeitsmesser, Sicherheitsfahrschaltung und Zentralschmierpresse. Spurkranzschmierung.

Elektrischer Teil

Hochspannungsausrüstung: Zwei Scherenstromabnehmer V mit Doppelwippe, Druckluftschnellschalter DBTF.

Haupttransformator: Ausführung unter Berücksichtigung einer Tauschmöglichkeit für Reihe 1040 und 1041. Kerntransformator mit Fremdlüftung und zwangsweisem Ölumlauf im Kessel. Rippenrohrkühler, am Kessel angeflanschtes Ölpumpenaggregat mit 720 l/min Umlaufmenge. Elf Fahrstufenanzapfungen von 84 bis 565 V, mit einer Spannungsdifferenz maximal 36 V. Gegenüber der Reihe 1041 Leistungssteigerung für Traktion um 110 kW, Heizspannung auf 985 V und Heizleistung um 32 kW auf 400 kW erhöht.

Steuerung: Wie Reihe 1041, jedoch ohne Bremswender.

Fahrmotoren: Fremdbelüftete kompensierte Einphasenreihenschlußmotoren zehnpolig für 620 kW Stundenleistung und max. 1760 U/min. Läufer mit offenen Kühlfahnen. Gewicht des Motors 3270 kg.

Hilfseinrichtungen: 24-V-Gleichstromversorgungsnetz für Steuerung, Beleuchtung und sonstige Betätigungen. Batterie für 60-Ah-Kapazität, Laderegler und Umformeraggregat mit 2,6-kW-Einphasenasynchronmotor und Anlaufkondensator. Ebenso der Ölpumpenmotor für 1,4 kW. Wechselstromantriebsmotoren von je 15 kW für die Lüfteraggregate und 17 kW für Kompressor. Impulssicherheitsfahrschaltung und Indusi.

1042
1042.500

Bo'Bo'

1963

Techn. Daten: Seite 220

Mit der abgeschlossenen Westbahnelektrifizierung 1952 war die Notwendigkeit zeitgemäßer Lokomotiven hoher Leistung und entsprechender Geschwindigkeit gegeben. Dieses Leistungsprogramm wurde durch die Co'Co'-Lokomotive 1010 erfüllt. Eine höher übersetzte Variante mit niedrigerer Höchstgeschwindigkeit (110 statt 130 km/h) war für den Einsatz westlich von Salzburg auf den gebirgigen Strecken bestimmt. 1956 begann die schrittweise Elektrifizierung der Südbahn Wien–Villach–Grenze nach Italien bzw. Jugoslawien. Diese rund 400 km lange Strecke weist nur einen ausgesprochen schweren Rampenabschnitt auf, nämlich die 35 km lange Scheitelstrecke über den Semmeringpaß. Mit 25 ‰ Neigung und unausgeglichenen Kurven mit 189 m Radius stellt sie eine Extremstrecke dar. Kürzere Abschnitte mit 18 ‰ (Neumarkter Sattel) bzw. 20 ‰ (vor dem italienischen Grenzbahnhof Tarvis) erscheinen problemlos. Wie bei Behandlung der Reihen 1010/1110 vermerkt, wurden nach Inbetriebnahme der Semmeringstrecke 1959 Lokomotiven dieser Reihen dort eingesetzt. Es gab Schwierigkeiten in lauftechnischer Hinsicht, die bis zu Radspeichenbrüchen führten. Aber dieser Umstand war nicht

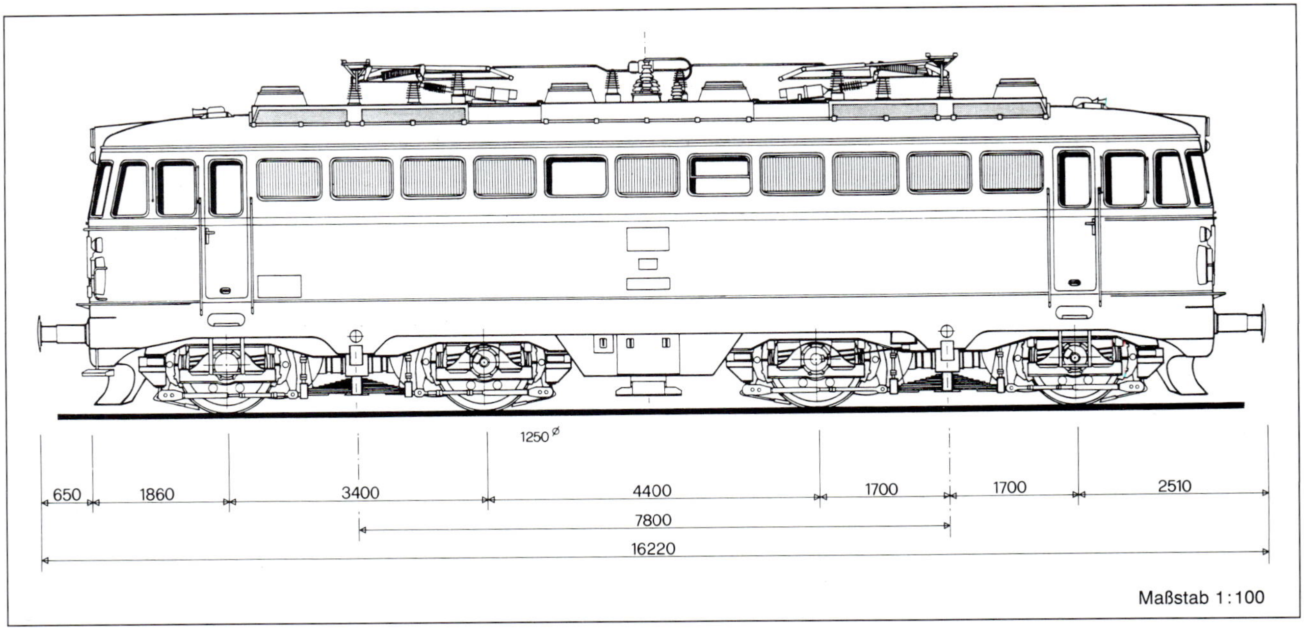

Typenbild der Hauptlieferform 1042.531-707 mit Widerstandsbremse

alleine maßgebend, vom Co'Co'-Typ abzugehen. Auf die Südbahn bezogen würde man die teure sechsachsige Lokomotive auf weniger als 10 % der Strecke leistungsmäßig voll nutzen, außerdem mußte den meisten schweren Schnell- und Güterzügen trotzdem über den Berg Vorspann beigegeben werden. Die Grenzlasten waren aber auch mit zwei vierachsigen Lokomotiven über den Berg zu ziehen. Schließlich war die Technik in den fünfziger Jahren auch weitergekommen und hatte neue Erkenntnisse geliefert, wonach die gleichen Anhängelasten der Reihe 1010 mit einer vierachsigen Lokomotive förderbar waren. Nach eingehenden Überlegungen, welche die ÖBB mit der Fahrzeugindustrie anstellten, wobei auch praktische Erprobungen mit ausführlichen vergleichenden Messungen an Lokomotiven der Reihe 1010 bzw. 1141 (Bo'Bo') als Entscheidungshilfen miteinbezogen wurden, wurde der Bau einer vierachsigen Drehgestellokomotive beschlossen. Dabei sollte in allen Auslegungsparametern an die optimale Grenze gegangen werden, was ihr den Arbeitstitel „Grenzleistungslokomotive" eintrug. Vorgeschrieben wurden die für die Reihe 1010 gemäß Belastungstafeln vorgesehenen Anhängelasten in t. Diese Werte gelten für den Beharrungszustand, mußten aber auch angefahren werden können.

	60	80	100	120	km/h
0 ‰	2000	2000	1975	955	t
10 ‰	1120	965	750	400	t
18 ‰	650	580	465	240	t
25 ‰	500	445	360	180	t

Aus diesen Vorgaben errechnete sich eine Stundenleistung mit rund 3500 kW, die Höchstgeschwindigkeit sollte 130 km/h betragen. Darüber hinaus war auch eine wirkungsvolle elektrische Bremse verlangt, die auch einen Teil der Zuglast übernehmen sollte. Als Reihenbezeichnung wurde 1042 festgelegt.

Insgesamt wurden 257 Lokomotiven mit dieser Reihenbezeichnung von 1963 bis 1977 geliefert. Sie waren, wie bei allen über längere Zeiträume gebauten Typen, mehrfachen Änderungen unterworfen, wie weiter unten detailliert noch dargestellt wird. Aufgrund gestiegener Betriebsanforderungen wurde die Höchstgeschwindigkeit ab der 61. Lokomotive auf 150 km/h angehoben. Zur Unterscheidung erhielten diese Lokomotiven die Reihenbezeichnung 1042.500. Was die vorgeschriebenen Anhängelasten betrifft, haben die Meßfahrten mit der Lokomotive 1042.01 die großen leistungsmäßigen Reserven erkennen lassen, so daß für die 18 ‰-Rampe über den Neumarkter Sattel 800 t planmäßig befördert werden.

Für die Herstellung des elektrischen Teiles waren, nachdem die AEG-Union mit der Firma ELIN unter dem Titel ELIN-Union fusioniert worden war, die drei Elektrofirmen, eben Elin-Union, BBC und Siemens beauftragt. Für den mechanischen Teil zeichnete die Wiener Lokomotivfabrik verantwortlich, die seit 1958 dem SGP-Konzern angehört. Die ersten 90 Lokomotiven wurden auch dort gebaut, nach Schließung des Werkes die weiteren im Grazer SGP-Werk. Was das technische Konzept betrifft, so kann diese Lokomotive als eine rein österreichische Entwicklung bezeichnet werden. Laufwerk, Rahmen und Kastenaufbau sind eine konstruktiv logische Fortentwicklung der Reihe 1046. Der Siemens-Gummiringfederantrieb, der auch hier zum Einbau kam, ist gegenüber der Ursprungsausführung gemäß 1141 etwas abgeändert. Mit Rücksicht auf die erforderlichen Drehmomente konnten die sechs Ringfederelemente nicht mehr im Radkörper untergebracht werden. Deswegen ist dieser nach außen gewölbt und stellt über Nasen die Verbindung mit den A-Segmenten her. Die Fahrmotoren sind nach den bewährten Grundprinzipien des österreichischen Motorenbaues unter Berücksichtigung der neuesten Erkenntnisse entwickelt. Zwei neue Bauteile, ebenfalls österreichische Innovationsprodukte, stellen die Hochspannungssteuerung und elektrische Bremse, beide von ELIN entwickelt, dar. Bei der Steuerung können 35 Dauerfahrstufen eingestellt werden. Als Schaltwerk dient ein am Transformator angeflanschtes Hochspannungsstufenschaltwerk, an dessen kreisförmige Kontaktbahn 18 Fahrstufenanzapfungen des Regeltransformators angeschlossen sind. In einer Zu- und Gegenschaltung mit Hilfe eines Zusatztransformators, wobei die Kontaktbahn zweimal durchlaufen wird, und ein Wendeschalter eine Potentialumlagerung vornimmt, wird die hohe Fahrstufenanzahl erreicht. Die elektrische Bremse ist eine kombinierte Nutz- und Widerstandsbremse, deren Bremskraft mehr als die halbe Stundenzugkraft erreicht. Die Rekuperation wirkt so lange, wie die von den als Generatoren wirkenden Fahrmotoren induzierte Spannung einen Strom gegen die Netzwiderstände drücken kann. Bei höheren Geschwindigkeiten als Wirkleistung, dann übergehend in Blindleistung, wobei schließlich immer mehr die Widerstandskomponente wirksam wird. Es kann dabei bis etwa 30 km/h heruntergebremst werden. Schließlich wurde für die Kühlluftansaugung aufgrund von Erfahrungen im Winterbetrieb ein neues Konzept entwickelt. Die Luft wird in Fensterhöhe über seitliche Düsenlüftungsgitter in einen Dachraum als Beruhigungsraum zunächst gesaugt, von wo sie den vier Radialgebläsen durch direkte Verbindungsöffnungen zugeführt wird.

Die erste Lokomotive wurde im April 1963 in die Zfltg. Wien Süd eingeliefert. Alle weiteren 256 Exemplare ebenso, wo sie auch ihren vierwöchi-

Abweichende Dachpartien der früheren Lieferserien mit Mitsch-Nutzbremse: Oben: Bauform 1042.01-30 mit Scherenstromabnehmer. Unten: Bauform 1042.41-60 und 501-520 (gemäß heutiger Numerierung) mit Halbschere in Spießgangstellung

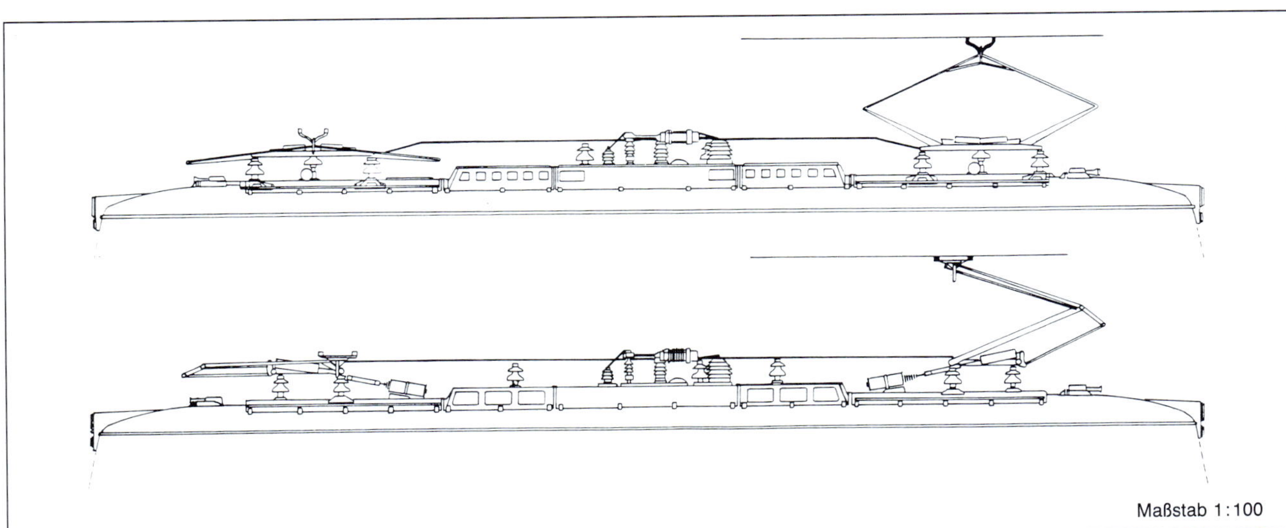

1042.13 aus der Erstserie für 130 km/h im Mai 1979 in Spittal/Millstättersee *Foto: Petrovitsch*

1042.060 (ursprüngliche 1042.47) in Lambach im Mai 1990 *Foto: Petrovitsch*

gen Probebetrieb absolvierten. Die Südbahn wurde auch das Haupteinsatzgebiet der Reihe 1042, die sehr bald mit steigender Lieferzahl Lokomotiven in die Zfltgn. Villach, nach Aufnahme des elektrischen Betriebes Graz, Knittelfeld und der Nebenstelle Mürzzuschlag zugewiesen bekam. Von Villach aus wurde die Tauernstrecke befahren, Mürzzuschlag besorgte Vorspann-, aber auch Güterzugeinsätze.

Die wirtschaftliche Betriebsführung mit vierachsigen leistungsfähigen Streckenlokomotiven, welche noch dazu eine sechsachsige voll ersetzen konnten, führte auch bald zu Beheimatungen in Wien West, die Reihe 1010 wurde vollständig nach Salzburg abgezogen. Auch Linz und Salzburg wurden weitere Lokomotiven zugeteilt, womit die Westbahnstrecke im Abschnitt Wien–Salzburg von der Reihe 1042 dominiert wurde. Im grenzüberschreitenden Verkehr gelangten die Lokomotiven planmäßig bis Frankfurt/Main und nach München. Einsätze westlich von Salzburg via Tauern waren ebenfalls häufig. Nach Betriebsaufnahme der Franz-Josefs-Bahn 1984 bis Sigmundsherberg wurden zehn Lokomotiven dieser Dienststelle zugewiesen, später aber dem Standort Wien West einverleibt. Vorübergehend waren in den Zfltgn. Attnang-Puchheim und Innsbruck einige Lokomotiven beheimatet. Es werden praktisch alle Einsätze gefahren, der größte Anteil liegt gegenwärtig im anspruchsvolleren Güter und Reisezugverkehr. Der schwere Langstreckeneinsatz und grenzüberschreitende Verkehr wurde inzwischen von der Reihe 1044 übernommen. Die Lokomotiven erreichten Laufleistungen bis über 30 000 km monatlich und weisen die geringste Untauglichkeitsrate auf, etwa 0,2 bis 0,3 pro Jahr. Ebenso problemlos ist der Erhaltungssektor, sie gelten als die billigste Bauart.

1042.519 (aus Teilserie mit Mitsch-Bremse, Hg 150 km/h und Halbschere in Spießgangstellung) im Mai 1969 in Innsbruck
Foto: Petrovitsch

Wie bei jeder neuen Type blieb auch die Reihe 1042 von Kinderkrankheiten nicht verschont, wobei nicht außer acht gelassen werden darf, daß gegenüber den bisher üblichen Dimensionen (1010), die Achsleistung um rund 30 % gesteigert werden konnte. Gewisse überempfindliche Reaktionen sowie unangebrachte Vorurteile führten dazu, daß verschiedene Änderungen vorgenommen wurden, die nicht notwendig gewesen wären. Daraus ergaben sich unterschiedliche Ausführungen, die betrieblich aber keine nennenswerten Nachteile zeigten. Bald nach Inbetriebnahme traten an den Motoren Überschläge im höheren Geschwindigkeitsbereich auf, was durch Kollektorbehandlung und Bürstenkohlenwechsel in den Griff gebracht werden konnte, aber doch ausschlaggebend für die Wahl einer anderen Motorentype war. Es kamen gleich zwei neue zur Ausführung. Eine verbesserte (EM 891) der Ursprungstype (EM 890) sowie eine Schweizer Entwicklung, der „Gotthardmotor" (EM 910). Dies löste auch einen vorübergehenden „Nummerntohuwabohu" aus. In umfangreichen Meßfahrten mit allen Typen wurden dabei sehr wertvolle Erkenntnisse betreffend die Ausbildung von Überschlägen und das thermische sowie schwingungstechnische Verhalten gewonnen. Diese Erkenntnisse waren auch für die Fachwelt neu und haben Eingang in die einschlägige Literatur gefunden.

Daneben wurden Änderungen an der Bremsbedienung unter Einbeziehung der elektrischen Bremse mit der Druckluftbremse vorgenommen. Für die geplante Anhebung der Streckenhöchstgeschwindigkeit auf 140 km/h war es, wie schon erwähnt, notwendig geworden, Lokomotiven für 150 km/h zu bauen. Der weiterentwickelte Motor EM 891 war so gut gelungen, daß seine Leistung von 890 auf 1000 kW angehoben werden konnte und mit geänderter Übersetzung die Lokomotiven für 150 km/h ohne sonstige Änderungen betrieben werden konnten. (Neue Motortypenbezeichnung EM 1001.) Die ersten zwanzig waren noch mit der Widerstandsnutzbremse ausgerüstet, doch zeigte sich nunmehr der Bedarf nach einer leistungsstärkeren elektrischen Bremse. Alle weiteren Lokomotiven erhielten eine thyristorgesteuerte Hochleistungswiderstandsbremse. In dieser Form besteht die größte einheitliche Typenreihe der ÖBB mit 176 Lokomotiven.

Ausgezeichnet bewährt von Anfang an hat sich das fahrzeugtechnische und Ventilationskonzept. Ein harter Wintertest wurde bestens bestanden. Von einigen Anfangsproblemen, vor allem werkstofftechnischer Natur beim Stufenschaltwerk und Transformator abgesehen, hat sich die gesamte elektrische Ausrüstung einschließlich der beiden Bremssysteme sehr gut bewährt. Alle drei Motortypen laufen problemlos.

Von den 257 gelieferten Lokomotiven sind noch 255 vorhanden, die 1042.507 und 652 mußten nach schweren Unfällen außer Dienst genommen werden. Die Lokomotive 1042.571 ist eine Zweitbesetzung, die ursprüngliche hat bei einem Zusammenstoß Totalschaden erlitten.

Aus Gründen einer besseren Übersicht und klareren Darstellung der konstruktiven Merkmale noch vorher eine kurze Zusammenstellung.

Lok-Nr.	Vmax.km/h	Motortyp	Elektr. Bremse
1042.01–38	130	EM 890	ELIN-Nutz-Widerstand
1042.39–47	130	EM 1001	ELIN-Nutz-Widerstand
1042.48–60	130	EM 910	ELIN-Nutz-Widerstand
1042.501–520	150	EM 1001	ELIN-Nutz-Widerstand
1042.531–707	150	EM 1001	Hochleistungswiderstand

Konstruktive Merkmale

Fahrzeugteil

Laufwerk: Drehgestelle in geschweißter Holmenbauweise mit Drehzapfentiefanlenkung, Kastenabstützung über zylindrische bzw. kugelige Gleitstücke auf den Wiegebalken, Wiegenfedern über lange Pendel am Drehgestell aufgehängt. Zugkraftübertragung über eine Drehgestellquerverbindung mit tiefliegender Drehzapfenanlenkung (nur 550 mm über SOK) auf den Drehzapfen, der mit der Brücke fest verbunden ist. Verlängerung des Drehzapfens in die Wiege zur Zentrierung. Keine Notwendigkeit von Lenkern zur Zugkraftübertragung. Achslager spielfrei in Führungen System SLM-Winterthur geführt, quadratische Ringfedern und Reibungsdämpfer, Lagerung in SKF-Pendelrollenlagern. Der Fahrmotor ist über Gummiblöcke am Drehgestell aufgehängt und stützt sich über die Hohlwellenzylinderrollenlager und Antrieb auf die Räder ab. Querkupplung zwischen den Gestellen.

Antrieb: Siemens-Gummiringfederantrieb mit außerhalb des Radkörpers liegenden Gummielementen, einfachere zentrische Kraftführung, schrägverzahnte Getrieberäder mit je nach Fahrzeugauslegung unterschiedliche Zähnezahl (29:75 für EM 890 und 1001, 30:76 für EM 910 alle für Vmax 130 km/h. 30:72 für EM 1001 bei 150 km/h Höchstgeschwindigkeit).

Hauptrahmen: Brückenlängsträger als Kastenträger, Kopfstücke besonders verstärkte Kastenkonstruktion zur Aufnahme der Zug- und Stoßvorrichtung, ursprünglich mit ausfahrbaren Zughaken versehen. Stahlgußstücke für die Aufnahme der Drehzapfen in Querverbindung. Mittlere Querverbindung zur Lagerung des Transformators.

Lokomotivkasten: Blechverkleidetes Profilkastengerippe, Dach als Leichtmetallkonstruktion mit fünf abhebbaren Feldern. Die beiden äußeren mit Bodenblechen als Beruhigungskammer für die von den seitlichen Düsenlüftungsgittern angesaugte Kühlluft. Die inneren Felder tragen die Bremswiderstände und sind mit Kühlluftausblaseschlitzen versehen. In Maschinenraummitte Transformatoraggregat mit Kühlern, Ölpumpe und Schaltwerk. In der vorderen und hinteren Hälfte je ein Podest, auf welchen die Lüfteraggregate, Kompressor, Bremsarmaturen und verschiedene elektrische Ausrüstungsteile angeordnet sind. In den Podesten sind seitliche Deckel, durch die die Fahrmotoren zugänglich sind. Zwei Maschinenraumgänge, rechts als Hauptdurchgang. Geräumige Führerstände. Abgerundete Stirnflächen mit seitlichen halbrunden Fenstern, dadurch praktisch Panoramasichtverhältnisse.

Bremseinrichtung: Selbsttätige, schnellwirkende Druckluftbremse (Rapidbremse) für Lokomotive und

Wagenzug, zwei Geschwindigkeitsstufen für hohe und niedere Abbremsung, Umschaltgeschwindigkeit für elektropneumatische Rapid-Bremssteuerung einstellbar. Direkt wirkende Zusatzlokomotivbremse. Abhängigkeiten zwischen diesen beiden Bremsen und der elektrischen Bremse, um ein Überbremsen zu verhindern. Ab 1042.41 Kopplung mit der elektrischen Bremse bei Betätigung des Führerbremsventils. Schleuderschutzbremse mit Druckknopfsteuerung. Einheitskolbenkompressor mit einer Fördermenge von 135 m³/h gegen 10 bar. Handbremse auf die Endachse des jeweils zugeordneten Gestells wirkend.

Hilfseinrichtungen: Zwei Lüfteraggregate mit Radialgebläsen, wobei jedes zwei Fahrmotoren und einen der beiden Transformatorkühler versorgt. Jedem Fahrmotor und einem Transformatorkühler werden 180 m³/min. Kühlluft zugeführt. Gesamte Lüfterleistung 1080 m³/min. Druckluftsandstreuer mit Aufwirbelungseffekt (System Krug). Bei Lieferbeginn waren damals – einem zeitgemäßen Trend – die Sandstreueinrichtungen in Mißkredit geraten, so daß anfangs die Lokomotiven ohne Besandungseinrichtung geliefert wurden. Das oben beschriebene System wurde aber sehr bald nachträglich eingebaut. Für die Signalabgabe ist je ein Zweiton-Schallmakrophon (Drucklufttyphon) vorhanden. Mechanischer Antrieb für Zentralhochdruckschmierpresse, von wo auch die Spurkranzschmierung versorgt wird.

Elektrischer Teil

Hochspannungsausrüstung: Für 1042.01–20 zwei Scherenstromabnehmer V mit Doppelwippe, ab 1042.21 Einholmbauart VI ebenfalls mit Doppelwippe, ab 1042.531 um 180 Grad der Bremswiderstandsaufbauten wegen verdreht angeordnet. Druckluftschnellschalter DBTF. Hochspannungswandler in der Dachleitung, der den Meßwert auch bei ausgeschaltetem Hauptschalter anzeigt.

Haupttransformator: Er besteht aus zwei Teilen in Mantelbauweise, wobei oben räumlich der Regel- und unten der Zusatzteil angeordnet ist. Kornorientierte Bleche untereinander verklebt. Beide Primärwicklungen sind hintereinander geschaltet, ebenso die Sekundärwicklungen, welche die vier parallelgeschalteten Fahrmotoren speisen. Niederspannungsseitig werden Klemmenspannungen für die Fahrmotoren von 40 bis 550 V abgegeben. Die Dauerleistung beträgt 3530 kVA. Ferner werden eine Heizleistung von 600 kW, die später auf 800 kW erhöht wurde, bei 1000 V abgegeben, für die Hilfsbetriebe stehen 126 kW bei 200 V zur Verfügung. Eine Ölpumpe mit 3 kW Antriebsleistung fördert das Öl durch Transformator und Kühler. Ab 1042.531 zusätzliche Bremserregerwicklung mit eingebaut.

Steuerung: Hochspannungsstufenschaltwerk für 35 Fahrstufen, Schaltwerk mit zwei kreisförmigen Kontaktbahnen und Wendeschalter für zweimaligen Durchlauf, Anordnung unter Öl. Funkenschalter und Überschaltwiderstand außerhalb des Gehäuses. Nachlaufsteuerung von batteriegespeistem Gleichstrommotor angetrieben.

Fahrmotor: Fremdbelüftete 14polige kompensierte Einphasenreihenschlußmotoren, und zwar:
EM 890 für 890 kW Stundenleistung und 1520 U/min bei Höchstgeschwindigkeit, Gewicht 3970 kg.
EM 910 für 900 kW, 1440 U/min und 4150 kg.

1042.619 (Bauform Hauptlieferserie) im Mai 1989 in Abfaltersbach
Foto: Petrovitsch

EM 1001 für 1000 kW, 1490 U/min und 4040 kg.
Motorlager als Zylinderrollenlager, offene Kühlfahnen.

Elektrische Bremse:
1. Kombinierte Nutz-Widerstandsbremse: Je zwei Motoren mit einem Bremswiderstand in einer Gruppe, beide Gruppen mit Transformator in Serie geschaltet, Motoren fremderregt. Bremskraft 80 kN bei ca. 800 kW Bremsleistung. Betätigung ab 41. Lokomotive mit dem Führerbremsventil. Bis etwa 30 km/h wirksam, 15 Bremsstufen.

2. Hochleistungswiderstandsbremse: Bei dieser Bremse werden die Felder von einer halb gesteuerten Thyristorgleichrichterbrücke stufenlos erregt. Bremskraft 120 kN, Bremsleistung 2400 kW. Transformatoren hierfür mit eigener Bremserregerwicklung ausgestattet, zusätzliches Lüfterrad für Bremswiderstandsbelüftung an den Lüfteraggregaten. Leistung des Antriebsmotors hierfür um 10 kW erhöht. Bremsbedienung durch Verdrehen des Fahrschalterhandrades gegenläufig wie beim Aufschalten über die Nullstellung hinaus stufenlos. Details können der Fahrzeugbeschreibung 4010 entnommen werden.

Hilfseinrichtungen: 24-V-Gleichstromversorgungsnetz für Steuerung, Beleuchtung und Betätigungen. Batterieladung über ein statisches Ladegerät, Batteriekapazität 120 Ah. Wechselstromantriebsmotoren für die Lüfteraggregate mit 29,4 kW bzw. 39 kW ab 1042.531, Kompressormotor für 22 kW und Ölpumpenmotor mit 3 kW. Elektronisches Überwachungsgerät, welches Grund- und Impulssicherheitsfahrschaltung vereinigt, die Geschwindigkeitsmesser anspeist und weitere Anzeigen liefert. Indusi.

1043

Bo'Bo'

1971

Techn. Daten: Seite 221

Mit den Lokomotiven der Reihe 1042 war eine optimale Leistungsauslegung in der konventionellen Wechselstromtraktionstechnik erreicht. Wie schon eingangs erwähnt, versteht man darunter die stufenweise Leistungssteuerung über Transformator und Stufenschalteinrichtung, womit an den Einphasenreihenschlußmotor unterschiedliche Spannungen angelegt werden. Bei einer Leistung von 1000 kW je Achse scheint keine Steigerung mehr möglich. Ferner haftet dem System an, daß beim Anfahren die volle Zugkraft an der Reibungsgrenze infolge der Stufensprünge beim Fortschalten nicht ausgenutzt werden kann. Obwohl die Reihe 1042 einen beachtlichen Fortschritt darstellt, sie konnte doch praktisch die gleichen Lasten wie die sechsachsige Reihe 1010 auf den Rampen fördern, waren doch sehr oft Vorspannleistungen notwendig.

Die ÖBB verfolgten aufmerksam die Entwicklung: Zunächst Einführung von Gleichstrombahnmotoren mit Stufenschalter und Diodengleichrichter, womit schon eine bessere Zugkraftausnutzung gegeben war. Traktionstechnisch ideal ist die stufenlose Zugkrafterhöhung, welche Ende der sechziger Jahre in Schweden realisiert wurde, wobei der Diodengleichrichter durch einen Thyristorgleichrichter ersetzt wird. Mit diesen Thyristorlokomotiven war eine 25 bis 30 % höhere Zugkraftausnutzung möglich. Die ÖBB führten Probefahrten mit diesen Lokomotiven am Semmering und auf der Tauernbahn durch. Es zeigte sich, daß sie die gleichen Lasten wie die sechsachsigen Rampenlokomotiven 1110 und 1020 zu fördern imstande waren. Damit war eine Möglichkeit gegeben, die Durchlässigkeit auf der wichtigen, großteils eingleisigen Tauerntransitstrecke, die am Ende ihrer Aufnahmefähigkeit war, zu erhöhen.

Der schwedische Hersteller ASEA garantierte den ÖBB, auf den Rampen die angeführten klassischen Typen voll ersetzen zu können. Nach einem sechswöchigen Probeeinsatz im Jahre 1970, einer Lokomotive des Typs Rc 2 auf der Südbahn, wurde die Bestellung von vier Lokomotiven getätigt, an die sich eine weitere über sechs anschloß. Die Lokomotiven waren von Anfang an für den Einsatz auf der Tauernstrecke vorgesehen. Das Leistungsprogramm war übereinstimmend mit den Regellasten für die Reihe 1110 und 1020.

Tauernbahn Nord- und Südrampe 550 t (25 bzw. 27 ‰) mit 70 km/h,
Semmering 600 Tonnen, 25 ‰ mit 55 km/h.

Für die gesamte Lokomotive zeichnet die schwedische Firma ASEA verantwortlich. Für den Liefervertrag waren zwischenstaatliche Vereinbarungen Voraussetzung, nämlich daß ASEA Ausrüstungsteile für ihre Lokomotiven in Österreich bezieht. Dazu wurde die Firma SGP ausgewählt, deren Fahrzeugteile damit nicht nur nach Schweden, sondern auch zum Beispiel in den Iran und die USA geliefert werden.

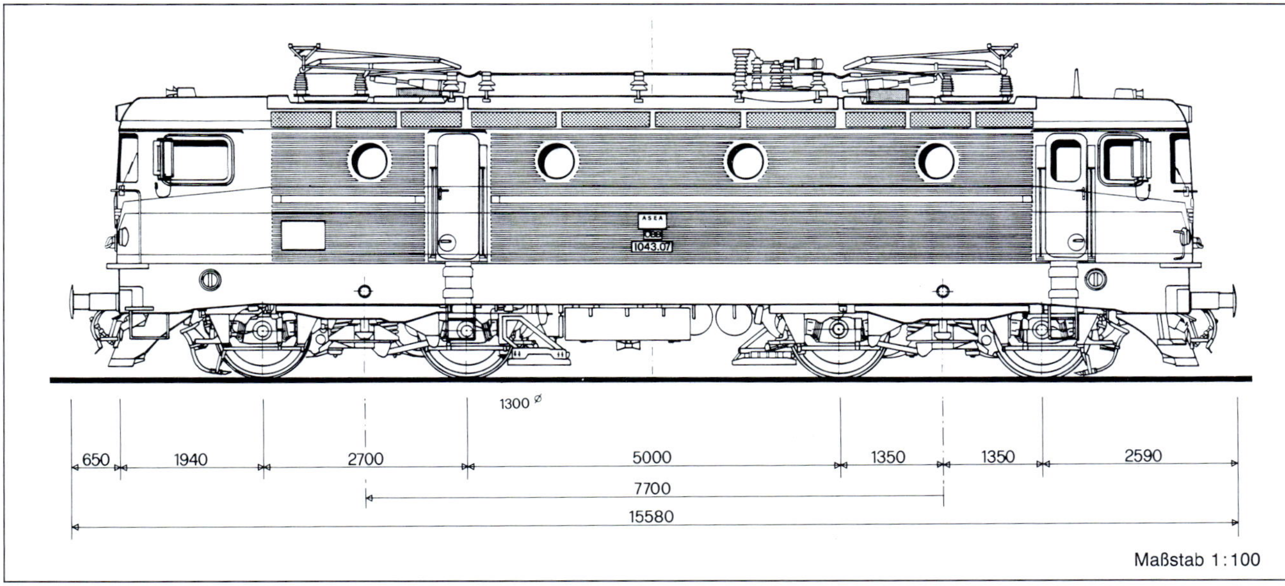

Typenbild 1043.05-10 mit E-Bremse, Ablieferungszustand

Um dem berechtigten Wunsche der ÖBB möglichst rasch zu entsprechen, wurden von der Herstellerfirma aus ihrem Serienprogramm für die schwedischen Staatsbahnen vier Lokomotiven abgezweigt und praktisch unverändert, sieht man von den wenigen Abweichungen ab, an die ÖBB geliefert. Diese betreffen die Stromabnehmer, den Hauptschalter, Zug- und Stoßvorrichtung und Farbgebung, welche den ÖBB-Normen entsprechen mußten. Da die Thyristortechnik gewisse Rückwirkungen auf die Signalstromkreise zur Folge hat, mußte auch darauf Rücksicht genommen werden. Hierzu werden die Lokomotiven mit einem Symmetrierelais versehen, das die Ausbildung zu hoher Gleisströme verhindert. Damit konnte die große Furcht, daß die Signalbilder verändert werden, insbesondere ein Haltesignal plötzlich frei zeigt, nachweislich ausgeräumt werden. Es würde im vorhandenen Rahmen zu weit führen, die Thyristortechnik und ihre spezielle Anwendung bei der Reihe 1043 hier ausführlich zu erläutern. Jedenfalls brachte diese Reihe neue Baugrundsätze, die sogenannte Möbelbauweise, die sich am Erhaltungssektor vorteilhaft auswirkt. Auch ein neuer Antrieb kam damit nach Österreich, der einseitig angeordnete ASEA-Antrieb. Er zeigt gewisse Ähnlichkeit zum Sècheron-Lamellenantrieb. In der Läuferhohlwelle befindet sich eine Torsionswelle, welche an einem Ende über eine Zahnkupplung mit der Hohlwelle, am anderen Ende über eine Gummikupplung mit dem Getriebe verbunden ist. Neu ist auch in Österreich die Radausführung mit Scheibenbremsen bei Lokomotiven. Ebenso ist auch die Schaltung des Motors herauszustreichen, der im Gegensatz zu Traktionsmotoren nicht als Reihenschlußmotor, sondern als fremderregter Motor ausgeführt ist, wodurch man eine verringerte Schleuderanfälligkeit erwartet. Durch die weitgehende Anwendung der Thyristoren und sonstiger elektronischer Bauelemente entfallen viele elektromechanische Schaltelemente, wodurch der Erhaltungsaufwand sich zusätzlich verringert. Auch die Axialgebläse bedeuten eine Neuheit sowie die Einführung einer Drehstrombordversorgung für die Hilfsbetriebe. Bei den Probefahrten erkannten die Hersteller, daß die Lokomotiven, den schwedischen Geländeverhältnissen angepaßt, keiner elektrischen Bremse bedürfen, in Österreich jedoch andere Betriebsanforderungen vorliegen, so daß die vierte Lokomotive bereits mit einer kräftigen thyristorgesteuerten Widerstandsbremse geliefert werden konnte. Die vier bestellten Lokomotiven wurden kurzfristig vom Oktober 1971 bis Ende Februar 1972 an die ÖBB ausgeliefert. Sie wurden in der Zfltg. Villach beheimatet. Die gute Bewährung im Einsatz auf den Tauernrampen veranlaßten die ÖBB,

1043.07 im ursprünglichen schwedischen Rc-Design im Februar 1981 in Innsbruck
Foto: Petrovitsch

sechs weitere Lokomotiven zu bestellen. Neben der elektrischen Bremse wie in 1043.04 wurde die Leistung durch bessere Isoliermaterialien von 3600 kW auf 4000 kW angehoben. Auch diese Lokomotiven, die bereits 1973 voll ausgeliefert waren, wurden für den Tauerneinsatz der Zfltg. Villach zugewiesen. Alle zehn Lokomotiven befinden sich auch heute noch am Standort dieser Zfltg.

Dem strengen Einsatz waren die Lokomotiven von Anfang an gewachsen, besonders beachtenswert ist ihre Unempfindlichkeit im Winterbetrieb. Eine kurzfristige Erhöhung der Anhängelast auf 600 t zeigte deutlich die thermischen und traktionsmäßigen Grenzen und wurde wieder auf 550 t zurückgenommen. Nach etwas mehr als einjährigem Betrieb wurde die Gefahr von Achsbrüchen akut, was auf längerdauerndes Allachsschleudern auf der Bergfahrt bei ungünstigen Reibungsverhältnissen zurückzuführen war. Durch Einbau eines Preßduktors, wobei auch gleichzeitig das Achsenmaterial geändert wurde, konnte diese Schwierigkeit behoben werden. Einige kleine Verbesserungen in der Elektronik, unter anderem auch eine verbesserte Durchlüftung zur Vermeidung eines Wärmestaus bei hohen Temperaturen, wurden in eigenem Rahmen durchgeführt. Sonst wurde keine wesentliche Veränderung an den Lokomotiven vorgenommen. Sehr umfangreiche Meßfahrten wurden zur Feststellung der Beeinflussung für die Signalstromgleisskreise in einem mit einem Versuchsstellwerk ausgerüsteten Bahnhof vorgenommen, die die großen Bedenken zerstreuen konnten.

Die Betriebsausfälle sind sehr gering, es war beachtlich, wie schnell sich das Werkstätten- und Lokomotivpersonal auf die vollkommen neue Technik umgestellt hat. Daraus ableitbare Anfangsprobleme hat es nicht gegeben. Es muß aber auch die innerbetriebliche Vorbereitung auf diese Umstellung erwähnt werden, die eine nahtlose Integration ermöglichte. Die monatlichen Laufleistungen scheinen mit 12 000 bis 15 000 km eher gering, was auf den fast ausschließlichen Einsatz auf der Tauernrampe mit ihren Zufahrtstrecken, vor allem bei Güterzügen, zurückzuführen ist.

Konstruktive Merkmale

Fahrzeugteil

Laufwerk: Drehgestellrahmen in geschweißter Hohlkastenkonstruktion, Kastenabstützung über vier Schraubenfedern je Wiegebalken, die Schraubenfedern ruhen auf einem Wiegenträger, der gummigelagert im Drehgestellrahmen aufgehängt ist. Die Zug- und Bremskräfte werden auf den Kasten über nur einen zwischen Drehgestell und Wiegebalken befindlichen Führungsdrehzapfen und vom Wiegebalken über diagonal angeordnete gummigelagerte schräge Zugstangen auf den Brückenrahmen übertragen. Die Wiegenträger sind ebenfalls als geschweißte Hohlträger ausgebildet, Achsen in sphärischen Rollenlagern gelagert und vollkommen gummigefedert, Radkörper beiderseits der Nabe unterhalb des Radreifens mit Bremsscheiben aus Kugelgraphitgußeisen für die Scheibenbremse versehen. Querkupplung zwischen den Drehgestellen.

Antrieb: Einseitiger ASEA-Antrieb mit Ankerhohlwelle und Torsionswelle. Schrägverzahntes Getriebe mit 26 : 87 Zähnen, Ritzel in Radialzylinderrollenlagern ölgeschmiert gelagert.

Hauptrahmen: Vollkommen geschweißte Stahlblechkonstruktion, verstärkte Stirne für Aufnahme der Zug- und Stoßvorrichtung und Verankerung einer Mittelstrebe. Längsträger im Untergestell als offene Profile ausgeführt.

Lokomotivkasten: Kasten als ganzgeschweißte selbsttragende Konstruktion, Seitenbleche durch Sicken verstärkt. Stirnwände abgerundet und aus verstärkten Blechen, kräftige senkrechte Mittelstrebe zwischen den Fenstern als Schutzmaßnahme bei Zusammenstößen. Drei große Dachluken zum Aus- und Einbau der elektrischen Ausrüstung. Gesamter Maschinenraum für die modulare Möbelbauweise ausgelegt. Kabelführung teilweise unter dem Dach, Motorstromkabel in den Lüfterschächten geführt. In Maschinenraummitte Thyristor- und Transformatoraggregat, beiderseits je zwei Baugruppenschränke mit Fahrmotorlüftern und Glättungsdrosseln, Schränke für Elektronik, dazwischen Relais sowie Apparate und Hilfseinrichtungen. Zwei seitliche Maschinenraumdurchgänge. Jeder Führerraum hat nur eine nicht führerseitige Einstiegtür. Gegenüberliegend zwei diagonal angeordnete Einstiegstüren in den Maschinenraumdurchgang.

Bremseinrichtung: Automatische schnellwirkende Druckluftbremse für Lokomotive und Wagenzug, Nachbremsventil. Schnellwirkende direkte Lokomotivbremse auf die Scheibenbremse und Zusatzklotzbremse wirkend. Schnellaufender Flügelkompressor für 120 m³/h Druckluft gegen 10 bar. Handbremse im Maschinenraumseitengang.

Hilfseinrichtungen: Vier Doppellüfter als Axialgebläse für die Fahrmotoren mit je 114 m³/min, zwei Lüfter für Transformator- und Thyristorstromrichterkühlung mit je 240 m³/min, 1200 l/min Ölstrom fördert die Transformator- und 440 l/min die Thyristorölpumpe. Kühlluftansaugung unter der Dachkante in vom Maschinenraum getrennten Beruhigungsraum, von wo die Luft in die einzelnen Aggregate abgesaugt wird. Drucklufttyphon zur Signalabgabe. Druckluftsander, Geschwindigkeitsmesser, Sicherheitsfahrschaltung und Spurkranzschmierung.

Elektrischer Teil

Hochspannungsausrüstung: Zwei Einholmstromabnehmer VI mit Doppelwippe, Druckluftschnellschalter DBTF.

Haupttransformator: Manteltransformator mit fixem Übersetzungsverhältnis der Traktionswicklungen zur Thyristorstromrichteranspeisung von 15 000/978 V, Traktionsleistung 3910 kVA, zusätzliche Wicklungen für 1000-V-Zugheizung mit 810 kW, Fahrmotorfelderregung mit 60 kVA und Hilfsmaschinen 120 kVA. Kühlung durch Zwangsumlauf im Kessel und außerhalb im Stromrichtergehäuse angeordnete im Kühlluftstrom liegende Kühler. Transformatorkessel fest verschweißt.

Thyristorgleichrichter: Jeder Läufer eines Fahrmotors wird von zwei halbgesteuerten Stromrichterbrücken in Reihenschaltung gesteuert. Der Thyristorzweig in den Brücken ist mit vier Thyristoren für einen Durchlaßstrom von 285 A und einer Spitzensperrspannung von 1600 V in Parallelschaltung bestückt, der Diodenzweig mit fünf parallel geschalteten Dioden für 300 A bzw. 1600 V. Jeder Fahrmotorläufergleichrichter besitzt 16 Thyristoren und 20 Dioden. Zur Verbesserung des Leistungsfaktors beziehungsweise der Oberwellenbegrenzung werden Phasenkompensierungskondensatoren mit zwei Gleichrichterbrücken in Reihe geschaltet. Für jedes Fahrmotorfeld ist eine eigene Thyristorbrücke in Antiparallelschaltung vorhanden, wodurch ein eigener Richtungswender erübrigt wird. Die Feldstromthyristoren haben einen Durchlaßstrom von 285 A und 400 V Spitzen-

1043.(0)07 nach Angleichung der Scheinwerferanordnung und der Farbgebung an ÖBB-Standard im April 1987 in Linz
Foto: Petrovitsch

sperrspannung. Der Gleichrichterschrank steht neben dem Transformator. Die ölgekühlten Thyristoren und Dioden einschließlich Beschaltungseinrichtungen, wie Sicherungen, Drosseln und RC-Elemente, sind in ausziehbaren Einschüben angeordnet. Kühlölkanäle sind mit den Elementen direkt verbunden. Weitere Einschübe für Läufer- und Feldgleichrichtersteuerung und Oszillator. Die Beschaltungseinrichtungen sind luftgekühlt. Der Gleichrichterschrank nimmt auch neben dem Ölkühler mit Lüftern für Thyristoren und Dioden die für den Transformator auf.

Steuerung: Die zu den Läufergleichrichtern gehörenden Brücken werden nacheinander gesteuert. Steuerung durch Veränderung des Anschnittwinkels der Halbperiode. Erste Steuerperiode Fahrmotorspannung von Null bis zum halben Wert durch Steuern des Anschnittwinkels der Thyristoren der ersten Brücke. Der Läuferstrom fließt dabei auch durch die Dioden der zweiten Brücke. In der zweiten Periode bis zur vollen Spannung steuern Thyristoren der zweiten Brücke, die der ersten wirken nur noch als Dioden. Anschließend Periode der Feldschwächung, bei der der Läufergleichrichter nur mehr als Diodengleichrichter wirkt. Die Läufergleichrichter empfangen ihre Steuerimpulse von einem Drehzahlferngeber- und -regler, im Zusammenwirken mit einer Motorstromgegenkopplung. Der Feldstrom wird durch Meßwandler erfaßt und der Wert dem Feldregler eingegeben. Auch ist ein Steuersystem für die Lastverteilung sowie Schleuderschutz vorhanden. Die Lokomotiven sind für Vielfachsteuerung eingerichtet.

Fahrmotoren mit Glättungsdrossel: Vier fremdbelüftete achtpolige Mischstrommotoren (Gleichstrombauart) mit Fremderregung für 900 kW in Isolationsklasse F (in 1043.01–04) beziehungsweise 1000 kW, Klasse H (in 1043.05–10), Höchstdrehzahl 1920 bzw. 1965 U/min. Gewicht des Motors 2985 kg. Glättungsdrossel mit einem Welligkeitsfaktor von 0,43 optimiert im Hinblick auf den Leistungsfaktor und Netzstörungen. Jeder Fahrmotor mit zugehöriger Glättungsdrossel (640 kg) im Baugruppenschrank.

Elektrische Bremse: Gleichstromwiderstandsbremse mit 2400 kW Dauerleistung. 4000-kW-20-Sekundenleistung. Jeder Fahrmotor hat seinen eigenen Bremswiderstand, Bremswiderstände in zwei Schränken im Maschinenraum untergebracht, eigener Gleichstromlüfter (vom Bremswiderstand angespeist) mit Spitzenleistung von 620 m³/min. Regelung vom Fahrschalter über Felderregung. Abhängigkeit mit der Druckluftbremse, um ein „Überbremsen“ zu vermeiden.

Hilfseinrichtungen: 48-V-Gleichstromkreis mit 70-Ah-Batterie und thyristorgesteuertem Ladegerät von einem Hilfstransformator angespeist. Die Hilfsbetriebsmotoren werden von einem Drehstrombordnetz mit dreimal 380 V und 50 Hz versorgt. Der Drehstrom wird von einem rotierenden Umformer erzeugt, der mit 16⅔ Hz und 220 V primär angetrieben wird und 60 kVA Dauerleistung Drehstromleistung abgibt. Generator als Einphasenasynchronmaschine ausgebildet. Kondensatoren zum Hochfahren beziehungsweise Phasenkompensation. Nennleistung der Fahrmotorlüfter je 4 kW, Transformator und Gleichrichterlüfter 5,5 kW, der Ölpumpenantrieb 1,8 und 5,5 kW. Zur Gleisstromkreisentstörung ist ein Symmetrierelais vorhanden, die Phasenkompensierungskondensatoren wirken als Oberwellenfilter in Telekommunikationsbereich. Impulssicherheitsfahrschaltung und Indusi.

1044

Bo'Bo'

1974

Techn. Daten: Seite 221

Mit der Lieferung der schwedischen Thyristorlokomotiven der Reihe 1043 und den daraus abgeleiteten Erkenntnissen ihrer Betriebseigenschaften war es für die ÖBB klar, daß weitere Streckenlokomotiven nur noch in dieser Technik in Frage kommen. Es wurde die Möglichkeit erwogen, den schwedischen Typ in großer Stückzahl zu bestellen. Die Höchstgeschwindigkeit von 135 km/h war bei einer Streckenhöchstgeschwindigkeit in Österreich von 140 km/h zu gering, ebenso die Beschleunigungsreserven über 120 km/h. Außerdem war für einen grenzüberschreitenden Verkehr mit der DB schon eine Höchstgeschwindigkeit von 160 km/h angekündigt. Schweden hatte auch einen Typ (Rc 3) mit 160 km/h anzubieten, mit gleicher Ausrüstung wie 1043. Nur war diese Lokomotive niedriger übersetzt, was auf Kosten der Zugkraft geht. Für österreichische Verhältnisse waren aber zwei Typen nicht diskutabel, weil die Streckenlokomotiven im Langlaufeinsatz einerseit im Flach- und Hügelland schnell fahren mußten, andererseits auf den Rampenstrecken von 25 ‰ und mehr auch ausreichende Zugkräfte zu entwickeln hatten. Bereits zu Beginn der siebziger Jahre offerierte die österreichische Elektroindustrie eine auf österreichische Verhältnisse maßgeschneiderte Thyristorlokomotive. Dem vorangegangen war ein dreimonatiger Probebetrieb mit einer auf Thyristorsteuerung umgestellten Diodenlokomotive der schweizerischen Lötschbergbahn mit einer Stundenleistung von nahezu 5000 kW. Sie war fast ausschließlich auf der Semmeringstrecke im Einsatz, wo sie regelmäßig Anhängelasten von 650 t förderte. Neben diesem traktionsmäßigen Vorbild gab es noch eines für die Steuerung. Die Rhätische Bahn in der Schweiz hatte erst kürzlich neue Lokomotiven für ihr Meterspurnetz in Thyristortechnik erhalten, die mit einer gut durchkonzipierten Steuerung auf weitgehend elektronischer Basis arbeiteten.

Die ÖBB nahmen das Angebot aus einer ausgewogenen Mischung der beiden Schweizer Typen an und bestellten zunächst zwei Prototyplokomotiven. Sie waren für eine betriebsmäßige Höchstgeschwindigkeit von 160 km/h auszulegen und sollten in der Lage sein, 650 t auf 25 ‰ mit der jeweiligen Streckenhöchstgeschwindigkeit der Rampenabschnitte (im Schnitt 70 km/h) sowie auf der Arlberg-Westrampe mit 31,4 ‰ 480 t in der Beharrung fördern und auch anzufahren. Dazu einige ergänzende Werte:

1650 t auf 5 ‰ mit 100 km/h,
850 t auf 5 ‰ mit 140 km/h,
1350 t auf 10 ‰ mit 100 km/h,
750 t auf 10 ‰ mit 140 km/h,
950 t auf 20 ‰ mit 100 km/h.

Die erforderliche Stundenleistung errechnete sich mit 5400 kW. Die vorgesehene Reihenbezeichnung 1044.

Elektrisch war wieder ein Gemeinschaftsprodukt der drei einschlägigen Firmen BBC, ELIN und Siemens geplant, federführend BBC, letztere schon deshalb, weil die genannten Vorbilder in der Schweiz ebenfalls von BBC gebaut waren. Die mechanische Fahrzeugausrüstung war wieder von SGP zu konstruieren und in ihrem Grazer Werk herzustellen. Achsfolge Bo'Bo', elektrisch in Thyristortechnik auszuführen.

Über grundlegende Funktionen dieser Technik wurde in der Beschreibung der Reihe 1043 einiges erläutert. Der Gefahr von Rückwirkungen auf Signal- und Informationsstromkreise angesichts der größeren Leistung wurde bei der Grundschaltung von zwei Brükken in Folgesteuerung eine weitere Unterteilung hinzugefügt, und zwar war dies in Form einer Quasi-Vier- oder Achtstufendurchsteuerung der Brücken möglich. Die Symmetrieüberwachung sollte zusätzliche Sicherheit liefern. Um Klarheit zu schaffen, wurden die beiden Prototypen mit je einer dieser Varianten ausgestattet. Ganz

Typenbild der Lieferserie 1044.96-126 (ohne 97 und Zweitbesetzung 117)

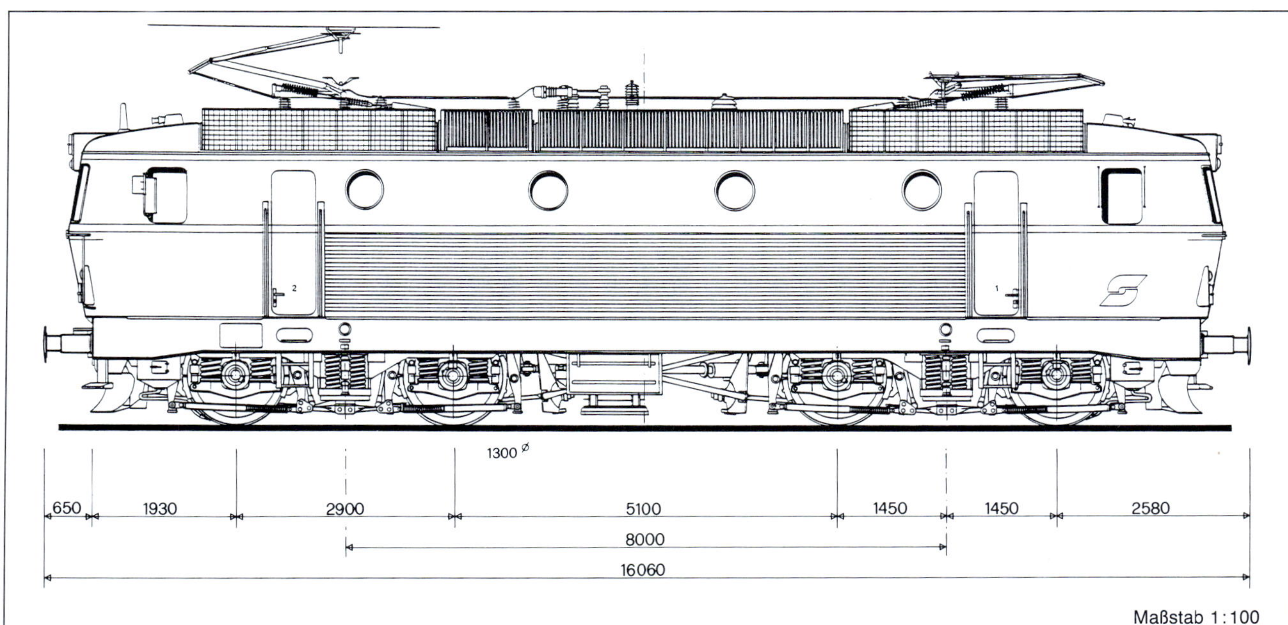

Erscheinungsbild Bauserie 1044.03-70 mit niedrigen Grobgittern für den Dachkanten-Kühllufteintritt: 1044.10 im August 1978 in Leoben
Foto: Petrovitsch

sicher gehen wollte man aufgrund von Erfahrungen mit der Reihe 1043 in der Antriebsfrage. Es wurde der einseitige BBC-Federantrieb, der bei der Reihe 1010 beschrieben ist, ausgewählt, und zwar in gleicher Dimensionierung wie bei der vorerwähnten Schweizer Lötschberglokomotive. Eingehende Meßfahrten mit dieser Lokomotive lieferten beruhigende Ergebnisse. Ebenso fiel dabei die Vorentscheidung, Gummi anstelle der Stahlfedern als Antriebselement zu verwenden. Für die Fahrmotoren war gemischte Erregung, also Reihenschluß mit Fremdfeld vorzusehen, was steilere Kennlinien und damit günstigere Anfahrvoraussetzungen zur Folge hat. Eine hochleistungsfähige elektrische Bremse stand von vornherein außer Frage. Die Möbelbauweise, wie bei Reihe 1043 vorhanden, war auch hier zu übernehmen. Auch der Fahrzeugteil orientierte sich in einigen Details an Schweizer Vorbildern. Die Tiefzuganlenkung, bei der die Zugkräfte so tief als möglich an der Lokomotivbrücke mit entsprechend ausgebildeten Zugstangen angreifen, sollen die Achsentlastungen durch das Zugkraftmoment auf ein Minimum reduzieren. Die Lokomotive 1044.01 wurde im Juli 1974 ausgeliefert und nach Durchführung der erforderlichen Einstellungen in Graz anschließend in die Zfltg. Wien Süd überstellt. Von hier aus wurden zunächst Meßfahrten im Rahmen von Güterzugeinsätzen und auch reine Testfahrten absolviert. Die Beeinflussungsmeßfahrten fanden wieder im Bereich Villach wie mit der Reihe 1043 statt. Aufgrund der befriedigenden Ergebnisse konnte die Lokomotive ab Dezember 1974 für den allgemeinen Verkehr freigegeben werden und wurde ausschließlich im Schnellzugdienst Wien–Villach eingesetzt. Im Februar 1975 wurde die zweite Lokomotive, nunmehr mit der Quasi-Vierbrückenschaltung ausgeliefert. Vergleichsmeßfahrten, die Beeinflussung betreffend, ergaben, daß die Vierbrückenschaltung gleichwertig erscheint. Damit war die Serie in dieser Schaltung auszuführen. Ab Sommer 1975 gelangten beide Lokomotiven von der Zfltg. Wien West in Planschnellzugseinsätze zwischen Wien und Salzburg bzw. Passau.

Von einigen bald behobenen Unzulänglichkeiten abgesehen, verliefen diese Einsätze zur vollen Zufriedenheit. Das veranlaßte die ÖBB anfangs 1976 eine Serie von zunächst 24 Lokomotiven zu bestellen, wobei einige Abweichungen gegenüber den Prototypen gefordert wurden. Vor allem der Fahrmotor, der in seinem komplizierten Wicklungsaufbau durch eine einfachere Ausführung ersetzt wurde. Ende 1977 begann die Serienlieferung mit jeweils zwei Lokomotiven monatlich. Um dem gravierenden Triebfahrzeugmangel wirksam abzuhelfen, wurden zwei weitere Serienbestellungen für je 24 Lokomotiven aufgegeben, um den monatlichen Lieferrhythmus

von zwei Lokomotiven nicht zu unterbrechen. Die Serienlokomotiven wurden neben den Zfltgn. Wien West und Süd den Dienststellen Salzburg und Innsbruck zugeteilt. Dort kamen sie im schweren Schnell- und Güterzugdienst zum Einsatz.
Nach kurzer Betriebszeit traten Radreifenbrüche auf, deren Ursache aber bald erkannt war. Sie lag in der übermäßigen Beanspruchung der nach herkömmlichen Überlegungen gewählten Konstruktion, die auf die in dieser Technik auftretenden Kräfte nicht ausreichend Rücksicht nehmen konnte. Handelt es sich doch bei dieser Lokomotive um die bisher höchste Achsleistung. Die Winterperiode 1979/80 und 1980/81, durch besonders starke Schneefälle und tiefen Frost gekennzeichnet, setzte den Fahrzeugen arg zu. Die Folge war, daß einschneidende Veränderungen am Lüftungskonzept sowie Verbesserungen am Isolierstoffsektor und gegen Frosteinwirkungen ergriffen wurden. Die Mängel hatten einen vorübergehenden Lieferstop zur Folge. Nach durchgeführter Sanierung erwiesen sich die Lokomotiven als voll zuverlässig und tragen heute den Großteil des schweren Schnell- und Güterzugdienstes. Ihr Einsatz hat sich sehr positiv auf den Pünktlichkeitsgrad, auch im internationalen Verkehr, ausgewirkt.
Sie fahren auch die höchsten Kilometerleistungen, die mehr als 30 000 km pro Monat betragen. Aus Gründen betriebstechnischer Vereinfachung wurden die Belastungswerte auf den Rampen den dort eingesetzten sechsachsigen Lokomotiven angeglichen. Von der beschriebenen Ausführung wurden 126 gebaut, welche bis 1987 ausgeliefert waren. Zur Überbrückung der Lieferkontinuität, die durch eine Neuentwicklung einer Drehstromlokomotive unterbrochen worden wäre, wurden weitere 15 Lokomotiven mit der Reihenbezeichnung 1044.200 bestellt, von denen bis Mitte 1990 zwölf ausgeliefert waren. Sie unterscheiden sich von ihren Vorgängerinnen in der Drehgestellkonstruktion, einer geänderten Übersetzung und besseren Schalldämmung. Im Juni 1990 wurde eine weitere Serie 1044.216-240 bestellt (Lieferzeitraum 12/90 bis 12/92). Die Lokomotiven sind gegenwärtig auf die Zfltgn. Wien West und Süd, Linz, Salzburg, Innsbruck, Bludenz und Villach aufgeteilt.
Die Lokomotive 1044.01 wurde anläßlich der 150-Jahr-Feier der ÖBB 1987 auf eine Schnellfahrlokomotive mit geändertem Antrieb (AEG) und Drehgestell umgebaut. Bei Meßfahrten erreichte sie eine Geschwindigkeit von 235 km/h. Umnumerierung auf 1044.501.
Die Lokomotive 1044.38 mußte 1983 wegen Totalschadens nach einem Unfall ausgemustert werden.

Konstruktive Merkmale

Fahrzeugteil

Laufwerk: Drehgestellrahmen als geschweißte Kastenkonstruktion aus Langträgern sowie zwei Endquerträgern und einer Mittelquerverbindung bestehend. Am Mittelquerträger für Motorbefestigung und Tiefzuganlenkung eine entsprechende Stahlgußkonstruktion eingeschweißt, weiterhin ein angebauter Federkorb für die Kastenabstützung. Keine Wiegenkonstruktion. Lokomotivkastenabstützung über insgesamt acht zylindrische Schraubenfedern, welche die Relativ-

Temporäres Erscheinungsbild der 1044.33 mit höherreichenden Düsenlüfter-Endaufsätzen für die Motor-Kühlluftansaugung (Innsbruck, Februar 1982)
Foto: Petrovitsch

bewegungen zwischen Drehgestell und Kasten aufnehmen. Dazu zusätzliche Dämpfer. Zug- und Bremskraftübertragung federnd von Drehgestellen zur Brücke durch Zugstangen, zusätzliche Reibungsdämpfer. Optimal tiefe Anlenkung mit 190 mm über Schienenoberkante. Radsätze in Zylinderrollenlagern laufend und ±8 mm seitenverschieblich. Spielfreie Achslagerführung durch zylindrische Führungszapfen, konzentrisch hierzu Schraubenfedern zur Abstützung. Achslagergehäuse aus Leichtmetallguß. Querkupplung zwischen den Drehgestellen.

Antrieb: Einseitiger BBC-Federantrieb mit Gummifederung, schrägverzahnte Getrieberäder mit 35 : 107 Zähnen beziehungsweise 38 : 106 ab 1044.201 (41 : 89 bei 1044.501).

Erscheinungsbild 1044.71-95 und 97 mit einem durchlaufenden Düsenlüfter-Dachkantenaufsatz: 1044.081 im Januar 1989 in Innsbruck
Foto: Petrovitsch

Hauptrahmen: Fahrzeugbrücke aus ebenen und gekanteten Blechen verschweißt. Lang- und Querträger kastenförmig ausgebildet. Kästen für Batterie und Ladegerät unterhalb der Langträger, stirnseitig Zug- und Stoßvorrichtungen angebracht.

Lokomotivkasten: Kastenaufbau selbsttragend mit der Brücke verschweißt. Untere Seitenwand durch waagerechte Sicken versteift. Rammsäule in der Stirnwand, die windschnittig mit zwei großen Fenstern ausgeführt ist. Führerräume seitlich abgeschlossen, Einstieg durch den Maschinenraum beiderseits vorne und hinten. Maschinenraumdurchgang auf beiden Seiten. In der Mitte Transformator mit Ölkühlern und Glättungsdrossel. Davor die beiden Traktionsstromrichter, weiter dem vorderen Führerstand zu die beiden vorderen Fahrmotorlüfteraggregate, Bordnetzumformer, Apparategerüste und die Steuerelektronikschränke. In Richtung hinterer Führerstand Bremsturm, Lüfter für Motor 3 und 4, Kompressor und einige Schränke. Alle Komponenten der elektrischen Ausrüstung sind in modularer Schrankbauweise als leicht ausbaubare Einheiten ausgeführt. Das Maschinenraumdach in Leichtmetallausführung besteht aus sechs abhebbaren Dachteilen.

Bremseinrichtung: Automatische schnellwirkende Druckluftbremse für Lokomotive und Wagenzug, direktwirkende Zusatzbremse für Lokomotive, Nachbremsventil. Lokomotivbremse zweistufig für hohe und niedere Abbremsung, Steuerung vom Zentralsteuergerät. Automatische Zuschaltung der elektrischen Bremse bei stärkerer Druckabsenkung beziehungsweise Schnellbremsung. Schleuderschutzbremse. Einheitskolbenkompressor für 133 m^3/h gegen 10 bar. Handbremse auf das hintere Drehgestell wirkend.

Hilfseinrichtungen: Vier Axialgebläse für die Belüftung der Fahrmotoren mit 192 m^3/min Förderleistung, zwei weitere für Transformator- beziehungsweise Stromrichteröl und Glättungsdrossel, teilweise Verwendung von Zyklonabscheidern bei den Fahrmotorlüftern. Luftansaugung aus der Dachschräge über Gitter mit Leitblechen oder zum Teil (bei höheren Seriennummern) über Mehrfachdüsenlüftungsgitter in den Dachraum als Beruhigungskammer, von wo die Luft in die Gebläse abgesaugt wird. Mehrfachdrucklufttyphon zur Signalabgabe. Druckluftsandstreuer auf die jeweils vorderste Achse wirkend. Geschwindigkeitsmesser, Sicherheitsfahrschaltung und Spurkranzschmierung vom Zentralsteuergerät angesteuert.

Elektrischer Teil

Hochspannungsausrüstung: Zwei Einheitseinholmstromabnehmer VI mit

Doppelwippe, Druckluftschnellschalter DBTF, Hochspannungswandler in der Dachleitung.

Haupttransformator: Kerntransformator aus radial geblechter Kernsäule mit sechs Jochen, vier Traktionswicklungen mit 5200 kVA Gesamtleistung, fixes Übersetzungsverhältnis auf zweimal 700 V, Hilfsbetriebewicklung 70 kVA und 197 V, Heizleistung 950 kVA bei 984 V. Kühlung durch Zwangsumlauf und Fremdbelüftung in außen angeordnetem Kühler. Kommutierungsdrosselspulen im Ölkessel angeordnet.

Thyristorstromrichter: Je ein ölgekühlter Stromrichter in Quasi-Vierstufenschaltung für jedes Drehgestell in einem eigenen Schrank untergebracht. In beiden Schränken sind insgesamt 96 Thyristoren für 320 A und 2500 V, wobei jeweils acht parallel geschaltet sind, sowie 64 Dioden für 450 A und 2500 V, ebenfalls acht parallel, angeordnet. Ölschienenkühlung. Eigene Stromrichter für Fremdfelderregung und Hilfsbetriebe.

Steuerung: Die Art der Durchsteuerung der beiden Stromrichterbrücken wurde erwähnt. Dabei wird in vier Stufen aufgesteuert, wozu die untere Brücke mit einem zusätzlichen Thyristorzweig versehen ist. Diese Brücke steuert zunächst 25 % der maximalen Spannung durch, dann 50 %, was der halben maximalen Spannung entspricht. Nun wird auf die obere Brücke umkommutiert und die untere steuert jetzt auf 75 % und dann auf die maximale Spannung. Das Fremdfeld wird vom Feldstromrichter gespeist, wobei der Feldstrom in Abhängigkeit vom jeweils größten Fahrmotorstrom als Maßnahme gegen Schleudervorgänge gesteuert wird. Zusätzlich wird, wie erwähnt, die weiche Reihenschlußcharakteristik im Sinne besserer Anfahrvoraussetzungen steiler. Weiterhin erfolgt zur besseren Reibungsausnutzung automatisch eine Kompensation des Kastenmoments durch Stromrücknahme am vorauslaufenden Drehgestell. Einer Schleuderfrüherfassung und ein Drehzahlschleuderschutz sollen beginnende Schleuderneigungen der jeweiligen Achse rechtzeitig unterbinden. Die Steuerelektronik wird über zwei unabhängige Speisegeräte versorgt. Fahrbremswender herkömmlicher Bauart.

Fahrmotoren und Glättungsdrossel: Vier fremdbelüftete achtpolige Mischstrommotoren mit Reihenschluß- und Fremderregung, etwa 55 % Fremdfeldanteil. Stundenleistung 1350 kW, Höchstdrehzahl 2050 U/min, Gewicht des Motors 3750 kg. Gemeinsame Glättungsdrossel mit Teilwicklung für jeden Motor, Welligkeitsfaktor 40 %, Luftkühlung. Drosselgewicht 2990 kg.

Elektrische Bremse: Grundsätzlich wie bei Reihe 1042.531 wirkend, Aufbau samt Lüfter in einem Bremsturm. Dauerbremskraft 122 kN bei 2400 kW, Kurzzeitleistung 4000 kW.

Hilfseinrichtungen: 24-V-Gleichstrombordnetz mit 240-Ah-Batterie, Ladung über statisches Ladegerät von der Hilfsbetriebespannung, drei Konverter für 24/48 V. Drehstrombordnetz mit dreimal 440 V, frequenzvariabel von 50 bis 100 Hz. Antrieb durch Mischstromreihenschlußmotor mit 112 kW, Drehstromsynchrongenerator für 125 kVA, angeschlossen elf Lüfter- und zwei Ölpumpenmotoren, 22-kW-Einphasenreihenschlußmotor für Kompressor. Bremslüftermotor mit Spannungsabgriff am Bremswiderstand als Gleichstromreihenschlußmotor mit

Erscheinungsbild 1044.96-126 (ohne 97 und Ersatzbau 117) mit hohen Grobgittern im Bereich der Motorluftansaugung und Düsenlüftern für Trafo-/Stromrichterkühlung: 1044.112 im Mai 1985 in Linz
Foto: Petrovitsch

Erscheinungsbild laufende Nachbauserie 1044.201ff. sowie Ersatzbauten 1044.92 und 117: 1044.209 im Mai 1990 in Salzburg
Foto: Petrovitsch

28,5 kW Dauer- und 58,5 kW Spitzenleistung. Weg–Weg-Impulssicherheitsfahrschaltung über Zentralsteuergerät, induktive Zugbeeinflussung Indusi.

Äußerliche Typenmerkmale der 1044-Teilserien

Die vielfältigen Notwendigkeiten nachträglicher Konstruktionsänderungen während der laufenden Fertigung bzw. spätere Sanierungsmaßnahmen haben die Baureihe 1044 in differierende Subserien aufgespalten. Bruchpunkte bezüglich der Einheitlichkeit im äußeren Erscheinungsbild (abgesehen von der Lackierung) liegen bei den Ordnungsnummern 71, 98 und 201. Eine Übergangsbauform hatte die im August 1988 bei einem Frontalzusammenstoß demolierte 1044.96 dargestellt.

Nach verschiedenen provisorischen Zwischen-/Teilumbauten mit Aufsatzlüftern erhielt die ab 1982 wieder freigegebene weitere Lieferserie hochragende Dachkanten – Düsenlüftungsgitter – Aufbauten über volle Länge des Maschinenraumes. Während der 1044-Lieferstop 1981/82 war andererseits an der 1044.71 mit Erfolg ein alternatives Prinzip zur Kühlluftreinigung in Form von Zyklonabscheidern erprobt worden. Diese im äußeren Erscheinungsbild der Lok nicht erkennbaren Einbauten erübrigten letztlich bei den 1044.01 bis 70 schon erwogene tiefgreifende Kastenumbauten bezüglich Abänderung des Kühllufteintritts in den Zwischendecken-Beruhigungsraum.

Anhand der Dachaufbauformen (Kühllufteintritt) lassen sich die 1044-Subserien ab Lieferjahr 1982 im äußeren Erscheinungsbild auf den ersten Blick voneinander unterscheiden:

– Die 1044.(5)01 bis 70 zeigen das ursprüngliche Typenbild mit niedrigen Grobgittern im Dachansatz, da sie (mit Ausnahme der 1044.02) durch den nachträglichen Einbau von Zyklonabscheidern im Bereich der Axiallüftersätze winterbetriebstauglich nachertüchtigt wurden.

– Die anfangs 1981 nur in den Dachendbereichen mit höherreichenden, schrägliegenden Düsenlüftergittern für die Motorlüfteransaugungen umgerüsteten 1044.20, 26, 31, 33, 49 und 70 sind Mitte 1983 nach Zykloneinbau äußerlich in den früheren Zustand zurückgeführt worden.

– Die schon erwähnten 1044.71 bis 95 und 1044.97 zeigen durchgehend aufragende, schrägliegende Düsenlüftungsgitter über volle Baulänge der drei abhebbaren Dachsegmente.

– 1044.96 und 1044.98 bis 126 kombinieren bei grundsätzlich gleichen Dimensionen der Dachrandaufsätze Düsenlüfterjalousien im Mittelbereich

(Trafo- und Stromrichter-Kühlansaugung) mit gleich hohen Grobgittern in den Dachendeinsätzen. Zyklonabscheider in den Fahrmotorlüftungen hätten bei diesen Loks an sich querschnittsmäßig mit niedrigen Dachkanten-Lufteintritten wie bei 1044.01 bis 70 das Auslangen finden lassen. Aus Gründen der Optik wurde jedoch durchlaufend ein einheitlich hoher Aufsatz ausgeführt.

– Die 1989/90 gelieferten 1044.201–215 zeigen, wie auch die Ersatzkästen für die Unfall-Loks 1044.92 und 117, grundsätzlich die gleiche Anordnung wie die 1044.98ff. Anstelle der Grobgitter in den äußeren Aufsätzen finden sich jedoch vertikale Schalenstrukturen, die die Schallemission dämpfen sollen.

1044.01 bis 110 wurden in einheitlichem Design in Blutorange mit elfenbeinfarbigem Dach und ebensolchen Zierlinien sowie tiefschwarzem Rahmen und Fahrwerk abgeliefert. Ab 1044.111 sind Dach und Untergestell umbragrau gehalten. Die 1044.100 trug im September 1985 kurzfristig großflächige weiße Foliendekoration.

1044.201–203 samt Unfall-Lok-Ersatzbauten 1044.92 und 117 kombinieren Blutorange mit umbragrauer Stirnfenstereinfassung („Mafia-Look“) und elfenbeinfarbigen Absetzflächen. Bei den 1044.204ff. wurde der umlaufende Zierstreifen in Achatgrau gehalten.

Beim Umbau der Prototyp 1044.01 zur Schnellfahrversuchslok 1044.501 wurden 1986/87 an äußerlich erkennbaren Änderungen u. a. neue Stirnpanzerscheiben flächenbündig eingebaut und ein Neuanstrich mit elfenbeinfarbigen Gliederungsflächen und umbragrauer Stirnfensterumrandung vorgenommen, der in dieser Form ein Unikat blieb.

1045

BBÖ 1170
DR E 45

Bo'Bo'

1927

Techn. Daten: Seite 221

Aus vorangegangenen Darstellungen ist zu entnehmen, daß die Betriebsabwicklung auf der Mittenwaldbahn nach wie vor der Reihe 1060 vorbehalten war. Auf der Salzkammergutstrecke besorgten die 1'C1'-Lokomotiven den gesamten Reiseverkehr. Beide Typen konnten den Betriebserfordernissen nicht mehr gerecht werden. Bei der Reihe 1060 war es die geringe Höchstgeschwindigkeit. Die kurven- und steigungsreiche Salzkammergutstrecke war für die starre Bauart der Reihe 1073 alles andere als ideal, ebenso auch das Zugkraftgeschwindigkeitsverhalten. Beide Strekken weisen Gebirgscharakter auf; es sind dabei Steigungen bis 36 ‰ und Kurvenradien unter 200 m zu bewältigen. 15 t waren die maximale Achslast. Für eine neue Lokomotive wurden 60 km/h als ausreichend befunden. Nach den bisherigen Erfahrungen war es klar, daß für solche extreme Betriebsverhältnisse Stangenlokomotiven außer Frage standen, aber auch Rahmenlokomotiven mit Einzelachsantrieb schienen zu starr.

Das Betriebsprogramm für die neue Lokomotive war äußerst anspruchsvoll, wie einige Werte daraus eindrucksvoll beweisen:

2000 t auf 0 ‰ mit 35 m/h,
1130 t auf 0 ‰ mit 60 km/h,
395 t auf 20 ‰ mit 35 km/h,
150 t auf 20 ‰ mit 60 km/h,
215 t auf 35 ‰ mit 35 km/h.

35 km/h entspricht der Stundenleistung. Man sieht, daß diese bei ca. 60 % der Höchstgeschwindigkeit festgelegt war. Darüber hinaus war noch eine 15-Minuten-Leistung entsprechend einer 1,68fachen Stundenleistung an den Fahrmotorwellen vorgeschrieben. Als maximale Hakenzugkraft waren 16 t gefordert. Das entspricht einem Reibungswert von 27 %, ein für damalige Verhältnisse aufsehenerregendes Faktum.

Mit der Ausführung wurde die Firma ELIN beauftragt, welche eine Bo'Bo'-Lokomotive mit vollabgefederten Motoren angeboten hatte. Erfahrungen mit diesem Typ beschränkten sich bisher nur auf solche mit Tatzlagerantrieb. Bei diesem wird das halbe Motorgewicht ungefedert abgestützt, was bei höheren Geschwindigkeiten zu hohen Stoßbeanspruchungen führt. Ein mit der doppelten Netzfrequenz pulsierender Drehmomentanteil stört besonders in der Anfahrphase. Durch die starre Kopplung Motor – Achse wird die Ausnutzung der Haftreibung gerade in dieser kritischen Phase beeinträchtigt, beim vollabgefederten Motor fällt dieser Umstand weg, das bedeutet, die Schleuderneigung wird erheblich vermindert. Untersuchungen zeigten, daß sich ein weicher Federantrieb am günstigsten verhält. Es wurde der Sècheron-Hohlwellenfederantrieb mit Schraubenfedern gewählt. Dieser ist eine Weiterentwicklung des Westinghouse-Antriebs, der schon in Rahmenlokomotiven länger bekannt war. Das geringe Gewicht machte eine gedrängte Bauart erforderlich, die Länge über Puffer beträgt nur 10,4 m! Trotzdem ist eine gute Raum-

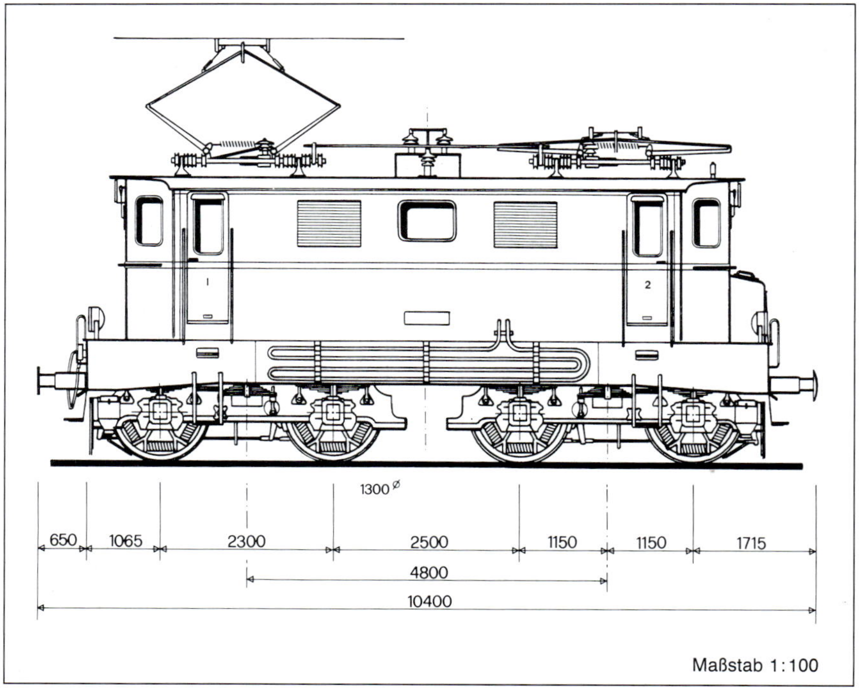

Typenbild 1045, Letztzustand nach Großausbesserung

aufteilung im Kasten möglich geworden, was auf die Anordnung der Motoren in den Drehgestellen zurückzuführen ist.

An dieser Stelle ein besonderer Hinweis: Diese Lokomotive ist die Stammmutter aller Bo'Bo'-Lokomotiven mit voll abgefederten Fahrmotoren und hat sich als der erfolgreichste Typ des gesamten Elektrolokomotivbaues herauskristallisiert. Das Grundschema finden wir bis heute zu den neuesten Drehstromlokomotiven und wird wohl auch in Zukunft weiter beibehalten werden. Am 13. Mai 1927 ging die erste Lokomotive auf der Salzkammergutstrecke unter der damaligen Bezeichnung 1170.01 in Betrieb. Insgesamt wurden 14 Lokomotiven gebaut.

Die ersten zehn waren für das Salzkammergut bestimmt, die restlichen für die Mittenwaldbahn. Sie unterschieden sich durch die Bremsausrüstung, weil entgegen der damaligen österreichischen Norm, der Vakuumbremse, auf der Mittenwaldbahn von Anfang an druckluftgebremstes Rollmaterial verwendet wurde.

An der Bauausführung waren neben der ELIN für den elektrischen Teil zwei Lokomotivfabriken für den mechanischen Teil beteiligt. Die ersten zehn Lokomotiven wurden von der Lokomotivfabrik Wiener Neustadt, die restlichen von der Wiener Lokomotivfabriks A.G. hergestellt. Ursache war die Stillegung erstgenannter Firma.

Die Aufteilung auf die Dienststellen Zfltg. Attnang-Puchheim und Innsbruck blieb bis zur Reichsbahnzeit bestehen, dort wurde die gesamte Serie nach Attnang konzentriert, wo auch heute noch die wenigen vorhandenen Lokomotiven ihren Dienst versehen.

Von Anfang an bewährten sich die Fahrzeuge sehr gut, vor allem was die zu fördernden Anhängelasten betraf. Während des Zweiten Weltkrieges wurden sie auch vor schweren Güterzügen von Attnang über Salzburg hinaus eingesetzt. Es war ein paradoxer Anblick, die kleine Lokomotive vor einem Güterzug mit 120 Achsen und etwa einem Kilometer Länge zu sehen. Ihr beherrschendes Einsatzgebiet blieb aber die Salzkammergutstrecke, vor allem im Reisezugverkehr. Monatslaufleistungen von 10000 km bildeten keine Ausnahme. Wenn man die Streckenverhältnisse dieser rund 110 km langen Bahn kennt, erstaunlich. Die Erneuerung des elektrischen Triebfahrzeugparks ab der fünfziger Jahre, die Erhöhung des Achsdruckes auf genannter Strecke bis auf 20 t oder der zulässigen Geschwindigkeit teilweise bis auf 100 km/h drängten die Reihe 1045 in den Ladegüterzug- und Verschubdienst ab.

Wie erwähnt, wurden an den Motor Betriebsanforderungen in einem bisher unüblichen Ausmaß gestellt. Er erwies sich als so robust, daß er Kurzzeitleistungen über diese Zeit hinaus bewältigte. Seine Stundenleistung wurde von 250 auf 285 kW angehoben. Dadurch wurden mechanische Bauteile im Drehgestell, welche die Zugkräfte aufzunehmen hatten, überbeansprucht und mußten verstärkt werden. Eine Fortschaltautomatik wurde wegen ihrer Kompliziertheit bald wieder ausgebaut. Sonstige Umbauten zur Behebung technischer Mängel waren über die ganze Lebensdauer hinweg nicht notwendig. Die ersten zehn Lokomotiven wurden aus betrieblichen Erfordernissen nachträglich mit einer Druckluftbremseinrichtung für den Wagenzug ausgerüstet, später auf eine reine Druckluftbremsanlage umgebaut, die Vakuumbremseinrichtungen wurden entfernt. Ebenso auch die elektrische Bremse, das heißt, die Bremswiderstände ausgebaut. Auch der Kasten erfuhr im Rahmen der Großausbesserung einige Abänderungen. So wurden die Stirntüren weggelassen, die Fenster konnten dadurch verbreitert und damit die Sicht verbessert werden. Die in der unteren Kastenhälfte angeordneten Lufteinströmgitter wurden in die obere verlegt, damit das Eindringen von Flugschnee und Staub geringer wird. Die Kühlluftzuführung zu den Motoren wurde ebenfalls verbessert, die Gleichstromversorgung modernisiert. Der Führerstand schließlich für sitzende Bedienung umgebaut und später auf der linken Führerraumseite für den Verschub mit einem Hilfsfahrschalter ausgerüstet.

Von den ursprünglich vierzehn Lokomotiven wurden zwei infolge Kriegsbeschädigung außer Dienst gestellt, eine infolge Unfalls kassiert (1045.02 und 05 beziehungsweise 11). 1980 wurden die Lokomotiven 1045.01 und 03 an die private Montafonerbahn verkauft. Bereits ab 1978 setzte die planmäßige Ausmusterung ein. Heute sind noch drei Lokomotiven in Betrieb (1045.09, 12 und 14).

Konstruktive Merkmale

Fahrzeugteil

Laufwerk: Zwei zweiachsige Drehgestelle in genieteter Stahlblechausführung mit kräftiger Querverbindung, die auch den Drehpfannenunterteil aufnimmt. Keine direkte Verbindung der Drehgestelle untereinander. Die Zugkraft wird über den Hauptrahmen übertragen. Kastenabstützung über kugeligen Drehpfannenoberteil und seitliche Federstützen mit Schneidenlagerung. Fahrmotoren an Schwanenhalsträgern und mittlerer Querverbindung aufgehängt. Gleitachslager mit Pumpendruckschmierung und Schmierpolster. Oben angeordnete Blattragfedern.

Antrieb: Sècheron-Hohlwellenfederantrieb. Die in Gleitlagern am Motorgehäuse laufende Hohlwelle umschließt die Treibachsen mit entsprechendem Spiel. Drehmomentübertragung von sechs Hohlwellenauslegern über beidseitig angeordnete Schraubenfedern auf den Radkörper. Schrägverzahntes Getriebe mit 15 : 88 Zähnen.

Hauptrahmen: Brückenrahmen in genieteter Stahlblechausführung. Für die Zugkraftübertragung heruntergezogene verstärkte Stirnbleche mit Zug- und Stoßvorrichtung.

Lokomotivkasten: Genieteter Aufbau mit Verstärkungsprofilen, ein Maschinenraumdurchgang. Apparate und Hilfsbetriebe vorne und hinten, in der Mitte Transformator mit quer angeordneten Schützenkästen vorne und hinten, nicht gangseitig angeordnetes Lüfteraggregat.

Bremseinrichtung: Ursprünglich Vakuumbremsanlage mit zwei Pumpenaggregaten P20 und P45, schnell-

1045.01 (1980 verkauft an Montafonerbahn) im August 1977 in Gmunden
Foto: Petrovitsch

wirkender automatischer Wagenzugbremse und direkt wirkender Lokomotivbremse. 1170.11 bis 14 mit Druckluftbremsanlage. Verschiedene Umbauten und Vereinheitlichung auf Druckluft. Nachbremsventil für Lokomotivbremse. Rotationskompressor für 140 m³/h gegen 8 bar. Handbremse auf das zugeordnete Drehgestell wirkend.

Hilfseinrichtungen: Gemeinsames Lüfteraggregat für Fahrmotoren und Transformator. Die Radialventilatorräder sitzen gemeinsam auf den beiden Lüftermotorwellenenden. Förderleistung von je 180 m³/min für die Motoren und den Transformator. Kühlluftansaugung aus dem Maschinenraum. Druckluftsandstreuer jeweils auf die vorauslaufenden Achsen jedes Drehgestells wirkend. Druckluftpfeife. Mechanisch angetriebene Zentralschmierpresse, Achsantriebe für Geschwindigkeitsmesser, Spurkranzschmierung.

Elektrischer Teil

Hochspannungsausrüstung: Zwei Scherenstromabnehmer ursprünglich Bauart I, später durch neuere Typen ersetzt. Einheitsölschalter ELO 3.

Haupttransformator: Fremdbelüfteter ölgekühlter Transformator in Mantelbauweise ohne künstlichen Ölzwangumlauf, Thermosyphonsystem. Dauerleistung 850 kVA. Acht Fahrstufenanzapfungen von 80 bis 360 V, Zugheizanzapfung für 1055 V und 400 kW, Hilfsbetriebsanzapfung für 200 V. Überschaltdrosselspulen außerhalb des Kessels von Maschinenraumluft gekühlt.

Steuerung: Elektropneumatische Gleichstromschützensteuerung für 15 Fahrstufen in Dreidrosselschaltung, später auf 13 Stufen begrenzt. Schütze für 1200 A Dauerstrombelastung. Elektropneumatischer Walzen-Fahr- und Bremswender.

Fahrmotoren: Vier fremdbelüftete, kompensierte achtpolige Einphasenreihenschlußmotoren für 250 kW Stundenleistung und 1485 U/min bei fahrzeughöchstgeschwindigkeit. Nachträgliche Anhebung auf 285 kW. Läufer in Gleitlagern, späterer Umbau auf Wälzlager. Offene Kühlfahnen. Gewicht des Motors 2800 kg.

Elektrische Bremse: Fremderregte Widerstandsbremse mit Wechselstromerregung über die Leistungsschütze, wobei die vier Felder in Reihe geschaltet sind. Jeder Fahrmotor arbeitet auf einen eigenen Bremswiderstand. Widerstände in Dachaufbauten, Kühlung von Transformatorabluft. Bremse nur für Abbremsung des Lokomotiveigengewichtes dimensioniert, Bremsleistung 216 kW. Später Ausbau.

Hilfseinrichtungen: 24-V-Gleichstromversorgungsnetz für Steuerung, Beleuchtung und Betätigungen. Ursprünglich Gleichstromladegenerator auf der Lüfterwelle mit 1 kW über Dickregler auf 24-V-Batterie arbeitend. Später Ladung über Hilfstransformator und Selengleichrichter auf 60-Ah-Batterie. Wechselstromantriebsmotor für Lüfter und Kompressor mit 15 kW. Vakuumpumpenantriebe mit 2 bzw. 4,6 kW. Impulssicherheitsfahrschaltung und Indusi.

1145
BBÖ 1170.100
DR E 45[1]

Bo'Bo'

1929

Techn. Daten: Seite 221

Die guten Erfahrungen mit der Reihe 1045 veranlaßten die Unternehmensleitung, diesen Typ weiterzuverfolgen und zu bestellen. Er sollte auf der Westbahnhauptstrecke westlich Salzburgs für den leichten Reisezugverkehr zum Einsatz kommen, wodurch der Achsdruck auf 17 t erhöht werden konnte. Damit war ein weniger gedrängter Bautyp möglich. Grundsätzlich blieb das räumliche Konzept erhalten, die Länge über Puffer konnte auf fast 12 m erweitert werden. Die Leistung konnte Dank der Reserven in der elektrischen Traktionsausrüstung um ca. 20 % und damit die Höchstgeschwindigkeit auf 70 km/h angehoben werden. Abänderungen größeren Ausmaßes wurden an Drehgestellen und Kastenabstützung vorgenommen. Bei der Reihe 1045 waren nahe dem Höchstgeschwindigkeitsbereich stärkere Vertikalbewegungen sowie seitliche Anlaufstöße zu verzeichnen. Die Zugkraft wird nun direkt zwischen den Drehgestellen übertragen, eine Querkupplung vermindert die Anlaufstöße. Der Kasten ist von der Zugkraftübertragung entlastet, anstelle der Drehpfannen treten Stützzapfen. Die Zug- und Stoßvorrichtungen sind an den Drehgestellstirnenden angebracht. Die Überlegung, am Bo'Bo'-Typ fest-

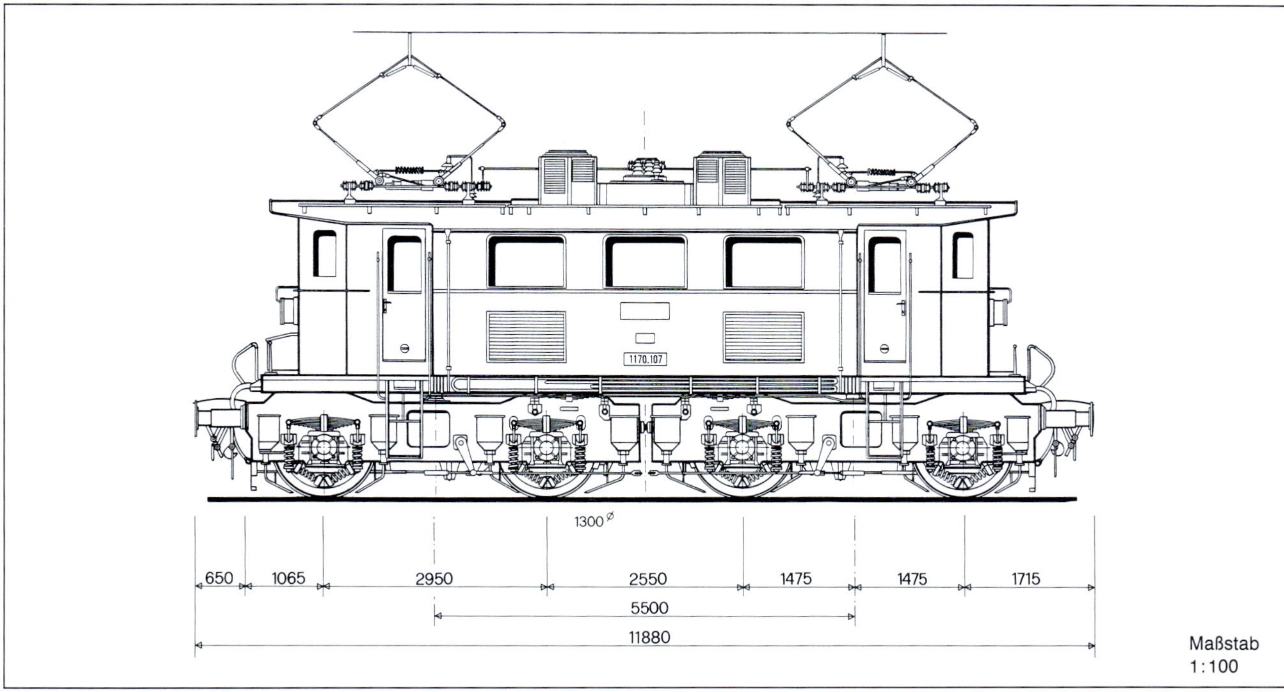

Typenbild 1145 im Ablieferungszustand als BBÖ 1170.100

1145.012 im Februar 1990 in Innsbruck *Foto: Petrovitsch*

zuhalten, war nicht zuletzt durch die fühlbare Senkung des Erhaltungsaufwandes bedingt.

Es wurden 15 Lokomotiven bestellt und in den Jahren 1930 und 1931 geliefert. Die praktisch fast gleiche elektrische Ausrüstung stammt wieder von ELIN. Dem Fahrzeugteil war ein ähnliches Schicksal wie der Vorgängertype beschieden. Die Lokomotivfabrik Krauss in Linz mußte stillgelegt werden, so daß auch hier wieder die Wiener Lokomotivfabrik den Fortsetzungsbau übernehmen mußte. Erstere lieferte den Fahrzeugteil der Lokomotiven 1170.101 bis 106, letztere von 107 bis 115. 1966 wurden aus elektrisch vorrätigen Bauteilen mit einem in der Hauptwerkstätte Linz hergestellten Fahrzeugteil eine Lokomotive mit der

Einzelstück 1145.16 (Neuaufbau HW Linz 1965/66 unter Verwendung elektrischer Großbauteile der Unfallok 1045.11 und lagernder Reserveteile der Reihe 1145) im Mai 1978 in Innsbruck
Foto: Petrovitsch

Bezeichnung 1145.16 dem Fahrzeugstand eingereiht.

Sämtliche Lokomotiven wurden im Direktionsbereich Innsbruck beheimatet. Sie wurden vorwiegend im damals noch bedeutungsvollen Personenzugverkehr verwendet, kamen aber auch im leichteren Güterverkehr und sogar im Vorspanndienst auf der Brennerrampe zum Einsatz. In der zweiten Hälfte der siebziger Jahre waren vier Lokomotiven in der Zfltg. Attnang-Puchheim vorübergehend beheimatet.

Die Umbauten sind die gleichen, wie sie auch an der Reihe 1045 vorgenommen wurden. Die elektrische Bremse dagegen wurde nicht stillgelegt.

Von den 15 Lokomotiven gingen drei durch Kriegseinwirkungen verloren (1145.01, 03 und 12). Die planmäßige Ausmusterung begann 1978, heute versehen noch vier Lokomotiven (1145.02, 08, 11 und 14) ihren Dienst im Raum Innsbruck.

Konstruktive Merkmale

Fahrzeugteil

Laufwerk: Zwei zweiachsige Drehgestelle in genieteter Stahlblechausführung mit kräftiger mittlerer Querverbindung. Zugkraftübertragung durch eine Kurzkupplung, Querkupplung aus kugelgelagertem Lenker bestehend. Kastenabstützung in Dreipunktausführung, neben zwei seitlichen Blattfedern wurde eine dritte an der Stirnseite angeordnet. Drehzapfen nur noch als Führungszapfen ausgebildet. Einfachere Motoraufhängung im Gestell an einfachen Querträgern und der mittleren Querverbindung. Gleitlager mit Schöpfscheiben und Druckumlaufschmierung. Zusätzliche Schraubenfedern zur Blatttragfeder. Zug- und Stoßvorrichtung an Drehgestellstirnseiten.

Antrieb: Mit Reihe 1045 übereinstimmend.

Hauptrahmen: Einfacher genieteter Stahlblechrahmen in wesentlich schmalerer Ausführung als bei Reihe 1045.

Lokomotivkasten: Genieteter Kastenaufbau mit leicht ovalem und über die Stirnseiten vorgezogenem Dach. Maschinenraum innen gleich. Bremsausrüstung und Hilfseinrichtungen wie Reihe 1045.

Elektrischer Teil

Hochspannungsausrüstung: Wie Reihe 1045.

Haupttransformator: Leistungsanhebung von 850 auf 1100 kVA, neun Stufenanzapfungen, sonst wie Reihe 1045.

Steuerung: 16 anstelle von 15 Fahrstufen, keine spätere Reduzierung.

Fahrmotoren: Leistungserhöhung auf 327 kW und 1750 U/min bei Höchstgeschwindigkeit, sonst wie Reihe 1045.

Elektrische Bremse und Hilfseinrichtungen: Wie Reihe 1045.

1245
1245.500

BBÖ 1170.200
DR E 45²

Bo'Bo'

1934

Techn. Daten: Seite 221

Im Jahre 1931 wurde ein Regierungsbeschluß in Österreich gefaßt, Detailprojekte für die Strecke Salzburg–Wien in Angriff zu nehmen. Dies führte zu umfangreichen Planungsüberlegungen und bedeutete für den Lokomotivbau, die Betriebseigenschaften mehr auf Hügelland und ebene Strecken auszurichten. Auch höhere Geschwindigkeiten waren erwünscht. Bisher war der Einsatz auf Gebirgsstrecken mit Rampen über 20 ‰ für den Bau bestimmend. Dies führte noch zu einer weitgehenden Spezialisierung nach Geländeformen und Zuggattungen, wie wir es ja von der Dampflokomotive her kennen. Es entstand die Tendenz nach Lokomotiven für universellere Einsätze. Für die Strecke Wien–Salzburg war der Bedarf für eine Universallokomotive für den Güter- und leichten Reisezugdienst und eine ausgesprochene Schnellzuglokomotive gegeben. Zunächst konzentrierte man sich auf den ersten Typ. Das Betriebsprogramm sieht die Beförderung von 800 t schweren Güterzügen auf 10 ‰-Rampen vor, wie auch die Führung leichter Schnellzüge. Die Höchstgeschwindigkeit wurde mit 80 km/h festgesetzt. Die Reihenbezeichnung sollte 1170.200 lauten.

Einige Werte aus dem Anforderungskatalog:

1500 t auf 0 ‰ mit 56 km/h,
800 t auf 10 ‰ mit 47 km/h,
280 t auf 30 ‰ mit 47 km/h,
220 t auf 30 ‰ mit 56 km/h.

Obwohl immer wieder Vorschläge nach ausländischen Vorbildern, andere Achsenanordnungen vorzusehen, entschied die Unternehmensleitung, den bewährten Grundtyp, den neuen Erfordernissen angepaßt, beizubehalten. Damit bei den Entwurfsarbeiten möglichst viele Erfahrungen eingebracht werden konnten, sollte aber nicht wie bisher eine Elektrofirma, sondern alle

Typenbild Erstserie 1245.01-08, heutiger Bauzustand

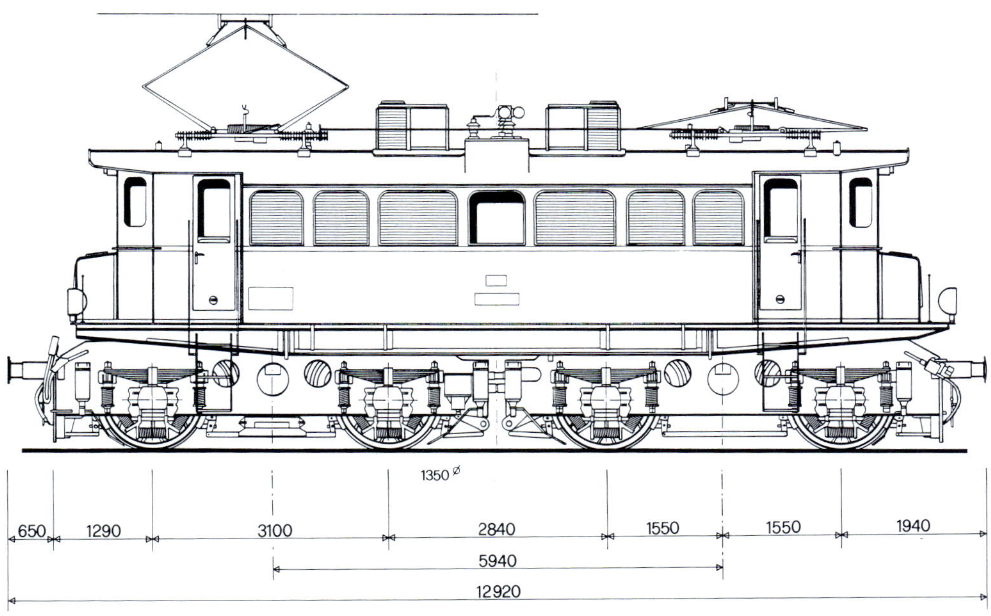

Maßstab 1:100

Ursprüngliche Kopfform der 1245.01-06 als „Glatzkopf" ohne vorspringendem Dach, mit Stirnübergang und Führerstandtür in der Schrägung (E 45 204 in Bludenz ca. 1949)
Archiv: Siemens Wien

vier in Österreich bestehenden Firmen, das waren damals AEG-Union, Brown Boveri, ELIN und Siemens-Schuckert, einen einheitlichen elektrischen Teil entwickeln. Für den Fahrzeugteil kam nur die einzige vorhandene Wiener Lokomotivfabrik in Frage. Die elektrische Firmengemeinschaft wurde durch die Kurzform ABES gekennzeichnet, eine Firma übernahm jeweils die Federführung für eine Baureihe. So entstand damals der Begriff der Einheitslokomotive, wobei diese Grundsätze, von einigen Bauarten abgesehen, bis heute gelten.

Nachdem der Typ Bo'Bo' mit Sécheron-Antrieb feststand, mußte auf Grund der wesentlich anspruchsvolleren Leistungserfordernisse (etwa 60 bis 90 % mehr gegenüber der Ursprungsreihe 1045) der elektrische Teil vollkommen neu durchkonstruiert werden. Der mechanische Teil stellt die logische Fortentwicklung der Reihe 1145 dar. Der höhere Achsdruck von 20 t erleichterte die Konstruktion.

Die Erstbestellung umfaßte zunächst acht Lokomotiven, die 1934 bis 1936 zur Auslieferung gelangten. Dann wurden die Lokomotiven 1170.209 bis 233 bestellt, Lieferjahre 1938 bis 1939. Man sieht, daß die Auslieferung bereits in die Reichsbahnzeit hineinreicht. Von der Reichsbahn wurden noch weitere acht Lokomotiven bestellt, die bereits als E 45.234 bis 241 ausgeliefert wurden. Somit umfaßt die gesamte Reihe 41 Lokomotiven, der bisher größte Bestellumfang einer Type. Einige Unterschiede kennzeichnen die Lokomotiven. Äußerlich unterscheiden sich 1170.201 bis 206 und 207 bis 208 durch die Dachausführung. Erstere mit einem von Anfang an kritisierten Haubendach ausgestattet, erhielten die weiteren ein vorgezogenes wie Reihe 1145. Auch hier traute man dem Motor zunächst nicht ganz und legte seine Stundenleistung mit 400 kW fest. Ab 1170.209 bereits mit 460 kW, somit eine um 15 % höhere Stundenleistung. Gleichzeitig wurde der Ansaugquerschnitt für den Kühllufteintritt im Maschinenraum vergrößert, wodurch auch das seitliche Erscheinungsbild beeinflußt wird. Das vorgezogene Dach wurde verlassen und mit der Kastenform zur Deckung gebracht, die Stirnfenster durch einen Schirm geschützt. Ebenso erfuhr die Anordnung der elektrischen Ausrüstung im Maschinenraum eine Änderung. Die erste Serie war noch mit einem Ölschalter ausgerüstet, ab der neunten Lokomotive wurde ein Expansionsschalter verwendet. Die Lokomotiven 1170.219 bis 228 gelangten ohne elektrische Bremse zur Auslieferung, die von 229 bis 233 wurden mit einer Vielfachsteuerung versehen, sie sollten in einfach besetzter Doppeltraktion auf der Tauernbahn eingesetzt werden. E 45.234 bis 241 wurden einheitlich, wie ab der neunten Lokomotive, geliefert.

Da die Streckenelektrifizierung Salzburg–Wien infolge Geldmangels erst

1937 im ersten Abschnitt bis Attnang-Puchheim begonnen werden konnte, kamen die Lokomotiven auf dem vorhandenen Netz zum Einsatz. Sie wurden den Zfltgn. Salzburg, Innsbruck und Bludenz zugeteilt. Die 1935 elektrifizierte Tauernrampenstrecke war bevorzugtes Einsatzgebiet, ab 1941 gelangten sie auch auf der Strecke Salzburg–Attnang zum Einsatz. Sieben Lokomotiven wurden während des Krieges im Bereich der RBD Augsburg, vor allem im Schiebedienst, verwendet, sie kehrten nach 1945 unbeschädigt nach Österreich zurück. Mit fortschreitender Elektrifizierung nach 1949 wurden Lokomotiven an die Zfltgn. Villach und Linz abgegeben, in letztere nur solche ohne elektrische Bremse. Immer mehr Lokomotiven wurden im Direktionsbereich Villach konzentriert, wo sie in den Zfltgn. Villach und Knittelfeld beheimatet wurden. Auch diese Reihe war dem anspruchsvolleren Streckendienst nicht mehr ganz entsprechend, sie wurde von Neulieferungen in untergeordnete Dienste abgedrängt. Heute versieht sie in Selzthal, Wörgl, Villach und Knittelfeld vornehmlich Verschub- und Ladegüterzugdienst.

Die betriebliche Bewährung der Lokomotiven war von Anfang an ausgezeichnet, sowohl in den für sie konzipierten Hügellandstrecken als auch auf den Rampenstrecken. Während der Kriegs- und unmittelbaren Nachkriegszeit, die außerordentlich strenge Einsätze unter oft mangelhaften Voraussetzungen abverlangte, bildete diese Bauart im Verein mit der Reihe 1020 das Rückgrat des elektrischen Zugbetriebes in Österreich. Es gab dabei kaum irgendwelche Mängel. Veränderungen beziehungsweise Umbauten infolge technischer Schwierigkeiten sind keine zu verzeichnen. Die ersten Lokomotiven noch mit Vakuumbremseinrichtung für den Wagenzug wurden bald auf reine Druckluftanlage umgestellt. In den sechziger Jahren erfolgte der nachträgliche Einbau der elektrischen Widerstandsbremse aus Gründen freizügigerer Einsatzbedingungen in die bisher nicht ausgerüsteten Lokomotiven. Im Zuge von Großausbesserungen wurde das Dach wie bei den Lokomotiven 1245.07 bis 08 vereinheitlicht, die in der nichtführerstandseitigen Kastenschräge angeordnete Einstiegtüre, die starke Zugluftbildung auslöste, wurde verschlossen und dafür seitlich eingebaut. Die störanfälligen Expansionsschalter wurden durch den Druckluftschnell-

1245.08 im September 1979 in Hochzirl
Foto: Petrovitsch

schalter DBTF ersetzt, die Gleichstromanlage modernisiert, schließlich wurde mit Rücksicht auf den immer stärker werdenden Verschubeinsatz auf der linken Führerstandseite ein Hilfsfahrschalter angebracht.

Ein Kuriosum stellt die Numerierung der Reihe nach der letzten österreichischen Bezeichnungsweise dar. Die erste Bauserie wurde mit 1245.01 bis 08 bezeichnet, ab der neunten Lokomotive als Serie 1245.5, das bedeutet, die Betriebsnummern von 1245.509 aufwärts. Die ohne elektrische Bremse gelieferten Fahrzeuge bekamen die Bezeichnung 1245.6 zugewiesen, also 1245.619 bis 628, die dann bei nachträglichem Bremseinbau eine Rücknumerierung auf 519 bis 528 erhielten.

Drei Lokomotiven (Betriebsnummern 06, 15 und 26) gingen durch Kriegseinwirkung verloren, im Zuge von Unfallschäden und beginnender Ausmusterung ab 1980 wurden sechs Lokomotiven aus dem Betriebsstand gestrichen, so daß gegenwärtig noch 32 im Einsatz sind.

Bauform 1245.600 für Flachlandstrecken (Serie 1170.219-228 Lieferjahr 1939 ohne Widerstands-Dachaufsatz): 1245.627 im November 1962 in Salzburg
Foto: Sammlung Petrovitsch

Konstruktive Merkmale

Fahrzeugteil

Laufwerk: Zwei zweiachsige Drehgestelle aus Stahlblech in teilweiser geschweißter Ausführung. Zugkraftübertragung zwischen den Gestellen durch ein Zugeisen und Dämpfungspuffer. Kastenabstützung, Drehzapfenausführung, Motoraufhängung und Achslager wie bei Reihe 1145. Ebenso Zug- und Stoßvorrichtungen.

Antrieb: Sècheron-Hohlwellenfederantrieb in verstärkter Ausführung mit geradverzahnten Getriebezahnrädern, Großrad mit zusätzlicher Feineinstellung, 21 : 93 Zähne.

Hauptrahmen: Wie Reihe 1145.

Lokomotivkasten: Genieteter Kastenaufbau, Unterschiede einschließlich Dach wie zuvor beschrieben. Maschinenraumanordnung mit einem seitlichen Durchgang und gegenüberliegenden Zugängen bis zum Transformator, Schützenkästen bei den ersten acht Lokomotiven quer zum Maschinenraum, dann seitlich im Gang, dazwischen Lüfteraggregate, übrige elektrische Ausrüstung an den Querwänden.

Bremsausrüstung: Druckluftbremsausrüstung für Lokomotive und Wagenzug, Erstausführung mit Vakuumbremse für Wagenzug mit Vakuumpumpenaggregat P45. Nachbremsventil für Lokomotivbremse. Rotationskompressor für 140 m³/h gegen 8 bar. Handbremse auf das jeweilige Drehgestell wirkend.

Hilfseinrichtungen: Zwei Lüfteraggregate, wobei je eines zwei Fahrmotoren und den Transformator zur Hälfte versorgt. Kühlluftbedarf je Motor 120 m³/min, Transformator 230 m³/min Lüfterräder als Radialgebläse ausgebildet, Ansaugung aus dem Maschinenraum. Sandstreuer auf jeweils vorauslaufende Achse des Gestells wirkend, Druckluftsignalpfeife. Mechanisch angetriebene Zentralschmierpresse, Geschwindigkeitsmesser, Sifa. Spurkranzschmierung.

Elektrischer Teil

Hochspannungsausrüstung: Zwei Scherenstromabnehmer II und Ölschalter ELO 3 für die Erstausführung, dann Bauart III und Expansionsschal-

1245.520 im Dezember 1988 in Spittal/ Millstättersee (ex 1245.620, nachgerüstet 1969 mit einer Widerstandsbremse für die Eigengewichtsabbremsung bei Rampen-Solofahrten)
Foto: Petrovitsch

ter R 618. Später Ersatz durch Einheitsdruckluftschnellschalter DBTF, ebenso neuere Stromabnehmer.

Haupttransformator: Fremdbelüfteter, ölgekühlter Transformator in Kernbauweise, Erstlieferung mit einer Dauerleistung von 1420 kVA, weitere Ausführung mit zusätzlichem Ölrührwerk und Dauerleistung von 1900 kVA. Neun Fahrstufenanzapfungen von 87 bis 439 V, Zugheizanzapfung mit 1019 V und 240 kW und Hilfsbetriebsanzapfung mit 200 V und 60 kVA. Überschaltdrosselspulen im Kessel.

Steuerung: Elektropneumatische Gleichstromschützensteuerung für 18 Fahrstufen in Dreidrosselschaltung, Schütze für 1400 A Dauerstrombelastung, 24-V-Gleichstromsteuerspannung. Elektropneumatische Nockenfahr- und Bremswender.

Fahrmotoren: Vier fremdbelüftete kompensierte zehnpolige Einphasenreihenschlußmotoren für 400 bzw. 460 kW Stundenleistung und 1435 U/min bei Fahrzeughöchstgeschwindigkeit. Spätere Vereinheitlichung auf 460 kW. Läufer in Wälzlagern gelagert, offene Kühlfahnen, Gewicht des Motors 3250 kg.

Elektrische Bremse: Wie Reihe 1145.

Hilfseinrichtungen: 24-V-Gleichstromversorgung über Umformer mit 0,6 kW, Batterie für 60 Ah über Laderegler System Dick geladen, später Umbau auf Gleichrichterladung, 15-kW-Antriebsmotoren für Lüfter und Kompressor, 0,6 kW für Ölrührwerk. Impulssicherheitsfahrschaltung und Indusi.

1046
4061

Bo'Bo'

1956

Techn. Daten: Seite 222

Im Rahmen des Triebfahrzeugbeschaffungsprogramms der fünfziger Jahre war auch für Triebwagen eine gewisse Priorität gegeben. Erste Überlegungen gingen dahin, einen Universaltriebwagen, der sowohl im Nahverkehr, als auch im leichten Städteschnellverkehr verwendbar wäre, vorzusehen. Strukturanalysen der beiden Verkehrsarten ergaben beträchtliche Unterschiede im Verkehrsaufkommen, so daß sich die Unternehmensleitung 1953 für zwei verschiedene Fahrzeugbauarten entschied. Für das zu bestellende Triebfahrzeug für einen Städteschnellverkehr wurde von der Wiener Lokomotivfabrik ein Entwurf für eine leichte Schnellzuglokomotive vorgesehen, die neben der elektrischen Ausrüstung auch Gepäckraum und Zugführerabteil beinhaltete. Damit wird dieses Fahrzeug als Triebwagen eingestuft, in Anlehnung an die Bauart 4060 als „Gepäcktriebwagen" bezeichnet. Die neue Reihe bekam die Bezeichnung 4061 zugewiesen. Im Zuge der Bezeichnungsreform im Hinblick auf EDV wurde ab 1977 eine Lokomotivkennzeichnung als Reihe 1046 eingeführt.

Hauptforderung war, wie erwähnt, die Führung leichter Schnellzüge im Bin-

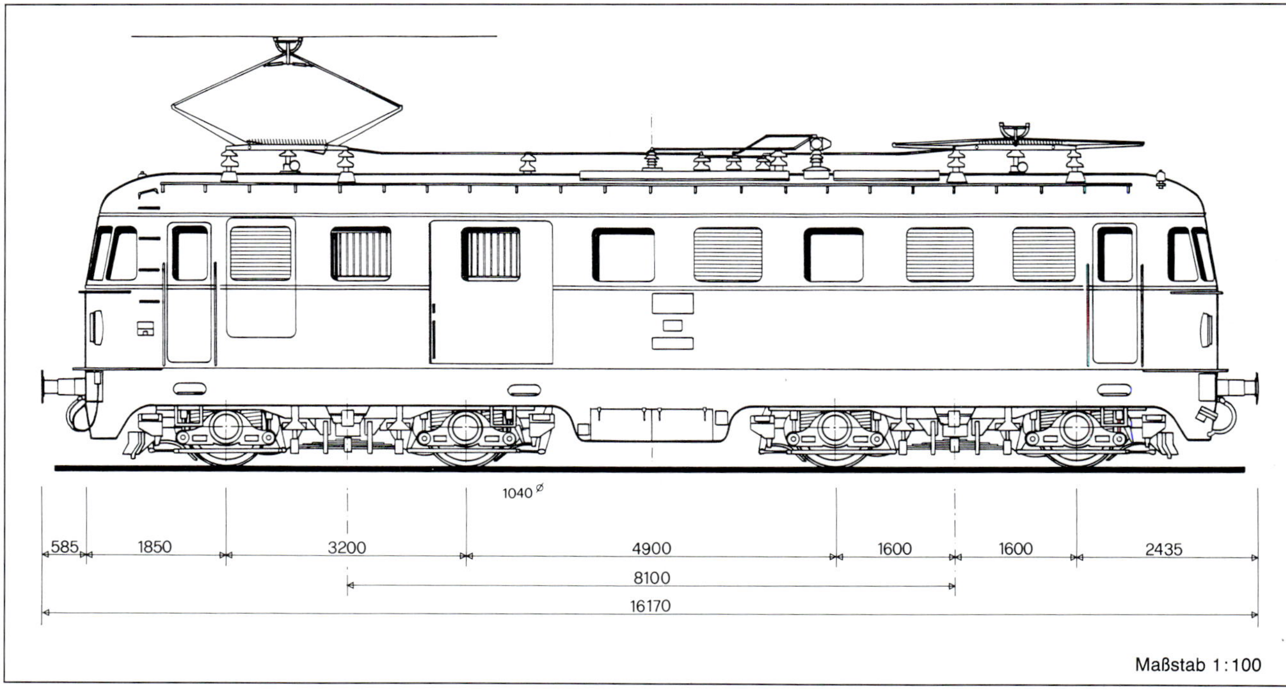

Typenbild Bauform 4061.13-25 (nachmalige 1046.13-25) Ablieferungszustand

nenstädteverkehr, was bisher in unzulänglichem Ausmaß von Dieseltriebwagen wahrgenommen wurde. Dabei waren höhere Geschwindigkeiten und dichtere Zugfolgen als Notwendigkeit für diese Verkehrsform vorgesehen. Aus letzterem folgend, die Züge wurden nicht sehr lang, etwa fünf bis sechs Wagen, für hohes Verkehrsaufkommen sind bis zu zehn Wagen möglich. Ein eigener Wagentyp, mit einem Maximalgewicht von 35 t besetzt, wurde hierfür gebaut. Darüber hinaus

4061.23 (nachmalige 1046.23) im November 1962 in Salzburg
Foto: Sammlung Petrovitsch

wurden auch Regionaleinsätze auf Strecken mit schwächerem Oberbau (Achsdruck 17 t) geplant. Das Garantieprogramm ist auf den Schnellverkehr abgestimmt, es sind Beharrungswerte angegeben. Reibwertüberschreitungen bei Anfahrten sind nicht zu erwarten:

720 t auf 0 ‰ mit 100 km/h,
350 t auf 0 ‰ mit 120 km/h,
370 t auf 10 ‰ mit 60 km/h,
230 t auf 10 ‰ mit 100 km/h,
120 t auf 10 ‰ mit 120 km/h,
190 t auf 20 ‰ mit 60 km/h,
150 t auf 20 ‰ mit 100 km/h,
120 t auf 30 ‰ mit 60 km/h.

Dieses Leistungsprogramm ist einerseits als sehr moderat anzusprechen, andererseits genügt es den betrieblichen Ansprüchen bei weitem. Die Höchstgeschwindigkeit wurde mit 125 km/h festgesetzt. Beanspruchungsprobleme waren nicht zu erwarten.

Für den elektrischen Teil ist als Hersteller wieder die Firmengemeinschaft ABES bei Federführung durch ELIN vorgesehen, der mechanische Teil war von der Wiener Lokomotivfabrik auszuführen. Schon damals zeichnete sich, in noch nicht allzu naher Zukunft, der Bau einer Bo'Bo'-Hochleistungslokomotive ab, so daß bei der Konstruktion schon Details in dieser Richtung mit eingeplant wurden. Infolge der niederen Fußbodenhöhe, welche der Gepäckraum bedingte, war ein kleinerer Triebraddurchmesser und aus Unterbringungsgründen ein Antrieb geringerer Dimensionen notwendig. Es wurde der in der Schweiz entwickelte und bewährte, auf dem Kardanprinzip beruhende Sécheron-Lamellenantrieb als geeignet befunden. Unabhängig vom Federspiel kann der Getriebekasten bis an die untere Lichtraumgrenze gezogen werden, und da die Achse frei von Hohlwellen und Gehäusen ist, kann der Motor sehr nahe an die Achse rücken, damit sind maximale Abmessungen möglich. Das Prinzip des Antriebes: Torsionswelle in Läuferwellenbohrung, einerseits durch Lamellen mit dem Läufer und andererseits mit dem im Getriebekasten gelagerten Ritzel verbunden. Die Lamellen übernehmen dabei den Ausgleich des Federspiels. Der Antrieb ist einseitig, die Antriebsform bedingte einen neuen Motortyp, der dimensionsmäßig anzupassen war. Anstelle der bisher bei Lokomotiven üblichen Gleitachslager gelangten Pendelrollenlager mit spielfreier Führung zum Einbau. Die Führerstands- und elektrische Ausrüstung wurde weitgehend den Normen der bisherigen Bo'Bo'-Lokomotiven entsprechend ausgeführt.

Neuaufbau Kasten 1046 ohne Gepäckraum (HG-Revision ab 1988): Typenbild der erstumgebauten 1046.023

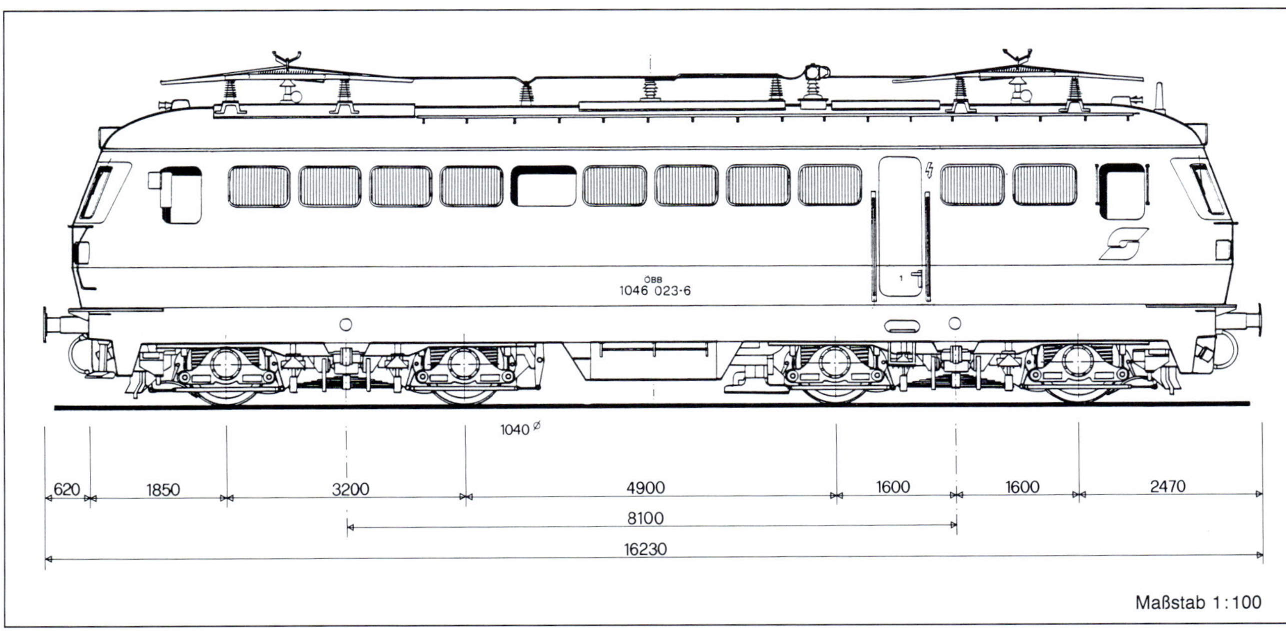

Selbe 1046.023 (ex 4061.23) wie auf Seite 88 mit Neubaukasten, aufgenommen bei der Ausrüstung für lauftechnische Erprobung (Kurvenfahrt bis 2 $msec^{-2}$ freier Seitenbeschleunigung) im Juli 1988 in der HW Floridsdorf
Foto: Petrovitsch

Es wurden zunächst zwölf Lokomotiven bestellt, die erste wurde zu Jahresende 1956 an die ÖBB ausgeliefert. Einlieferungsstelle sowie für die Abwicklung des Probebetriebes zuständig war die Zfltg. Salzburg. Schon während der Garantiezeit verhielten sich die Lokomotiven problemlos, so daß eine weitere Bestellung von 13 erfolgte. Es gab kaum Änderungen, sieht man von der Querstellung des Hauptschalters am Dach aus Zugänglichkeitsgründen ab. Die letzte Lokomotive wurde im August 1959 ausgeliefert. Neben den Einsätzen im Bereich der Zfltg. Salzburg wurden Lokomotiven laufend an die Zfltgn. Wien Süd und dann auch Wien West zugeteilt. Über einen sehr langen Zeitraum verblieben die Fahrzeuge in diesen Dienststellen, wo sie aber mehr vor Regional- als Schnellzügen anzutreffen waren. Gegenwärtig sind die Lokomotiven auf die Zfltg. Wien Nord und die Nebenstelle Amstetten aufgeteilt. Die Einsätze blieben auf Regionalebene begrenzt.

Obwohl sich die Lokomotive von Anfang an sehr gut bewährt hatte, war sie den steigenden Anforderungen, vor allem gemäß ihrem ursprünglichen Lieferkonzept, nach Lieferung der wesentlich zeitgemäßeren und komfortableren Triebzüge 4010 nicht mehr zweckentsprechend. Ihre weitere Erhaltung stand bis Mitte der achtziger Jahre in Frage. Die Lokomotive 1046.25 wurde 1980 der Firma ELIN als Erprobungsträger für ein neues Drehstromantriebssystem zur Verfügung gestellt, sie verblieb im Stande Wien Süd. Die Lokomotiven 1046.03 und 17 wurden 1986 aus dem Stand genommen und für einen Umbau auf Drehstromlokomotiven freigegeben (siehe 1146), im selben Jahr wurden die Fahrzeuge 1046.10, 11 und 25 ausgemustert. Bereits 1978 wurde die Lokomotive 1046.14 infolge Unfallschadens ausgemustert. Infolge des gestiegenen Triebefahrzeugbedarfs begann man ab 1987 die Fahrzeuge wieder den Hauptwerkstätten zwecks Planrevisionen zuzuführen. Dabei wurde der Kasten umfangreichen Änderungen unterzogen und das Schwergewicht auf entsprechende Ausgestaltung des Führerraums ausgerichtet. Damit wurde auch eine äußerlich signifikante Veränderung des Kastenaufbaues erzielt. Betriebs- oder durch Mängel bedingte Umbauten waren sonst nicht erforderlich, eine klare Aussage für die Qualität des Fahrzeuges.

Konstruktive Merkmale

Fahrzeugteil

Laufwerk: Drehgestellrahmen in geschweißter Holmenbauweise, Kastenabstützung über zylindrische beziehungsweise kugelige Gleitstücke auf den Wiegebalken, Wiegenfedern über Schaken mit Gummizwischenlage am Drehgestell aufgehängt. Zugkraftübertragung über eine Drehgestellquerverbindung, in der der Angriffspunkt des Drehzapfens liegt, auf die Brücke, außerdem Verlängerung des Drehzapfens in die Wiege. Damit Entfall von Lenkern für die Zugkraftübertragung. Achslager Bauart Winterthur mit quadratischen Ringfedern, spielfreie in Öl laufende Lagerführung, Reibungsdämpfer, Lagerung in SKF-Pendelrollenlagern. Auf der Achswelle Gleitlager zur Getriebekastenabstützung, Motor beiderseits im Drehgestellt abgestützt. Drehgestelle durch eine federnde Querkupplung verbunden.

Antrieb: Einseitiger Sècheron-Lamellenantrieb, Torsionswelle zwischen Läufer und Ritzel, letzteres rollengelagert im Getriebekasten, der sich einerseits auf die Achswelle und andererseits über eine Pendelstütze am Drehgestell abstützt. Geradverzahnte Getrieberäder mit 34 : 75 Zähnen.

Hauptrahmen: Brücke aus gekanteten und ebenen Blechen zusammengeschweißt, Langträger als Hohlprofile. Sie werden teilweise als Kühlluftzuführungsschacht für die Fahrmotoren des hinteren Drehgestells verwendet. Brückenenden als pflugförmige Kopfstücke zur Aufnahme der Zug- und Stoßvorrichtungen besonders widerstandsfähig ausgebildet. Drehzapfen in einer kräftigen Querverbindung fest angebracht.

Lokomotivkasten: Kasten wegen der großen Ausschnitte nicht selbsttragend ausgeführt. Windschnittige Stirnfront, blechverkleidetes Profilkastengerippe. Dach mit zwei großen abnehmbaren Feldern zum Ausbau von Apparaten ausgeführt. Maschinenraum hinter Führerraum 1 vom Seitengang her abgeschlossen, durch den man in den Gepäckraum gelangt. Durch das Zugführerabteil, welches mit der Apparatekammer den Gepäckraum quer nach hinten abschließt, gelangt man in den Führerraum 2.

Bremseinrichtung: Schnellwirkende automatische Druckluftbremse mit Druckübersetzern für den Wagenzug. Nachbremsventil. Direktwirkende Zusatzbremse ebenfalls über Druckübersetzer von fliehkraftbeeinflußten Achslagerbremsdruckregler gesteuert. Einheitskolbenkompressor für 150 m³/h gegen 8 bar. Handbremse auf das jeweilige Drehgestell vom Führerraum aus wirkend.

Hilfseinrichtungen: Ein Lüfteraggregat, wobei der Motor zwei Doppelradialventilatoren antreibt, die die Luft vom Maschinenraum ansaugen. Jedes Doppellüfterrad versorgt den halben Transformator mit 90 m³/min und zwei Fahrmotoren mit je 70 m³/min, Gesamtförderleistung 460 m³/min. Druckluftsandstreuer auf die jeweils vorauslaufende Achse eines Drehgestells wirkend. Druckluftsignalpfeife. Mechanische Antriebe für Hochdruckzentralschmierpresse, Sicherheitsfahrschaltung und Geschwindigkeitsmesser. Spurkranzschmierung.

Elektrischer Teil

Hochspannungsausrüstung: Zwei Scherenstromabnehmer Bauart V mit Doppelwippe, Druckluftschnellschalter DBTF.

Haupttransformator: Kerntransformator mit Fremdlüftung und zwangsweisem Ölumlauf im Kessel, Kühlrohre beidseitig an den Längsseiten des Kessels im Luftstrom des Transformatorlüfters. Ölpumpenaggregat für 620 l/min Förderleistung. Zehn Fahrstufenanzapfungen von 72 bis 480 V. Im Interesse einer ruckfreien Anfahrt sind die unteren Stufenintervalle klein gehalten. Dauerleistung 1450 kVA, Heizspannung 1010 V und 400 kW Leistung, Hilfsbetriebestufe für 208 V. Überschaltdrosseln im Kessel.

Steuerung: Elektropneumatische Gleichstromschützensteuerung für 19 Fahrstufen in Dreidrosselschaltung mit Vollverriegelung, Schütze für 1400 A Dauerbelastung, 24-V-Steuerspannung. Elektropneumatische Nokkenfahrtwender mit Klotzkontakten.

Fahrmotoren: Vier fremdbelüftete kompensierte zehnpolige Einphasenreihenschlußmotoren für 400 kW Stundenleistung und 1520 U/min bei Höchstgeschwindigkeit. Läufer mit offenen Kühlfahnen. Nabe als Hohlkörper zur Aufnahme der Torsionswelle ausgebildet, Nabenenden in Zylinderrollenlagern im Motorgehäuse gelagert.

Hilfseinrichtungen: 24-V-Gleichstromversorgungsnetz für Steuerung, Beleuchtung und sonstige Betätigungen. Umformeraggregat von Einphasenasynchronmotor mit Kondensatorhilfsphase mit 2,5 kW angetrieben, welches über einen Dickregler die Batterie mit 60 Ah Kapazität versorgt. Lüfteraggregat von 15-kW-Wechselstrommotor und 17-kW-Kompressor angetrieben. Ölpumpe ebenfalls von Einphasenasynchronmotor mit 1,4 kW angetrieben. Impulssicherheitsfahrschaltung und induktive Zugbeeinflussung (Indusi).

1146

Bo'Bo'
1987
Techn. Daten: Seite 222

Die zwei Lokomotiven mit der Bezeichnung 1146.001 und 002 gehen aus der früheren 1046.03 und 17 hervor, die für einen Umbau auf Drehstromtechnik von den ÖBB freigegeben wurden. Die Einführung der Drehstromtraktionstechnik, die in der Beschreibung der Lokomotivreihe 1063 (siehe dort) erläutert wird, hat auch die Innovationsbestrebungen der heimischen Industrie geweckt. So hat die Firma ELIN bereits Ende der siebziger Jahre ein System zu entwickeln begonnen, das etwas weniger aufwendig werden sollte. Seitens der ÖBB bestand Interesse, moderne Zweifrequenztriebfahrzeuge für den immer stärker werdenden grenzüberschreitenden Verkehr Wien–Budapest einzusetzen. So wurde zunächst die Lokomotive 1046.25 im Jahre 1980 der ELIN zur Verfügung gestellt, um in dem geräumigen Gepäckraum ihre Drehstromausrüstung zu installieren und, nachdem sie prüffeldmäßig ausreichend durchgetestet war, praktisch unter dem Fahrdraht zu erproben. Aus Vorsichtsgründen wurde nur ein Drehgestell mit Drehstrommotoren bestückt, das andere blieb in der normalen Form erhalten. Nach ausführlichen Erprobungen hat sich der Versuchsträger als so betriebssicher gezeigt, daß die Firma ELIN an die ÖBB mit einem Angebot zur Ausrüstung von Lokomotiven der Reihe 1046 mit Drehstromtechnik herangetreten ist.

Seitens ÖBB erfolgte eine Bestellzusage für zwei Lokomotiven, wobei die mechanische Grundausrüstung beizubehalten war. Mit der Umrüstung auf Drehstromtechnik war eine Anhebung der Leistung von 1600 auf 2000 kW vorzusehen, einer Höchstgeschwindigkeit von 125 auf 140 km/h. Betreffend der Anhängelasten wurde gegenüber der Reihe 1046 keine Änderung verlangt.

Zum Verständnis der ELIN-Drehstromtechnik muß auf das beschriebene System der Reihe 1063 verwiesen werden. Dort war nur ein Eingangsgleich-

Typenbild Inverter-Umbaulok 1146 (ELIN/HW Linz)

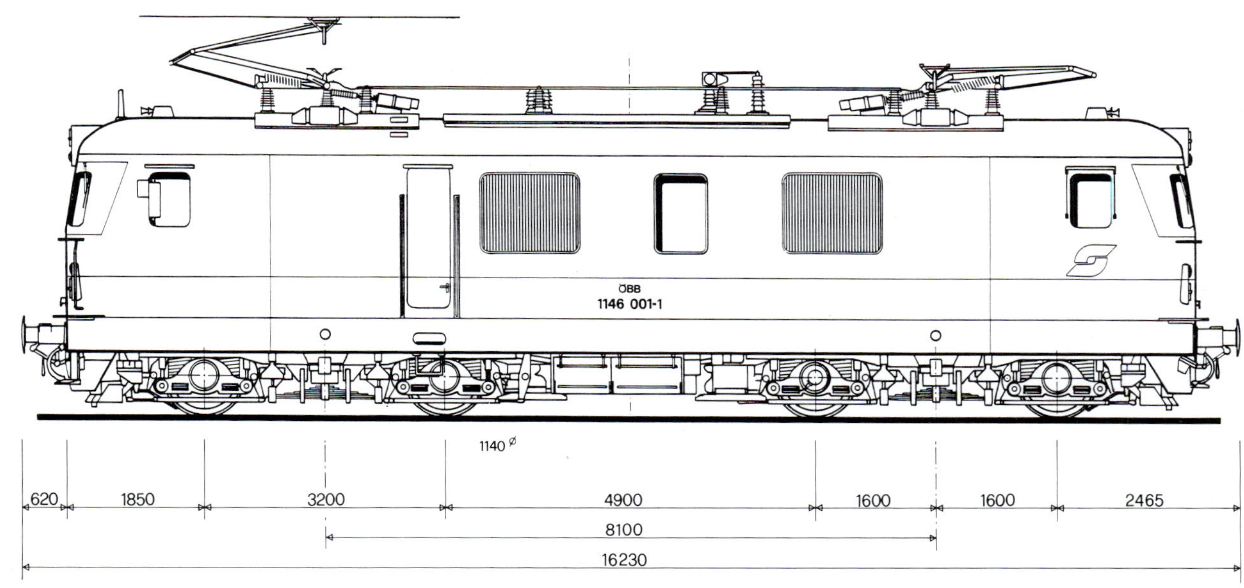

Maßstab 1:100

Doppelgespann Zweifrequenz-Umrichterloks 1146.001 + 002 in Vielfachsteuerung für Durchlauf vor EC „Lehar“ Wien–Budapest (Wien Ost, Juli 1988)
Foto: Petrovitsch

richter und eine elektrische Widerstandsbremse vorhanden. Statt des Eingangsgleichrichters kann aber auch ein sogenannter Vierquadrantensteller (4-QS) verwendet werden. Er gestattet in allen vier Quadranten, Fahren und Bremsen sowohl vorwärts als auch rückwärts, das Fahrzeug zu betreiben.

Beim elektrischen Bremsen wird die Funktionsrichtung umgekehrt, der Steller liefert Einphasenwechselstrom über den Transformator zurück ins Netz. Neben dieser hochwirksamen Netzbremse ermöglicht der 4-QS einen Leistungsfaktor gleich 1, das heißt, das Netz wird nicht mit Blindleitung beansprucht. Der 4-QS selbst ist keine Entwicklung der ELIN, sondern ein in der Drehstromtechnik wohlbekannter Bauteil, der in Streckenlokomotiven den Regelfall darstellt. Wir haben bei der Reihe 1063 von einem Gleichstromzwischenkreis mit konstanter Spannung gesprochen. Bei der ELIN-Variante wird der Zwischenkreis bis zu jenem Kennlinienpunkt, wo die Zugkraft konstant verläuft, um dann nach der Leistungshyperbel abzufallen, in einem Band stromkonstant geführt, um dann weiter wie bisher spannungskonstant zu bleiben. Das wirkt sich vorteilhaft auf die Primärstrombeeinflussung und die Drehmomentbildung aus. Elektrolytkondensatoren beanspruchen weitaus weniger Raum als die herkömmlichen, eine Ausgleichsdrossel im Motorkreis unterdrückt elektrische Schwingungen. Der Hilfsbetriebeumrichter ist nicht mehr identisch mit den Traktionsumrichtern, sondern es gelangt ein dreiteiliger Transistorumrichter zur Anwendung. Alle diese Maßnahmen, die eine Verbesserung im Antriebssystem bedeuten, benötigen darüber hinaus weniger Platz.

Konnte für den Transformator bei anderen Drehstromlokomotiven kein Platz mehr im Kastenaufbau gefunden werden, so kann mit der ELIN-Technik die übliche Bauteilanordnung mit Transformator in Maschinenraummitte wieder hergestellt werden.

Der Umbau der beiden Lokomotiven wurde in der ÖBB-Hauptwerkstätte Linz gemeinsam mit ELIN durchgeführt, Justierung und Standerprobung in der Hauptwerkstätte Floridsdorf, wo sich die zentrale Elektronikwerkstätte der ÖBB befindet. Die erste Lokomotive wurde im Herbst 1986 dem Betrieb übergeben, wobei kurz danach ein Sonderzug Wien–Budapest anläßlich eines hohen Staatsbesuches geführt wurde. Die zweite folgte anfangs 1987 nach. Seither befinden sich die Lokomotiven im Dauereinsatz zwischen Wien und Budapest. Jedenfalls kann man hier von einem großen innovativen Erfolg der heimischen Elektroindustrie sprechen. In jüngster Zeit wird deshalb die Bestellung von Streckenlokomotiven mit geringem Achsdruck von 64 t und 170 km/h vorbereitet. Sie sollen in Zweifrequenzausführung vor allem Schnellzüge im grenzüberschreitenden Verkehr, der nunmehr auch Richtung Tschechoslowakei aktuell geworden ist, befördern.

Konstruktive Merkmale

Fahrzeugteil

Laufwerk und Antrieb: Unverändert gegenüber Reihe 1046.

Hauptrahmen: Fast unverändert wie Reihe 1046.

Kastenaufbau: Vollkommene Neugestaltung. Die Führerräume sind vergrößert, die Bedienanordnung neuesten ergonomischen Erkenntnissen entsprechend ausgeführt. Die seitlichen Einstiegtüren wurden weggelassen. Zwei Einstiegtüren führen nunmehr im hinteren Kastendrittel in den Maschinenraum, durch den der Zugang zu den beiden Führerräumen erfolgt. Die fast ganz und gar neue elektrische Ausrüstung weist eine vollkommen unterschiedliche Anordnung gegenüber Reihe 1046 auf. Der Gepäckraum wurde aufgelassen und der Raum zwischen den Führerräumen als Maschinenraum gestaltet. In der Mitte ist der Transformator mit der Ölkühlanlage angeordnet, davor Kompressor und seitlich Motorlüfter. Gegen die Führerräume hin, symmetrisch in beiden Richtungen, Traktionsumrichter und Vierquadrantensteller. Darüber hinaus Aufbauten für Elektronik, Hauptstrom, Hilfsbetriebe mit Umformer, Druckluft und so weiter.

Bremseinrichtungen: Schnellwirkende automatische Druckluftbremse für Lokomotive und Wagenzug sowie direkter Zusatzbremse für die Lokomotive neuester Konzeption. Einheitskolbenkompressor. Handbremse nur auf hinteres Gestell wirkend.

Hilfseinrichtungen: Zwei Lüfteraggregate für die Fahrmotoren mit einer Fördermenge von je 78 m³/min je Fahrmotor, zwei Lüfter für die Umrichter- und Transformatorkühlung mit je 170 m³/min. Jeder Ölkreislauf mit eigenem Wärmetauscher mit Pumpe. Druckluftsandstreuer, Drucklufttyphon, Geschwindigkeitsmesser, Spurkranzschmierung.

Elektrischer Teil

Hochspannungsausrüstung: Zwei Einholmstromabnehmer Bauart VII, Druckluftschnellschalter für höhere Isolation DBTF 30. Primärstrom- und Spannungswandler für Zweifrequenzbetrieb hergerichtet.

Haupttransformator: Kernausführung für Fremdlüftung und Ölzwangsumlauf. Zwei getrennte Traktionswicklungen zur Speisung der 4-QS. Drei Hilfsbetriebewicklungen für Transistorhilfsbetriebeumrichter, Ladegerät und 200-V-Hilfseinrichtungen. Für den Zweifrequenz-Zweispannungsbetrieb wird die Primärwicklung über einen motorgetriebenen Umsteller jeweils umgeschaltet, so daß alle Sekundäranschlüsse in beiden Systemen gleiche Spannungen liefern. Nur die Heizwicklung muß für 50 Hz auf 1500 V umgeschaltet werden. Dauerleistung des Transformators 2700 kVA, davon Traktion zweimal 1100 kVA, Hilfsbetriebe 176 kVA und Heizung 600 kW. Traktionsdrosseln ebenfalls im Kessel eingebaut.

Drehstromantriebssystem: Von den Sekundärwicklungen Anspeisung der beiden 4-Qs mit 679 V, Ausgangsspannung für Zwischenkreis 1200 V, Traktionsumrichter mit Ausgangsspannungen von 0 bis 1050 V und Frequenzen 0 bis 150 (180) Hz. Umrichter- und 4-QS-Module identisch. Halbleiterelemente auf öldurchflossenen Kühlschienen montiert, für die Ölkühlung eigener Kreislauf mit Pumpe und Wärmetauscher. Die konstante Zugkraft bei der Reihe 1146 beträgt 120 kN bis zu einer Geschwindigkeit von 60 km/h. Die Umrichterleistung beträgt 1890 kVA. Lichtleitersteuerung für die Zündimpulse.

Steuerung: In eigenem Schrank von Führerraum aus zugänglich untergebracht. Es sind drei elektronische Regler vorhanden. Der Führer gibt Zugkraft, Geschwindigkeit und Bremskraft vor. Fahrzeugregler, 4-QS-Regler und Umrichterregler liefern im Zusammenwirken jene Motorspannung, die für die erforderliche Drehmomentenbildung notwendig ist. Ein Vielfachbetrieb ist auf Basis einer multiplexen Datenübertragung über das UIC-Lautsprecherkabel möglich.

Fahrmotoren: Vier sechspolige Drehstromasynchronmotoren mit 510 kW Dauerleistung und einer Höchstdrehzahl von 1480 U/min. Gesamtgewicht des Motors 2200 kg.

Elektrische Bremse: Durch Energierichtungsumkehr liefern die Motoren als Generatoren Strom ins Netz. Eine eigene Bremskraftbegrenzung sorgt dafür, daß ein Überbremsen nicht eintreten kann.

Hilfseinrichtungen: Gleichstromversorgung der 24-V-Batterie über eigenes Ladegerät. Hilfsbetriebsmotoren über 380-V-Bordnetz, zwei Lüftermotoren für Fahrmotoren mit je 5,8 kW und zwei für Ölkühlung mit je 5,5 kW, Ausgangsspannung des Hilfsbetriebetransistorumrichters sowie Frequenz stufenlos je nach Betriebsanforderungen stufenlos variierbar. Zentralgerät für Geschwindigkeitsmessung und Weg-Weg - Impulssicherheitsfahrschaltung. Indusi. Induktive Zugbeeinflussung System EVM 120 für die ungarischen Strecken.

1050.01

Bo'Bo'
1957 bis 1973
Techn. Daten: Seite 222

Die Entwicklung dieser in einem einzigen Exemplar gebauten Lokomotive fällt in die fünfziger Jahre, eine Zeit, wo die 50-Hz-Elektrifizierung in größerem Maße, ausgehend von Frankreich, sich auszubreiten begann. Das 50-Hz-System hat den Vorteil, daß die Energie aus dem Landesnetz bezogen werden kann und somit keine eigenen Bahnkraftwerke notwendig sind. Daß es bisher kaum 50-Hz-Strecken gab, war, wie schon an anderer Stelle erwähnt, daß es für die hohe Frequenz keine geeigneten Motoren gibt. Vor dem Zweiten Weltkrieg hatte Ungarn als einziges Land das 50-Hz-System zwischen Hegyeshalom und Budapest in Verwendung. Die Lokomotiven waren mit Phasenumformern ausgerüstet, ein relativ aufwendiges System. Die Deutsche Reichsbahn nahm 1936 auf der Höllentalbahn im Schwarzwald einen Versuchsbetrieb mit vier Lokomotiven unterschiedlicher Konzeption auf. Dieser Versuchsbetrieb war für Frankreich nach Kriegsende richtungweisend, den aufgezeigten Weg fortzusetzen. Von den verschiedenen Varianten erwies sich jene Lokomotive als die geeignetste, welche den Wechselstrom gleichrichtet und diesen Strom den Fahrmotoren zuführt. Für die Gleichrichtung mußten damals noch Gefäßgleichrichter verwendet werden. Für 16⅔ Hz kam diese Technik des Aufwandes wegen überhaupt nicht in Frage.

Um der zukünftigen Nachfrage bei der 50-Hz-Technik auch seitens der österreichischen Industrie eventuell entsprechen zu können, legte die Firma ELIN ein Konzept für eine Zweifrequenzlokomotive für 50 und 16⅔ Hz vor, welches von der Fahrmotorenseite her eine brauchbare Lösung aufzeigte; und zwar einen Doppelmotor, bei welchem die Induktionsspannungen auf den halben Wert reduziert werden können. Die deutsche AEG hatte in der Nachkriegszeit für die Höllentalbahn eine reine 50-Hz-Lokomotive nach diesem Prinzip in Dienst gestellt.

Typenbild der Zweifrequenzlok 1050.01, Ablieferungszustand

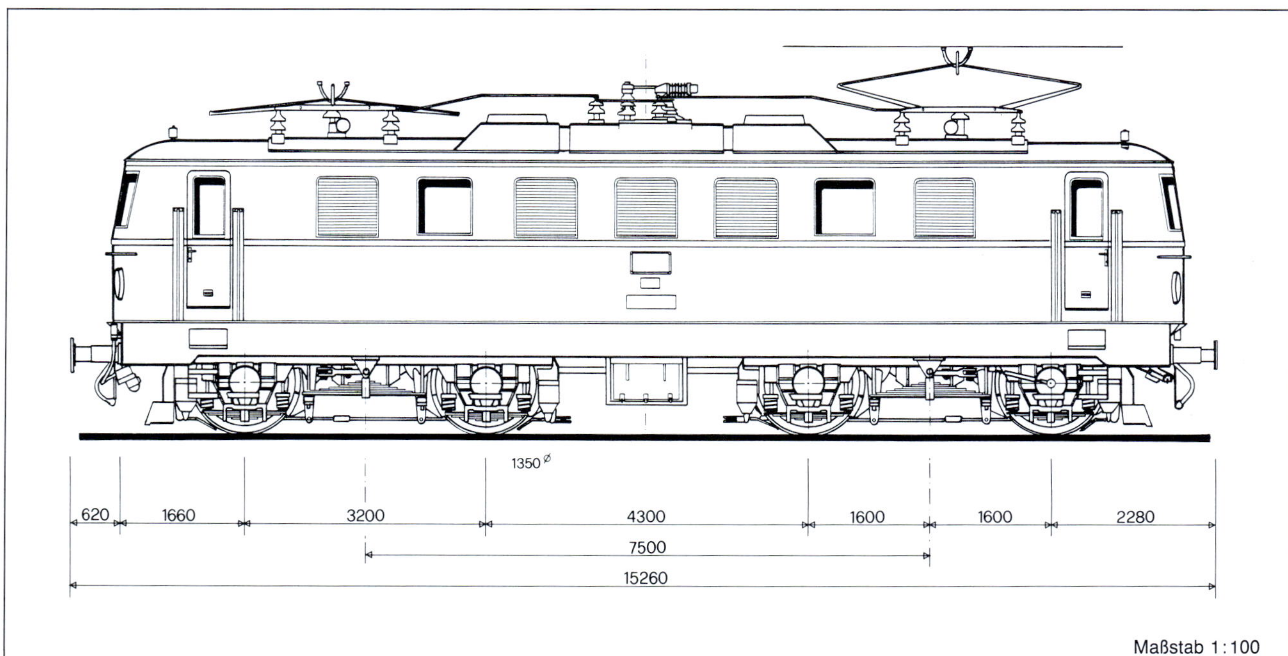

Die österreichische Lokomotive sollte aber auch im heimischen Netz verwendet werden können, denn eine Vorführlokomotive, die nur für Probefahrten im Ausland einsetzbar ist, wäre wirtschaftlich nicht zu vertreten gewesen. Die Lokomotive sollte baulich weitgehend an die Reihe 1141 angeglichen werden. Bei der Vorgabe für die Belastungswerte übte man betont Zurückhaltung, da über die Betriebseigenschaften des Motors keine Erfahrungswerte vorlagen. Folgende Anhängelasten sollten mit Stundenleistung befördert werden können:

500 t auf 10 ‰,
200 t auf 25 ‰ und
63 t auf 55 ‰.

Der letzte Wert war auf die maßgebende Steigung der Höllentalbahn abgestimmt, wo man den 50-Hz-Probebetrieb abzuwickeln gedachte. Die Stundenleistung wurde mit 2060 kW errechnet.

So gut das Projekt war, es wurde von der rasch fortschreitenden Technik überholt. Ende der fünfziger Jahre kam die Halbleitergleichrichterzelle, die Siliziumdiode, auf den Markt, die bisher ungeahnte Möglichkeiten erschloß, damit auch den Bau von Wechselstromlokomotiven beliebiger Fahrleitungsfrequenz, die für die Diode keine Auswirkungen hatte. Neben 50-Hz-Diodenlokomotiven kamen auch solche für 16⅔ Hz zur Ausführung (Lötschbergbahn, Norwegen), der Diode folgte der Thyristor, und damit war der Bau von Lokomotiven für 50 Hz in der nachfolgend zu beschreibenden Form uninteressant geworden. Es blieb daher nur bei diesem einen, technisch durchaus interessanten Exemplar, das die Bezeichnung 1050.01 erhielt.

Mit der Bauausführung des elektrischen Teiles wurde selbstverständlich die Projektfirma ELIN betraut, den Fahrzeugteil stellte das SGP-Werk Graz her. Das besondere Augenmerk richtet sich natürlich auf die elektrische Ausrüstung, die für beide Fahrstromsysteme gleichwertig betriebsfähig sein muß.

Neben den Fahrmotoren mußten auch die Hilfsbetriebemotoren für beide Systeme verwendbar sein, ebenso der Transformator. Eine geeignete Frequenzumschaltvorrichtung war notwendig, sie mußte Fehlschaltungen ausschließen. Das Prinzip des Motors war klar: Je weniger dicht das Erregerfeld ist, das heißt Anzahl der Feldlinien über der Läuferoberfläche, um so geringer die Induktionsspannung. Teilt man den Läufer in zwei Hälften, wobei jede Hälfte ihren eigenen Kollektor trägt, dann ist das Induktionsfeld halbiert und damit auch die kritische Spannung. Beide Läuferhälften sitzen auf einer gemeinsamen Welle, so daß ein in sich geschlossener Motor vorliegt. Gekühlt werden beide Hälften durch Kühllufteintritt dazwischen.

Die Hilfsbetriebemotoren können wegen der geringen Leistung als normale Motoren gebaut werden, es muß nur gesorgt werden, daß sie in beiden Systemen mit der annähernd gleichen Drehzahl laufen. Der Transformator ist wegen des größeren Eisenquerschnittes für 16⅔ Hz zu dimensionieren und die Stufenspannungen für beide Systeme abzugleichen. Auch im mechanischen Teil kann mit einer Erstausführung aufgewartet werden.

Der vorgeschriebene Achsdruck von 20 t mußte unbedingt eingehalten werden, vor allem waren für den mechanischen Konstrukteur enge Grenzen vorgegeben. Man ist deshalb auf eine drehzapfenlose Gestellausbildung nach dem Vorbild 1010 ausgewichen, erstmals bei einer vierachsigen Lokomotive angewendet.

Die Lokomotive 1050.01 wurde anfangs 1957 in der Zfltg. Wien West eingeliefert und nach einigen Probefahrten vor Planzügen eingesetzt. Um in Österreich den Nachweis der 50-Hz-Betriebstauglichkeit erbringen zu können, wurde ein kurzer Teilabschnitt der Strecke Villach–St. Veit a. d. Glan östlich von Villach umschaltbar auf 50-Hz-Einspeisung eingerichtet.

Aufgrund des einwandfreien Verhaltens auf dieser Probestrecke wurde ein dreimonatiger Probebetrieb mit der Deutschen Bundesbahn vereinbart, der in den Monaten Mai bis Juli auf der Höllentalbahn abgewickelt wurde. Die Lokomotive war dabei in Planeinsätzen auf der 50-Hz-Strecke im Betrieb, darüber hinaus wurde sie auch vor Touropa-Sonderzügen im Zweifrequenzbetrieb von Offenburg auf der 16⅔-Hz-Strecke bis Freiburg im Breisgau und anschließend der 50-Hz-Strecke eingesetzt. Statt der vorgeschriebenen 63 t wurden auf der 8 km langen Rampe mit 55 ‰ sogar 95 t befördert. Der Probeeinsatz verlief erfolgreich, es traten praktisch keine Störungen auf.

Nach ihrer Rückkehr verblieb die Lokomotive im Bestand der Zfltg. Wien West. Über einen langen Zeitraum führte sie eine tägliche Schnellzugleistung Wien–Passau und zurück. So gut sich das Fahrzeug im Einsatz bewährte, haftete ihm der Nachteil von Einzelfahrzeugen an. Bei Ausfall eines Bauteiles mußte es bis zur Behebung abgestellt bleiben, besonders störend war ein Fahrmotorausfall, da ein Gestell mit nur einem Motor kaum betriebsfähig ist. Dies führte dazu, daß ein Betonklotz mit Befestigungsvorrichtungen hergestellt wurde, der anstelle des Fahrmotors eingehängt werden konnte, damit so die Gewichtsverhältnisse wieder stimmten. Als die neue Entwicklung sich abzeichnete, war ein auswärtiges Interesse nicht mehr vorhanden, im ÖBB-Netz blieb die 1050.01 ein Fremdkörper.

Bei einem Totalschaden der Lokomotive 1141.03 im Jahre 1973 wurde die 1050.01 ausgemustert und ihr mechanischer Teil in die Ausführung 1141 umgebaut, was mit keinen besonderen Schwierigkeiten verbunden war. Die frei werdenden Motoren wurden in die elektrohydraulische Verschublokomotive Reihe 1067 eingebaut, wo ursprünglich der gleiche Motortyp wie bei 1141 eingebaut war, so daß diese Motoren in die wiedererstandene 1141.03 eingebracht werden konnten.

Einzelstück Zweifrequenzlok 1050.01 mit direktgespeisten Kollektor-Doppelmotoren, die in ihrer Konzeption von der aufkommenden Silizium-Gleichrichtertechnik alsbald überholt war (ausgemustert 1973)
Werkfoto: SGP

Konstruktive Merkmale

Fahrzeugteil

Laufwerk: Drehgestellrahmen als Innenrahmen aus geschweißten Hohlträgern, Fahrmotorhängung an Querträgern. Kastenabstützung über Blattfedern, welche an der Gestelloberseite mittels Spannschrauben an der Brückenunterseite mit Auge und Kugelgelenk befestigt sind. Zugkraftübertragung durch Winkelhebel und Lenker über Kugelbüchse an das Lager der Stützfeder. Zur Aufnahme der Drehbewegungen sind die Winkelhebel durch eine querliegende Zugstange untereinander verbunden. Achsen mit Blatt- und Schraubenfedern abgefedert, Gleitachslager Bauart Friedmann mit Druckumlaufschmierung und Schöpfscheiben. Beide Drehgestelle durch eine Querkupplung verbunden.

Antrieb: Auf dem Prinzip des Federtopfantriebes, jedoch mit Gummipuffer versehener Hohlwellenantrieb, schrägverzahnte Getrieberäder mit 24:87 Zähnen.

Hauptrahmen: Geschweißte Hohlträgerkonstruktion, kräftige kastenförmige Querverbindungen an den Stirnseiten mit Zug- und Stoßvorrichtungen, in der Mitte zur Aufnahme von Transformator, Schützengerüste und so weiter.

Lokomotivkasten: Ausbildung wie Reihe 1141, auch die Anordnung der elektrischen Ausrüstung entspricht diesem Vorbild.

Brems- und Hilfseinrichtungen: Wie Reihe 1141.

Elektrischer Teil

Hochspannungsausrüstung: Wie Reihe 1141, nur Hauptschalter DBTF für höhere Spannungsklasse (DBTF 30).

Haupttransformator: Manteltransformator mit Fremdlüftung und zwangsweisem Ölumlauf im Kessel, Rippenrohrkühler, Ölpumpe. Wicklungen im Transformator aus Aluminium, Sekundärwicklung in der Mitte geerdet. Elf Stufenanzapfungen bis 441 V bei 16⅔ Hz und 558 V bei 50 Hz. Dauerleistung des Transformators 1950 beziehungsweise 2600 kVA. Hilfsbetriebespannungen 98/131 V, Heizspannungen 1050–790/1064 V, Heizleistung 300 kW. Dreifachdrosselspule im Transformatorkessel angeordnet.

Steuerung: Elektropneumatische Gleichstromschützensteuerung für 21

Fahrstufen in Dreidrosselschaltung, totales Verriegelungssystem, Schütze für 2000 A Dauerbelastung, 24-V-Gleichstromsteuerspannung. Elektropneumatischer Einheitsnockenfahrtwender. Frequenzsteuereinrichtung aus Frequenzweiche und Frequenzwender bestehend. Die Frequenzweiche ist eine von der Hilfsbetriebespannung gespeiste Relaiskombination, welche frequenzabhängig die Frequenzwenderspulen betätigt, an welchem alle Kontakte für die Umschaltungen angebracht sind, ähnlich wie Fahrtwender mit Klotzkontakten versehen.

Fahrmotoren: Vier fremdbelüftete kompensierte zwölfpolige Einphasenreihenschlußmotoren in Doppelläuferausführung (Tandemmotor) auf gemeinsamer Welle für 515 kW Stundenleistung und 1615 U/min bei Höchstgeschwindigkeit. Die Motorkennlinien verlaufen bei 50 Hz steiler, dadurch geringere Schleuderneigung. Die kritische Induktionsspannung beim Anfahren liegt auch bei 50 Hz unter dem zulässigen Wert, bei 16⅔ Hz ist sie bedeutungslos. Ausführung der Läufer mit offenen Fahnen.

Hilfseinrichtungen: 24-V-Gleichstromversorgungsnetz für Steuerung, Beleuchtung und sonstige Betätigungen. Batterie für 60-Ah-Kapazität, Umformeraggregat mit 1,2 kW Antriebsleistung, Laderegler System Dick. Ölpumpenantriebsmotor mit 1,4 kW. Beide Antriebsmotoren in beiden Systemen ohne Umschaltung. Antriebsmotoren für Lüfteraggregate für je 24 kW und Kompressor mit 17,6 kW mit Frequenzanpassung. Impulssicherheitsfahrschaltung und Indusi. Anzumerken wäre noch, daß für jedes System aus Genauigkeitsgründen ein eigenes Primärspannungsanzeigegerät vorhanden ist.

1060

DR E 60[1]

1'C

1912 bis 1945?

Techn. Daten: Seite 223

Das Fehlen einer direkten Eisenbahnverbindung des Raumes Innsbruck und Nordtirol Richtung Bayern ließ etwa 1905 den Plan zum Bau einer solchen Bahnlinie heranreifen. Sieht man von der Bahn ab, welche von Pfronten her die Grenze überschreitet, aber in Reutte endet. Gleichzeitig sollte damit auch die Verbindung von Innsbruck über Garmisch-Partenkirchen nach Reutte erschlossen werden. Diese Bahn war von Anfang an für den elektrischen Betrieb bestimmt und war die erste elektrische normalspurige Vollbahn der damaligen Monarchie. Sie ist unter dem Namen Karwendel- oder Mittenwaldbahn nach dem Ort Mittenwald bekannt. Ihr ausgesprochener Hochgebirgscharakter mit 36,4 ‰ maximaler Steigung ließ den elektrischen Betrieb als einzige Lösungsmöglichkeit erscheinen. 15-kV-Wechselspannung und 15-Hz-Frequenz wurden im Hinblick auf das benachbarte Bayern und die Schweiz als Fahrleitungsstromsystem festgelegt. Die Frequenz wurde 1923 auf 16⅔ Hz angeglichen. Das zunächst zu bescheiden angesetzte Betriebsprogramm (90 t Anhängelast) wurde

Typenbild Mittenwaldbahnlok 1060.001-009, Ablieferungszustand

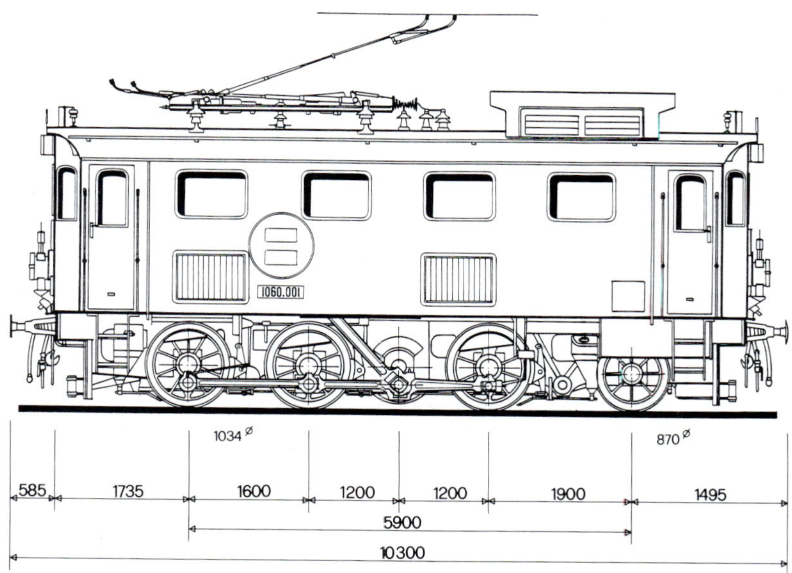

Maßstab 1:100

kkStB 1060.004 für die Mittenwaldbahn Innsbruck–Garmisch–Reutte i. T. mit gesondertem Schleppbügel pro Fahrtrichtung
Werkfoto: WLF

schließlich für 125 t Anhängelast mit 30 km/h erstellt. Dem entspricht eine Lokomotive für eine Leistung von 620 kW und eine Zugkraft von 75 kN. Durch die schwierige Streckenführung bedingt, erschien eine Fahrzeughöchstgeschwindigkeit von 40 km/h ausreichend.

Es wurden verschiedene Lokomotiventwürfe vorgelegt, wobei ein Bescheid der Eisenbahnbehörde, daß keine Zahnräder verwendet werden durften, eine gewisse Erleichterung für die Entwurfsauswahl bedeutete. Die Entscheidung fiel für eine Lokomotive mit einem im Rahmen hochgelagerten Fahrmotor und Parallelkurbelantrieb mit Blindwelle, beide Stangenhälften arbeiten dabei um 90 Grad versetzt. Die Treibstange greift praktisch einem Übersetzungsverhältnis 1 : 1 gleichkommend schrägliegend vom Motor auf den Blindwellenzapfen, der in einer Kulisse unter Zwischenschaltung eines Gleitstückes an den Kuppelstangen zu den benachbarten Kuppelachsen angreift. Damit werden die Stangen von Relativbewegungen der Achsen nicht beeinflußt. Das hohe Fahrzeuggewicht beziehungsweise der geringe zulässige Achsdruck erforderten neben den drei Triebachsen noch eine Laufachse. Der Motor selbst war wegen derselben Drehzahl wie die Achsen entsprechend langsamdrehend mit einer demgemäß hohen Polzahl auszubilden. In dieser Zeit war die optimale Bauart des Einphasenbahnmotors noch nicht eindeutig. Man wählte deshalb einen Repulsionsmotor, bei welchem die Leistung ein Querfeld im Ständer induktiv auf den Anker überträgt. Ein Hilfstransformator kompensiert die Kurzschlußspannung im Erregerfeld. Die Regelung des Motors erfolgt gleichzeitig durch Änderung der Spannung am Ständer und Änderung des Übersetzungsverhältnisses am Hilfstransformator.

Die AEG-Union in Wien war für das Gesamtprojekt verantwortlich. Nicht nur für die elektrische Ausrüstung der Lokomotive, sondern auch für die gesamte elektrotechnische Ausrüstung der Bahnanlage. Der mechanische Teil stammt von der Wiener Lokomotivfabriks A.G. Für den Einsatz auf der Mittenwaldbahn wurden neun Lokomotiven geliefert. Mit der Eröffnung der Strecke im Oktober 1912 standen bereits die Lokomotiven zur Verfügung. Da in Österreich keine Vergleichsstrekken mit besseren topographischen Verhältnissen vorhanden waren, war eine Lokomotive probeweise auf der preußischen Strecke Dessau–Bitterfeld, wo 1911 der elektrische Betrieb aufgenommen worden war, im Einsatz. Dabei konnte sie Güterzüge bis 1100 t mit 30 km/h regelmäßig auf 4 ‰ Neigung befördern. 1913 wurde dann die Verbindung in Tirol bis Reutte fertiggestellt. Über ein Jahrzehnt dominierten die Lokomotiven auf der Mittenwaldbahn, bis Ende der zwanziger Jahre neue und schließlich geeignetere Lokomotiven zur Verfügung standen. Drei weitere Lokomotiven 1060 wurden mit etwas geänderter Ausrüstung, vor allem in bremstechnischer Hinsicht, 1914 für die Güterzugbeförderung auf der Strecke Wien–Preßburg geliefert. Die Lokomotiven 1060.001–009 verblieben bis zur Ausmusterung im Stande der Zfltg. Innsbruck, die Lokomotiven 1060.10 bis 12 in Groß-Schwechat (unweit von Wien). Die Lokomotiven entsprachen im Rahmen ihrer Konzeption. In der BBÖ-Periode von 1918 bis 1938 wurden die meisten Lokomotiven ausgemustert, es verblieben vier, davon zwei Preßburgerbahnlokomotiven. Die Lokomotive 1060.001 wurde über alle Zeitwirrnisse hinübergerettet und steht heute im Technischen Museum in Wien. Die übrigen drei Lokomotiven tauchen im Triebfahrzeugbestand nach 1945 nicht mehr auf.

DRB E 60.111 ex BBÖ 1060.11 ex LWP Ewl 2, Güterzuglok für die Preßburgerbahn, 1938 in Groß Schwechat
Foto: Rotter

Konstruktive Merkmale

Fahrzeugteil

Laufwerk: Drei durch Stangen gekuppelte Triebachsen und eine nicht im Rahmen gelagerte Laufachse (Achsfolge 1'C). Mittlere Kuppelachse mit 6 mm Spurkranzschwächung. Laufachse als einstellbare Adamsachse mit einem Seitenspiel von beiderseits 45 mm ausgebildet, Gleitachslager mit Zentralschmierung.

Antrieb: Direktantrieb mit Parallelkurbelgetriebe, Blindwelle und schräg angeordnete Treibstange, Blindwellenzapfen unter Zwischenschaltung einer Gleitbüchse in Kuppelstangenkulisse zwischen erster und zweiter Antriebsachse eingreifend. Blindwelle hohl ausgeführt, Lagerschalen horizontal als auch vertikal durch Keile nachstellbar.

Rahmen: Flußeisenrahmen von 20 mm Stärke durch Querträger versteift. Für Motorlagerung hochgezogen und aufgenieteter Blechbrücke verstärkt. Blindwelle in mit dem Hauptrahmen vernieteten Stahlgußrahmen. Stirnseitig normale Zug- und Stoßvorrichtungen, 1060.10 bis 12 zusätzlich Zentralkupplung.

Lokomotivkasten: Winkeleisengerippe mit Blech überzogen, Abstützung durch Konsolen gegen Rahmen. Im Maschinenraum vorne Transformatorschacht, am Dach darüber Lüftungsaufbau mit festen Jalousien. Anschließend nach hinten Schützenkammer, Fahrtwender und Kompressor. Hinten der hochgelagerte Fahrmotor. Ein seitlicher Maschinenraumdurchgang. Führerräume innen mit Holz verkleidet, neben den beiden Seitentüren eine Stirnwandtür.

Bremseinrichtung: Mittenwaldlokomotiven mit reiner Druckluftbremseinrichtung, automatische Westinghouse-Bremse für Wagenzug und Lokomotive, direktwirkende Henry-Lokomotivbremse, Preßburgerbahnlokomotiven zusätzlich mit Vakuumbremseinrichtung für den Wagenzug versehen, Vakuumbehälter am Dach vorne gelagert. Dreistufiger Verbundkompressor mit 36 m³ Förderleistung bei 8 bar, dazu zwei Vakuumpumpen P 20 und P 45 für letztere Lokomotiven. Handspindelbremse auf gesamte Lokomotive wirkend.

Hilfseinrichtungen: Mechanische Sandstreuer beiderseits auf die erste und dritte Antriebsachse jeweils in

Fahrtrichtung wirkend, Druckluftpfeife, Schmierpumpe.

Elektrischer Teil

Hochspannungsausrüstung: Zwei Lyrastromabnehmer mit Doppelschleifstücken, je einer pro Fahrtrichtung, beziehungsweise Scherenstromabnehmer für die unterschiedlichen Typen, Blitzschutzdrosselspule, Ölschalter Bauart AEG.

Haupttransformator: Transformator nur für Eigenlüftung als Kerntransformator ausgebildet, Erregertransformator, beide Doppeldrosselspulen und Stromwandler direkt angebaut. Ölkessel außen mit Kühlrippen. Sieben Fahrstufenanzapfungen von ca. 200 bis 900 V, fünf Anzapfungen am Erregertransformator, Hilfsanzapfung von 300 V für Steuerstrom, Lokomotiv- und Wagenzugbeheizung, 19 V für die Lokomotivbeleuchtung.

Steuerung: Elektromagnetische Wechselstromschützensteuerung für 300 V mit zwölf Fahrstufen und Doppeldrosselspule, ebenso für den Erregertransformator. Sieben Fahrstufenschütze, vier Erregerschütze, vier Drosselschütze und ein Wendefeldschütz.

Fahrmotor: Eigenbelüfteter 12poliger indirekt gespeister, kompensierter Repulsionsmotor mit 620 kW Leistung. Der Außendurchmesser des Ständers beträgt 2180 mm. Ventilatorrad am Anker nicht kollektorseitig. Gewicht des Motors 13 500 kg.

Hilfseinrichtungen: 19-V-Wechselstromversorgung für Beleuchtung, Außenbeleuchtung ein elektrisch gespeister Stirnscheinwerfer über Mitteltüre, seitliche Lampen als Petroleumlampen, Wechselstromantriebsmotor mit 5,1 kW für Kompressor, Mittenwaldlokomotiven für Vielfachsteuerung eingerichtet.

1061
1161

BBÖ 1070, 1070.100
DR E 61, E 61[1]

D

1926

Techn. Daten: Seite 223

Die rasch fortschreitende Elektrifizierung des Netzes westlich von Salzburg (Gebirge) nach dem Ersten Weltkrieg wurde durch die Schwierigkeiten in der Versorgung mit Kohle primär ausgelöst. Auch die Verschubbewegungen wurden elektrisch durchgeführt, wobei Streckenlokomotiven herhalten mußten. Der Dampfverschub ist der unwirtschaftlichste Lokomotiveinsatz, muß man doch 6 bis 8 kg Steinkohle für 1 kWh rechnen! Aber auch elektrische Streckenlokomotiven sind aufgrund ihrer Dimensionierung und Ausbildung wirtschaftlich für Verschubeinsätze nicht vertretbar. Verschubbewegungen erfordern eine hohe Zugkraftentwicklung sowie entsprechende Beschleunigung im unteren Geschwindigkeitsbereich bis etwa 20 km/h sowie konstante Zugkraftabgabe bei sehr kleinen Geschwindigkeiten für den Abrollbetrieb. Sie müssen wegen der hohen Stoßbeanspruchungen sehr robust ausgebildet sein und eine kräftige Bremse aufweisen, da sie praktisch in den meisten Fällen das gesamte Wagenzuggewicht mit aufzufangen haben. 1925 wurden deshalb drei Lokomotiven in Auftrag gegeben. Weitere zwei folgten kurz darauf als Reihe 1070 bezeichnet, An-

Typenbild 1161 im aktuellen Bauzustand

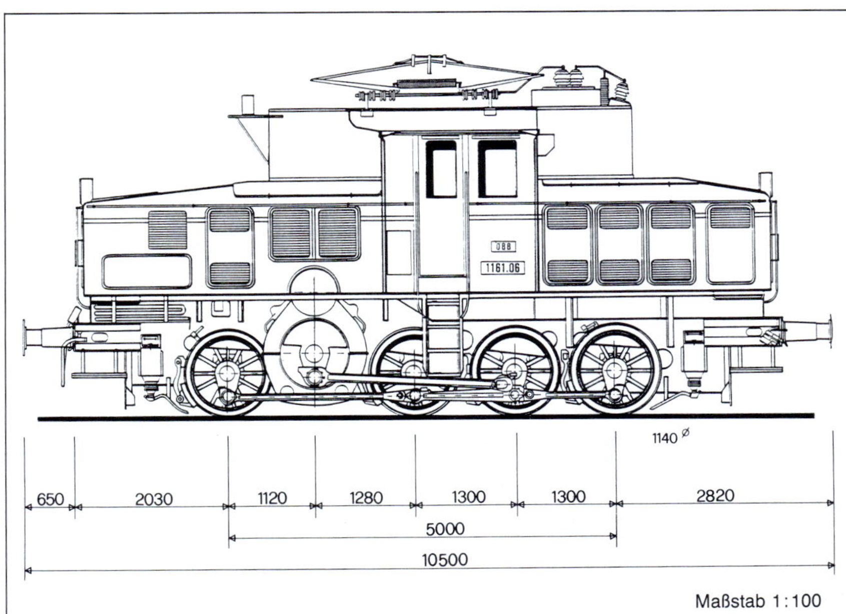

1061.005 im Mai 1989 in Innsbruck Hauptbahnhof
Foto: Petrovitsch

schlußbestellungen weiterer 16 Lokomotiven als 1070.100 mit geringen Abänderungen, unter anderem im Leistungsbereich. Von der Deutschen Reichsbahn wurden noch weitere sechs Lokomotiven bestellt, die anstelle der elektropneumatischen Wechselstromschütze, Gleichstromschütze erhielten. Es erscheint selbstverständlich, daß für eine Verschublokomotive andere Leistungsvorgaben gelten. Ein maximaler Achsdruck von 14 t zum Befahren minderwertiger Gleise ist Voraussetzung. Für 56 t Reibungsgewicht bei 25 ‰ Reibungsausnutzung ist eine Zugkraft von 140 kN gegeben, mit der 1200 t noch ausreichend mit 0,045 m/sek^2 in der Ebene beschleunigt werden können. Der Bemessung der Motorleistung wird ein mittleres Zuggewicht von 600 t zugrunde gelegt, das innerhalb von 2 min auf 20 km/h zu beschleunigen und wieder zum Stillstand zu bringen ist. Die Beschleunigungsperiode setzt eine Zugkraft von 96 kN voraus, die auch für den Abrollbetrieb zu veranschlagen ist. Mit Rücksicht auf ausreichend schnelles Befahren langer Bahnhofsgleise sowie auf Einsätze für Überstell- und Ladegüterzugfahrten ist die Höchstgeschwindigkeit mit 40 km/h festgesetzt.

Die Lokomotive wurde von der AEG-Union in Wien entworfen und war für die gesamte Lieferung zuständig. In ihrem Werk wurde die elektrische Ausrüstung hergestellt. Konstruktion und Herstellung des Fahrzeugteiles besorgte die Wiener Lokomotivfabrik. Die vierachsige Lokomotive wird mit Stangen angetrieben, wobei wegen der optimalen Ausnutzung des Federspiels der Schrägstangenantrieb Bauart Winterthur gewählt wurde. Der Motor ist im Rahmen hochgelagert und bildet mit seinem Gehäuse eine Querversteifung. Um freie Sicht für Verschubbewegungen zu ermöglichen, ist die Lokomotive mit einem Mittelführerhaus ausgebildet, die gesamte maschinelle beziehungsweise elektrische Ausrüstung ist in den beiden Vorbauten untergebracht.

Die fünf Lokomotiven der Reihe 1070 kamen 1926 zur Auslieferung, die 16 nachbestellten des Typs 1070.100 von 1928 bis 1932 und die letzten sechs bereits als E 61.117–122 1940 bis 1941. Sie sollten bereits für Linz–Salzburg vorgesehen werden, jedoch war infolge Kriegsausbruchs bekanntlich nur der Streckenabschnitt bis Attnang–Puchheim fertiggestellt. Die Lokomotiven waren von Anfang an in allen größeren Bahnhöfen der Westbahnstrecke westlich von Salzburg und in Attnang–Puchheim erfolgreich im Verschubeinsatz. Auch Streckeneinsätze, wie etwa auf der Mittenwaldbahn oder im Salzkammergut, sind zu verzeichnen. Einige der im Krieg fertiggestellten Lokomotiven wurden im Güterverkehr auf der Strecke Groß-Schwechat–Engerau (ehemalige Preßburgerbahn) verwendet, da die dort vorgesehenen Güterzuglokomotiven E 60[1] des Mittenwaldtyps den hohen Ansprüchen kaum gerecht werden konnten. Mit fortschreitender Elektrifizierung nach 1945 gelangten die Lokomotiven auch nach Villach und in den Wiener Raum. Sie bewährten sich von Anfang an vorzüglich und stehen heute noch fast vollzählig, mit teilweise mehr als sechzig Betriebsjahren, im Einsatz. Gegenwärtig ist die Reihe 1061 vollzählig auf die Zfltg. Innsbruck konzentriert, die vorhandenen Lokomotiven der Reihe 1161 teilen sich auf die Dienststellen Salzburg, Innsbruck und Villach auf, eine Lokomotive steht im

Dienst einer Nebenstelle der Zfltg. Linz. Die E 61.103 ging durch Kriegseinwirkung verloren, die schwerbeschädigten E 61.03 und 61.109 wurden von den ÖBB wieder aufgebaut und als 1061.03 bzw. 1161.09 in Betrieb genommen. Ausmusterungen werden ab 1978 durchgeführt, gegenwärtig sind noch vier Lokomotiven 1061 und 13 Lokomotiven 1161 in Betrieb.

Umbauten während ihrer langen Lebensdauer erfolgten grundsätzlich keine, lediglich Modernisierungen im Rahmen des sich zeitlich ändernden Ausrüstungsstandards erfolgten notwendigerweise.

Konstruktive Merkmale

Da die den unterschiedlichen Reihenbezeichnungen entsprechenden Fahrzeuge geringfügige Abänderungen aufweisen, werden voneinander abweichende Daten durch einen Schrägstrich gekennzeichnet, und zwar in der Folge 1061/1161.

Fahrzeugteil

Laufwerk: Vier durch Stangen gekuppelte Achsen, erste und dritte Achse um 25 mm beiderseits verschiebbar, zweiteilige Gleitachslager mit Zentralschmierung und Blattfederung.

Antrieb: Schrägstangenantrieb System Winterthur mit Vorgelegemotor. Der im Rahmen in Kalottenschalen gelagerte Motor treibt die darunterliegende Vorgelegewelle über beiderseits angeordnete geradverzahnte Getriebe mit 23:108 Zähnen an. Ritzelkupplung mit Blattfedern. Die Treibstange greift an der Kuppelstange zwischen zweiter und dritter Achse an.

Rahmen: Einrahmige Bauart, Blechrahmen durch Querverbindungen und Antriebsgehäuse versteift, Niet- und Schraubverbindungen, normale Zug- und Stoßvorrichtungen.

Lokomotivkastenaufbau: In der Mitte Führerhaus mit zwei seitlichen Führerständen, vorne und hinten halbhoher längerer Vorbau. Aufbauten aus Blechen und Winkeln genietet. Im vorderen Vorbau Transformator mit zugehörigem Lüfter- und Ölpumpenaggregat sowie Leistungsschütze, Lichtumformer sowie weitere Schütze und Hilfseinrichtungen. Hinterer Vorbau enthält den Fahrmotor mit zugehörigem Lüfteraggregat, Kompressor, Luftbehälter und Batterie. Über dem Transformator schmaler Aufbau vor dem Führerhaus zwischen den Fenstern für Ölschalter und Hochspannungsdurchführung, über dem Fahrmotor Abluftschacht, Vorbauten mit seitlichen und Stirntüren mit festen Jalousien. Abhebbare Deckel über Fahrmotor und Transformator.

Bremseinrichtung: Selbsttätige Druckluftbremse für Lokomotive und Wagenzug, kein Nachbremsventil. Nichtselbsttätige Lokomotivdruckluftbremse. Rotationskompressor für 140 m^3 gegen 8 bar. Handbremse auf alle Bremsklötze wie Druckluftbremse wirkend.

Hilfseinrichtungen: Zwei Radialgebläse für Motor und Transformator, Luftansaugung aus den Vorbauräumen, Druckluftsander auf die erste und vierte Achse von der Außenseite, Druckluftpfeife, mechanische Antriebe für Geschwindigkeitsmesser, Sicherheitsfahrschaltung und Zentralschmierpresse, Spurkranzschmierung.

Elektrischer Teil

Hochspannungsausrüstung: Ein Scherenstromabnehmer ursprünglich Bauart II z. T. mit weit auseinandergezogenem Doppelschleifstück, später durch III oder IV ersetzt, Einheitsölschalter ELO 3 mit achtfacher Unterbrechung und eingebautem Stromwandler.

Haupttransformator: Manteltransformator mit Fremdlüftung und zwangs-

1161.002 im Februar 1989 in Innsbruck Westbahnhof
Foto: Petrovitsch

weisem Ölumlauf im Kessel, Kühlung des Öls in seitlich in den Kessel eingeschweißte Henkelrohre. Ölpumpenaggregat. 12/8 Fahrstufenanzapfungen von 49 bis 416 V/49 bis 441 V, Transformatordauerleistung 600/690 kVA, das bedeutet 15 % Leistungssteigerung, Heizspannung 1050/1000 V, 200 kW Heizleistung, Überschaltdrossel im Transformatorkessel.

Steuerung: Elektropneumatische Schützensteuerung mit 200 V Wechselspannung von Hilfsbetriebeanzapfung des Transformators für die Lokomotiven der Reihe 1061 und 1161.01–16. 24-V-Gleichstrom ab 1161,17. 12/15 Fahrstufen in Eindrosselschaltung. Bei 1161 an die Stufenanzapfungen 2–8 jeweils zwei Leistungsschütze eingeschaltet. Fahrtwenderschütze/Fahrtwender mit Klotzkontakten.

Fahrmotor: Fremdbelüfteter kompensierter zwölfpoliger Einphasenreihenschlußmotor mit 530/700 kW Stundenleistung. Die leistungsmäßigen Reserven der ersten Bauart gestatteten aufgrund gleicher Abmessungen die Motorleistung in Übereinstimmung zu bringen, die geringfügige verbleibende Leistungsdifferenz resultiert aus den unterschiedlichen Stufenspannungen, Höchstdrehzahl 905 U/min. Keine offenen Kühlfahnen, Gewicht des Motors ohne des als Rahmenquerversteifung ausgebildeten Gehäuses und Vorgelegelagerung 4500 kg.

Hilfseinrichtungen: 24-V-Gleichstrom für Beleuchtung aus Batterie bzw. Steuerung ab 1161.17, Umformeraggregat für 0,9-kW-Gleichstromausgangsleistung, Laderegler mit Batterie für 60-Ah-Kapazität. Batterieladung ab 1161.17 über Zusatztransformator und Gleichrichter. Wechselstromantriebsmotoren von je 20 kW für Lüfter und 15 kW für Kompressor. Einfache Sicherheitsfahrschaltung.

1062

D

1955

Techn. Daten: Seite 223

Mit der fortschreitenden Elektrifizierung in den fünfziger Jahren war auch die Überspannung vieler Bahnhofsgleise, wo vornehmlich Verschubbewegungen stattfanden, vorgesehen. So war auch die Forderung nach neuen, zugkräftigen Elektroverschublokomotiven vorgesehen. Die Reihen 1061 und 1161 bewährten sich noch immer hervorragend, eine grundsätzliche Neukonzipierung schien deshalb überflüssig. Es sollte aber auch eine Reduzierung der im Verschub verwendeten Streckenlokomotiven erfolgen, da sie einerseits mit zwei Mann besetzt werden mußten und andererseits zweckbestimmten Einsätzen entzogen waren. Zunächst sollte die, als Fortsetzung der Reihe 1161 mit zeitgemäßen Komponenten, bestimmte Lokomotive auch für Rollbergeinsatz geeignet sein. Ein 20poliger Motor wäre in der Lage, bereits bei geringen Geschwindigkeiten die kritischen induktiven Spannungen auszugleichen. Außerdem ist bei der geringeren Stromdichte weniger Gefahr in Hinsicht auf Anfahrbrandstellen. Die zweite betriebliche Forderung war, Verschubgüterzüge zu führen, die

Typenbild 1062 im Ablieferungszustand

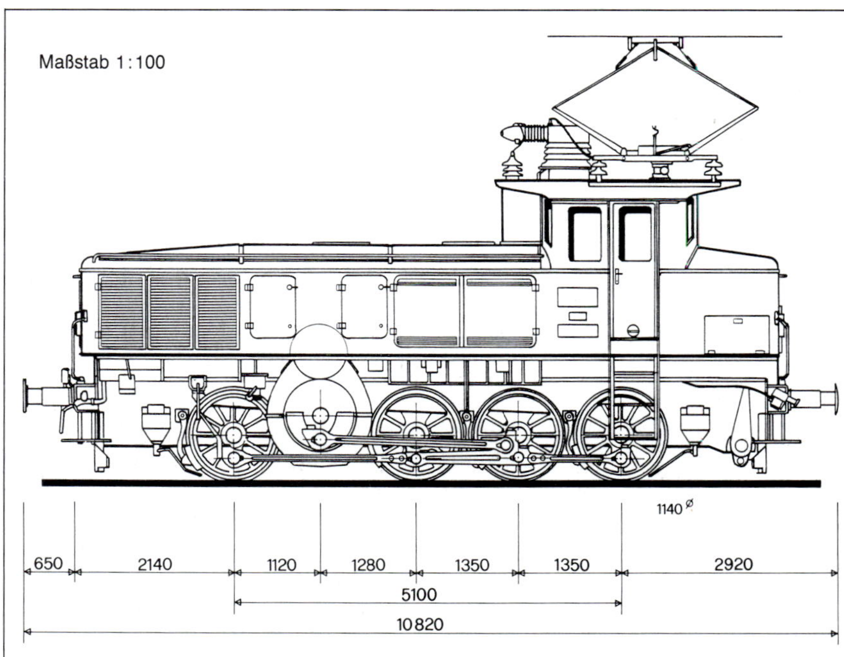

1062.11 bei der Indienststellung im Dezember 1955 in Wien
Werkfoto: WSSW

eine Streckengeschwindigkeit von 50 km/h vorschrieben. Genaue Untersuchungen führten dazu, auf den Rollbergeinsatz zu verzichten, um auch bei Dauerbetrieb mit 50 km/h einen einwandfreien Motorbetrieb zu sichern. Dafür war die Stundenzugkraft auf 36 % der Höchstgeschwindigkeit festgelegt worden, um ein rasches Hochfahren zu ermöglichen. Für Verschubgüterzüge sollte in den vorgesehenen Einsatzstrecken, die wie an anderer Stelle berichtet, Steigungen bis zu 12 ‰ erreichen, eine Anhängelast von 600 t auf 8 ‰ mit 40 km/h und auf 12 ‰ mit 30 km/h befördert werden.

Die Bestellung umfaßte zwölf Lokomotiven, die Reihenbezeichnung wurde mit 1062 festgelegt. Hersteller für den elektrischen Teil waren die federführende AEG-Union und Siemens-Schuckertwerke, der mechanische Teil wurde von der Wiener Lokomotivfabriks A.G. konzipiert. Mangels an Montageplätzen mußten in der ÖBB-Hauptwerkstätte Linz einige Lokomotiven montiert werden. Gegenüber der Reihe 1161 wurden aus Raumaufteilungsgründen, wozu ein gemeinsames Lüfteraggregat für Transformator und Fahrmotor mit beiträgt, alle elektrischen Hauptbauteile in einem langen Vorbau untergebracht, dadurch das Führerhaus weit aus der Mitte gerückt, an das sich nur ein kurzer Vorbau noch anschließt. Der Antrieb ist gleich konzipiert, der höheren Geschwindigkeit wegen etwas niedriger übersetzt. Der Fahrmotor ist in Pendelrollenlagern gelagert, so daß der erhaltungsmäßig aufwendige Kugelsitz für die Fahrmotoren gemäß Reihe 1161 verlassen werden konnte. Die Leistungsschützen sind in Einheitsausführung für Gleichstrombetätigung wie bei Reihe 1041 vorhanden.

Eine Neuheit stellt der Lüftermotor dar. Durch die schweren Verschubstöße wurden auch deren Kollektoren in Mitleidenschaft gezogen. Man versuchte, wie im kleinen bei den 1,2-kW-Motoren erfolgreich ausgeführt, einen leistungsstärkeren Motor als Einphasenasynchronmotor mit Kondensatorhilfsphase auszubilden. Der Versuch war durchaus erfolgreich, nur beansprucht, infolge der geringen (snychronen) Drehzahl wegen, der Motor viel Platz und auch Gewicht, was üblicherweise beim Lokomotivbau kaum vorkommt.

Alle zwölf Lokomotiven kamen innerhalb des Jahres 1955 zur Ablieferung. Nach abgeschlossener meßtechnischer Erprobung an der 1062.01 kamen diese sowie weitere drei Lokomotiven nach dem Firmenprobebetrieb nach Salzburg, eine nach Villach, die weiteren verblieben im Raum Wien. In den sechziger Jahren kehrten die vier wieder dorthin zurück, wo sie bis heute im Einsatz sind. Alle zwölf Lokomotiven sind in der Zfltg. Wien Süd zentral beheimatet, von wo aus sie in den gesamten Großraum Wien zu verschiedenen Verschubeinsätzen verteilt werden. So wie ihre Vorgängerserien hat sich auch die Bauart 1062 sehr gut bewährt. Nach etwa 25jährigem ununterbrochenem Einsatz zeigten sich am Laufwerk gewisse Materialermüdungserscheinungen. Eine Ausmusterung ist aber, solange noch höherwertige Streckenlokomotiven wie 1040 und 1245, zum Teil noch reinen Verschub versehen, nicht vertretbar. Deshalb wurden weitgehend Erneuerungen an diesen Teilen vorgenommen.

Konstruktive Merkmale

Fahrzeugteil
Wie Reihe 1161.

Antrieb: Wie Reihe 1161, geänderte Getrieberäderzähnezahl 24:99.

Rahmen: Einrahmige Bauart als Plateninnenrahmen mit kräftigen Querverbindern, Steifigkeit in diagonaler Richtung durch Horizontalverbindungsblech erhöht. Rahmen im Mittelteil zur Aufnahme der Motorwanne hochgezogen, Paßschraubenverbindung, normale Zug- und Stoßvorrichtungen.

Lokomotivkastenaufbau: Führerhaus asymmetrisch im hinteren Drittel mit zwei seitlichen Bedienständen. Vorgezogenes Dachblech als Blendschutz. Davor langer Vorbau mit Transformator, seitlich angeordneten Stufenschützen, Fahrmotor, Doppellüfteraggregat, Kompressor und Fahrtwender. Im kurzen Vorbau verschiedene elektrische Einrichtungen und Luftbehälter, schmaler Schacht für Hochspannungskabel zum Transformator zwischen den Führerhausfenstern, Vorbauten mit seitlichen und Jalousien versehenen Türen, Stirntüren.

Bremseinrichtung: Wie Reihe 1161.

Hilfseinrichtungen: Ein Doppelradialgebläse für 240 m³/min für Transformator und 180 m³/min für Fahrmotor, sonst wie Reihe 1161.

Elektrischer Teil

Hochspannungsausrüstung: Einheitsscherenstromabnehmer Bauart IV, Druckgashauptschalter APB 104w, Dacheinführungsisolator mit Stromwandler am genannten Schacht, in welchem das Hochspannungskabel zum Einführungsisolator geführt wird.

Haupttransformator: Manteltransformator mit Fremdbelüftung und zwangsweisem Ölumlauf im Kessel, Ölkühlung in seitlichen Henkelrohrkühlern. Ölumlaufpumpe für 650 l/min, zehn Fahrstufenanzapfungen von 42 bis 518 V, Dauerleistung des Transformators 810 kVA, 60 kVA Hilfsbetriebeleistung, 1021 V Heizspannung und 410 kW Heizleistung, Doppeldrosselspule im Transformatorkessel.

Steuerung: Elektropneumatische Gleichstromschützensteuerung mit 24-V-Steuerspannung, 19 Fahrstufen, wobei an die Stufenanzapfungen 2–10 jeweils zwei Leistungsschütze geschaltet sind. Fahrtwender mit Klotzkontakten.

Fahrmotor: Fremdbelüfteter kompensierter 20poliger Einphasenreihenschlußmotor mit 660 kW Stundenleistung bei 360 U/min und 3140 A, 775 kW Dauerleistung bei 1000 U/min und 1850 A. Man erkennt die Auslegung für die beiden Betriebsarten Verschub–Strecke. Zusätzlich erfordert dies zwei Wendepolerregerstufen vorzusehen. Auf Stufe 1–10 ist nur der einfache ohmsche Parallelwiderstand eingeschaltet, darüber hinaus wird eine Wendefelddrossel in Reihe zum Widerstand geschaltet. Läufer mit offenen Kühlfahnen ausgeführt. Gewicht des Motors 10000 kg.

Hilfseinrichtungen: 24-V-Gleichstrom für Beleuchtung und Betätigungen, Umformeraggregat mit 1,6-kW, Einphasenasynchronlüftermotor für 16 kW mit 980 U/min, Kompressormotor mit 17 kW als einziger Kollektor-Hilfsbetriebemotor. Impulssicherheitsfahrschaltung.

1063
Bo'Bo'
1982
Techn. Daten: Seite 223

Mit dem Unternehmenskonzept der ÖBB aus dem Jahre 1975, welches eine jährliche Investitionsrate von 5 Milliarden Schilling vorsieht, war eine entsprechende Leistungssteigerung im Güterverkehr ein wesentlicher Aussagepunkt. Dabei genügt es nicht, die Züge schneller fahren zu lassen, etwa mit 100 bis 120 km/h. Vor allem verlangen die Zugbildungs- und -auflösungsvorgänge sowie Beistellungen einen wesentlich schnelleren Verlauf. Dazu gehören geeignete Verschiebebahnhöfe und raschere Bewegungsabläufe bei allen Verschubvorgängen. Bis in die siebziger Jahre hinein wurde die These vertreten, den Verschub Diesellokomotiven vorzubehalten und nur den Streckendienst elektrisch abzuwickeln. Der Ölschock Mitte der siebziger Jahre löste ein Umdenken aus. In der zuständigen Fachdirektion der ÖBB wurde zwar schon immer der Standpunkt vertreten, dort, wo ein Fahrdraht vorhanden, elektrisch zu verschieben und möglichst weitgehend Gleise zu überspannen. Man hat sich damit beholfen, neben den zu wenigen Elektroverschublokomotiven (Reihen 1061, 1062 und 1161) alte Streckenlokomotiven entsprechend anzupassen (siehe 1080,

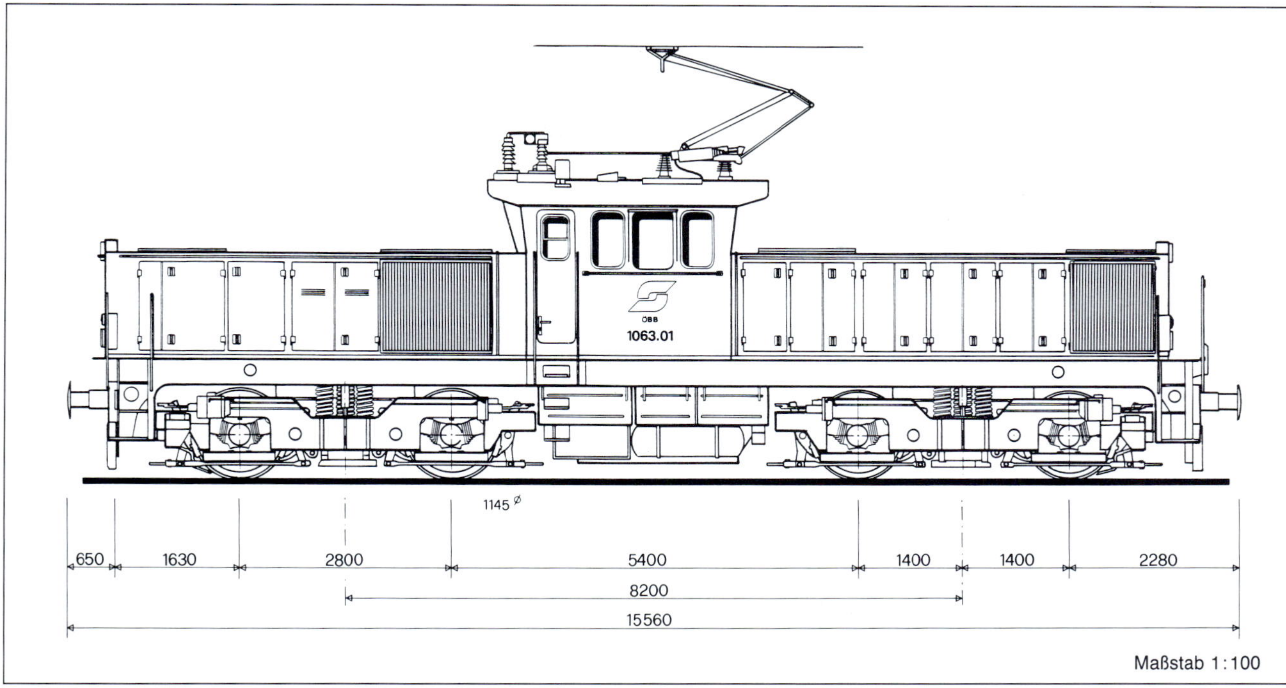

Typenbild Erstbauserie 1063.01-05, Ablieferungszustand

1180, 1045 usw.). Trotzdem waren sie dem Konzept nach Streckenlokomotiven geblieben, allein die erschwerten Sichtbedingungen bei rasch wechselnden Richtungsänderungen sind vollkommen unbefriedigend. 1974 wurde deshalb vom Fachdienst eine Untersuchung angestellt, die als Ergebnis für den schweren Verschub in einem Großverschiebebahnhof mit adäquaten neuen Fahrzeugen eine fast 60 % günstigere Kostenrechnung für die Elektrolokomotive ergibt. Bei der Auswahl eines geeigneten Bautyps bot sich eine Industrielokomotive neuester Bauart in einem Zechenbetrieb im Ruhrgebiet als Entscheidungshilfe an. Diese, der neuesten Entwicklung in der Traktionstechnik entsprechend, war mit Drehstromantriebsmotoren ausgerüstet, die geradezu ideal für Verschubzwecke geeignet sind. Der Entfall des Kollektors macht das Fahrzeug immun gegen die im Verschubbetrieb häufigen Anfahrbrandstellen, auch ein längerer Stillstand unter Last schadet nicht. Unbegrenztes Fahren mit langsamsten Geschwindigkeiten (Kriechgang) prädestiniert eine derartige Lokomotive geradezu für den Rollbetrieb.

Diese neue Technik beruht darauf, daß der Einphasenwechselstrom vom Transformator gleichgerichtet wird. Dieser Zwischenkreis mit konstanter Gleichspannung versorgt drei statische Umrichtereinheiten, deren Ausgangswechselströme um 120 Grad phasenversetzt sind und somit einen Drehstrom liefern. War bisher der Drehstromantrieb daran gescheitert, daß die Motordrehzahl frequenzgebunden ist (siehe Beschreibungen 1470 und 1180), so kann nun durch Verwendung von Thyristorschaltungen im Umrichter die Frequenz stufenlos geregelt und somit auch die Drehzahl von Null bis zur Höchstgeschwindigkeit eingestellt werden. Die Höhe der Fahrleitungsfrequenz ist kein Kriterium, auch kann die Lokomotive für Zweifrequenzbetrieb ausgerüstet sein, wie im vorliegenden Fall zutreffend. Diese angeführten Baugrundsätzen entsprechenden Lokomotiven der Ruhrkohle A.G. hatten eine Dauerleistung von 1500 kW, 60 km/h Höchstgeschwindigkeit, sind 88 t schwer und geben von 0 bis 25 km/h eine Dauerzugkraft von 280 kN, entsprechend einem Reibungswert von 0,32, ab. Bevor sich die ÖBB endgültig für diesen Bautyp entschieden, sollte eine Lokomotive zu Probefahrten nach Österreich kommen, welche im März 1979 stattfanden. Die Leistungsfähigkeit war beeindruckend. Bei einer Regellast von 800 t für die Reihe 1040 konnte die Probelokomotive 1677 t fördern, auf der Semmeringstrecke 700 t. Daraufhin wurde eine Bestellzusage für fünf Lokomotiven von der Unternehmensleitung abgegeben.

Für die ÖBB-Verschublokomotive, für die die Reihenbezeichnung 1063 vorgesehen wurde, wurden einige Abänderungen aufgrund bestimmter Betriebsbedingungen gefordert. Um alle überspannten Gleise regelmäßig befahren zu können, durfte der Achsdruck 19 t nicht überschreiten. Die Höchstgeschwindigkeit sollte 80 km/h betragen, damit auch wünschenswerte Zugleistungen in gegebenem Ausmaß erbracht werden können; damit war auch ein elektrischer Zugheizanschluß notwendig. Die 80 km/h waren auch erforderlich, um Überstellungen zwischen dem tschechischen Übergangsbahnhof Břeclav, der ca. 10 km von der Grenze entfernt ist, zu ermöglichen und die Zufahrtstrecke ab Grenze mit dem ČSD-System 25 KV/50 Hz betrieben wird. Daher weitere Forderung nach Zweisystemausführung. Des weiteren sollte die Lokomotive in der Lage sein, Rollzüge bis zu 2000 t vorzuziehen und mit entsprechenden Geschwindigkeiten über den Rollberg abzudrücken. Die hierfür notwendige Dauerzugkraft bis zu 25 km/h hatte 220 kN zu betragen, der Reibungswert 0,29. Die Anfahrspitzenzugkraft war mit 260 kN vorgeschrieben. Mit diesem Betriebsprogramm kann die Lokomotive in der Geraden in der Ebene mit 2000 t eine Beschleunigung von 0,1 m/sek^2 erreichen. Eine kräftige elektrische Widerstandsbremse sollte in der Lage sein, die volle Last bis zum Stillstand abzubremsen. Die Leistung wurde gleich der deutschen Lokomotive mit 1500 kW festgelegt.

Für Federführung und teilweiser Herstellung der elektrischen Ausrüstung wurde die Firma BBC beauftragt, von der auch das Drehstromantriebskonzept entwickelt wurde. Mitbeteiligt sind die Firmen ELIN und Siemens. Der Fahrzeugteil entstammt dem Werk Graz der SGP. Die Drehgestelle sind abweichend vom deutschen Vorbild in Holmenbauweise ausgeführt, anstelle von Blatttragfedern gelangen Schichtgummifedern sowie Flexicoilfedern für die Kastenabstützung zum Einbau. Ein einseitiger Tatzlagerantrieb genügt den Anforderungen. Die elektrische Ausrüstung ist, wie erwähnt, in Drehstromantriebstechnik hergestellt. Nähere Erläuterungen sind in der Beschreibung der konstruktiven Merkmale erhalten.

So einfach wie vorerwähnt das Prinzip erscheint, so ist der Bauteilaufwand doch sehr hoch, da neben den Umrichterbausteinen Beschaltungselemente für die volle Leistung, wie Kondensatoren und Drosselspulen, benötigt werden. Eine größere Anzahl von Hilfsbetriebemotoren läßt es einfacher erscheinen, hierfür serienmäßige Drehstrommotoren zu verwenden, so daß ein eigenes Drehstrombordnetz, ebenfalls von einem statischen Umrichter versorgt, vorhanden ist. Um die hohen Leistungsqualitäten voll wirksam werden zu lassen, vor allem die Zugkraft unabhängig von Schienenzustand, Witterung usw., ist ein weitgehend automatisiertes Steuerungssystem Voraussetzung. Erstmals wird bei dieser Lokomotive ein Mikrorechnersystem angewendet. In den halbhohen Vorbauten ist die gesamte elektrische Ausrüstung, ausgenommen Hochspannungsteil und Fahrmotoren, untergebracht. In der Mitte ist das Führerhaus mit Rundumsicht und völlig neuer Bedienstandkonfiguration. Die gesamten Aufbauten sind auf einem schweren, den rauhen Betriebserfordernissen entsprechend ausgebildeten, durchgehenden Brückenrahmen angeordnet.

Ende 1982 wurde die erste der fünf bestellten Lokomotiven geliefert, die weiteren im Jahre 1983. Nach umfangreichen Einstellvorgängen, bei welchen erst die Steuerungsoptimierung, zum Teil unter dem Fahrdraht, durchgeführt werden konnte, ging dann die 1063.01 im Frühjahr 1983 in Betrieb. Alle fünf Lokomotiven wurden in der Zfltg. Wien Süd eingeliefert, wovon dort drei verblieben und je eine für den schweren Rollbergbetrieb den Zfltgn. Innsbruck (Verschiebebahnhof Hall) und Graz zugeteilt wurde.

Da der Winterbetrieb den Lokomotiven in Österreich, wie an anderer Stelle ausgeführt, sehr unangenehm zusetzen kann, wurden zwei Lokomotiven für die Winterperiode 1983/84 der Nebenstelle Wörgl der Zfltg. Innsbruck zugeteilt. Dort versahen sie auf der wegen extremsten Flugschneewirkungen berüchtigten Strecke Wörgl–Saalfelden über den Hochfilzener Sattel Dienst. Neben Vorspannleistungen wurden sie bevorzugt für Schneeräumfahrten verwendet. Der Test wurde sehr gut bestanden, einige kleine Verbesserungen daraus abgeleitet. 1984 mit Teilinbetriebnahme des Großverschiebebahnhofes Wien wurden dort zwei Lokomotiven für den Rollbetrieb stationiert. Die guten Betriebsergebnisse, welche die fünf Lokomotiven erbrachten, veranlaßten die Unternehmensleitung, weitere zwölf zu bestellen, deren Auslieferung 1986 begann. An diese Bestellung erfolgte ein An-

1063.01 als Verschubreserve im Februar 1985 in Innsbruck Hauptbahnhof
Foto: Petrovitsch

schluß weiterer 20 Lokomotiven, so daß bis Jahresende 1988 insgesamt 37 Lokomotiven im Stande der ÖBB waren. Diese Lokomotiven waren in unterschiedlicher Stückzahl in den Zfltgn. Wien Süd, Linz, Salzburg, Innsbruck, Bludenz, Villach und Graz beheimatet. 1989 wurden weitere 13 Lokomotiven in Auftrag gegeben, so daß sich nach deren Auslieferung der Betriebsstand auf 50 erhöht haben wird.

Diese eindrucksvollen Bestelldaten sind ein deutlicher Beweis, daß mit dieser Lokomotive von Anfang an den ÖBB ein „guter Wurf" gelungen war. In allen Einsätzen konnte die Lokomotive voll entsprechen. Der Zweisystembetrieb auf der Übergangsstrecke zwischen Hohenau und Břeclav war von Anfang an problemlos, schwere Ganzkohlenzüge mit rund 2200 t Anhängelast werden von Břeclav bis zu den fast 200 km entfernten Kraftwerken geführt. Auch bei Meßfahrten bewies die Lokomotive die Erfüllung der in sie gesetzten Erwartungen. Aus all den Betriebs- und Meßergebnissen wurden einige Maßnahmen abgeleitet, die bei den weiteren Lokomotiven serienmäßig zum Einbau gelangen. Lüfter erhalten zum Teil Zyklonabscheider, der Gleichrichter wird auf Siedekühlung umgestellt, der Schallschutz und die Führerstandheizung verstärkt. Die Lokomotive weist eine so günstige Dimensionierung auf, daß die Leistung auf 2000 kW und die Höchstgeschwindigkeit auf 100 km/h angehoben werden konnte.

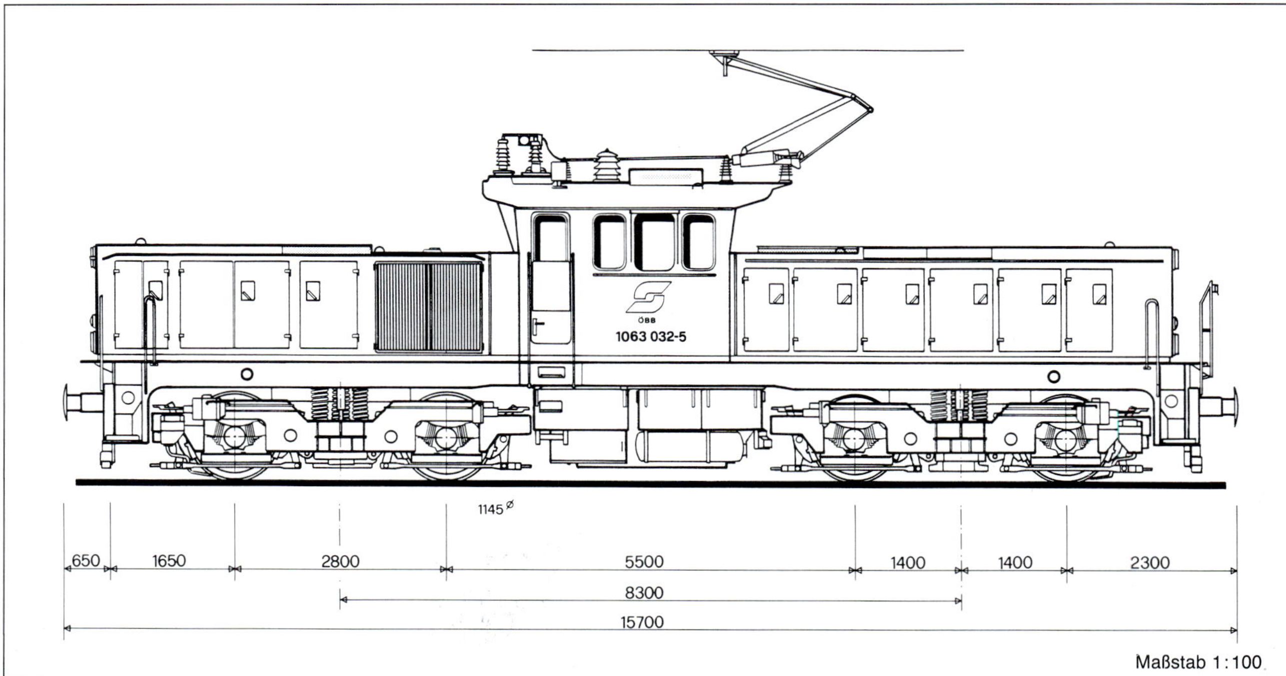

Typenbild Hauptlieferserie 1063.006-037 (bestellt bis 050)

1063.034 im Februar 1990 in Innsbruck Westbahnhof: Höhere und breitere Vorbauten charakterisieren 1063-Hauptlieferserie gegenüber Prototypen
Foto: Petrovitsch

Konstruktive Merkmale

Fahrzeugteil

Laufwerk: Drehgestelle in geschweißter Holmenbauweise, zwei End- und ein mittlerer Hauptquerträger, an dem das tiefliegende Drehzapfenlager sowie die Motoraufhängung der Tatzmotoren angebracht ist. Der Kasten mit der Brücke ist in vier Punkten über je drei Schraubenfedern frei aufliegend auf den Drehgestellen abgestützt (Flexicoilfederung). Hydraulische Dämpfer zur Aufnahme von Quer- und Vertikalbewegungen. Zugkraftübertragung vom Drehgestell über den Drehzapfen auf die Brücke. Radsätze als Scheibenräder in Zylinderrollenlagern gelagert, Schichtgummifederung, die gleichzeitig die querelastische Radsatzführung übernimmt.

Antrieb: Einseitiger Tatzlagerantrieb mit schrägverzahnten Getrieberädern mit 19:102 Zähnen. Tatzlager als Wälzlager ausgeführt.

Hauptrahmen: Lokomotivbrücke über die gesamte Fahrzeuglänge aus einem 1,4 m breiten Kastenlangträger, an dem die Kopfstücke und Hauptquerträger mit den Drehzapfen angeschweißt sind. An der Brückenunterseite ist der Transformator und eine Drosselspule neben einigen Armaturen aufgehängt. An den kräftigen Brustblechen Zug- und Stoßvorrichtungen. Verschieberplattform an der vorderen Stirnseite.

Aufbauten: Gliederung durch Anordnung der elektrischen Ausrüstung bestimmt. Vorderer und hinterer Vorbau, Führerhaus in der Mitte. Vorbauten mit Brücke verschraubt und abhebbar. Führerhaus mittels Gummifederelemente mit der Brücke verbunden. Im vorderen Vorbau sind die Traktionsumrichter sowie der Bremsturm mit den zugehörigen Lüftern, sowie Schütze und sonstige elektrische Ausrüstungsteile angeordnet. Im hinteren Vorbau Lüfteraggregate für die Fahrmotoren und Transformator, Kompressor und Druckluftarmaturen, Glättungsdrossel und Eingangsgleichrichter mit zugehörigen Lüfteraggregaten. Führerraum mit vier Bedientischen, dazwischen je ein Drehsessel, personalfreundliche ergonomische Anordnung, hinter den Bedientischen Durchgang mit den beiderseitigen Einstiegtüren.

Bremseinrichtung: Automatische Druckluftbremse für Lokomotive und Wagenzug mit Nachbremseinrichtung, direkte Zusatzbremse für die Lokomotive und Federspeicherbremse anstelle der Handbremse. Alle drei Bremseinrichtungen erhalten eine elektrische Vorsteuerung. Anstelle der drehbaren Führerbremsventile sind Führerbremsschalter vorhanden, dazu gehören eine zentrale Relaisventil- beziehungsweise Zusatzbremseinheit. Einheitskolbenkompressor mit 133 m³/h gegen 10 bar.

Hilfseinrichtungen: Fünf Lüfteraggregate mit Radialgebläsen von je 180 m³/min, Luftansaugung über Mehrfachdüsenlüftungsgitter, Änderung der Ansaugung ab 1063.06 mit Lüfteraufbau an den Vorbauten, teilweise Verwendung von Zyklonen. Die Luft für die Fahrmotorkühlung wird zunächst dem Transformator und von dort jeweils zwei Motoren zugeführt. Druckluftsandstreuer zur Besandung der jeweils vorderen Achse, Drucklufttyphon für zwei Schallfrequenzen, Spurkranzschmieranlage mit elektrischer Impulssteuerung.

Elektrischer Teil

Hochspannungsausrüstung: Am Führerhausdach ein Einholmstromabnehmer Bauart VI und Druckluftschnellschalter DBTF 30, Hochspannungskabel mit entsprechend isolierten Durchführungen vom Dach zum Transformator. Hochspannungsfrequenzfühler zur Betätigung des Frequenzumschalters am Transformator.

Haupttransformator: Kerntransformator für Fremdbelüftung und Ölzwangsumlauf. Sekundärwicklungen mit jeweils einer Anzapfung, damit bei beiden Primärsystemen dieselben Sekundärspannungen zur Verfügung stehen (1065 und 817 V), Heizspannungsanzapfungen für 1000 V beziehungsweise 1500 V bei 50-Hz-Betrieb, 200 kW Heizleistung. Dauerleistung des Transformators 2000 kVA. Im Ölkessel ist noch die Motorvordrossel untergebracht.

Drehstromantriebssystem: Von den beiden Sekundärwicklungen des Transformators Anspeisung des Eingangsgleichrichters, der aus einer gesteuerten Brücke für 810 V und einer ungesteuerten für 1065 V besteht. Der Gleichrichter ist bei den Vorauslokomotiven luftgekühlt, in der Serie mit Siedekühlung ausgestattet. Die Thyristoren erzeugen eine konstante Gleichstromzwischenkreisspannung von 1200 bis 1400 V. Im Gleichspannungszwischenkreis eine Glättungsdrossel sowie Stützkondensatoren. Der Zwischenkreis speist die vier Traktions- und den Hilfsbetriebeumrichter. Alle fünf Umrichter sind identisch. Jeder Umrichter enthält drei gleichartige Phasenbausteine, wo die eigentliche Drehstrombildung und Regelung seiner Ausgangsgrößen stattfindet. Es können sowohl Spannung als auch Frequenz verändert werden. Ab einer bestimmten Geschwindigkeit findet nur noch Frequenzregelung statt. Verläuft bis dorthin die Zugkraft konstant (22 t bis 24 km/h), nimmt sie mit steigender

Geschwindigkeit nach der Kennlinie für konstante Leistung ab. Die Regelung im Umrichter erfolgt in der Weise, daß die Gleichspannung in Rechteckimpulse verschiedener Breite und Dichte zerlegt wird, womit Spannung und Frequenz einstellbar sind. Gesteuert werden die Vorgänge durch variierbare Zündimpulse für die Umrichterthyristoren. Die Motorumrichter arbeiten parallel auf eine Sammelschiene. Jeder Umrichter hat eine Scheinleistung von 720 kVA, die Eingangsspannung beträgt wie angeführt 1200 bis 1400 V, die Ausgangsspannung 0 bis 1090 V und die Ausgangsfrequenz 0 bis 200 Hz.

Steuerung: Sämtliche Steuerfunktionen sind in einem zentralen Elektronikschrank zusammengefaßt, der im Führerhaus zwischen den vorderen Bedienpulten angeordnet ist. Mit dem Fahrschalter kann der Lokomotivführer einen gewünschten Sollwert für die Zugkraft beziehungsweise auch Bremskraft einstellen, der auf einem Zeigerinstrument angezeigt wird. Die Fahrzeugsteuerung selbst erfolgt über ein Mikrocomputersystem. Sie umfaßt die Funktionen für Fahr-/Bremssollwert, Fahrtrichtungseinstellung, Schleuder- und Gleitschutz, Bremsschützsteuerung, Fahrmotordrehzahl und Temperaturerfassung und Kennlinienfelderbildung für das Drehmoment in Abhängigkeit zum Teil vorgenannter Größen. Die Leistungsregelung verarbeitet die Ausgangswerte der Fahrzeugsteuerung und Kennlinienbildung. Damit bildet die Traktionsumrichterregelung Stellgrößen für Motorspannung- und Strom, womit der vom Führer eingegebene Zugkraftsollwert eingeregelt wird. Man sieht, daß der Begriff „Steuerung" von den konventionellen, mit Einphasenmotoren ausgerüsteten Fahrzeugen fast keine Gemeinsamkeiten mehr aufweist. Aber nur durch das Zusammenwirken des Drehstromantriebssystems mit dieser Art „Steuerung" ist der gewaltige Fortschritt in der elektrischen Traktionstechnik möglich geworden.

Fahrmotoren: Vier sechspolige, als Käfigläufer ausgebildete Drehstromasynchronmotoren mit 390 kW Dauerleistung und einer zulässigen Höchstdrehzahl von 2672 U/min. Kühlluftmenge 84 m³/min. Gewicht des Motors 2050 kg.

Elektrische Bremse: Elektrische Widerstandsbremse für eine Bremsleistung von 1200 kW. Zum Bremsen wird die Energierichtung in den Traktionsumrichtern umgekehrt und der Bremsstrom nun von den als Generatoren wirkenden Fahrmotoren über Schütze den Hochleistungsbremswiderständen zugeführt. Der Bremswiderstand kann, je nach Leistungsbedarf, verschieden gruppiert werden.

Hilfseinrichtungen: Die Hilfsbetriebemotoren werden vom Hilfsbetriebeumrichter über einen Hilfsbetriebetransformator mit einer Spannungsübersetzung von 1090/380 V versorgt. Alle Hilfsbetriebemotoren sind Asynchronkäfigläufermotoren in Industrieausführung mit vorgespannten Wälzlagern und haben eine Leistung von 18 kW. Gleichstromversorgung über Ladegerät, welches von der 1000-V-Heizanzapfung versorgt wird, Batterie für 120 Ah. Für die Spannungsversorgung des Steuerungssystems sind drei Gleichstrom-Gleichstromkonverter parallel geschaltet, welche eine Potentialtrennung von 24 V auf ±48 V durchführen. Hasler-Zentralsteuergerät für Geschwindigkeitsmessung mit integrierter Weg–Weg-Sicherheitsfahrschaltung für Impulsbetätigung, induktive Zugbeeinflussung (Indusi), Zugbahn- und Verschubfunk.

1064

Co'Co'

1984

Techn. Daten: Seite 224

Zwei große Zentralverschiebebahnhöfe waren gemäß Unternehmenskonzept 1975 neu zu errichten. Der Zentralverschiebebahnhof Wien und Villach Süd. Ersterer erübrigt vier große und fünf kleinere Verschiebebahnhöfe im Raum Wien. Die maximale Tageskapazität soll bis zu 6000 Wagen umfassen, die über den Hauptrollberg zu drücken sind. Für die Zugbildung wird dabei erstmals ein quasikontinuierliches Geschwindigkeitssteuerungssystem für die Wagen in der Verteilzone verwendet, um die volle Kapazität ausnutzen zu können. 37 000 Gleisbremselemente sind dabei erforderlich. Aber auch das Rollfahrzeug mußte in die Ablaufsteuerung miteinbezogen werden. Der Rollvorgang war vollautomatisch abzuwickeln, währenddessen die Lokomotive von einem Prozeßrechner ohne Zutun des Lokomotivführers gesteuert wird. Dabei sind feinste präzise Geschwindigkeitsvorgaben einzuhalten. Der Zentralverschiebebahnhof Villach Süd ist für eine tägliche Rolleistung von 4000 Wagen bestimmt, wird also weniger anspruchsvolle Forderungen ergeben. Das Lastenheft für die neue Rollberglokomotive wurde deshalb auf den Rollbetrieb in Wien zugeschnitten.

Im Frühjahr 1982 erfolgte die Ausschreibung einer schweren Verschublokomotive vornehmlich für Rollbetrieb. Nachfolgende Bedingungen wurden gestellt:

1. Heranführung von abzudrückenden Zügen bis zu 2000 t aus der Einfahrgruppe an den Rollberg mit 0,5 bis 5,5 m/sek Geschwindigkeit.
2. Abdrücken dieser Züge mit variabler Geschwindigkeit von 0,5 bis 1,6 m/sek.
3. Anhalten nach Ende des Abdrükkens, unter Umständen aber auch während der unter 1. und 2. angeführten Tätigkeiten.

Diese drei Tätigkeiten steuert der Prozeßrechner und überträgt seine Ausgangswerte über Funkfernsteuerung auf die Lokomotive. Darüber hinausgehende Verschubbewegungen, wie Heranfahren an die nächste Rollgarnitur, Aussetzen von Wagen, Leerwagenüberstellungen und sonstige Fahrbewegungen, steuert der Lokomotivführer selbst. Für vorbeschriebenes Programm war eine Zugkraft von 300 kN aufzubringen. Das erfordert eine Lokomotive mit hohem Reibungsgewicht, also mit zwei dreiachsigen Drehgestellen. Auszuführen mit Mittelführerhaus, in Drehstromtechnik und Funkfernsteuerung. Es sollten bewährte Komponenten zum Einbau gelangen und soweit möglich, mit denen der Reihe 1063 übereinstimmen. Die Lokomotive war aber nur für das österreichische Fahrleistungssystem auszubilden. Ihre Reihenbezeichnung wurde mit 1064 festgelegt.

Mit der Ausführung einer Bestellung über sechs Lokomotiven, wovon drei für Wien, zwei für Villach sowie eine als Reserve (Revisionsabstellungen usw.) bestimmt waren, wurden die gleichen Firmen, wie für Reihe 1063 beauftragt. Zusätzlich hatte die Firma Siemens die Einrichtungen für Funkfernsteuerung nach den Vorgaben des Sicherungsdienstes zu fertigen. Dieselbe Firma war auch für die Ausrüstung der Stellwerke sowie Lieferung der Rechneranlagen zuständig. Die Lokomotive stellt in ihren Grundzügen eine Erweiterung der Bo'Bo'-Type auf eine der Achsanordnung Co'Co' dar. Sogar Transformator und Umrichter bleiben unverändert. Die Leistung von 1520 kW wurde beibehalten, die Zugkrafterhöhung wurde durch sechs gleiche Motoren und das größere Reibungsgewicht erwirkt, anstelle von vier genügen fünf Umrichtereinheiten zur Speisung der Fahrmotoren. Damit konnte die Anfahrzugkraft gegenüber Reihe 1063 von 260 auf 370 kN und die Dauerzugkraft von 220 auf 350 kN angehoben werden. Die Motoren arbeiten bei den vorgesehenen Betriebsbedingungen im Teillastbereich, was auch in der Auslegung und Schaltung in Details mitberücksichtigt ist. Am

Typenbild Fernsteuer-Abdrücklok 1064

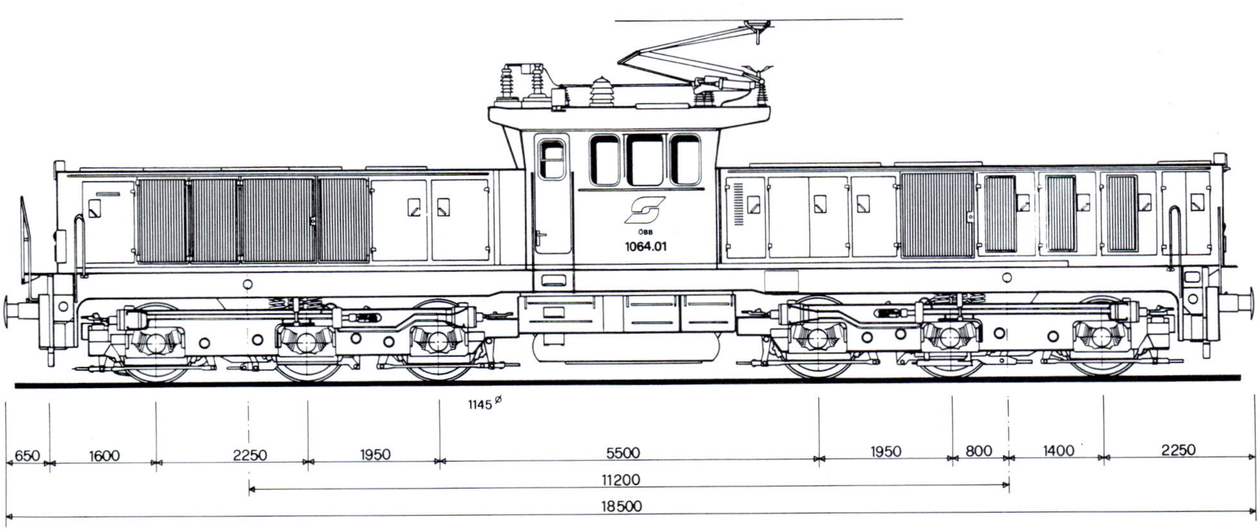

Maßstab 1:110

1064.01 während der Inbetriebsetzungsphase in der Zugförderungsleitung Graz im Oktober 1984
Foto: Petrovitsch

signifikantesten für die Reihe 1064 ist die Ausrüstung mit Funkfernsteuerung. Im Abschnitt Steuerung werden hierzu einige Hinweise gegeben.

Die Einlieferung der sechs Lokomotiven erfolgte termingemäß Ende 1984 und war im März 1985 abgeschlossen. Dieser Termin war Voraussetzung, daß nach Aufnahme des Vollbetriebes im Zentralverschiebebahnhof Wien im Sommer 1986 planmäßig der Rollbetrieb durchgeführt werden konnte. Der zeitliche Vorlauf war mit Einstellungs- und Anpassungsarbeiten des gesamten Rollbergsystems und der Lokomotive ausgefüllt. Die Lokomotiven befinden sich in ihren vorgesehenen Einsatzorten und sind in den Zfltgn. Wien Süd und Villach beheimatet. Bei Verfügbarkeit werden fallweise Einsätze mit schweren Erfordernisgüterzügen gefahren. Nachteiliges über die Lokomotiven gibt es nicht zu berichten. Inzwischen wurden zwei weitere Bestellungen für je zwei Lokomotiven aufgegeben.

Konstruktive Merkmale

Fahrzeugteil

Laufwerk: Drehgestelle nach gleichen Baugrundssätzen wie bei Reihe 1063, jedoch für drei Achsen ausgebildet. Die mittleren Achsen sind um ±12,5 mm seitenverschieblich.

Antrieb: Wie Reihe1063.

Hauptrahmen: Von der größeren Länge abgesehen in wenigen Details, wie zum Beispiel Entgleisungsschutzbalken verschieden, sonst gleich wie Reihe 1063.

Aufbauten: Gliederung grundsätzlich gleich, jedoch Anordnung der einzelnen Bauteile abweichend, bedingt durch die große Länge. Der vordere Vorbau enthält die sechs Umrichterschränke mit zugehörigem Lüfter, das Lüfteraggregat für die Fahrmotoren 1 bis 3, Kondensatorschrank, Transformatoren für Hilfsbetriebe, Kasten für Funkfernsteuerung und Schützengerüst. Im hinteren Vorbau Eingangsgleichrichter und Glättungsdrossel mit zugehörigem Lüfter, Lüfteraggregat für die Motoren 4 bis 6, elektrische Bremsausrüstung mit zwei Lüftern und Ölkühlung, Druckluftanlage mit Armaturen. Führerraum etwas verlängert,

Ausstattung mit Klimaanlage, sonst wie Reihe 1063.

Bremseinrichtung: Gleich wie 1063, nur wird die Zusatzbremse in die Funkfernsteuerung mit einbezogen. Zusätzliche Lufttrockungsanlage.

Hilfseinrichtungen: Sechs Lüfteraggregate, davon fünf als Axialgebläse und eines mit Radialgebläse ausgeführt. Letzteres im hinteren Vorbau angeordnet, versorgt mit 114 m³/min den Eingangsgleichrichter und Glättungsdrossel. Axiallüfter mit 240 m³/min vorne für die Umrichter, jeweils in der Mitte beider Vorbauten je ein Axialgebläse mit 144 m³/min für die drei zugehörigen Fahrmotoren und zwei Axialgebläse mit insgesamt 325 m³/min für den Bremswiderstand. Luftansaugung über Mehrfachdüsenlüftungsgitter, zum Teil noch Filtermatten zwischengeschaltet. Übrige Einrichtungen wie Reihe 1063.

Elektrischer Teil

Hochspannungsausrüstung: Grundsätzlich wie 1063, teilweise Einholmstromabnehmer VII, Hauptschalter DBTF 20, Entfall der Einrichtungen für Systemumschaltung.

Haupttransformator: Wie Reihe 1063, jedoch nur eine Heizanzapfung für 1000 V und 200 kW Heizleistung.

Drehstromantriebssystem: Wie Reihe 1063.

Steuerung: Im Prinzip gleich wie Reihe 1063, Erweiterung durch Einrichtung für Funkfernsteuerung im Abrollbetrieb sowie wahlweise Geschwindigkeitsregelung (V-Regelung), Zugkraft (Z-Regelung) und FF-Regelung (= Funkfernsteuerung). Die drei Betriebsarten sind durch einen Wahlschalter vom Lokomotivführer einstellbar, für den Rollvorgang muß die FF-Regelung eingestellt werden. Die Funkfernsteuerung empfängt die Signale und setzt sie zwischen mobiler Lokomotivfunkstation und Leittechnik um. Die empfangenen Funktelegramme werden zunächst in einem Rechner zur Decodierung und Kontrolle aufgearbeitet. Der zweite Rechner verarbeitet die Signale in der V-Regelung, der dritte in der Z-Regelung. Dabei kann die Geschwindigkeit in Werten von je 0,05 m/sek geregelt werden, wobei auch durchaus Sprünge von 0,05 auf 1,6 m/sek vorkommen können, welche die Lokomotive über die Vorbeirollzeit eines Wagens umsetzen muß. Bei direkter Anwendung der V-Regelung ist diese bis 36,5 km/h wirksam.

Fahrmotoren: Gleiche Ausführung wie Reihe 1063, nur bei gegebener Auslastung mit maximal 253 kW beansprucht, Kühlluftbedarf 48 m³/min.

Hilfseinrichtungen: Hilfsbetriebeversorgung wie Reihe 1063, jedoch zwei Lüftermotortypen. Für das Radialgebläse gleich mit 18 kW, für die Axialgebläse 11 kW Antriebsleistung. Übrige Anordnung wie Reihe 1063.

1067

C

1962

Techn. Daten: Seite 224

Bei den Elektro-Verschublokomotiven stellte immer die Beanspruchung des Fahrmotorkollektors einen besonders kritischen Bereich dar. Anfahrbrandstellen waren kaum zu umgehen, denkt man etwa an den Fall, daß eine schwere Verschubgarnitur mit zum Teil schlecht gelösten Bremsen in Bewegung zu setzen ist. Zerrungen, Stöße, vorübergehender Stillstand der Lokomotive im aufgeschalteten Zustand gehören zum Betriebsalltag, kaum vergleichbar mit einer Streckenlokomotive. Bei der Reihe 1062 hat man eine wesentliche Erhöhung der Polzahl des Fahrmotors vorgenommen, so daß selbst im Bereich der Anfahrströme die Stromdichte unter den Bürsten erträgliche Werte annimmt. Aber trotzdem ist eine Gefährdung des Kollektors im Anfahrbereich nicht ausgeschlossen. Dieser Grundgedanke veranlaßte die Fahrzeugindustrie, an die Unternehmensleitung der ÖBB mit einem neuen Vorschlag heranzutreten. Die Verbindung einer elektrisch angetriebenen Lokomotive mit den Vorteilen, welche hydraulische Getriebe bei Diesellokomotiven erbringen. Besonders im unteren Geschwindigkeits- bzw. Anfahrbereich hat der hydraulische Antrieb seine Vor-

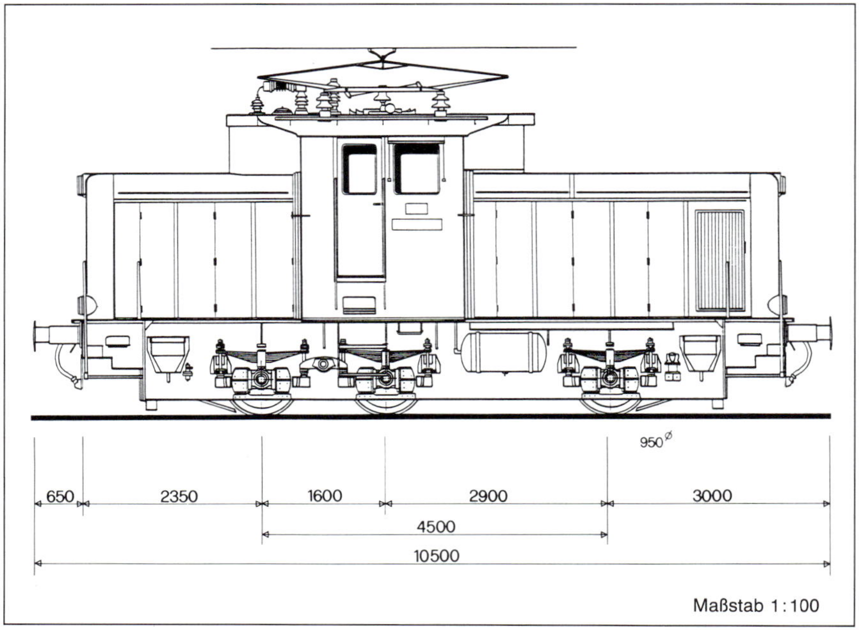

Typenbild Elektrohydrauliklok, Bauform 1067.02-04

Firmeneigene JW/Elin-Vorführlok EH 600 C: Elektrohydraulik-Verschublok auf Fahrwerk wie Werksdiesellok DH 600 C der Vöest mit spurkranzloser Mittelachse (nach Umbau angekauft von ÖBB als 1067.01) *Werkfoto: JW*

teile. Der Hydraulikwandler mit einem Turbogetriebe gestattet, daß der Antriebsfahrmotor bereits eine gewisse Leerlaufdrehzahl erreicht, bevor die Wandlerfüllung beginnt bzw. daß der Motor dann stufenlos in die Belastungsphase eintritt. Das hohe Zugkraftangebot im untersten Geschwindigkeitsbereich ließ diesen Loktyp für den Abrollbetrieb geradezu prädestiniert erscheinen. Ferner bietet der hydraulische Antrieb durch Betätigung eines Nachschaltgetriebes wahlweise den Betrieb mit einem Verschubgang bis maximal 30 km/h und einem Streckengang maximal 60 km/h an. Dieses Angebot war interessant genug, daß die Unternehmensleitung bereit war, von diesem Typ zunächst fünf Lokomotiven in Betrieb zu nehmen. Vom Fahrprogramm her entsprachen sie der bewährten dieselhydraulischen Verschublokomotive Reihe 2067 mit 600 PS und einer Höchstgeschwindigkeit von 65 km/h.

Den mechanischen und hydraulischen Teil lieferten die Jenbacher Werke, den elektrischen Teil die Firma ELIN, der weitgehend auf Einheitsausrüstungsteile elektrischer Triebfahrzeuge zurückgreifen sollte. Es würde zu weit führen, hier ein hydraulisches Getriebe ausführlich zu behandeln, welches unter den Unterabschnitt „Antrieb“ zu reihen ist.

Schon die erste Lokomotive blieb ein Unikat, für die ein auf den Auslegungsgrundsätzen des Fahrmotors EM 665 für die Reihe 1010 abgewandelter Motor EM 666 gebaut wurde. Man erkannte bald, daß der Motor EM 620 der Reihe 1141 dem Leistungsprogramm voll gerecht werden konnte, wobei auch das Verhältnis Verschub/Streckengang auf 40/70 angehoben werden konnte. Schließlich erkannte man die Möglichkeit, mit dem hydraulischen Getriebe bei Energierichtungsumkehr wirksam bremsen zu können, was einiger zusätzlicher Details bedurfte. Die Lokomotive 1067.05 wurde in dieser Form geliefert, während 1067.02 bis 04, wie vorher geschildert, ausgeführt waren. Außerdem war ein Vielfachbetrieb in Doppeltraktion geboten, der sich allerdings nur auf

die zuletzt genannten drei Lokomotiven beschränkte.

Die Lokomotiven wurden 1962 geliefert und gelangten im Rollbetrieb in Salzburg und Wels zum Einsatz. Die Lokomotive 1067.01 verblieb im Bereich Innsbruck. Leider stellte sich sehr bald heraus, daß die Lokomotiven die in sie gesetzten Erwartungen nicht erfüllen sollten. Unerklärlicherweise traten gerade hier sehr ausgeprägte Einbrennspuren an den Fahrmotorkollektoren auf. Die fünf Lokomotiven wurden auf den Direktionsbereich Linz konzentriert, wovon die Unikate 01 in Linz bzw. 05 in Selzthal, die anderen drei am Rollberg in Salzburg Gnigl verwendet wurden. Häufige Schwierigkeiten sowie eine geringe Entspannung am Lokomotivsektor führten dazu, die beiden Unikate Mitte der achtziger Jahre auszumustern, welchen bald darauf die 1067.02 folgte. Die verbliebenen zwei versehen heute in der Nebenstelle Selzthal auf dem dortigen Verschiebebahnhof Dienst.

Einzelstück 1067.05 mit einer hydrodynamischer Bremse im August 1979 in Nettingsdorf
Foto: Petrovitsch

Konstruktive Merkmale

Fahrzeugteil

Laufwerk: Drei im Hauptrahmen gelagerte Achsen, die über Vorgelegegetriebe (1. und 2. Achse) beziehungsweise Gelenkwelle (3. Achse) angetrieben werden. Vollscheibenräder, wobei der mittlere Radsatz, um noch Kurven mit einem Radius von 80 m durchfahren zu können, ohne Spurkranz ausgeführt war. Die Radsätze laufen in Doppelzylinderrollenlagern. Hauptrahmen über Blattfedern auf die Achslager abgestützt.

Antrieb: Hydraulisches Voith-Turbogetriebe über elastische Kupplung vom elektrischen Triebmotor angetrieben. Getriebe aus zwei gleich großen Drehmomentwandlern, dem Anfahr- und Marschwandler bestehend. Abtrieb über Sekundärwelle, wobei die Zahnradübersetzungen unterschiedlich sind. Automatische Wandlerumschaltung. Hurth-Nachschaltgetriebe am Turbogetriebe angeflanscht, welches als Wende- und Gangschaltgetriebe ausgebildet ist. Abtrieb vom Nachschaltgetriebe über Gelenkwellen zwischen 1. und 2. Achse, die über ein Maybach-Vorgelegeachsgetriebe die Achsen selbst antreiben. Weiterer Achsenantrieb gestattet Kupplung der 2. und mit 3. Achse. Damit sind alle drei Achsen gekuppelt.

Hauptrahmen: Außenrahmen aus Blechplatten, fünf Querverbindungen, zwei Stirnbleche und eine Deckplatte, alle Verbindungen geschweißt. An den Stirnblechen die normalen Zug- und Stoßvorrichtungen.

Lokomotivkastenaufbau: Mittelführerhaus mit zwei Vorbauten. Im Führerhaus beiderseits ein Bedienstand. Im vorderen Vorbau Fahrmotor, Doppellüfteraggregat und Röhrenkühler für Transformator angeordnet. Transformator, Schützengerüst sowie Kompressoraggregat im hinteren Vorbau. Vorbauten durch seitliche Türen zugänglich.

Bremseinrichtung. Automatische Druckluftbremse für Lokomotive und Wagenzug, nichtselbsttätige Lokomotivzusatzbremse. Kolbenkompressor für 150 m³/h gegen 8 bar, Handbremse.

Hilfseinrichtungen: Doppellüfteraggregat für Transformator und Fahrmotor, Luftansaugung aus dem Vorbau. Getriebeölkühlung durch Kühlanlage an der Vorbaustirnseite. Kühlluft durch Lüfterrad erzeugt, welches vom oben beschriebenen Lüfter über Keilriemen angetrieben wird. Druckluftsandstreuer auf jeweils vorauslaufende Achse wirkend, Druckluftpfeife,

Sicherheitsfahrschaltung, Spurkranzschmierung.

Elektrischer Teil

Hochspannungsausrüstung: Einheitsscherenstromabnehmer V, Druckluftschnellschalter DBTF, Durchführungsisolator mit Stromwandler im Aufbau zwischen Führerstandsfenstern, Hochspannungskabel zu Transformatoreinführung.

Haupttransformator: Fremdbelüfteter Stufentransformator mit zwangsweisem Ölumlauf, acht Fahrstufenanzapfungen von 45 bis 480 V, Dauerleistung 670 kVA, 207-V-Hilfsbetriebeanzapfung, Doppeldrossel im Kessel angeordnet.

Steuerung: Elektropneumatische Gleichstromschützensteuerung für 24-V-Steuerspannung mit acht Fahrstufen, Vorstufen V, 1a und 1b. Automatisches Zusammenwirken mit dem Turbogetriebe, wobei jede Stellung des Fahrschalters einer bestimmten, vom Turbogetriebe aufgenommenen Antriebsleistung entspricht, zu der eine bestimmte Fahrgeschwindigkeit gehört.

Triebmotor: Für Lokomotive 01 Motortyp EM 666 mit gedrosselter Leistung von 405 kW bei 960 U/min, Lokomotiven 02–05 Typ EM 620- und 495-kW-Einphasenwechselstrommotoren in üblicher Ausführung. Fremdbelüftung. Gewicht des Motors 3270 kg.

Hilfseinrichtungen: 24-V-Gleichstromversorgungsanlage für Beleuchtung und Betätigungen, Umformeraggregat mit 1,6-kW-Einphasenasynchronmotor und 1-kW-Gleichstromgenerator, Batterie für 60-Ah-Kapazität, Laderegler System Dick, Kompressormotor für 17 kW, Lüftermotor für 15 kW und Ölpumpenmotor für 1,6 kW Antriebsleistung.

1570

BBÖ 1570
DR E 22

(1A)'Bo(A1)'

1925 bis 1978

Techn. Daten: Seite 224

Die für den Arlbergbetrieb gebauten Schnellzuglokomotiven 1089 erfüllten am Berg voll die zugförderungstechnischen Anforderungen, für die Talstrecken Innsbruck–Landeck und den in Umstellung befindlichen Abschnitt Bludenz–Bregenz waren sie mit ihren 65 km/h zu langsam. Die Reihe 1073, die geschwindigkeitsmäßig entsprochen hätte, war leistungsmäßig zu schwach und im höheren Geschwindigkeitsbereich lauftechnisch ungünstig. Es wurde daher der Bau einer als „Talschnellzuglokomotive" zu bezeichnenden Type beschlossen, wobei wieder verschiedene Entwürfe vorgelegt wurden. Das Leistungsprogramm, welches sich wieder an vergleichbaren Dampflokomotiven orientierte, enthielt folgende Vorschreibungen:

650 t bei 0 ‰ mit 80 km/h,
600 t bei 5 ‰ mit 65 km/h,
450 t bei 10 ‰ mit 50 km/h,
450 t bei 15 ‰ mit 30 km/h.

Die Höchstgeschwindigkeit war mit 85 km/h festgelegt, der Achsdruck als großes Handikap nach wie vor mit 14,5 t begrenzt.

Die Unternehmensleitung stand bei der Entscheidung über die vorgelegten Entwürfe vor einer schweren Wahl. Zum Bestellzeitpunkt dominierte in Europa der Stangenantrieb, ursprünglich als vielleicht unüberlegte Form der Dampflokomotive nachgeahmt. Die Kolbendampfmaschine bot keine andere Gelegenheit, als die translatorische Bewegungsform in eine rotierende umzuwandeln. Aber eine zweifache Umwandlung, nämlich rotierende über Blindwelle bzw. Vorgelege in translatorische mittels der Stangen und wieder in eine rotierende umzuwandeln, ist technisch nicht sehr sauber. Außerdem bestand seit dem vorigen Jahrhundert der einfache Straßenbahnantrieb, der nur sehr zögernd in den Lokomotivbau eindringen konnte. Sicher war dieser, als Tatzlagerantrieb bekannt, für höhere Geschwindigkeiten ungeeignet, aber dies erst ab 100 km/h. Die Rüttelschwingungen bei leistungsstarken Elektrolokomotiven im höheren Geschwindigkeitsbereich waren bei den Stangenlokomotiven „*das* technische Problem" dieser Zeit, das selbst bei genauester Maßhaltigkeit unbeherrschbar war. Weiterhin erlaubt ein Einzelachsantrieb höhere Drehzahlen und damit kleinere Raddurchmesser. Es gibt noch weitere Argumente, wie Erhaltungsaufwand, Schmierung und andere, die zu erläutern zu weit führen würde.

Eines ist noch herauszustellen, nämlich die Möglichkeit, Drehgestelle zu verwenden und damit die Laufeigenschaften sowie die Führungskräfte entscheidend zu verbessern. Man entschied sich für den Einzelachsantrieb. Allerdings nicht in Tatzlagerbauart, sondern mit im Maschinenraum vertikal aufgestellten Motoren, die über Kegelräder die Achsen antreiben. Damit hat Österreich Mitte der zwanziger Jahre den Übergang zum Einzelachsenantrieb, sieht man von Verschublokomotiven ab, eingeleitet. In Deutschland etwa zehn Jahre später,

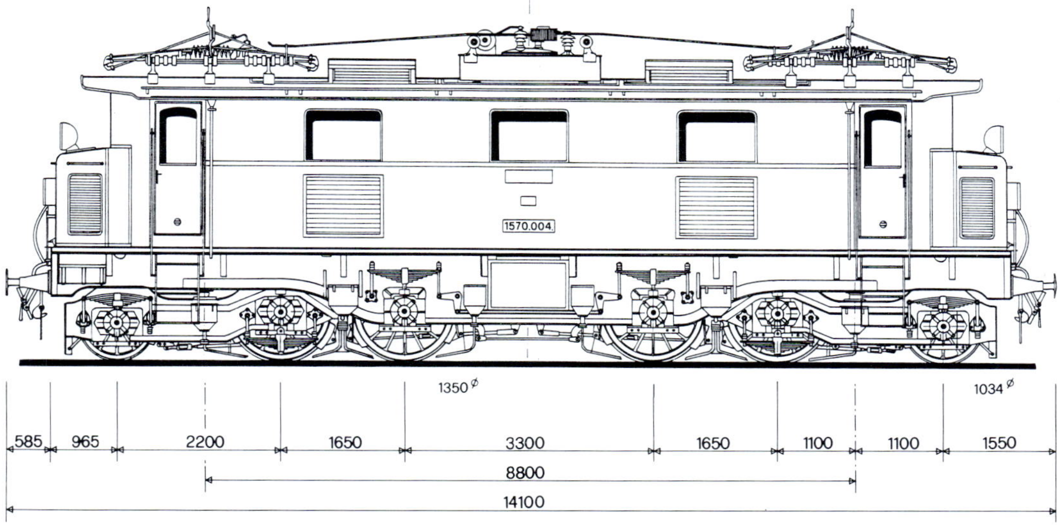

Typenbild Talschnellzuglok 1570, Ablieferungszustand

Schweden baute noch anfangs der fünfziger Jahre Streckenlokomotiven mit Stangenantrieb.

Mit der Herstellung als Generalunternehmer für die Talschnellzuglokomotive wurden die österreichischen Siemens-Schuckertwerke beauftragt, die das gewählte Projekt gemeinsam mit der Lokomotivfabrik Krauss & Co. in Linz vorgelegt hatten. Eine inzwischen eingeleitete Achsdruckerhöhung auf 16 t kam den Herstellern sehr gelegen.

Die Lokomotive erhielt die Reihenbezeichnung 1570. Es wurden zunächst vier Lokomotiven bestellt. Dominierendes Detail war der Antrieb, der von Siemens nach einem französischen Vorbild in weitest übertragenem Sinn als Vertikalantrieb mit Gelenkkupplung entworfen wurde. Die vier Fahrmotoren stehen in der Mittelachse der Lokomotive, ihre Welle federt gegenüber dem Läuferkörper. Die Welle selbst ist oben in einem Spurlager abgestützt, welches das Gewicht trägt und Vertikalschübe aufnimmt. Drei weitere Halslager zentrieren die Welle, die vor dem letzten Lager das Kegelritzel trägt. Dieses kämmt mit einem Großrad, welches fix auf einer trommelförmigen Erweiterung der Hohlwelle angebracht ist. In der Trommel selbst ist eine gelenkige Kupplung mit vier Kugelköpfen vorhanden, welche das Drehmoment auf die Achswelle überträgt. Der ganze Antrieb befindet sich in einem Getriebekasten und läuft unter Öl. Ein ausgeklügeltes Schmiersystem versorgt alle angeführten Lagerstellen. Der Antrieb ist in der Lage, sämtliche Bewegungen der Achse gegenüber dem Motor aufzunehmen. So war es auch möglich, die beiden Endtriebachsen und vorgesetzten Laufachsen in einem Drehgestell unterzubringen.

Die Lokomotive zeichnet sich durch eine besondere Laufruhe aus, Ruhe auch in akustischem Sinne, was durch die Schraubenverzahnung des Getriebes bedingt ist. Die Drehrichtung der jeweils zwei benachbarten Fahrmotoren ist gegenläufig, womit eine mögliche Kreiselwirkung bei Vertikalantrieben ausgeschlossen ist. Als Besonderheit der elektrischen Ausrüstung ist noch die mechanische Verriegelung der Leistungsschütze zu erwähnen.

Die Lokomotiven wurden in der Zfltg. Bludenz eingeliefert, wo sie bis zu ihrer Ausmusterung im Stande verblieben. Sie führten zunächst auch Schnellzüge bis und ab Innsbruck, wurden dann aber mehr und mehr im Raum Vorarlberg eingesetzt. Mit Personenzügen kamen sie fallweise weiterhin bis Innsbruck. Trotz ihres komplizierten Antriebssystems haben sich die Fahrzeuge sehr gut bewährt.

Sie erreichten monatliche Laufleistungen von etwa 15 000 km, was für die befahrenen Strecken, einschließlich der Arlbergrampen, beachtlich ist. Allerdings können die Lokomotiven nur mit zwei Mann betrieben werden, weil die Funktion der Schmierung während der Fahrt dauern kontrolliert werden muß, was nur durch laufende Kontrollgänge durch den Maschinenraum möglich ist. Der Verbrauch an Schmieröl ist höher als bei anderen Antriebssystemen. Mit der großen Lieferung an Neubaulokomotiven in den fünfziger Jahren war die Lokomotive unwirtschaftlich geworden und in kleinere Einsätze, vor allem im Raum Bregenz, abgedrängt. Großen Umbauten wurde die Lokomotive nicht unterworfen, sehr wesentlich ist vielleicht der Ausbau des Vakuumbremssystems und Ersatz durch Druckluft. Alle vier Lokomotiven wurden in den siebziger Jahren ausgemustert. Die Lokomotive 1570.01 hat einen Platz im Wiener Technischen Museum gefunden.

Konstruktive Merkmale

Fahrzeugteil

Laufwerk: Mit der Achsfolgebezeichnung kann man geteilter Meinung sein. (1A)'Bo(A1)' oder 1'Do1'. Vier einzeln angetriebene Achsen, davon die beiden mittleren im Hauptrahmen, Endtriebachsen gemeinsam mit einer Laufachse in einem Drehgestell. Aber auch der im Drehgestell gelagerten Triebachse zugehörige Motor ist im Hauptrahmen fixiert. Drehgestelle mit festem Drehzapfen. Mitteltriebachsen 11 mm Spurkranzschwächung, ±33 mm Seitenverschiebung, Achsen in Gleitlagern mit Schöpfschmierung. Hauptrahmenabstützung auf beiderseits des Drehzapfens angeordneten Gleitkugelstützen, in Rahmenmitte auf Längsausgleichhebel der Tragfedern der inneren Achsen (Sechspunktabstützung), Zugkraftübertragung der Endachsen über die Drehzapfen auf den Hauptrahmen, der an den Enden die Zug- und Stoßvorrichtungen trägt.

1570.004 im Ablieferungszustand mit zusätzlicher Kleinprofil-Oberschere in den Stromabnehmern, die bei tiefer Fahrdrahtlage in den Tunneln der Arlbergstrecke automatisch in Funktion trat
Werkfoto: WSSW

1570.01 im ÖBB-Letztzustand in Bludenz im Juni 1979. Diese Lok steht inzwischen am früheren Standplatz der 1986 reaktivierten Dampflok 310.23 im Freigelände des Technischen Museums in Wien
Foto: Petrovitsch

Antrieb: Siemens-Gelenkantrieb mit Vertikalmotoren, auf Hohlwelle über ein Kegelradgetriebe mit Schraubenverzahnung mit 17:65 Zähnen, zwischen Hohlwelle und Achse nachgiebige Gelenkkupplung.

Hauptrahmen: Als Außenrahmen in Plattenbauweise, Querverbindungen neben Endträgern und Drehzapfenträgern vier Stahlgußgehäuse zur Aufnahme der Motoren und Antriebe, in der Mitte Transformatorträger. Schraub- oder Nietverbindungen.

Lokomotivkasten: Vorne und hinten kurzer halbhoher Vorbau zur Aufnahme von Kompressor bzw. Vakuumpumpen. Zwei Führerstände, dazwischen der Maschinenraum, in der Mitte Transformator mit zwei Schützengruppen, weitere elektrische Ausrüstungsteile wie Fahrtwender, Lüfter und andere. Seitliche Kühlluftansaugjalousien nachträglich in obere (Fenster-)Hälfte verlegt, Dachfelder über Motoren abhebbar.

Bremseinrichtung: Ursprünglich Vakuumbremseinrichtung für Lokomotive und Wagenzug, stufenweise Umbau bis zur vollständigen Druckluftbremseinrichtung, Nachbremsventil. Vakuumerzeugung durch zwei Pumpen P 20 und P 45, Druckluft durch Rotationskompressor mit 140 m³/h gegen 8 bar. Handbremse.

Hilfseinrichtungen: Zwei Radialgebläse mit liegender Welle neben den Motoren, ein Gebläse versorgt zwei Motoren und eine Trafohälfte mit Kühlluft, Luftansaugung von unten, Druckluftpfeife, Druckluftsandstreuer, mechanischer Geschwindigkeitsmesserantrieb, Sicherheitsfahrschaltung, Zentralschmierpresse, Spurkranzschmierung.

Elektrischer Teil

Hochspannungsausrüstung: Zwei Scherenstromabnehmer mit Hilfsbügel für Tunnelprofil, später auf Bauart IV geändert, Ölschalter ELO 3, später Umbau APB 104w.

Haupttransformator: Kerntransformator fremdbelüftet und zwangsweisem Ölumlauf durch 0,6-kW-Pumpe, Dauerleistung 1550 kVA, 16 Stufenanzapfungen von 90 bis 450 V, Heizspannung 1000 V und 400 kW, Hilfsbetriebespannung 220 V.

Steuerung: Elektropneumatische Gleichstromschützensteuerung für 15 Fahrstufen in Einfachdrosselschaltung, mechanische Verriegelung Patent ÖSSW, wobei je eine Schützengruppe von acht Schützen (auf einer Transformatorseite) untereinander absolut verriegelt sind, Anwendung einer Gelenkkette mit Federkraftverstellung, 24-V-Gleichstromsteuerspannung, gemeinsamer Fahrtwender für eine Motorgruppe mit Handantrieb.

Fahrmotoren: Vier achtpolige kompensierte Einphasenreihenschlußmotoren für 400 kW Stundenleistung und 1315 U/min für Höchstgeschwindigkeit, Eigenlüfterflügel neben Fremdlüftung vorhanden, eigene von Motorwelle angetriebene Drehkolbenpumpe zur Schmierung der Motorwellenlager, Gewicht des Motors 4900 kg.

Hilfseinrichtungen: Gleichstromversorgung 24 V über Umformeraggregat, Regler und 50-Ah-Batterie. Späterer Umbau auf Ladegleichrichter, Wechselstromantriebsmotoren mit 13,6 kW für Lüfteraggregate, Motoren in Reihe geschaltet, Kompressormotor nach Vereinheitlichung 17 kW.

1670
1670.100

BBÖ 1670, 1670.100
DR E 22^1, E 22^2

(1A)'Bo(A1)'

1928 bis 1983

Techn. Daten: Seite 225

Die Weiterelektrifizierung der Westbahn von Innsbruck nach Salzburg weist stark wechselnde Geländeverhältnisse auf, Rampen bis 23 ‰ und flache Strecken wechseln einander ab. Zum Teil waren bereits 100 km/h zugelassen, der Achsdruck mit 16,5 t begrenzt. Die Strecke weist auch viele Krümmungen auf. Das Unternehmen war bemüht, zu der bayrischen West-Ost-Strecke eine rasche Parallelverbindung zu schaffen, um nicht Verluste im Verkehrsaufkommen Schweizer Grenze–Salzburg hinnehmen zu müssen. Für die erforderlich gewordenen kürzeren Fahrzeiten und höheren Geschwindigkeiten reichte die Talschnellzuglokomotive 1570 nicht mehr aus. Der notwendig gewordene Bedarf mußte durch Schnellzuglokomotiven eines leistungsfähigeren Typs gedeckt werden. Es war naheliegend, aufgrund der guten Erfahrungen mit der Reihe 1570 dieses Grundkonzept beizubehalten. So fiel auch die Entscheidung wieder auf den Entwurf, der von denselben Firmen vorgelegt wurde. Folgende Leistungen wurden vorgegeben:

700 t bei 0 ‰ mit 100 km/h,
700 t bei 10 ‰ mit 65 km/h,
340 t bei 24 ‰ mit 65 km/h.

Hierfür errechnete sich eine Stundenleistung von 2000 kW. Achsdruck und Metergewicht mußten strikt berücksichtigt werden; das Gesamtgewicht sollte daher 96 t nicht überschreiten.

Für die 29 zu bestellenden Lokomotiven, die als Folgereihe die Bezeichnung 1670 erhielten, waren wieder die österreichischen Siemens Schuckertwerke Hauptlieferer, für den mechanischen Teil die Linzer Lokomotivfabrik Krauß & Co. Der Bau fällt in die Zeit, wie schon an anderer Stelle erwähnt, wo die Linzer Firma schließen mußte, so daß die letzten fünf Lokomotiven in der Wiener Lokomotivfabriks A.G. mechanisch hergestellt werden mußten. Die Firmen garantierten ein Gesamtgewicht von 94 t beziehungsweise 16,5 t Achsdruck. Um dieser Forderung entgegenkommen zu können, war die Verwendung von Leichtmetall notwendig. Die leistungsbedingte Verstärkung der elektrischen Bauteile folgerte auch erhebliche Veränderungen vor allem im Antrieb. Die Gelenkkkupplung als wesentliches Element bleibt in derselben Form erhalten, jedoch wird die Hohlwelle beiderseits von zwei Motoren, welche zu einer Baueinheit als Doppelmotor mit gegensätzlichem Drehsinn verbunden sind, über Kegelradgetriebe, nunmehr geradeverzahnt, angetrieben. Somit verfügt die Lokomotive über acht Fahrmotoren. Die durchgehende vertikale Antriebswelle wurde in zwei Wellen, der Motor- beziehungsweise Ritzelwelle aufgelöst. Damit ist auch eine bauliche Trennung zwischen Fahrzeug- und elektrischem Teil durch diese Schnittstelle gegeben. Das wirkt sich vor allem für die Instandhaltung vorteilhaft aus. Ein kräftiges Doppelspurlager, nunmehr im unteren Teil angebracht, nimmt das Gewicht der rotierenden Läuferteile auf. Alle Antriebsteile und Lagerungen haben eigene, pumpenlose Schmierkreisläufe. Zum Teil sind dies, besonders was die Spurlager betrifft, ziemlich komplizierte Anordnungen (eigene Ölkühler!), die eines entsprechenden Aufwandes im Betrieb und für Instandhaltung bedürfen. Der zweite Mann auf der Lokomotive ist hier genauso unentbehrlich. Für die Apparate, und vor allem den Schützen, war im Maschinenraum kein Platz mehr, sie mußten in seitliche Kästen unter dem Lokomotivkasten verlegt werden. An Achsfederung und Radständen mußten deshalb auch Veränderungen getroffen werden. Das Baugewicht war um 2 t überschritten worden, es war aber auch eine deutliche Überschreitung der elektrischen Leistung um 350 kW festzustellen.

Einlieferungsdienststelle war die Zfltg. Innsbruck, von wo die Lokomotiven fast ausschließlich bestimmungsgemäß vor Schnellzügen auf der gesamten Westbahnstrecke und Brennerbahn eingesetzt worden sind. Bis es aber soweit war, mußten schwerwiegende Mängel, die bald nach Inbetriebnahme sich abzeichneten, behoben werden. Vor allem war der mechanische Teil davon betroffen, der für die höhere zu übertragene Leistung zu schwach dimensioniert war. Hauptübel war der geringe Achsdruck. Das Mißverhältnis geht schon daraus hervor, daß nach Liefergewichtsangaben der mechanische Teil der Reihe 1670 um 1 t leichter als 1570 t hätte sein sollen, der elektrische aber um 5,5 t schwerer. Es gab Radsternbrüche, Drehgestellrisse, Achsbrüche, Brüche an der Gelenkskupplung, die wieder schwere Beschädigungen am Fahrmotor zur Folge hatten.

Die Lokomotiven mußten aus dem Verkehr gezogen und durch Dampflokomotiven ersetzt werden. Umfangreiche Verstärkungen und Veränderungen

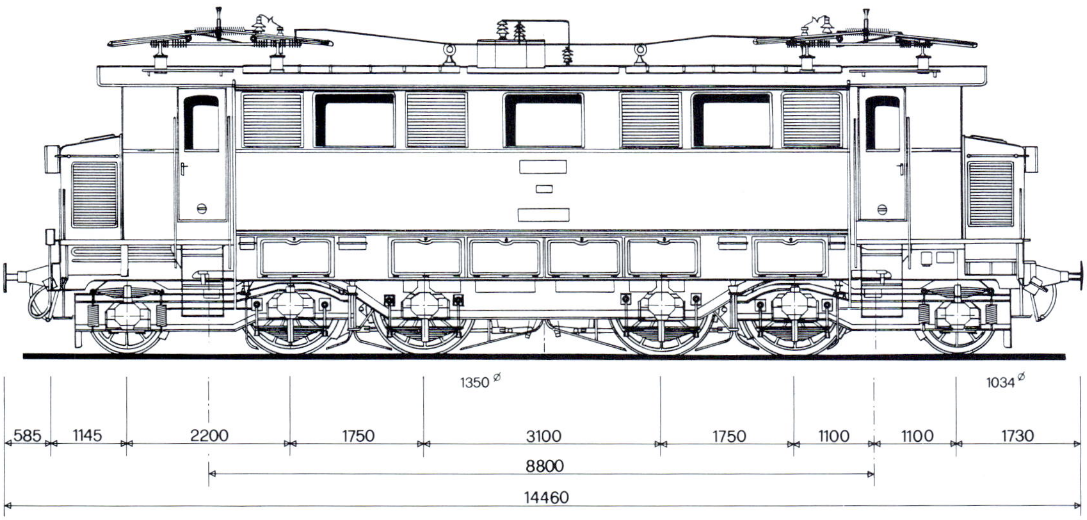

Maßstab 1:100

Typenbild 1670.01-29 im Ablieferungszustand

Wiederaufbau nach Kriegsbeschädigung: 1670.26 mit Stromabnehmern der damaligen Neubautype IV, in Bludenz ca. 1953
Werkfoto: WSSW

1670.06 im ÖBB-Letztzustand im März 1981 in Innsbruck Hauptbahnhof
Foto: Petrovitsch

wurden durchgeführt, was zur Folge hatte, daß das Gesamtgewicht um mehr als 10 t überschritten wurde, es betrug nun 107 t. Die Sanierung wurde rasch durchgezogen, so daß wegen des dringenden Bedarfs eine Nachbestellung für fünf Lokomotiven aufgegeben wurde.

Diese Lokomotive durfte bereits 19 t Achsdruck aufweisen. Um ganz sicher zu gehen wurde beschlossen, den ausreichend dimensionierten elektrischen Teil beizubehalten und alle Verbesserungen im mechanischen Teil unterzubringen. Diese als Reihe 1670.100 im Jahre 1932 gelieferten Lokomotiven, welche von Anfang an der Zfltg. Bludenz zugewiesen waren, waren nun ohne die genannten Schwierigkeiten im Einsatz.

Damit soll aber nicht der Eindruck erweckt werden, daß von nun an alle 34 Lokomotiven problemfrei waren. Das komplizierte Antriebs- mit seinem Schmiersystem war immer wieder Ursache zum Teil schwerer Schäden. Zum Beispiel genügte es, die Lokomotive einige Meter in kaltem Zustand zu schleppen, so daß alle Spurlager, wenn sei nicht im Ölbad liefen, total zerstört waren. Der Antrieb wurde mehrfachen Umbauten unterworfen, bis es schließlich in den sechziger Jahren gelang, eine brauchbare Lösung zu finden: Alle Lager wurden auf Wälzlager umgestellt, das Spurlager als Kegelrollenlager. Damit konnte sogar

Verstärkte Nachbauversion 1670.100 von 1932: Nostalgielok 1670.104 der Zugförderungsleitung Bludenz im Mai 1987 in Landeck
Foto: Petrovitsch

der zweite Mann erübrigt werden. Im elektrischen Teil kam es infolge der gedrängten Bauweise (Schützenkästen und Stromschienenführungen) häufig zu Überschlägen. Die Lokomotive war vor dem Lagerumbau in der Untauglichkeitsstatistik führend. Fünfmal im Jahr wurde jede im Schnitt untauglich. Beim Personal war die Lokomotive auch nicht sehr geschätzt, weil durch die Wärme- und Schallabstrahlung der Motoren die Führerstandsrückwand im Sommer unerträglich warm wurde und die Lärmbelastung sehr hoch war. Deshalb mußte in den siebziger Jahren aufgrund des Arbeitnehmerschutzgesetzes ein aufwendiger Umbau der Führerstände erfolgen, obwohl das Einsatzniveau schon stark abgesunken war. Akute Lokomotivknappheit verhinderte eine wirtschaftliche notwendige Ausmusterung.

Zur Reihe 1670.100 noch ein interessantes Detail. Die nach dem Kriege vorhandenen vier Lokomotiven wurden mit Inbetriebnahme der Westbahn Ende 1952 bis Wien der Zfltg. Linz zugewiesen. Sie wurden im Schnellzugverkehr Wien–Salzburg mit 100 km/h eingesetzt, um den durch die Reihe 1018 (1118.01) nicht abzudeckenden Bedarf mit zu übernehmen. Standort Linz wurde wegen der benachbarten Hauptwerkstätte gewählt, ein Zeichen der noch immer bestehenden Vorbehalte. Nach Einlieferung der Reihe 1010 kehrten die Lokomotiven wieder nach Bludenz zurück. Ab 1948 wurden Lokomotiven von Innsbruck nach Bludenz überwiesen.

Den Zweiten Weltkrieg nicht überlebt haben drei der Reihe 1670 und eine Lok 1670.100. Zusätzlich zwei schwerbeschädigte Lokomotiven wurden wiederhergestellt. In der zweiten Hälfte der siebziger Jahre wurde mit der Ausmusterung begonnen und war 1983 abgeschlossen. Als Museumslokomotiven existieren noch 1670.09 in Innsbruck, 1670.25 in Wien-Floridsdorf und 1670.104 in Bludenz, sie werden für Sonderfahrten eingesetzt.

Konstruktive Merkmale

Fahrzeugteil

Laufwerk: Prinzipiell wie Reihe 1570. Statt einem Motor auf jede Achse zwei Motoren (Doppelmotor) wirkend. An den Mittelachsen 8 mm schwächere Spurkränze mit ± 34 mm Seitenverschiebbarkeit.

Antrieb: Wie Reihe 1570, nur zwei Motoren auf jede Hohlwelle wirkend, geradeverzahntes Kegelradgetriebe mit 19:73 Zähnen. Spurlager unter dem Motor als Segmentlager ausgeführt (Doppelspurlager).

Hauptrahmen: Prinzipiell wie Reihe 1570, zum Teil wesentliche Verstärkungen. Außen unter dem Maschinenraum eine Reihe von Seitenkästen mit elektrischen Apparaten, Schützen, Fahrtwender, Gleichstromumformer und andere.

Lokomotivkasten: Zwei halbhohe Vorbauten für Drucklufterzeugung beziehungsweise Vakuumpumpen (ausgebaut). Zwischen den Führerständen Maschinenraum mit den vier Doppelmotoren und aufgesetzten Lüfteraggregaten, Transformator in der Mitte, drei abhebbare Dachfelder.

Bremseinrichtung: Automatische Druckluftbremse für Lokomotive und Wagenzug, direktwirkende Lokomotivdruckluftbremse, Nachbremsventil, automatische Vakuumbremse für Wagenzug mit zwei Pumpen (P 20 und P 45), später ausgebaut, Drucklufterzeugung mit Kompressor für 140 m³/h gegen 8 bar.

Hilfseinrichtungen: Wie Reihe 1570, Luftansaugung aus Maschinenraum.

Elektrischer Teil

Hochspannungsausrüstung: Zwei Einheitsscherenstromabnehmer, zuletzt IV, Einheitsölschalter ELO 3 mit Handantrieb.

Haupttransformator: Fremdbelüfteter Kerntransformator mit zwangsweisem Ölumlauf im Kessel durch 0,6-kW-Antriebsmotor, Dauerleistung 2480 kVA, Erdung im Mittelpunkt der Sekundärwicklung, Motorspannungen gegen Endklemme 100–1000 V, zehn Stufenanzapfungen, Heizspannung 1000 V und 400 kW Leistung, 200-V-Hilfsbetriebespannung.

Steuerung: Elektropneumatische Gleichstromschützensteuerung mit 20 Leistungsschütze, in je einem Kasten fünf Schütze für eine Drosselschiene angeordnet und 19 Fahrstufen, Dreidrosselschaltung (Drosseln im Transformatorkessel), handangetriebener Fahrtwender für jeden Doppelmotor.

Fahrmotoren: Acht sechspolige kompensierte Einphasenreihenschlußmotoren für je 294 kW, wobei immer zwei zu einer Doppeleinheit in Reihe geschaltet zusammengebaut sind, Drehsinn gegenläufig, Drehzahl bei Höchstgeschwindigkeit 1560 U/min, Schmiersystem ähnlich wie Reihe 1570, für Spurlager eigene Schleudervase mit Schmierpfeifen und Ölkühler. Federwelle in hohler Läuferwelle. Gewicht des Doppelmotors: 5700 kg, Hilfslüfterflügel.

Hilfseinrichtungen: Wie Reihe 1570, abweichend die Lüftermotoren für je 17,6 kW parallel an der Hilfsbetriebespannung von 200 V.

1072

BBÖ 1005
DR E 72

1'B1

1914 bis 1975

Techn. Daten: Seite 225

Als östliches Gegenstück zur Mittenwaldbahn wurde im Jahre 1914 eine Bahnstrecke zwischen Wien und Preßburg eröffnet, welche ebenfalls von Anfang an elektrisch betrieben wurde und einer privaten Gesellschaft gehörte. Abweichend von normalen Vollbahnen gliedert sich die Strecke in drei Teilabschnitte, da die Bahn unmittelbar in die Stadtzentren geführt wurde. Die Bahn war auch für die Lebensmittelversorgung der Residenzhauptstadt wichtig, weshalb sie in Wien bei der Großmarkthalle neben dem Staatsbahnhof Landstraße endete. Daher wurden die Stadtstrecken mit dem üblichen Straßenbahnsystem von 600 V Gleichstrom ausgerüstet, die Überlandstrecke von Groß-Schwechat nach dem damaligen ungarischen Köpsceny mit 15000 V und 16⅔ Hz Einphasenstrom. Die 50,5 km lange Überlandstrecke war als normale Vollbahn zu betreiben, ein etwa 1,5 km langer Abschnitt weist eine Steigung von fast 30 ‰ auf, sonst sind keine besonderen geländemäßigen Schwierigkeiten zu verzeichnen. In den beiden genannten Betriebswechselstellen wurden die Lokomotiven ausgetauscht, die Wagenzuggarnituren liefen über die ganze Strecke. Für diese Bahn wurde auch ein eigenes Wagenmaterial geschaffen, und zwar entwarf die Wagen der weltbekannte Jugendstilarchitekt Otto Wagner, die ein sehr gefälliges Erscheinungsbild außen und innen boten und auch für damalige Verhältnisse sehr komfortabel waren. Bei einer Kastenlänge von 14,35 m hatten sie ein Leergewicht von 16,5 t, bei Vollbesetzung 22 t. Der Regelzug sah zwei Wagen vor, jedoch wurde bald der Vierwagenzug (vor allem durch den nach Ausbruch des Ersten Weltkrieges stark angestiegenen Verkehr) der Normalfall, die Lokomotiven waren für einen Fünfwagenzug auszulegen. Damit ergibt sich bereits das Betriebsprogramm, wonach 110 t Anhängelast in der Ebene mit 60 km/h und auf 30 ‰ mit 30 km/h zu fördern sind. Anfahrt in der Steigung war nicht vorgesehen, im Gegenteil, der tiefgelegene Bahnhof des Ortes Fischamend unmittelbar am Steigungsbeginn wurde ohne Halt in Richtung Steigung durchfahren und eine eigene Haltestelle einige hundert Meter vorher errichtet. In der Gegenrichtung hielten die Züge im Bahnhof an. Eine Leistung von 600 kW und 54,6 kN Zugkraft reichte hierfür aus; eine Unterteilung nach Stunden- und Dauerleistung hat nur theoretischen Wert, die Strecke wird praktisch in einer Stunde zurückgelegt. Für den Güterverkehr waren drei Lokomotiven der Reihe 1060 vorgesehen.

Es war naheliegend, daß auch die Reisezuglokomotiven in ihrer Ausführung ähnlich zu bauen wären. Wieder wurde die AEG-Union mit dem Gesamtprojekt betraut, den mechanischen Teil lieferte die Grazer Waggon- und Maschinenfabriks A.G. Alternative Loktypen gab es zu jener Zeit kaum. Der hochgelagerte Rahmen-

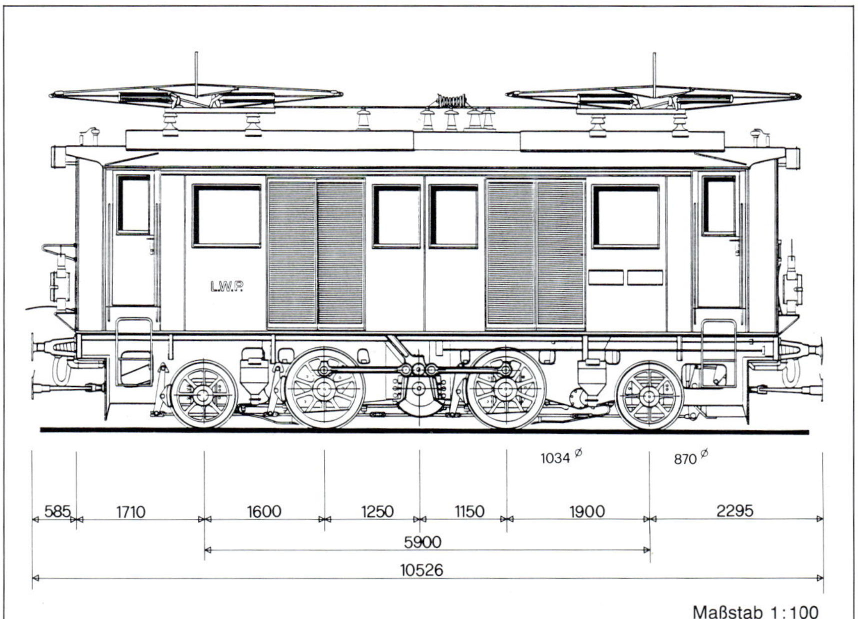

Typenbild der nachmaligen BBÖ 1005 bzw. ÖBB 1072 zum Ablieferungszeitpunkt als Ewp der Lokalbahn Wien–Preßburg

motor mit Parallelkurbelantrieb und zwischengeschalteter Blindwelle, welche die Treibachsen über Kuppelstangen angreift, wurde auch für die neue Lokomotive vorgesehen. Für das gegebene Leistungsprogramm reichten zwei Triebachsen, darüber hinaus waren zwei Laufachsen notwendig, wovon eine starr im Rahmen, die andere als ausschwenkbare Adamsachse ausgebildet ist. Fahrmotor und Blindwelle sind in einem mit dem Rahmen verschraubten Stahlgußblock gelagert. Bei den Fahrmotoren war man sich über einen einheitlichen Typ nicht schlüssig. Die Wahl fiel hier auf einen doppelt gespeisten Reihenschlußmotor. Dabei arbeitet er im unteren Geschwindigkeitsbereich praktisch als Repulsionsmotor mit induktiver Energieübertragung. Die Ständerspannung wird dann schrittweise heruntergesetzt bis im oberen Bereich der Motor fast als reine Reihenschlußmaschine arbeitet. Auch dieser Motor war wegen der Übersetzung 1:1 als Langsamläufer ausgebildet.

1072.01 in der ursprünglichen Kastenbauform im März 1957 in Groß Schwechat
Foto: A. Luft

Die Lieferung der Lokomotiven erfolgte ab 1913, so daß bei Eröffnung der Strecke im Februar 1914 der elektrische Betrieb planmäßig aufgenommen werden konnte. Es waren zuerst sechs Lokomotiven bestellt worden, die alle 1914 ausgeliefert wurden. Zwei zusätzlich bestellte Lokomotiven wurden 1916 ausgeliefert. Sie trugen die Bezeichnung EWP 1–8 der damaligen Lokalbahn Wien–Preßburg, wie sich die Bahnverwaltung nannte. An der Verwaltung beteiligten sich bald aufgrund der guten Betriebsergebnisse die Niederösterreichischen Landesbahnen (NÖLB). Ab 1921 ging die Strecke in die Verwaltung der BBÖ über, die Reihenbezeichnung wurde auf 1005 abgeändert. Die Lokomotiven wurden der damaligen Zfltg. Groß-Schwechat zugeteilt. In dieser Dienststelle, die in der Reichsbahnzeit Betriebswerk (BW) und in der ÖBB-Zeit Nebenstelle der Zfltg. Wien-Nord war, verblieben die Lokomotiven von ihrer Lieferung bis zur Ausmusterung.

Großzügige Meß- und Erprobungsfahrten waren durch den Ausbruch des ersten Weltkrieges im Juli 1914 nicht mehr möglich. Die Lokomotiven mußten von Anfang an voll im planmäßigen Streckendienst verwendet werden. Rechnete man mit einer monatlichen Laufleistung von rund 5000 km, erreichte sie durch das gesteigerte Verkehrsaufkommen mehr als 10000 km, und das bei einer Streckenlänge von 50,5 km. Der vier- bis Fünfwagenzug war dabei die Regel. Daraus kann man entnehmen, daß sich die Lokomotiven gut bewährten. Schwachpunkt war der Antrieb, der Ursache von Stangenbrüchen und Rahmenzerrungen war. Die ursprünglichen Stromabnehmer, welche relativ schwer waren, wurden durch leichtere ersetzt, schließlich kam die ÖBB-Bauart II mit besonderer Schleifstückausbildung zum Einbau. Durch den Einsatz normaler Reisezugwagen nach 1945 mußte eine Druckluftbremse für den Wagenzug eingebaut werden.

Ende der fünfziger Jahre wurde eine Modernisierung der Lokomotiven durch die Hauptwerkstätte Linz eingeleitet. Die Lokomotive erhielt einen neuen Stahlaufbau, das Dach wurde haubenförmig nach vorne gezogen. Alle Bauteile für die Vakuumbremse wurden entfernt, die Lokomotive auf reine Druckluftbremseinrichtung umgebaut. Eine weitere Abänderung erfolgte auf Betrieb mit nur noch einem Stromabnehmer der Bauart V und Ersatz des alten Ölhauptschalters durch einen Druckgasschalter der Bauart APB 104w. Ebenso wurde die Gleichstromversorgung an die Normen angepaßt.

Von den acht gebauten Lokomotiven wurden zwei durch Kriegseinwirkung schwer beschädigt und außer Dienst gestellt. Die verbliebenen sechs Lokomotiven versahen in ihrem Einsatzrahmen zufriedenstellend den Dienst, bis sie in der ersten Hälfte der siebziger Jahre ausgemustert wurden. Die 1072.001 blieb als Museumslokomotive der Nachwelt erhalten und wird für Sonderfahrten, vornehmlich auf ihrer alten Stammstrecke, eingesetzt.

Typenbild Modernisierungsbauform 1072 ab 1959

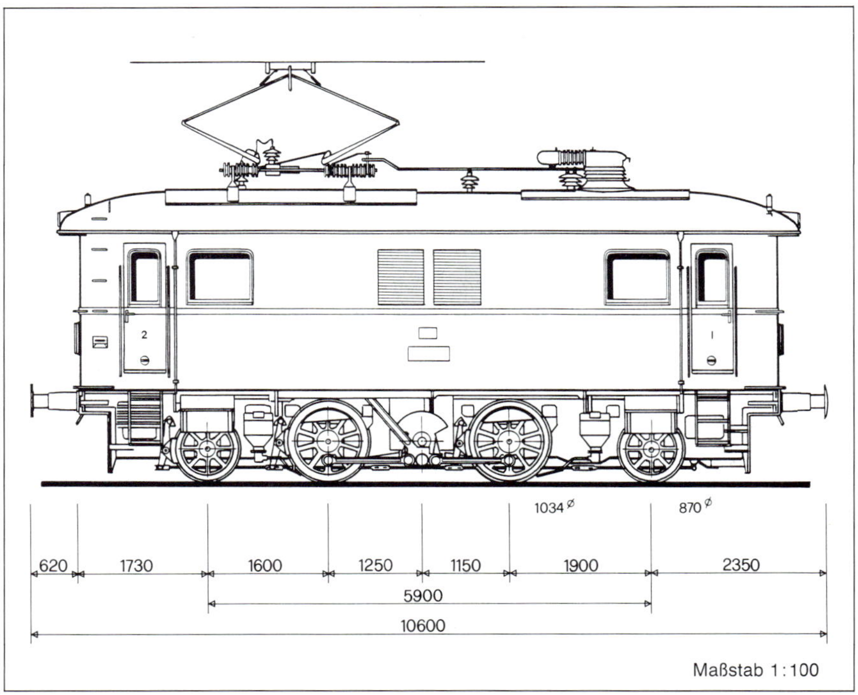

Konstruktive Merkmale

Fahrzeugteil

Laufwerk: Zwei durch Stangen gekuppelte Treibachsen sowie eine Laufachse fest im Rahmen gelagert. Die zweite Laufachse ist als einstellbare Adamsachse mit einem Seitenspiel von beiderseits 45 mm ausgebildet.

Antrieb: Direktantrieb mittels Parallelkurbelgetriebe und Blindwelle, Kuppelstangen in Augen der unter 45 Grad geneigten Treibstange eingehängt, Blindwelle hohl ausgeführt und in einem mit dem Rahmen fest verschraubten Stahlgußblock gelagert, der auch die Motorlager und das Ständergehäuse trägt. Alle im Getriebe auftretenden Kräfte werden von dem Block aufgenommen.

Rahmen: Plattenrahmen aus Flußeisen, Versteifung durch Querträger, weitere Versteifung durch den Antriebsstahlgußblock, stirnseitig normale Zug- und Stoßvorrichtungen, darunter in der Mitte Zentralpuffer.

Lokomotivkasten: Kräftige Konstruktion zur Vermeidung von Vibrationen. Winkeleisengerippe und robustes Tonnendach. Viel Maschinenraumventilation durch Jalousien und Luftkanäle in Längsrichtung. Große Jalousien später entfernt und durch Blechfelder ersetzt. Im Maschinenraum alle elektrischen Bauteile untergebracht. Der hochgelagerte Fahrmotor reicht knapp bis unter die Dachkante, Transformator am anderen Maschinenraumende, dazwischen Schützenkästen, seitlicher Durchgang. Holzverkleidete Führerräume ursprünglich mit Mittelübergangstüre, welche später verschlossen wurde. Nach Kastenumbau nur noch zwei Stirnfenster.

Bremseinrichtung: Automatische Vakuumschnellbremse für Lokomotive und Wagenzug, Betätigung mit einem Bremsschieberkontroller, welcher auch die Vakuumpumpe steuert. Handspindelbremse. Später Umbau auf Druckluftbremse.

Hilfseinrichtungen: AEG-Kolbenkompressor mit 36 m³/h gegen 8 bar zur Drucklufterzeugung für Signalpfeife und Betätigungen, Druckluftsandstreuer auf Triebachsen wirkend. Mechanischer Geschwindigkeitsmesserantrieb, Sicherheitsfahrschaltung.

1072.04 mit neuer Kastenform in Wien Mitte (Landstraße) im August 1973
Foto: Petrovitsch

Elektrischer Teil

Hochspannungsausrüstung: Zwei Scherenstromabnehmer schwerer Bauart, später Ersatz durch ÖBB-Type II mit besonders ausgebildetem Schleifstück (Fischerplatte), nach Umbau ein Stromabnehmer Type V, Ölschalter Bauart AEG, später durch Druckgasschalter APB 104w ersetzt.

Haupttransformator: Manteltransformator nur für Eigenkühlung gebaut, Spannungsteiler und Drosselspulen direkt angebaut, Ölkessel, außen mit Kühlrippen. Zwölf Fahrstufenanzapfungen mit 126 bis 515 V, weitere vier Spannungsteileranzapfungen für die Erregerwicklung, Hilfsanzapfung für 300 V für Steuerstrom, Lokomotiv- und Wagenzugbeheizung, 19 V für Lokomotivbeleuchtung.

Steuerung: Elektromagnetische Wechselstromschützensteuerung für 300 V, Fahrschalter mit Stufenschaltwalze für die zwölf Transformatorstufen, und Hebel für die Erregerstufen mit Geschwindigkeitsvorgabe und gleichzeitig auch den elektropneumatischen Richtungswender betätigend. Neben den zwölf Stufenschützen vier Erreger-, zwei Drosselschütze und ein Kurzschlußschütz.

Fahrmotor: Eigenbelüfteter, 24poliger, doppelt gespeister, kompensierter Reihenschlußmotor mit 600 kW Leistung und 320 U/min bei Fahrzeughöchstgeschwindigkeit. Lüfterrad am Anker nichtkollektorseitig.

Hilfseinrichtungen: Lichtstromversorgung 19-V-Wechselspannung, später auf 24-V-Gleichstromanlage mit Batterie und Ladegleichrichter, Wechselstromantriebsmotoren für Vakuumpumpe und Kompressor mit 5,1 kW.

1073

BBÖ 1029
DR E 33

1'C1'
1923 bis 1975
Techn. Daten: Seite 225

Im Entwurfsprogramm für die unmittelbar nach dem ersten Weltkrieg einsetzende Etappe für die Weiterelektrifizierung war, wie allgemein erwähnt, eine Personen- und Schnellzuglokomotive enthalten. Sie sollte in der Lage sein, leichtere Reisezüge im Flachland und bis zu 25 ‰ Steigung zu fördern. Vor allem wurde sie für die in den Niveauverhältnissen sehr abwechslungsreiche Strecke Attnang–Puchheim–Steinach–Irdning dimensioniert. Aber auch für den Einsatz auf der Arlbergstrecke wurden Bedingungen gestellt. Für erstere Strecke sehen die Leistungsbedingungen vor:

400 t bei 10 ‰ mit 45–48 km/h,
300 t Reisezüge bei 14 ‰ mit 40 km/h,
380 t Güterzug bei 14 ‰ mit 30 km/h,
210 t Reisezüge bei 25 ‰ mit 36 km/h.

Für die Arlbergrampe:
170 t Reisezüge Arlberg Ost (26,4 ‰) mit 42 km/h,
140 t Reisezüge Arlberg West (31,4 ‰) mit 40 km/h,
210 t Güterzüge Arlberg Ost mit 25 km/h,
170 t Güterzüge Arlberg West mit 20 km/h.

Auch für den Verschub wurden Bedingungen gestellt, wo innerhalb einer Stunde 30 aufeinanderfolgende Anfahrten mit 300 t von 0–20 km/h in der Ebene möglich sein müssen. Mit Rücksicht auf den Oberbau durfte der größte Achsdruck 14,5 t nicht überschreiten.

Die zwanziger Jahre waren die klassische Zeit der Stangenlokomotiven in Anlehnung an den vorherrschenden Dampfbetrieb. Mit Rücksicht auf die kurvenreichen Streckenführungen legte man sich auf eine Lokomotive der Achsfolge 1'C1' fest. Bereits 1920 wurden 12 Stück bestellt, weitere acht folgten 1921. Verschiedene Entwürfe wurden vorgelegt, bis schließlich aus Gewichtsgründen eine Lokomotive mit nur einem Führerhaus und lange vorgezogenem Maschinenraumaufbau verwirklicht wurde, der in ihrem Aussehen eine gewisse Affinität zu Dampflokomotiven nicht abgesprochen werden kann. Die Lokomotiven sind für Vielfachsteuerung eingerichtet.

Die AEG-Union war für die Gesamtlieferung verantwortlich und erzeugte auch die elektrische Ausrüstung. Mit dem Bau des mechanischen Teiles beauftragte sie die Lokomotivfabrik der Staatseisenbahngesellschaft St.E.G. in Wien.

In jeder der beiden Teillieferungen war je eine Lokomotive für eine höhere Geschwindigkeit vorgesehen, die 80 km/h gegenüber den 18 Lokomotiven mit 70 km/h Höchstgeschwindigkeit fahren konnten. Damit ergeben sich auch gewisse Änderungen im Belastungsprogramm. Diese beiden Lokomotiven erhielten die Reihenunterbezeichnung 1029.500. Später wurden alle Lokomotiven mit gleichen Getrieben für 75 km/h Höchstgeschwindigkeit ausgestattet.

Die erste fertiggestellte Lokomotive war die 1029.02, die ihre Ersterprobungen auf der Preßburgerbahn im Juni 1923 durchführte. Bereits am 22. Juli 1923 führte sie den Eröffnungszug auf der neu elektrifizierten Strecke Innsbruck West-Telfs. Nach der Verlängerung dieser Talstrecke bis Landeck wurden alle Reisezüge mit der 1029 befördert, ab 1924 mit Inbetriebnahme der Salzkammergutbahn den größten Teil sämtlicher Zuggattungen auf dieser Strecke. Nach Fertigstellung der Westbahnstrecke bis Salzburg wurde ein Großteil der Lokomotiven dort beheimatet, im Bereich der Direktion Innsbruck erfolgte die Konzentration in der Zfltg. Bludenz vor allem für den Einsatz im Raum Vorarlberg.

Während der Reichsbahnzeit wurden sieben Lokomotiven auf die Schwarzwaldbahn überstellt. In der Reichsbahnzeit wurden mehrere Lokomotiven außer Stand gebracht, etliche durch Kriegseinwirkungen beschädigt. Die in Deutschland verbliebenen Lokomotiven wurden 1947 beziehungsweise 1952 (sieben) im Austausch nach Österreich zurückgeführt. Die Lokomotiven waren nicht betriebsfähig. Der große Bedarf an Elektrolokomotiven nach 1945 und der sehr zögernd anlaufende Bau von Neubautriebfahrzeugen veranlaßten die Unternehmensleitung, aus den noch vorhandenen, teilweise schwer beschädigten Lokomotiven in der Hauptwerkstätte Linz eine Wiederaufbauaktion einzuleiten.

Unter Beiziehung der AEG-Union, an welche ein Auftrag zur Neuwicklung der Fahrmotoren vergeben worden war, wobei die Stundenleistung des Fahrmotors von 500 auf 580 kW angehoben werden konnte, erfolgte der Wiederaufbau von zehn Lokomotiven in der HW Linz. Neben einer allgemeinen Modernisierung mit Entfall der Vakuumbremseinrichtung wurde auch die Übersetzung geändert (neue Ritzel mit 25 Zähnen) und die Höchstge-

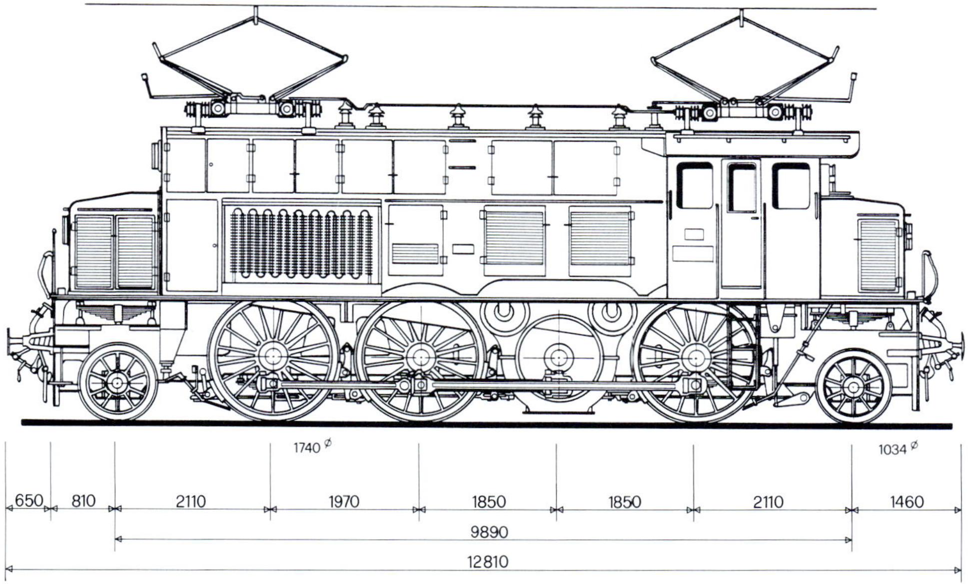

schwindigkeit mit 80 km/h festgesetzt. Die neue Reihenbezeichnung lautete 1073. Außerdem änderte sich ihr Einsatzgebiet, sie kamen vorwiegend in den Raum Wien zur Führung von Personenzügen. Auf der Preßburgerbahn unterstützten sie die Reihe 1072, indem sie die schweren Berufsfahrerzüge beförderten. Von der Zfltg. Wien West aus wurden viele Personenzugleistungen mit der Reihe 1073 einschließlich des legendären Pendelzuges Hütteldorf–Unter Purkersdorf mit der Lokomotive in Zugmitte, vorne und hinten je zwei Wagen mit offenen Plattformen, geführt.

Die verstärkte Auslieferung von Neubautriebfahrzeugen ab Mitte der fünfziger Jahre war Anlaß, die Lokomotiven wieder in ihre ursprüngliche Heimatdienststelle Attnang–Puchheim zurückzuführen, wo sie bis zur Ausmusterung in den siebziger Jahren verblieben.

Über die Bewährung ist kurz zu berichten, daß sie im Rahmen des Leistungsprogramms entsprechen konnte. Geklagt wurde über die, besonders bei niedrigen Fahrleitungsspannungen, geringe Beschleunigungsreserve und über die Laufeigenschaften. Letztere bedingt durch den großen festen Treibachsstand, was sich besonders im Bereich höherer Geschwindigkeiten störend auswirkte. Die immer höher werdenden Zugförderungsansprüche ließen fast keine brauchbaren Einsatzmöglichkeiten zu, so daß trotz des modernen Neuaufbaues relativ früh die Serie in den Jahren 1968 bis 1975 ausgemustert wurde, wobei auch die hohen Erhaltungskosten mitbestimmend waren.

Typenbild BBÖ 1029 (nachmalige ÖBB 1073), Ablieferungszustand

Konstruktive Merkmale

Fahrzeugteil

Laufwerk: Drei durch Stangen im Rahmen festgelagerte Triebachsen, mittlere Achse (Treibachse) mit einem um 9 mm schwächeren Spurkranz, Laufachsen als Adamsachsen mit 54 mm Seitenspiel.

Antrieb: Mittlere Kuppelachse (Treibachse) von zwei im Rahmen gelagerten Motoren über ein gemeinsames beiderseitiges Zahnradvorgelege mittels Treibstangen angetrieben, welche vom Vorgelegezapfen parallel zur Kuppelstange am Treibzapfen an-

1073.08 im Juli 1969 in Attnang-Puchheim
Foto: Kabelka

greift. Getrieberäder geradverzahnt, 25:101 Zähne, Ritzelkupplung mit Blattfedern.

Rahmen: Einrahmenbauart als Platteninnenrahmen mit Querverbindungen versteift, gemeinsamer Gehäuseunterteil aus Stahlguß für die beiden Fahrmotoren mit dem Rahmen fest verschraubt, normale Zug- und Stoßvorrichtungen.

Lokomotivkasten: Führerhaus am hinteren Lokomotivende, dahinter kurzer, halbhoher Vorbau zur Aufnahme des Kompressors. Vor dem Führerhaus langer, gleichhoher schmaler Vorbau mit vom Umlaufblech aus zugänglichen Kammern, die die Hochspannungseinrichtung, Fahrmotoren, Transformator, Lüfter und Nebenbetriebe aufnehmen. Jalousien für die Lüfter sowie außenliegende Kühlrohre für den Transformator. Vorne halbhoher Vorbau für die Vakuumpumpen. Geräumiges Führerhaus mit nur einem Führerstand rechts in Fahrtrichtung vorne wie bei Dampflokomotiven angeordnet.

Bremseinrichtung: Automatische Vakuumschnellbremse System Hardy mit Lokomotiv-Sonderbremsung. Zwei Vakuumpumpen P 20 und P 45. Kompressor für 60 m³/h Förderleistung gegen 6 bar für Drucklufterzeugung für Hilfsbetriebe. Späterer Umbau auf selbsttätige Druckluftbremse für Lokomotive und Wagenzug, direktwirkende Lokomotivbremse, Rotationskompressor für 140 m³ gegen 8 bar. Handbremse.

Hilfseinrichtungen: Zwei Radialgebläse für je 150 m³/min für die Kühlung der Fahrmotoren. Druckluftsander auf die jeweils vorauslaufende Treibachse wirkend, Druckluftpfeife, mechanischer Antrieb für Geschwindigkeitsmesser und Sicherheitsfahrschaltung.

Elektrischer Teil

Hochspannungsausrüstung: Zwei Scherenstromabnehmer Bauart I mit je einem Hilfsbügel zum Befahren von Streckenabschnitten mit verengtem Profil, Hilfsbügel innerhalb des Scherenstromabnehmers eingebaut. Großer und kleiner Stromabnehmer mittels Umschalter unabhängig voneinander zu betätigen. Schutzdrosselspule, zwei Erdungsschalter, Ölschalter mit außen angeordnetem Schutzwiderstand. Nach Umbau Stromabnehmer III ohne Hilfsbügel, Entfall von Schutzdrossel und Erdungsschalter.

Haupttransformator: Manteltransformator mit geteilter Niederspannungswicklung und gemeinsam geerdeten Nullpunkt. Kühlung durch an beiderseits des Maschinenraumes angeordneten Kühlrohren mit Lamellen zur Oberflächenvergrößerung, wobei das Öl von einer Umlaufpumpe mit 250 l/min durch die Kühler gepreßt wird. Dauerleistung des Transformators 840 kVA, mit zwei mal acht Fahrstufenanzapfungen von 0–694 V, Zusatztransformator für Zugheizung mit drei Spannungsstufen von 600–800 und 1000 V, ein Hilfsbetriebespannungsteiler, zwei Doppeldrosselspulen.

Steuerung: Elektromagnetische Wechselstromschützensteuerung für 13 Regel- und 2 Reservefahrstufen. Vielfachsteuerung sowie Umschalter für höhere (16,6 kV) und niedere (14,5 kV) Fahrdrahtspannung, nach Wiederaufbau Entfall letzterer beider Einrichtungen. Schütze für Fahrtrichtungsänderung.

Fahrmotor: Zwei 12polige kompensierte Einphasenreihenschlußmotoren für 500 kW Stundenleistung, nach Neuwicklung auf 580 kW erhöht. Ausführung des Läufers mit offenen Kühlfahnen.

Hilfseinrichtungen: Ursprüngliche Beleuchtungsstromversorgung 24 V vom Spannungsteiler des Transformators. Bei Neuinbetriebnahme Gleichstromversorgung mit 24 V über Selengleichrichter und Batterie für 60 Ah Kapazität für Beleuchtung und Betätigungen (Anheben des Stromabnehmers usw.) Wechselstromantriebsmotoren für Lüfter mit je 7,4 kW, ursprünglich Kompressor 2,4 kW, später 15 kW, für die beiden Vakuumpumpen mit 2 bzw. 4,6 kW und Ölpumpe mit 1,5 kW.

1080
1180

BBÖ 1080, 1080.100
DR E 88, E 88[1]

E

1923

Techn. Daten: Seite 225

Über den Beginn der Elektrifizierung im Westen Österreichs und der Arlbergbahn im besonderen wird an anderer Stelle (1089, 1189 siehe dort) kurz berichtet. Es war wirtschaftlich nicht vertretbar, die dem Gebirgsschnellzugbetrieb entsprechend gebauten Lokomotiven noch im reinen Güterzugverkehr einzusetzen. Das Verkehrsaufkommen rechtfertigte den Bau einer eigenen Güterzuglokomotive. Diese sollte in der Lage sein, dasselbe Betriebsprogramm wie die fünffach gekuppelte Dampflokomotive der Reihe 80 zu übernehmen. Das Betriebsprogramm sieht folgende Lasten vor:

0 ‰ mit 800 t und 50 km/h,
10 ‰ mit 800 t und 30 km/h,
15 ‰ mit 580 t und 30 km/h,
26,4 ‰ mit 340 t und 30 km/h (Arlberg-Ost),
31,4 ‰ mit 290 t und 30 km/h (Arlberg-West).

Die Höchstgeschwindigkeit wurde mit 50 km/h festgelegt, der Achsdruck sollte 14,5 t nicht überschreiten. Das war für damalige Verhältnisse ausreichend, weil die Güterzüge keine durchgehende Bremse hatten, sie verkehrten vielmehr handgebremst, wobei eine bestimmte Anzahl von Wagen mit besetzten Handbremsen im Zugverband eingereiht waren. Über Pfeifsignale von der Lokomotive hatten die Bremser die Handbremsen zu bedienen. Dabei mußte auch die Lokomotivbremse kräftig mithelfen. So wie die Reihe 80 sollte auch diese Lokomotive fünffach gekuppelt sein. Da mit drei Fahrmotoren leistungsmäßig das Auslangen gefunden wird, wurde ein Projekt angenommen, welches die drei mittleren Achsen mit Tatzlagermotoren vorsieht, und die motorlosen Endachsen durch Kuppelstangen mit den angetriebenen Achsen verbunden sind. So kann das gesamte Fahrzeuggewicht reibungsmäßig genutzt werden. Es war dies auch mechanisch eine gute Lösung, weil dadurch eine Vorgelege- oder Blindwelle erübrigt werden konnte.

Für das Gesamtprojekt zeichneten die österreichischen Siemens-Schuckertwerke als Hauptlieferer verantwortlich. Die Ausführung des mechanischen Fahrzeugteiles wurde der Lokomotivfabrik Krauss & Co in Linz übertragen. 1921 wurden 20 Stück dieser Güterzuglokomotive, der in Anlehnung an ihre Dampfvorgänger die Reihenbezeichnung 1080 zugewiesen wurde, bestellt.

Es wurde bereits erwähnt, daß die drei angetriebenen Achsen mit einem Tatzlagerantrieb versehen werden. Es ist dies der einfachste Antrieb, wie er auch bei Straßenbahntriebwagen üblich ist. Dabei stützt sich das halbe Motorgewicht gefedert am Rahmen ab, während die andere Hälfte ungefedert auf den Triebachsen mittels der Tatzlager ruht. Für hohe Geschwindigkeiten ist dieser Antrieb weniger geeignet, bei dieser Fahrzeughöchstgeschwindigkeit jedoch bedenkenlos anwendbar. Der einfache Stufenschal-

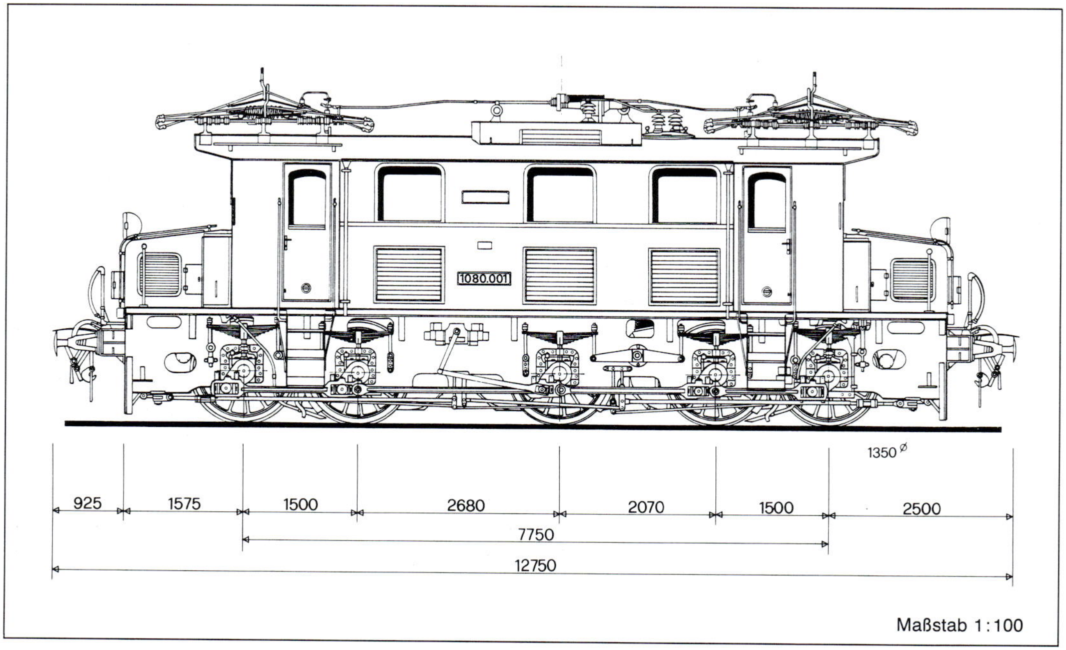

Typenbild 1080 im Ablieferungszustand

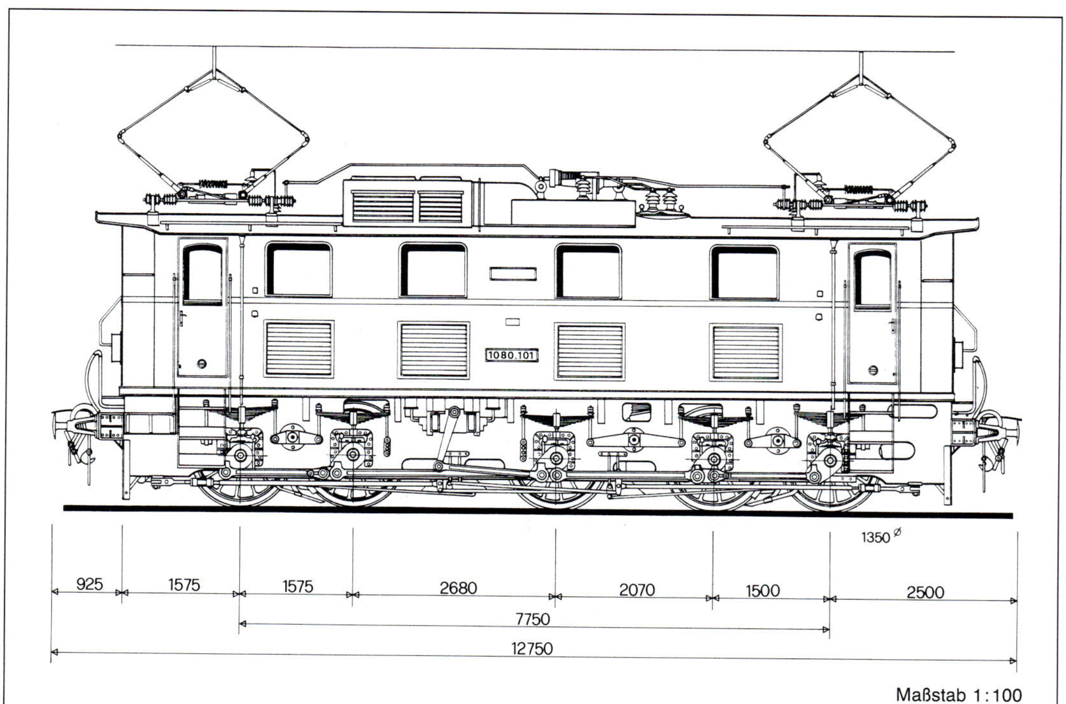

Typenbild 1080.100 (nachmalige ÖBB 1180) im Bauzustand der dreißiger Jahre

ter wie bei Reihe 1089 wurde im Prinzip beibehalten.

Die 20 Lokomotiven wurden in den Jahren 1924 und 1925 ausgeliefert, Einlieferungsdienststelle war die Zfltg. Innsbruck. Sie wurden vornehmlich im Bereich der BBD Innsbruck eingesetzt, der Großteil war in der Zfltg. Bludenz für den Arlbergrampeneinsatz beheimatet. Vorübergehend wurden auch auf der Salzkammergutstrecke Güterzugeinsätze gefahren, die Auslieferung der Reihe 1170 erübrigte dies.

Mit fortschreitender Elektrifizierung wurden die Lokomotiven immer mehr aus dem Streckendienst in den reinen Verschubdienst, vor allem wegen der geringen Geschwindigkeit, aber auch vorteilhafterweise der großen Zugkraft, abgedrängt. Ein entsprechender Umbau prädestinierte die Lokomotiven hierzu. Damit kamen Lokomotiven in den Bereich der BBD Linz, wo sie in den meisten Zugförderungsdienststellen beheimatet waren. Eine Lokomotive landete auf der Preßburgerbahn für den Güterzugeinsatz. Gegenwärtig sind noch zehn dieser als durchaus zählebigen Bautype in der Zfltg. Attnang und Nebenstelle Selzthal der Zfltg. Linz im Einsatz.

Die Bewährung der Lokomotive entsprach im Rahmen des Leistungsprogramms. Es erscheint bedauerlich, daß man zur Zeit der Entwicklung nicht das wirkliche Leistungspotential der Elektrolokomotive erkannte und dies der Dampflok gleichsetzte. Die Elektrolokomotive war durchaus der Dampflokomotive um etwa 30 % überlegen. Die mäßige Leistungsauslegung brachte daher keine fühlbare Entlastung der Arlbergstrecke durch den elektrischen Betrieb, das bedeutet, daß die Zugfolge bei Güterzügen keine Änderung brachte und sich die Streckendurchlässigkeit nicht verbesserte. Die starke Bremsbeanspruchung bei Talfahrten hatte Erwärmungsschäden an Radreifen, wie Verdrehen, aber auch Ausglühen mit der dabei verbundenen Strukturveränderung, zur Folge. Die Schaltungsbedienung führte häufig zu sogenannten Kontraschäden, das heißt, daß in einer rascheren Schalthandlung ein Umsteuern in die Gegenrichtung möglich ist. Dies löste

1080.001 für die Arlbergstrecke mit zusätzlicher Schmalwippe im Stromabnehmer für profilbeschränkte Tunnelabschnitte
Werkfoto: WSSW

schwere Schäden an den Kuppelstangen und Kuppelzapfen aus. Auch die Fahrmotoren wurden dabei nicht verschont.

Als der dringende Bedarf nach weiteren Güterzuglokomotiven für das vorgesehene Einsatzprogramm angemeldet wurde, war es klar, daß ein unveränderter Fortsetzungsbau der Reihe 1080 nicht zu verantworten war. Es wurden zehn weitere Lokomotiven mit einigen Abänderungen bestellt.

Eine Erhöhung des Achsdruckes erlaubte eine freiere Disposition der Ausrüstung, aber auch die elektrischen Reserven sollten in einer Leistungserhöhung ihren Niederschlag finden, weshalb die Lokomotive Motoren mit ca. 20 % mehr Leistung erhielt. Als besondere Notwendigkeit war eine Entlastung der mechanischen Bremse gegeben, was nur durch eine elektrische Bremse, die das Lokomotivgewicht voll abbremsen konnte, möglich war. Von den zehn Lokomotiven mit der Reihenbezeichnung 1080.100 wurden 1926 bis 1927 ... neun in Dienst gestellt. 1080.110 erst 1929, weil man hier zunächst eine Umformerlokomotive vorgesehen hatte.

Die Lokomotiven waren über ihre gesamte Einsatzzeit der Zfltg. Bludenz zugeteilt, wovon die heute noch existierenden sechs dort beheimatet sind und fast ausschließlich im Verschub tätig sind. Im Einsatz nach ihren Lieferungen bewährten sich die Lokomotiven besser als ihre Vorläufer, vor allem das elektrische Bremsen wirkte sich günstig aus, die Kontraschaltungen waren aber noch immer möglich und zeitigten ihre Wirkungen.

Im Laufe ihrer langen Lebensdauer wurden an beiden Typen mehrfache Umbauten vorgenommen, die interessanterweise erst in der Zeit der ÖBB nach 1945 erfolgte, sieht man vom Ausbau der mechanischen Hilfskompressoren und dem Einbau der Druckluftwagenbremse ab. In dieser Zeit war es klar, daß die Lokomotive ihrer geringen Geschwindigkeit wegen nur noch bevorzugt Verschubeinsätzen vorbehalten wurde. Mit dem dauernden Wechsel der Fahrtrichtungen stieg dadurch die Gefahr von Kontraschaltungen erheblich, außerdem stellte die mechanische Betätigung an den Lokführer erhöhte physische Anforderungen. Dazu kam im Zuge der Weiterelektrifizierung dringender Bedarf an kräftigen elektrischen Verschublokomotiven, der durch die zwölf neuen Lokomotiven 1062 nur zum Teil abgedeckt werden konnte.

In Zusammenarbeit der Hauptwerkstätte Linz und der Zfltg. Innsbruck wurde ein Umbau der Lokomotiven auf Gleichstromschützensteuerung erarbeitet und in den fünfziger Jahren in Angriff genommen. Mit reiner Druckluftbremse und nachträglichem Einbau eines Blindfahrschalters versehen die Lokomotiven noch heute ihren Dienst.

16 Lokomotiven der Reihe 1080 überlebten den Zweiten Weltkrieg, die Reihe 1180 komplett. In den achtziger Jahren wurde mit der Ausmusterung begonnen, die dann wegen des großen Bedarfs in der zweiten Hälfte des Jahrzehnts gestoppt wurde, so daß heute noch, wie schon oben angeführt, zehn Lokomotiven 1080 im Einsatz stehen. Von der Reihe 1180 sind noch sechs Lokomotiven in Bludenz beheimatet.

Die 1080.001 im heutigen Bauzustand im Juni 1988 in Trieben
Foto: Petrovitsch

1080.105 (nachmalige 1180.05 der ÖBB) im Ablieferungszustand
Werkfoto: WSSW

1180.01 in blutorangem Neulack im Oktober 1984 in Feldkirch
Foto: Petrovitsch

Konstruktive Merkmale

Fahrzeugteil

Laufwerk: Fünf im Hauptrahmen gelagerte durch Stangen gekuppelte Achsen, Achsen 2–4 als Antriebsachsen im Rahmen fest gelagert, Achsen 1 und 5 um 33 mm beiderseits verschiebbar, Mittelachse (3), Spurkranz um 13 mm schwächer gedreht. Gleitachslager mit obenliegender Blatttragfeder.

Antrieb: Achsen 2–4 durch je einen Tatzlagermotor mit beiderseitigen Stirnradgetrieben (Zähnezahl 17:104) angetrieben und mit Stangen verbunden, Kuppelachsen 1 und 5 mit Kuppelstangen mit angetrieben.

Rahmen: Einrahmenbauart als Außenrahmen aus Platten mit sechs Querverbindungen genietet beziehungsweise geschraubt.

Lokomotivkasten: Aufbau aus Winkeln und Blechen, Maschinenraum mit zwei Seitengängen, einer durchgehend, anschließend je ein Führerraum. Bei Reihe 1080 je ein halbhoher Vorbau am Ende, bei Reihe 1180 Kasten über die ganze Länge, Führerraum mit Mitteltüren (später verschlossen). Maschinenraum enthält die gesamte elektrische Ausrüstung, bei Reihe 1080 Kompressor und Vakuumpumpen in den beiden Vorbauten.

Bremseinrichtung: Ursprünglich reine automatische Vakuumbremsanlage System Hardy für Lokomotive und Wagenzug mit drei Pumpen, nach Einbau der Druckluftwagenbremse nur noch zwei Pumpen P 20 und P 45, Rotationskompressor für 140 m³/h gegen 8 bar. Umbau auf reine Druckluftbremse. Handbremse auf Mittelachsen wirkend.

Hilfseinrichtungen: Ursprünglich für die Drucklufterzeugung zwei links und rechts am Rahmen angebrachte Druckluftpumpen über Gestänge von der mittleren Triebachse angetrieben, elektrischer Zusatzkompressor für 600 l/h Förderleistung, zwei Radialgebläse mit je 248 m³/min, davon je eines für zwei Fahrmotoren und einen Motor mit Transformator, Druckluftpfeife, Druckluftsandstreuer für die drei unmittelbar angetriebenen Achsen, mechanischer Geschwindigkeitsmesserantrieb, Sicherheitsfahrschaltung, Zentralschmierpresse, Spurkranzschmierung.

Elektrischer Teil

Hochspannungsausrüstung: Zwei Scherenstromabnehmer mit Hilfsbügel Type I zum Befahren von Strecken mit verengtem Profil, Schutzdrossel, Ölschalter Typ LA später durch Einheitsölschalter ELO 3 ersetzt. Stromabnehmer später Bauart III.

Haupttransformator: Kerntransformator mit acht Sekundäranzapfungen. Bei Reihe 1080 fremdbelüfteter Transformator mit selbsttätigem Ölumlauf mit Kühlung in äußeren Kühltaschen, Dauerleistung 955 kVA. Stufenspannungen von 104 bis 494 V. Ausführung Reihe 1180 ebenfalls fremdbelüftet, jedoch mit zwangsweisem Umlauf im Kessel durch Ölpumpen, Dauerleistung 1650 kVA. Stufenspannungen von 104 bis 500 V. Heizspannung von 1040/1000 V, Hilfsspannungen 100, 125 und 150 V.

Steuerung: Handangetriebene Stufenschalter. Für jeden Fahrmotor ein eigenes Schlittenschaltwerk. Gemeinsamer Antrieb der drei Schaltwerke mechanisch vom Fahrschalter, Daumengetriebe vor jedem Schaltwerk, wodurch sich die drei Schlitten nacheinander in versetztem Schalttakt verstellen. Acht Hauptstufen, wo alle drei Motoren an der gleichen Spannungsstufe liegen und sieben Zwischenstufen. Nach Umbau auf Schützensteuerung 18 Fahrstufen mit einer höchsten Stufenspannung von 442 V. Gemeinsamer elektropneumatischer Walzenfahrtwender für alle drei Motoren. Elektropneumatischer Walzenbremswender bei Reihe 1180.

Fahrmotor: Drei achtpolige Einphasenreihenschlußmotoren für 340 kW (1080) beziehungsweise 435 kW (1180), für beide Typen Höchstdrehzahl 1240 U/min, neben Fremdbelüftung sind die Motoren mit Eigenlüfterrädern versehen, Gewicht des Motors 4400 beziehungsweise 4600 kg. Elektr. Bremse (nur 1180): Gleichstromwiderstandsbremse, jeder Motor arbeitet auf eigenen Bremswiderstand, Feldwicklungen in Reihe aus Bremserregerumformer mit Gleichstrom fremd erregt. Umformer von 4,6-kW-Reihenschlußmotor mit 150 V angetriebenem Generator (Leistung 2,36 kW) mit 24 V Gleichstrom über feinstufigen Feldregelwiderstand erregt. Feinstufige Regelung mittels Fahrschalterhandrades, Bremse bei Umstellung auf Schützensteuerung ausgebaut.

Hilfseinrichtungen: Beleuchtungsstromversorgung über Lichtmaschine mit 24-V-Gleichstrom, Lichtmaschine 0,6 kW von einem Lüfter mit Riemen angetrieben, Batterieladung über Regler. Im Betrieb wird die Beleuchtung über einen Lichttransformator 125/24 V und 0,32 kW versorgt. Später Umbau auf Gleichstrombetrieb mit Batterieladung über Selengleichrichter. Wechselstromantriebsmotoren für beide Aggregate mit 13,2 kW Leistung, Kompressormotor nach Vereinheitlichung 17 kW.

1280

BBÖ 1280
DR E 88²

E

1926 bis 1976

Techn. Daten: Seite 226

Mit fortschreitender Elektrifizierung der Westbahn von Innsbruck nach Salzburg und Einbeziehung der Brennerbahn in der zweiten Hälfte der zwanziger Jahre, wobei der Güterverkehr mehr als bisher in den Vordergrund trat, war eine weitere Anschaffung von zugkräftigen Güterzuglokomotiven notwendig geworden. Die Reihe 1080 (siehe dort) kam als Weiterbau nicht mehr in Frage, ebenso die als Übergangslösung daraus abgeleitete 1180. Der von 14,5 t auf 16,5 t angehobene Achsdruck war für die Ausrüstung des Reibungsgewichtes von besonderer Wichtigkeit. Die Fünfkuppler der Dampflokzeit, welche den genialen Lokomotivbauer Gölsdorf mit seinen Reihen 80 und 180 berühmt gemacht hatten, standen auch hier wieder Pate. Nur war man sich schon der höheren Ausnutzung von Elektrolokomotiven inzwischen bewußt geworden. Das Leistungsprogramm gegenüber der Reihe 1080 sieht dementsprechend anders aus.

Anfahrzugkraft ... 205 kN, was einer Reibungsausnutzung von 25 % entspricht.

0 ‰ mit 2000 t und 43 km/h,
5 ‰ mit 1500 t und 36 km/h,
10 ‰ mit 900 t und 36 km/h,
25 ‰ mit 400 t und 33 km/h,
31,4 ‰ mit 325 t und 30 km/h.

Da sich im Bremswesen bei Güterzügen zum Bestellzeitpunkt 1925 noch nichts geändert hatte, wurde die Höchstgeschwindigkeit mit 50 km/h belassen. Für die aufzubringenden Zugkräfte war auch eine wesentlich feinere Zugkraftabstufung als bisher notwendig geworden, das unabgefederte Gewicht sollte möglichst klein sein. Baugrundsätze, welche auf die Vorgängertypen nicht zutreffend waren.

Für die Gesamtlieferung zeichnete die AEG-Union verantwortlich, der Bau des mechanischen Teiles wurde der Lokomotivfabrik Steg übertragen, ab der 15. Lokomotive der Wiener Lokomotivfabriks A.G. wegen Werkstilllegung. Diese Lokomotiven brachten einige technische Neuheiten. Der gesamte Achsstand konnte um 1250

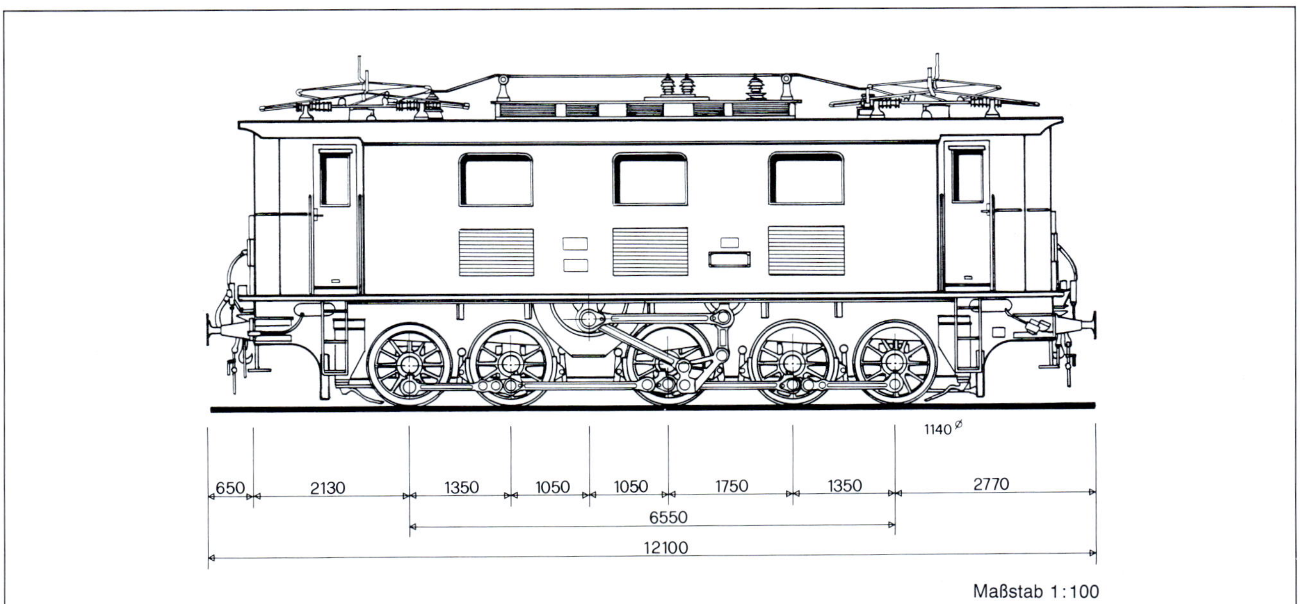

Typenbild 1280.01-17 im Ablieferungszustand

1280.10 im November 1962 in Salzburg noch mit den originalen Stromabnehmern Bauart II
Foto: Sammlung Petrovitsch

mm kürzer gegenüber Reihe 1080 von 7750 auf 6500 mm gebracht werden, die Triebräder samt Stangen gut zugänglich außen angeordnet, und mit ersterer Maßnahme die Kurvengängigkeit verbessert werden. Zwei im Rahmen gelagerte Motoren, wobei man den guten Motor der Reihe 1070 als Doppelmotor verwendete, arbeiten auf eine gemeinsame Vorgelegewelle. Unter Zuhilfenahme einer Blindwelle kann ein Stangendreieck nach Kando verwendet werden, welches über ein Gelenkdreieck an der Mittelachse angreift. Die vielen Zapfen, Lager und Gelenke setzen eine sehr genaue Arbeit seitens der Werkstätte voraus, um einen einwandfreien Gleichlauf aller Triebwerksteile zu ermöglichen. Die Steuerung wurde ebenfalls nach neuen Gesichtspunkten ausgebildet, es können 21 Fahrstufen eingestellt werden, somit ist eine sehr feine Geschwindigkeitsabstufung und daher gute Reibungsausnutzung gegeben. Erreicht wird dies durch eine auf Grob- und Feinschütze aufgelöste Steuerung.

In Anlehnung an die fünffach gekuppelten Vorgängerserien lautete die Reihenbezeichnung auf 1280. Alle 22 bestellten Lokomotiven wurden in den Jahren 1927 bis 1930 ausgeliefert. Sie waren zunächst auf die Zfltgn. Salzburg und Innsbruck aufgeteilt, von wo aus einerseits Einsätze von Salzburg über den Hochfilzener Sattel nach Wörgl und andererseits auf der Brennerrampe gefahren wurden. Nach Eröffnung der Tauernbahn für elektrischen Betrieb 1934 wurde der Güterverkehr dort hauptsächlich von der Reihe 1280 bedient, so daß schließlich die gesamte Serie in der Zfltg. Salzburg beheimatet war. Ab 1940 wurden sie auch auf der neuen Strecke Richtung Attnang–Puchheim eingesetzt. Mit Beginn der Auslieferung der Reihen 1170.200 (ab 1934) und E 94 (ab 1940) wurde die Reihe 1280 wegen ihrer geringen Geschwindigkeit für den anspruchsvolleren Güterzugdienst bedeutungslos. Sie wurden nur noch für Verschubgüterzüge oder reinen Verschubdienst verwendet. Nach dem Krieg, den zwei Lokomotiven nicht mehr überlebten, in Attnang–Puchheim und Salzburg beheimatet, gelangten sie mit Ausdehnung des elektrischen Betriebes zu den Zfltgn. Villach und Knittelfeld.

Ihre Bewährung betreffend war die leistungsmäßige Auslegung und auch der elektrische Fahrzeugteil ein voller Erfolg. Ein erstes Handikap war von Anfang an die etwas kurzsichtige Bemessung der Höchstgeschwindigkeit. Als Hauptproblem stellte sich sehr bald die Kompliziertheit des Antriebes heraus. Wenn alle Maße und Einstellungen nicht genau übereinstimmten, nahm die Lokomotive bocksprungartige Laufeigenschaften an. Die damit verbundenen Stöße auf alle Lagerstellen und Gehäuse führten zu starken Verschleißerscheinungen bis hin zu Rissen und Brüchen. Auch der nachträgliche Einbau von Versteifungen brachte keine Verbesserungen. Der Erhaltungsaufwand war dementsprechend hoch, so daß aus dieser Sicht die Lokomotive als sehr unwirtschaftlich zu beurteilen war. Der große Triebfahrzeugmangel nach 1945 zwang jedoch die Unternehmensleitung, die Lokomotiven weiter voll zu erhalten. Man versuchte sogar, durch den Einbau geschweißter Motorbettlagerungen und Wälzlager für die Fahrmotoren den Erhaltungsaufwand zu verbessern. Aber auch dieser Modernisierungsversuch, der nur auf einzelne Lokomotiven begrenzt war, konnte keine Wende mehr herbeiführen. Mit Anlieferung neuer Lokomotiven in den fünfziger und sechziger Jahren wurde 1967 die Ausmusterung begonnen und 1976 abgeschlossen.

Konstruktive Merkmale

Fahrzeugteil

Laufwerk: Fünf im Hauptrahmen durch Stangen gekuppelte Achsen. Achsen 1 und 5 sind ±18 mm seitenverschiebbar, Achse 3 mit 10 mm Spurkranzschwächung, Gleitachslager mit unten angeordneter Blatttragfeder.

Antrieb: Stangenantriebssystem Kando mit beiderseits über federnde Ritzel angetriebene Vorgelegewelle und Blindwelle. Verbindung zum Kuppelzapfen durch Gelenkdreieck an der mittleren Achse. Geradverzahnte Stirnräder mit 39 : 107 Zähnen.

Rahmen: Plattenrahmen in geschraubter und genieteter Ausführung als Innenrahmen ausgebildet, zu den Fahrzeugenden hochgezogen. Querversteifungen für die Motor- und Vorlegewellen und Blindwellenlagerung. Kräftige Stahlgußkonstruktion mit dem Rahmen verbunden (Motorbett) und ebenfalls als Versteifung dienend. Stirnblechverbindung zur Aufnahme der Zug- und Stoßvorrichtungen.

Lokomotivkasten: Aufbau aus Winkeln und Blechen, ein Maschinenraumdurchgang, stirnseitig die Führerräume. Im Maschinenraum vorne Transformator mit Schützenaufbauten, Ölpumpe und Lüfter, Fahrmotoren halbhoch in den Maschinenraum ragend, darüber Lüfteraufbau, am hinteren Ende Hilfsbetriebe und Bremsausrüstungsteile, abhebbare Dachfelder zum Ausbau elektrischer Teile. Seitliche Luftansaugjalousien, ursprünglich in der unteren Kastenseitenwand, dann oben zwischen den Fenstern oder in die Dachschräge.

Bremseinrichtungen: Automatische Druckluftbremse für den Wagenzug, Vakuumbremsanlage für Lokomotive und Wagenzug mit zwei Pumpen P 45 und P 20, später Umrüstung auf reine Druckluftanlage, Rotationskompressor mit 140 m³/h gegen 8 bar, Handbremse.

Hilfseinrichtungen: Zwei Lüfteraggregate für die Kühlung der Fahrmotoren und des Transformators, Druckluftpfeife, Druckluftsandstreuer auf die jeweils vorauslaufende Achse wirkend, mechanische Antriebe für Geschwindigkeitsmesser, Sicherheitsfahrschaltung, Zentralschmierpressen, Spurkranzschmierung.

Elektrischer Teil

Hochspannungsausrüstung: Zwei Einheitsscherenstromabnehmer II, anfangs noch zusätzlich mit Hilfsbügel, Einheitsölschalter ELO 3.

Haupttransformator: Manteltransformator mit sieben Stufenanzapfungen, Mittelpunktserdung, Ölkühlung durch zwangsweisen Ölumlauf im Kessel und zusätzlich belüftetem Kühlsystem, Dauerleistung des Transformators 1260 kVA, sieben Stufenanzapfungen von 484 über 0 auf 428 V, Hilfstransformator mit fünf Anzapfungen über Spannungsteiler nachgeschaltet, Heizspannung 1000 V und 250 kW Heizleistung, 204 V Hilfsbetriebespannung.

Steuerung: Elektropneumatische Wechselstromschützensteuerung für 200 V, durch Zusammenwirken von Grob- und Feinschützen unter Einbeziehung des Hilfstransformators mit Spannungsteilerschaltung 21 Fahrstufen einstellbar, größte Motorklemmenspannung 474,5 V. Die Stufenanzahl wurde, um gegen Überschläge bei gealteter Isolation sicher zu sein, später auf 13 vermindert, die Motorspannung war damit auf 307 V abgesunken, Elektropneumatische Richtungswenderschütze.

Fahrmotoren: Zwei 12polige kompensierte Einphasenreihenschlußmotoren in Parallelschaltung auf ein gemeinsames Vorgelege arbeitend, Stundenleistung 750 kW und 785 U/min bei Fahrzeughöchstgeschwindigkeit, Fremdbelüftung beider Motoren durch gemeinsames Lüfteraggregat für beide Motoren, Gewicht eines Motors 4300 kg.

Hilfsbetriebe: 24-V-Gleichstromversorgungsnetz für Beleuchtung und Betätigungen, Gleichstromlieferung von Umformeraggregat mit 0,9 kW Ausgangsleistung. Laderegler und Batterie mit 50 Ah. Später Umbau auf Ladegleichrichter über Zusatztransformator. Zwei Lüfterantriebsmotoren für jeweils 20 kW, ein Ölpumpenmotor für 2,2 kW und Kompressormotor 15 kW.

1082.01

DR E 88[3]

1'E1'

1931 bis 1939?

Techn. Daten: Seite 226

Bei dieser Versuchslokomotive stand der Wunsch Pate, auch in Wechselstrombahnsystemen den robusten Gleichstrommotor anzuwenden. Was heute durch die Halbleitergleichrichtertechnik selbstverständlich ist, war damals ein Wunschgebilde. Ebenso die stufenlose Spannungserhöhung am Motor und eine ebensolche Bremse. Ein Leistungsfaktor = 1 rundet diesen Katalog ab. Letztere Eigenschaften zeigt heute die Drehstromantriebstechnik mit statischen Umrichtern. Die zu behandelnde Lokomotive weist bereits diese innovativ anmutenden Merkmale auf, nur mit einem hohen materiellen Aufwand. Die Steuerungsfunktion zwischen Transformator und Motoren übernimmt ein rotierender Phasenumformer mit zwei Frequenzumwandlern, ein sehr raum- und gewichtsaufwendiges Aggregat. Diese technisch hochinteressante Lösung ist eine Entwicklung von Siemens, von welcher Seite auch das Projekt an die BBÖ herangetragen wurde. Ursprünglich war geplant, von den zehn Lokomotiven der Reihe 1080.100 (siehe dort) die letzte bei gleichem mechanischen Teil in der genannten Form elektrisch auszurüsten. In diesem Rahmen war aber eine solche Lösung nicht möglich, so daß neben den zehn Serienlokomotiven unabhängig die Versuchslokomotive zum Bau vorgesehen wurde. Schon die Notwendigkeit von zwei zusätzlichen Laufachsen und die Anordnung nur eines Führerhauses unterstreichen dies. Das Betriebsprogramm war auf die Reihe 1080.100 abgestimmt, die Höchstgeschwindigkeit auf 60 km/h hinaufgesetzt, um auch Reisezüge auf Rampenstrecken befördern zu können.

Die für das Gesamtprojekt zuständige Firma Siemens lieferte die elektrische Ausrüstung, den mechanischen Teil die Wiener Lokomotivfabrik. Die Lokomotive stimmt im Antriebsteil mit der Reihe 1080.100 überein. Fünf durch Stangen gekuppelte Achsen, wobei die mittleren drei von je einem Tatzlagermotor in Gleichstromausführung angetrieben werden. Vollkommen

Typenbild der Umformerlok 1082.01 im Ablieferungszustand

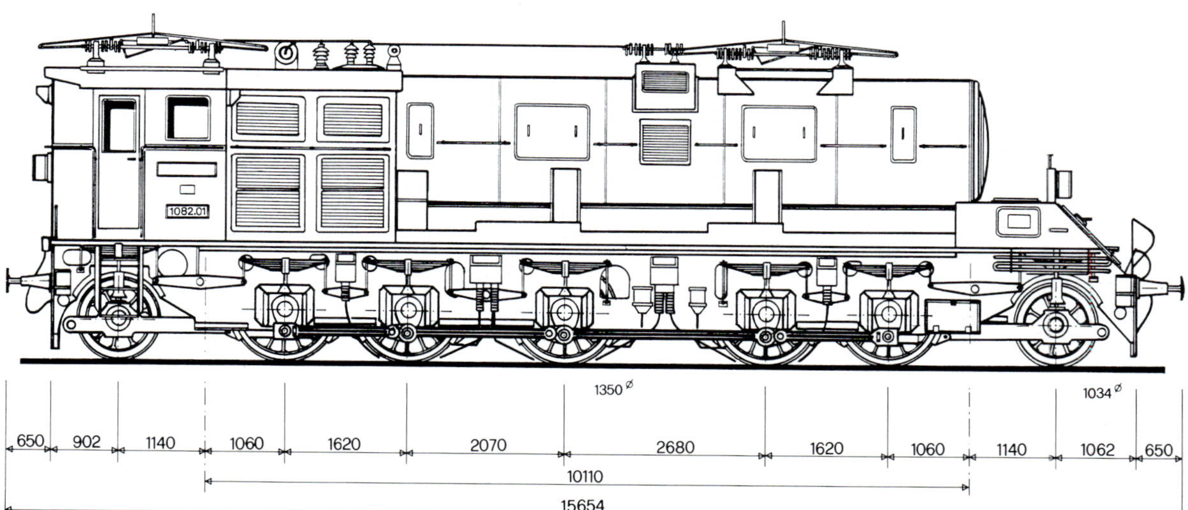

Maßstab 1:100

Gewichtseinsparung war bestimmend für die asymmetrische Bauform der 1082 ohne durchlaufenden Kastenaufbau
Werkfoto: WSSW

anders ist die elektrische Ausrüstung sowie der mechanische Aufbau. Das Umformer-Konverteraggregat von rund 7 m Länge wird von einer röhrenartigen Blechverkleidung umgeben, an die das Transformatorgehäuse und Führerhaus anschließt. Dadurch erscheint die Lokomotive von vorne wie eine Dampflokomotive mit aufgesetzten Stromabnehmern. Das Umformer-Konverteraggregat wird mit einer konstanten Sekundärspannung vom Transformator angespeist. Der Phasenumformer, auf dem Prinzip des Synchronmotors arbeitend, spaltet den zugeführten Einphasenstrom in einen symmetrischen Mehrphasenstrom auf (daher auch die Bezeichnung „Splitumformer"), während die beiden Konverter den Mehrphasenstrom gleichrichten. Durch Verdrehen der Konverterständer samt Bürsten erfolgt eine stufenlose Regelung der Gleichspannung von Null bis zum Höchstwert. Die beiden Konverter sind dabei gegenphasig geschaltet, so daß dem Phasenumformer ein nicht phasenverschobener Strom entnommen wird. Dies wirkt über den Transformator ins Netz zurück, wodurch die Lokomotive praktisch nur Wirkstrom aufnimmt, das heißt Leistungsfaktor = 1.

Die Lokomotive, welche die Bezeichnung 1082.01 erhielt, war im Konzept ihrer Betriebseigenschaften der kontinuierlichen Entwicklung um 50 Jahre voraus. Dem damaligen Entwicklungsstand entsprechend mit einem unvergleichbar höheren Aufwand. Die heutige Technik verdankt die Realisierung in angemessenen Dimensionen der Halbleitertechnologie. Man muß daher den geistigen Vätern der 1082.01 höchste Achtung für ihr, den modernen zugförderungstechnischen Prämissen voll angepaßtes Konzept mit der damaligen Technik, weit vorausschauend, entgegenbringen.

Eingeliefert und in Betrieb genommen wurde die Lokomotive in der Zfltg. Salzburg im Jahre 1931. Sie kam später in die Zfltg. Bludenz und wurde vorwiegend auf der Arlbergstrecke eingesetzt. Obwohl im Planbetrieb eingesetzt und diesen zur Zufriedenheit erfüllend, wurde sie von der Bahnverwaltung nicht übernommen. Durch ihren komplizierten Aufbau bedingt, wurde sie permanent vom Hauptlieferanten betreut. Dies und auch die Form als Unikat bestimmten das Schicksal, wie es früher den Ganz-Lokomotiven erging. Allerdings abweichend hiervon, weil die Lokomotive ihren betrieblichen Anforderungen entsprechen konnte. Sie wurde noch von der DR 1938 mit der Reihenbezeichnung E 88.3 weiter im Betrieb belassen, dann aber verliert sich die Spur. In der Bestandsliste nach Kriegsende 1945 erscheint sie nicht mehr.

Konstruktive Merkmale

Fahrzeugteil

Laufwerk: Fünf durch Stangen angetriebene Triebachsen, wobei nur die mittleren drei mit Motoren als echte Triebachsen und die zwei äußeren als Kuppelachsen einzustufen sind. An den Fahrzeugenden je eine Laufachse, die mit der benachbarten Kuppelachse in einem Krauss-Helmholtz-Gestell vereinigt ist. Der Drehzapfen des Gestells ist um ±65 mm, die beiden Kuppelachsen ±22 mm seitenverschieblich. Die mittlere Triebachse hat einen um 14 mm geschwächten Spurkranz. Zentralgeschmierte Gleitachslager mit oben angeordneter Federung.

Antrieb: Tatzlagerantrieb der mittleren drei Achsen mit geradverzahnten Getrieberädern mit 14 : 86 Zähnen.

Hauptrahmen: Plattenrahmen aus Blechen mit Querverbindungen als Außenrahmen ausgeführt. Für das Umformeraggregat aufgesetzter, und mit dem Hauptrahmen fest verschraubter Hilfsrahmen. An den Enden normale Zug- und Stoßvorrichtungen.

Lokomotivkastenaufbau: Wie erwähnt vorne röhrenförmige Blechverkleidung des Umformeraggregates mit kleinem Vorbau für Pumpen und Kompressor. Dahinter nach oben abgesetztes Transformatorhaus, um die Sicht nach vorne zu erleichtern. Untere Hälfte als Seitenkasten zur Aufnahme von elektrischen Apparaten. Davor beiderseits Plattformen, auf der linken oberhalb der Luftkanal für die Fahrmotorenkühlung. Hinterer Abschluß durch das geräumige Führerhaus.

Bremseinrichtungen: Automatische Druckluftbremse für die Lokomotive und den Wagenzug. Nachbremsventil. Direktwirkende Druckluftzusatzbremse für die Lokomotive. Automatische Vakuumbremse für den Wagenzug. Rotationsluftkompressor für Drucklufterzeugung, Vakuumpumpe für die zugehörige Wagenzugbremse. Handbremse.

Hilfseinrichtungen: Lüftermotor auf gemeinsame Antriebswelle für die drei Fahrmotorventilatoren wirkend. Kühlluftansaugung durch das Transformatorhaus. Druckluftsandstreuer, Druckluftsignalpfeife, Zentralschmierpresse. Mechanischer Geschwindigkeitsmesserantrieb.

Elektrischer Teil

Hochspannungsausrüstung: Zwei Scherenstromabnehmer Bauart II, Einheitsölschalter ELO 3.

Haupttransformator: Einphasentransformator mit 600-V-Traktionsanzapfung, Hilfsbetriebe- und Zugheizanzapfung (200 bzw. 1000 V). Ölkühler in seitlichen Taschen, über die Luft vom Eigenlüfter des Phasenumformers gesaugt wird.

Steuerung durch Phasenumformer-Frequenzwandleraggregat: Wie schon eingangs kurz erwähnt, übernimmt dieses Aggregat die gesamten Steuerungsfunktionen. Auf gemeinsamer Welle ist in der Mitte der Phasenumformer, beiderseits die Frequenzwandler, einer davon mit Anwurfmotor versehen, angeordnet. Der Umformer erzeugt Drehstrom, der den Frequenzwandlerläufern durch die hohle Welle zugeführt wird. Auf dem Prinzip des Einankerumformers beruhend, wird Gleichstrom erzeugt. Durch Verdrehen der Bürsten und des Ständers kann die Gleichspannung bis zum Höchstwert stufenlos eingeregelt werden. Durch die erwähnte Gegenläufigkeit der in Reihe geschalteten Konverter wird der Leistungsfaktor auf 1 gehalten. Für die Fahrmotorenfelder ist eine eigene Erregermaschine vorhanden, die Konverter arbeiten nur auf den Anker. Damit kann das Feld verstärkt oder geschwächt werden, was die Betriebseigenschaften günstig beeinflußt und letztlich auch eine stufenlose Nutzbremsschaltung ermöglicht.

Fahrmotoren: Drei Gleichstromfahrmotoren mit regelbarer Felderregung, was sowohl Reihenschluß- als auch Fremdfeldcharakter variierbar gestaltet. Stundenleistung 1325 kW aller drei Motoren.

Elektrische Bremse: Durch geeignete Einstellung der Felderregung stufenloser Übergang in den Nutzbremsbetrieb und ebensolcher Bremskraftregulierung.

Hilfsbetriebe: Gleichstromversorgung durch 24-V-Lichtmaschine mit dem Lüftermotor gekoppelt, Regler und Batterie. Lüftermotor für Fahrmotorenventilatoren.

1089
1189

BBÖ 1100, 1100.100
DR E 89, E 89[1]

(1'C)' (C1')'

1923 bis 1979

Techn. Daten: Seite 227

Bereits 1912 lag in der Monarchie, wo man entgegen den Vorstellungen des Militärs den Vorteil der elektrischen Zugförderung auf Rampenstrecken erkannt hat, ein Detailprojekt für die Arlbergbahn von Landeck nach Bludenz vor. Als nach dem ersten Weltkrieg die Kohlenknappheit praktisch eine Elektrifizierung der Eisenbahn erzwang, griff man auf dieses Projekt zurück, wobei gleichzeitig die Talzufahrt von Innsbruck nach Landeck einbezogen wurde. Bestimmend für die Auslegung einer Lokomotive war aber der Rampenabschnitt Landeck-Bludenz mit 31,4 ‰ auf der West- und 26,4 ‰ auf der Ostrampe. Die Richtlinien für die erforderliche Leistung waren schon im Gesetzentwurf im Jahre 1920 über die Elektrifizierung vorgezeichnet, wonach erstens die Elektrolokomotiven bei 14,5 t zulässigem Achsdruck die gleichen Lasten wie die stärksten Dampflokomotiven befördern müssen und zweitens die schweren Schnell- und Personenzüge ohne Vorspann über die Steilrampen befördern können. Dies ergab eine rechnungsmäßige Zugkraft von 160 kN bei 300 t Anhängelast für die West- und 360 t für die Ostrampe. Im Vergleich mit den adäquaten Dampflokomotiven verkürzt sich die Fahrzeit bei einer 10 % höheren Zuglast auf der Ostrampe um 14 Minuten! Das Leistungsprogramm sieht im einzelnen vor:

360 t auf 26,4 ‰ mit 50 km/h (Reisezüge),
380 t auf 26,4 ‰ mit 25 km/h (Güterzüge),
300 t auf 31,4 ‰ mit 45 km/h (Reisezüge),
320 t auf 31,4 ‰ mit 20 km/h (Güterzüge).

Dabei sind unter anderem sieben Schnellzugfahrten innerhalb 27 Stunden auszuführen.

Die Fahrzeughöchstgeschwindigkeit sollte 65 km/h betragen. Zum Stangenantrieb bestand demnach keine Alternative, obwohl auch ein Projekt mit Einzelachsenantrieb und Doppelmotoren vorgelegt worden war. Die Zugkraft von 160 kN würde bei 20 % Reibungsausnutzung ein Reibungsgewicht von 80 t erfordern. Die Grenzen maximaler Achsdruck einerseits sowie das Gewicht, vor allem durch die schwere elektrische Ausrüstung andererseits, erforderten noch Laufachsen, die damals aus lauftechnischen Gründen als erwünscht galten. Von den vorgelegten Entwürfen wurde zugunsten einer (1'C)' (C1')'-Type mit langen Vorbauten und mittlerem Maschinenhaus entschieden. Dieser Ausführung lag bereits ein Vorbild zugrunde, wie es die Schweizer Bundesbahnen für die ab 1921 elektrifizierte Gotthardstrecke beschafft haben. Der Aufbau ist übersichtlich und klar. Zwei symmetrisch langgezogene Vorbauten als Drehgestelle ausgebildet und untereinander kurzgekuppelt beinhalten je zwei zusammengebaute Fahrmotoren, die gemeinsame Vorgelegewelle sowie Lüfter- und andere Hilfsaggregate. Die Kurbelzapfen, um je 90 Grad versetzt, greifen über Stangen an die erste und zweite sowie fünfte und sechste Triebachse an, wobei der Kurbelzapfen eine geringe Überhöhung gegenüber den Radzapfen aufweist. Diese sehr einfache Ausführung ist das Ergebnis verschiedener, bei den Schweizer Lokomotiven gewonnenen Erkenntnisse, wo die Anordnung zum Teil wesentlich komplizierter war. Das Maschinenhaus stützt sich über je einen Zapfen und Federn auf den Drehgestellen ab. Es besitzt hinten und vorne einen Führerstand, dazwischen den Transformatorraum.

Das Gesamtprojekt wurde von BBC, die auch die SBB-Prototyplok Ce 6/8[I] 14201 (Krokodil-Vorläufer) ausgerüstet hatte, erarbeitet, den Fahrzeugteil lieferte die Wiener Lokomotivfabriks A.G. Zunächst wurden im Jahre 1920 drei Lokomotiven bestellt, von welchen die erste im Dezember 1922 geliefert wurde und zunächst auf der Überlandstrecke der Wien-Preßburger Eisenbahn erprobt und dann bis zur Eröffnung der Arlbergbahn auf bereits elektrifizierten Strecken in Tirol eingesetzt wurde. Vier weitere bestellte Lokomotiven kamen 1924 zur Lieferung, sie erhielten die Reihenbezeichnung 1100. Bereits die Probefahrten ließen erkennen, daß keine nennenswerten Schwierigkeiten im Betrieb zu erwarten sein werden, ja man konnte es sich erlauben, die Höchstgeschwindigkeit auf 70 km/h hinaufzusetzen. Der Bedarf nach weiteren Lokomotiven war gegeben, es wurden neun bestellt, die äußerlich gleich, 100 kW mehr Leistung und 75 km/h Höchstgeschwindigkeit aufzuwarten hatten und als Reihe 1100.100 bezeichnet waren. Sie wurden 1926 bis 1927 ausgeliefert.

Die Lokomotiven der Reihe 1100 wurden alle in der Zfltg. Innsbruck behei-

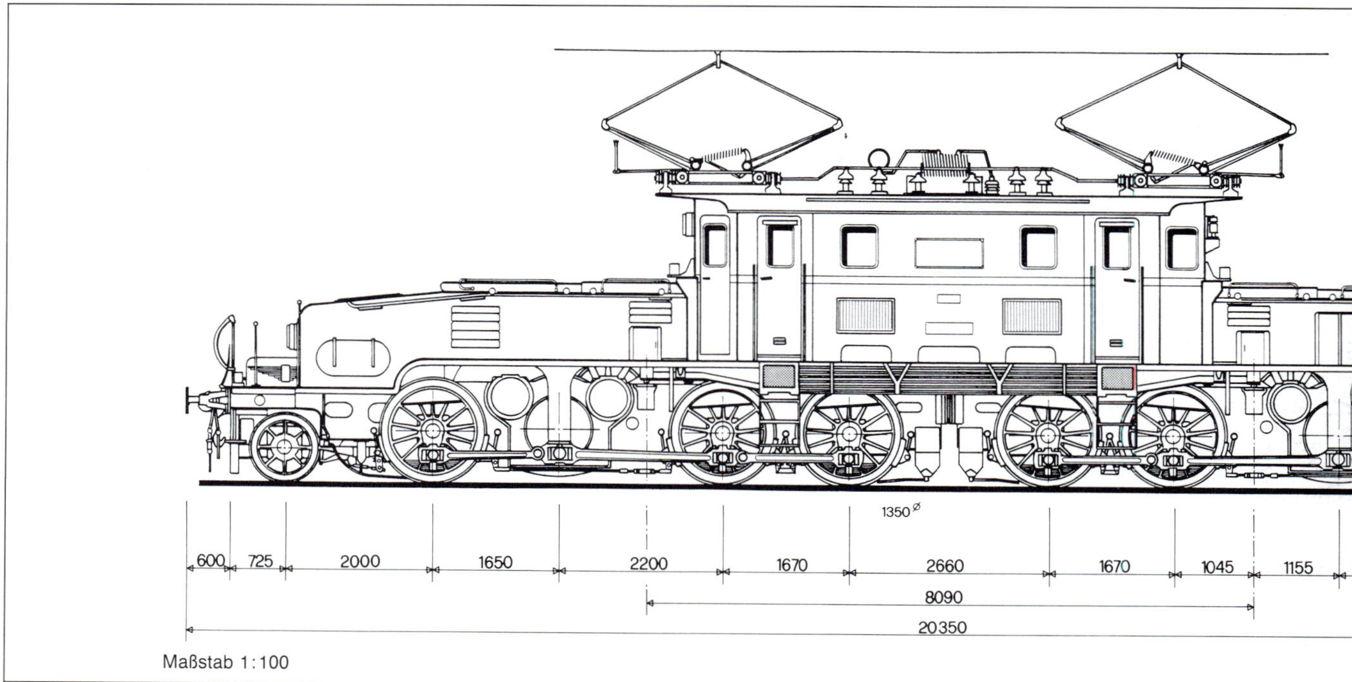

Typenbild BBÖ 1100 (nachmalige 1089 der ÖBB) im Ablieferungszustand

matet und vornehmlich im schweren Schnellzugdienst eingesetzt, wo sie sich bestens bewährten. Teilweise mußten sie aber auch für Güterzugleistungen herangezogen werden, die sie sich mit der Reihe 1080 teilten. Im Zuge der Weiterelektrifizierung der Westbahn in Richtung Osten, die im Jahre 1930 geschlossen bis Salzburg befahren werden konnte, erwies sich die Reihe 1100 und 1100.100 ganz ausgezeichnet für den Einsatz auf der Bergstrecke Wörgl-Saalfelden, sie entsprach voll und ganz der Bezeichnung, wie sie in den ursprünglichen Dokumenten angeführt wird, als „Gebirgs-Schnellzug-Locomotive". Die neun Lokomotiven 1100.100 wurden später der Zfltg. Salzburg zugeteilt, von wo aus sie auch auf der 1934 fertiggestellten Tauernbahn bevorzugt eingesetzt wurden. Aus den Talstrecken wurde sie durch die inzwischen erfolgte Auslieferung der Lokomotiven 1570 und 1670 vor Schnellzügen immer mehr verdrängt. Die Reihen 1170.200 und dann E 94 bedeuteten eine weitere Beschränkung für die inzwischen zur Reihe E 89 avancierten Lokomotiven, galt doch ab Mitte der dreißiger Jahre ihre Ausführung als überholt. Schließlich wurden die Lokomotiven E 89[1] der Zfltg. Attnang-Puchheim zugewiesen, die E 89 kam nach Salzburg. Dort verblieben die Lokomotiven auch nach 1945, wobei zwei Lokomotiven der Reihe E 89 infolge Kriegseinwirkung ausgemustert werden mußten. Die 1089.01 wurde von den ÖBB wiederaufgebaut und Ende 1952 wieder in Stand genommen. Die nunmehrige Reihe 1189 führte Züge auf der Salzkammergutstrecke und im Güterverkehr zwischen Salzburg und Attnang-Puchheim, später auch bis Linz. Bedeutung erlangte die Reihe 1089 wieder im Jahre 1951, wo der Rampenabschnitt Bischofshofen-Eben im Pongau auf der Strecke nach Selzthal dem elektrischen Betrieb übergeben wurde. Dort war noch ein Achsdruck von 16 t vorgeschrieben, so daß die neuen und schwereren Lokomotiven nicht eingesetzt werden konnten, auch nach der Fortsetzung der Elektrifizierung waren die Lokomotiven dort im Einsatz. In den sechziger Jahren wurden die Lokomotiven ebenfalls der Zfltg. Attnang zugewiesen, wo sie gemeinsam mit der Reihe 1189 bis zu deren Ausmusterung, welche Mitte der siebziger Jahre begann und 1980 abgeschlossen war, verblieb.

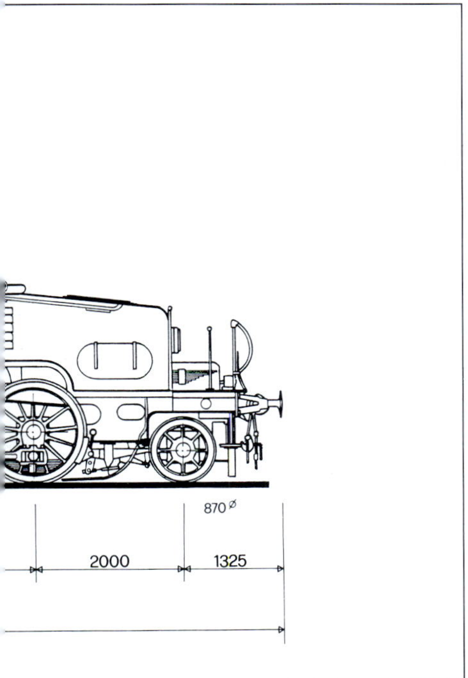

Über die Bewährung wurde schon anfangs erwähnt, daß die Lokomotiven ihrer Konzeption gemäß hervorragend entsprachen. Ihre Störanfälligkeit war trotz der großen Anzahl von Lagerstellen minimal. Aufgrund ihrer Laufruhe erfreute sie sich beim Lokomotivpersonal großer Beliebtheit. Die erreichten Kilometerleistungen waren, insbesondere in der Dominanz am Arlbergschnellzugsverkehr mit 15 000 km im Mittel und Spitzen über 20 000 km für damalige Verhältnisse sehr beachtlich. Zugförderungstechnisch erfüllten sie später, insbesondere auf der Salzkammergut- und Ennstalstrecke, wo geringere Erfordernisse als auf den Hauptmagistralen vorliegen, auch die zu dieser Zeit gegebenen Bedingungen. Erhaltungstechnisch konnten sie natürlich mit moderneren Fahrzeugen nicht mehr Schritt halten, außerdem erforderte die anspruchsvolle Stangenausführung mit ihrem betrieblichen Wartungsaufwand die permanente Besetzung mit zwei Bediensteten, so daß betriebswirtschaftlich eine Ausmusterung gerechtfertigt war, und das zum Teil nach mehr als 50 Betriebsjahren.

Konstruktive Merkmale

Fahrzeugteil

Laufwerk: Drehgestellrahmen in Innenrahmenbauweise als Plattenrahmen mit Querverbindungen und die Stahlgußverbindung der Vorgelegewelle versteift, Verbindungen genietet oder geschraubt. In jedem Drehgestell drei gekuppelte Triebachsen und eine Laufachse. Treibachsen im Drehgestellrahmen fest, Radreifen der zweiten und fünften Triebachse mit um 9 mm schwächeren Spurkränzen. Laufachsen als Adamsachsen um 65

1089.06 im September 1977 in Innsbruck (1979–1989 im Verkehrshaus der Schweiz in Luzern, heute im Auto- und Technik-Museum Sinsheim)
Foto: Petrovitsch

1189.02, das einzige blutorange „Krokodil“, im Juni 1978 in Wels
Foto: Petrovitsch

mm beiderseits verschiebbar. Kastenabstützung in vier Punkten gefedert und Führungszapfen in Kugelpfannen gelagert. Zugkraftübertragung durch Kurzkupplung, mittleres Zugeisen und zwei gefederte Stoßpuffer. Räder in Speichenausführung mit Innenlagern und Zentralschmierung, Zug- und Stoßvorrichtungen an den Drehgestellenden. Unter den halbhohen langgezogenen Vorbauten, wie schon erwähnt, ein Teil der elektrischen Ausrüstung. Neben den genannten Fahrmotoren mit Lüfter und Fahrtwender Kompressor, Vakuumpumpen und zugehörigen Bauteilen.

Antrieb: Stangenantrieb durch Vorgelegewelle, die von zwei im Gestell halbhoch gelagerten Fahrmotoren und gefederte Ritzel beidseitig angetrieben wird. Geradeverzahntes Getriebe mit 21:69, bei Reihe 1189 mit 23:72 Zähnen, Vorgelegewellenmittel 30 mm aus Begrenzungsgründen höher liegend als Achsmitten. Daher leicht geneigte Treibstangen zwischen 1. und 2., bzw. 5. und 6. Triebachse, flache Kuppelstangen von 2. zu 3., bzw. 4. zu 5. Achse. Zentralschmierung der Antriebslagerstellen.

Kastenaufbau: Maschinenhaus aus einem Rahmengerüst aufgebaut, alle Aufbauten aus Blechen und Winkeln genietet. Zwei Führerstände, im Mittelraum Transformator, Niederspannungstufenschaltwerk und weitere elektrische Ausrüstungsteile, unter den Seitenwänden Rohrschlangen für die Transformatorölkühlung. Dach über Transformator abhebbar. Beiderseits Maschinenraumdurchgänge.

Bremseinrichtungen: Automatische Vakuumschnellbremse System Hardy mit Lokomotivsonderbremsung, zwei Pumpen P 20 und P 45. Druckluftbremseinrichtung nur für den Wagenzug. Rotationskompressor für 140 m³/h gegen 8 bar. Späterer Umbau auf selbsttätige Druckluftbremse für Lokomotive und Wagenzug, direktwirkende Lokomotivbremse. Umrüstung auf Knorr-Kolbenkompressor mit 100 m³/h gegen 10 bar. Handbremse nur auf zugehöriges Gestell wirkend.

Hilfseinrichtungen: Zwei Lüfteraggregate für die vier Fahrmotoren, wobei die Ventilatoren 120 m³/min pro Fahrmotor fördern, Kühlluftansaugung aus den Vorbaukasten. Druckluftsandstreuer, Druckluftpfeife, Zentralschmierpresse an jedem Drehgestell, mechanische Antriebe für Geschwindigkeitsmesser, Spurkranzschmierung.

Elektrischer Teil

Hochspannungsausrüstung: Zwei Scherenstromabnehmer, ursprünglich mit zwei Hilfsstromabnehmern für das verengte Profil des Arlbergtunnels, automatische Umschaltung bei Tunneleinfahrt. Später Umbau auf Einheitsstromabnehmer bis Bauart IV mit Doppelwippe. Ölschalter Bauart BBC bzw. Einheitsölschalter ELO 3 für 1189. Ursprüngliche Ausstattung mit Luftdrosselspulen vor Hauptschaltereinführung.

Haupttransformator: In Kernbauweise ausgeführt, zwangsweiser Ölumlauf im Kessel mit natürlicher Außenkühlung. Eine Zentrifugalpumpe preßt das Öl dauernd durch den Kessel und die außen vom Fahrtwind beblasenen Kühlrohre. Der Transformator für die Reihe 1089 besitzt 18 Fahrstufenanzapfungen von 237 bis 1329 V und eine Dauerleistung von 1730 kVA. Dabei wird die Spannung durch Reihenschaltung der Motoren geteilt, so daß die maximale Motorklemmenspannung bei Leerlauf 664,5 V nur dem halben Wert der Transformatorspannung entspricht. Eine Umwicklung in den sechziger Jahren mit 15 Anzapfungen gibt Spannungen von 197 bis 945 V ab mit 472,5 maximaler Stufenspannung Der Transformator für die Reihe 1189 mit einer Spannungsreduktion um etwa 50 % mit einfacher Isolierung liefert eine maximale Leerlaufspannung von 484 V, seine Dauerleistung konnte auf 1920 kVA gesteigert werden. Für die Zugheizung ist eine 1000-V-Anzapfung vorhanden, aus der eine Leistung von 400 bzw. 460 kW entnommen werden kann. Eine weitere Anzapfung für 220 V ist für die Hilfsbetriebe vorhanden. Durch die Netzverhältnisse nach 1945, die eine mehr starre Begrenzung nach den höheren Toleranzwerten zur Folge hatten, waren immer häufiger Überschläge, unter anderem am Stufenschalter aufgetreten. Es wurde daher, auch im Hinblick auf die geringeren Traktionsansprüche, die Anzahl der Fahrstufen auf 13 vermindert, so daß nunmehr die maximale Stufenspannung 474 beziehungsweise 353 V betrug. Bei Reihe 1089 wieder nachträgliche Anhebung auf 15 Stufen.

Steuerung: Handangetriebenes Niederspannungs-Stufenschaltwerk. Ausführung als Schlittenschaltwerk mit gestreckten Kontaktbahnen für 18 Fahrstufen, Funkenschaltern und Überschaltwiderständen. Zwei pneumatische Walzenfahrtwender.

Fahrmotoren: Zwei verschiedene Ausführungen:

Für Reihe 1089 als 12polige, fremdbelüftete Einphasenreihenschlußmotoren. Zwischen Läuferwicklung und Kollektor Widerstandsverbinder zur Kurzschlußstromdämpfung, offene Kühlfahnen, Stundenleistung 450 kW und 930 U/min. als Höchstdrehzahl. Gewicht des Motors 5900 kg.

Der Fahrmotor für die Reihe 1189 ist eine 14polige Reihenschlußmaschine üblicher Bauart mit offenen Kühlfahnen. Die Stundenleistung beträgt 457 kW und die Höchstdrehzahl 950 U/min.

Hilfseinrichtungen: Hilfsbetriebetransformator mit vier Spannungen, davon drei für Vakuumpumpen und 24 V für Beleuchtung, Lichtumschalter. Beleuchtungs- und Betätigungsspannung 24 V Gleichstrom über Ladegleichrichter oder Batterie mit 50-Ah-Kapazität. Später auf reine Gleichstromversorgung umgestellt. Wechselstromantriebsmotoren für die Motorlüfteraggregate mit 11 kW, den Kompressormotor mit 11,5 kW, den Vakuumpumpen mit 2 bzw. 4 kW und Ölpumpenmotor mit 5,5 kW.

1099
BBÖ E
DR E 99

C'C'

1911

Techn. Daten: Seite 227

Nahe der niederösterreichisch-steirischen Grenze liegt der weltberühmte Marienwallfahrtsort Mariazell, der das Reichsheiligtum der Habsburger war. Viele Pilgerzüge mit Pferdegespannen und vor allem zu Fuß haben diesen Ort aufgesucht, der Weg führte über einige über 1000 m hohe Bergpässe und war daher nicht ganz einfach. Das den Gebirgsketten vorliegende Pielachtal war bereits 1898 durch eine Schmalspurbahn mit 760 mm Spurweite von St. Pölten bis Kirchberg-Pielach erschlossen. Im Jahre 1907 war die 750-Jahr-Feier des Gnadenortes, und es war kein Zufall, daß die Eröffnung der Mariazellerbahn, nämlich des Abschnittes Kirchberg-Mariazell und weiter bis zum Endpunkt Gußwerk mit seinen großen Holzbetrieben, in dasselbe Jahr fiel. Diese Strecke steht der Semmeringbahn oder sonstigen Rampenstrecken in Westösterreich um nichts nach. Von Kirchberg bis zum Scheitelpunkt im 2368 m langen Gösingtunnel sind 520 Höhenmeter zu überwinden. Eigene schwere Dampflokomotiven mit der charakteristischen Bezeichnung Mh = Mariazell/Heißdampf wurden dafür gebaut, welche 120 t Anhängelast über die langen 27 ‰-Rampen

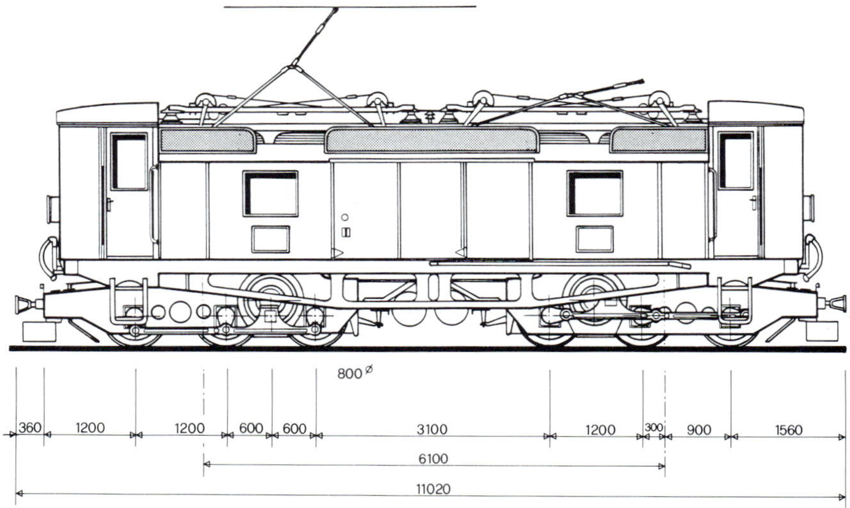

Typenbild der E 1-16 der NÖLB (nachmalige 1099 der ÖBB) im Ablieferungszustand

1099.15 im ursprünglichen Erscheinungsbild im Jahr 1958 in St. Pölten-Alpenbahnhof
Foto: K. Pfeiffer

schleppten. Bereits im Eröffnungsjahr war das Verkehrsaufkommen gigantisch, neben 532000 Personen wurden 127000 t Güter befördert. Angesichts der Erkenntnis, daß eine geregelte Bewältigung der Nachfrage mit Dampfbetrieb nicht möglich ist, entschloß sich die damals zuständige Verwaltung der Niederösterreichischen Landesbahnen zur Elektrifizierung, wozu auch die Errichtung eigener Kraftwerke notwendig wurde. Als Fahrleitungssystem wählte man Einphasenwechselstrom mit 6500 V und 25 Hz. Die Elektrifizierung der gesamten Strecke war 1911 vollendet; am 7. Oktober wurde der elektrische Betrieb aufgenommen.

Für die hierzu notwendigen Elektrolokomotiven wurden die gleichen Anhängelasten wie für die Mh-Dampflokomotiven, nämlich 120 t bei 27 ‰

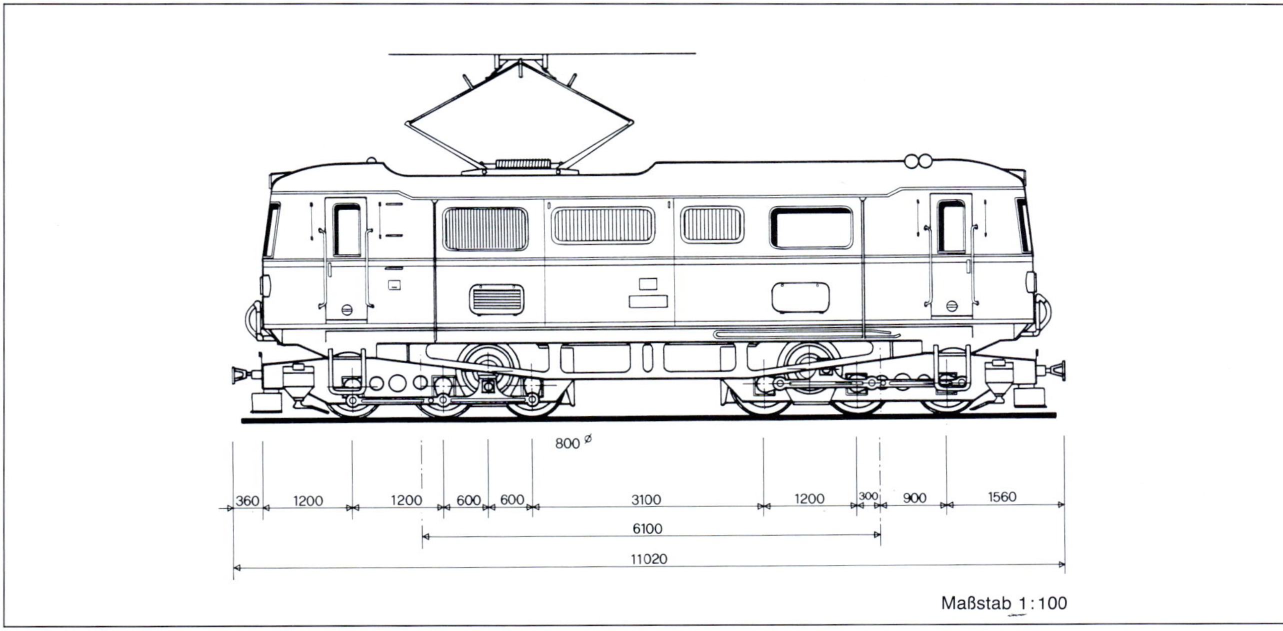

Typenbild 1099 mit HG-Neubaukasten ab 1959

vorgeschrieben. Die Anfahrbeschleunigung sollte 0,3 m/sek² betragen. Dank dieser hohen Beschleunigung des Elektroantriebes und höherer Beharrung in der Steigung konnte die Fahrzeit auf der gesamten Strecke um mehr als eine Stunde(!) gesenkt werden, womit der Erfolg der Elektrifizierung außer Frage stand.

Mit der Ausführung des Gesamtprojektes der Elektrifizierung und somit auch der Lokomotiven waren die österreichischen Siemens-Schuckertwerke beauftragt worden, für den mechanischen Teil war die Lokomotivfabrik Krauss & Co. in Linz zuständig. Es war zu dieser Zeit nicht einfach, einen derartigen Konstruktionsauftrag zu übernehmen. Der Bau elektrischer Streckenlokomotiven steckte noch in den Kinderschuhen, es gab keine Vorbilder, schon gar nicht für die beengten Verhältnisse von Schmalspurlokomotiven. Neben unbrauchbaren Vorschlägen, wie etwa kurzgekuppelter Lokomotiven mit ineinandergeschobenen Führerständen, bot der Krauss-Entwurf eine Drehgestellausführung mit je drei Achsen und einem hochgelagerten Motor, der über eine Schlitzkuppelstange unter Zwischenschaltung eines Vorgeleges die Achsen antreibt. Der Lokomotivkasten mit seinen beiden Führerständen und dem tiefergezogenen Maschinenraum war über die ganze Länge vorgesehen. Für die Fahrmotoren schien Selbstkühlung ausreichend. Aus Raum- und Gewichtsaufteilungsgründen wurde der Transformator mit zwei gleichartigen Hälften ausgeführt.

In dieser Form wurden 1908 14 Lokomotiven bestellt, deren Auslieferung bereits 1910 begann, also noch vor Inbetriebnahme der Strecke zur Verfügung standen. Der Zeitraum konnte aber schon für Erprobungsfahrten genützt werden. Zwei Lokomotiven wurden nachbestellt und 1914 geliefert. Es mag interessant erscheinen, daß mit der Bestellung keine Höchstgeschwindigkeit angegeben war, sie ist mit 50 km/h ausgewiesen, war aber lange Zeit mit 40 km/h limitiert. Der allgemeinen Norm, die Stundenleistung bei 70 % der Höchstgeschwindigkeit anzusetzen und die mit 35 km/h angegeben wird, entspricht wohl Vmax. mit 50 km/h. Die Lokomotiven sind, da ja sonst keine Schmalspurstrecke mit gleichem System in Österreich besteht, in ihrer Heimatdienststelle, der Zfltg. St. Pölten, seit Inbetriebnahme stationiert.

Über die Bewährung ist besonders zu vermerken, daß im Gegensatz zu

1099.02 im April 1982 in Obergrafendorf
Foto: Petrovitsch

anderen Ländern dieser Zeit um 1910 elektrische Eisenbahnen einen längeren, manchmal mehrjährigen Probebetrieb erforderten, um den Regelbetrieb zu übernehmen. Mit der Eröffnung der mehr als 90 km langen Fernbahn und sofortiger Aufnahme des Regelbetriebes war dies eine internationale Spitzenleistung, die sogar aus Japan Experten zu Studienzwecken angezogen hat. Die Lokomotiven waren auch im Betrieb problemlos. Er hat sich allerdings gezeigt, daß die Nennleistung von 420 kW nur bei mittleren Außentemperaturen voll ausgenutzt werden konnte, so daß bald nachträglich Ventilatoren für die Fahrmotoren eingebaut wurden. Die Schlitzkuppelstange wurde bei späteren Lokomotiven durch eine normale Stange mit fest verbundenem vertikal verschiebbaren Kuppelzapfen ersetzt, womit auch alle anderen Lokomotiven heute ausgerüstet sind. Die Getriebeübersetzung wurde von 1 : 3 auf 1 : 3,44 abgeändert, womit nicht nur das Eingreifen gleicher Zähne und damit einseitiger Abnützung ausgeschlossen war, sondern auch im Verein mit einer Drehzahlanhebung eine Leistungssteigerung möglich war, so daß die Anhängelast auf den Rampen auf 140 t angehoben werden konnte. Nach etwas mehr als 40 Betriebsjahren, wo üblicherweise manche Lokomotiven bereits verschrottet werden, begannen Abnützungserscheinungen fühlbar zu werden. Die guten Erfahrungen mit Großausbesserungen, die bei Normalspurlokomotiven nach etwa 25 bis 30 Jahren erfolgen und die nachher wieder voll einsatzbereit sind, veranlaßten die ÖBB Ende der fünfziger Jahre, ein weitreichendes Modernisierungskonzept für die Reihe 1099 einzuleiten. Neben einer weitgehenden Drehgestellsanierung wurden die Lokomotiven mit einem neuen und auch schönerem Kastenaufbau versehen. Das Dach wurde für Betrieb mit einem Stromabnehmer ausgebildet. Neu ist auch der Einbau einer Druckluftanlage, die nicht nur für Betätigungen wie Pfeife, Stromabnehmer, Lokomotivbremse und anderes, sondern auch für die Steuerung notwendig wurde. Die alte Wechselstromschützensteuerung wurde auf die einheitlich verwendete Gleichstromschützensteuerung, wie bei den meisten Normalspurlokomotiven, abgeändert. Ebenso wurde eine den Normen entsprechende Gleichstromversorgung eingebaut. Daß diese Maßnahmen gegriffen haben und nicht als Fehlplanung bezeichnet werden können, beweist der gegenwärtige Zustand, daß die Lokomotiven mit um 10 km/h hinaufgesetzter Höchstgeschwindigkeit ohne besondere Störungen den Betriebsanforderungen voll entsprechen. Wenn dieses Buch erscheint, werden die ersten Lokomotiven eine Lebensdauer von 80 Jahren aufweisen.

Von den 16 gelieferten Lokomotiven sind heute noch 15 vorhanden, die Lok 1099.15 wurde nach einem schweren Betriebsunfall im Jahre 1982 ausgemustert. Es ist zu erwarten, daß die unterschiedlichen Standpunkte, betreffend einer Erneuerung am Triebfahrzeugsektor, doch bald zu einer Konkretisierung führen.

Konstruktive Merkmale

Fahrzeugteil

Laufwerk: Drehgestelle in Außenrahmenbauweise aus Längsblechen, vorne durch den Zugkasten und hintere Querverbindung verbunden. In der Mitte weitere Verbindung durch den Drehzapfenquerträger und Motorgestell aus Stahlguß. In jedem Drehgestell drei Triebachsen durch Kuppelstangen verbunden. Kastenabstützung seitlich der Drehzapfen durch zwei halbkugelförmige Zapfen auf Reibplatten. Zugkraftübertragung vom Gestell über die Drehzapfen auf den Kasten. Zentralpufferkupplung (Bosnakupplung) an den Drehgestellstirnseiten.

Antrieb: Stangenantrieb durch Vorgelegewelle, welche von dem im Gestell hochgelagerten Fahrmotor über ein Stirnradgetriebe mit 29:100 Zähnen angetrieben wird. Verschiebbarer Kurbelzapfen zur Aufnahme des Federspiels. Kurbeln eines Gestells um 90 Grad gegeneinander versetzt.

Hauptrahmen: Aus zwei sprengwerkartig verbundenen Längsträgern bestehend, mit einer Anzahl von Querträgern mittels Knotenblechen verbunden.

Lokomotivkasten: Zwei Stirnführerstände, der dazwischen angeordnete Maschinenraum mit abgesenktem Dach, im Maschinenraum alle elektrischen Ausrüstungsteile, seitlich zwei große Schiebetüren zu den beiden Transformatorhälften, kleine Luftklappen für die Fahrmotoren. Neuer Kastenaufbau in durchgehend geschweißter Ausführung, glatte Seitenwände. Düsenlüftungsgitter, Stirnwände abgeschrägt mit zwei Fenstern. Mittlerer, etwas enger und niedriger Maschinenraumdurchgang.

Bremseinrichtung: Automatische Vakuumschnellbremse für Lokomotive und Wagenzug, zwei Vakuumpumpen P 20 und 45a, späterer Umbau auf direktwirkende Lokomotivdruckluftbremse und Vakuumbremse mit Pumpe P 30 für Wagenzug. Kolbenkompressor für 64 m³/h gegen 8 bar. Handspindelbremse auf jeweiliges zugeordnetes Drehgestellt.

Hilfseinrichtungen: Zwei Fahrmotorlüfteraggregate, Luftansaugung aus dem Maschinenraum. Ursprünglich Handantrieb über Ketten für Stromabnehmer. Vakuumhörner für Signalabgabe, Schwerkraftsander. Nach Umbau Druckluftpfeife und -sander. Mechanischer Geschwindigkeitsmesserantrieb, Sicherheitsfahrschaltung.

Elektrischer Teil

Hochspannungsausrüstung: Zwei Gelenkscherenstromabnehmer, unterschiedliche Schleifstückausführung für Normalbetrieb und Rauhreif, nach Umbau ein Einheitsstromabnehmer V, Ölhauptschalter, ursprünglich zwei Hochspannungssicherungen.

Haupttransformator: Zwei gleichartige Kerntransformatoren mit jeweils acht Anzapfungen mit 316 V für die höchste Fahrstufe, Selbstkühlung, zwei mal 190 kVA Leistung, Hilfsbetriebeanzapfung für 166 V, 220 V für Heizung und Beleuchtung.

Steuerung: Elektromagnetische Wechselstromschützensteuerung für acht Fahrstufen, ersetzt durch elektropneumatische Gleichstromschützensteuerung mit Einheitsgleichstromschütz, Fahrtwendeschütze.

Fahrmotoren: Zwei zehnpolige Einphasenreihenschlußmotoren für 210 kW Stundenleistung und 915 U/min bei Höchstgeschwindigkeit, Motoren ohne Wendefeldwicklung, eigene Feldwicklung für jede Fahrtrichtung. Gewicht des Fahrmotors 4900 kg.

Hilfseinrichtungen: Gleichstromversorgung nach Umbau auf 24 V Gleichstrom, Ladegleichrichter, und Batterie mit 60-Ah-Kapazität. Wechselstromantriebsmotoren für Fahrmotorenlüfter mit 3,3 kW, Kompressor- und Vakuumpumpenmotor 4,6 kW. Impulssicherheitsfahrschaltung.

1180.001 BBÖ
1470.001 BBÖ

E/1'D1'

1925/26 im selben Jahr an Hersteller zurückgegeben

Techn. Daten: Seite 227

In die erste Bauperiode elektrischer Lokomotiven nach dem Ersten Weltkrieg flossen auch Überlegungen ein, neben der Regelausführung mit Transformator - Stufenschalterkonfiguration andere Systeme in Erwägung zu ziehen. Die Firma Ganz in Budapest hatte 1918 ein Projekt einer Lokomotive in Angriff genommen, wo anstelle eines Transformators ein Hochspannungsphasenumformer tritt und Drehstrom an die Asynchronfahrmotoren abgibt. 1923 fertiggestellt, zeigte sich diese Lokomotive auf einer Versuchsstrecke für 15000 V und 50 Hz recht erfolgreich. Das System hat allerdings wegen des frequenzstarren Verhaltens des Asynchronmotors den Nachteil, nur mit wenigen synchronen Dauergeschwindigkeiten betrieben werden zu können. Außerdem ist der maschinelle Aufwand sehr groß und kompliziert.

Von maßgeblicher Seite der BBÖ wurde für dieses Phasenumformersystem Interesse bekundet, um auch im 16⅔-Hz-Betrieb ein solches im Vergleich zur herkömmlichen Einphasenlokomotive zu erproben und damit eventuell neue Richtlinien für den Bau von Elektrolokomotiven abzuleiten. Eine vergleichende Aussage soll die Argumentation verständlich machen.

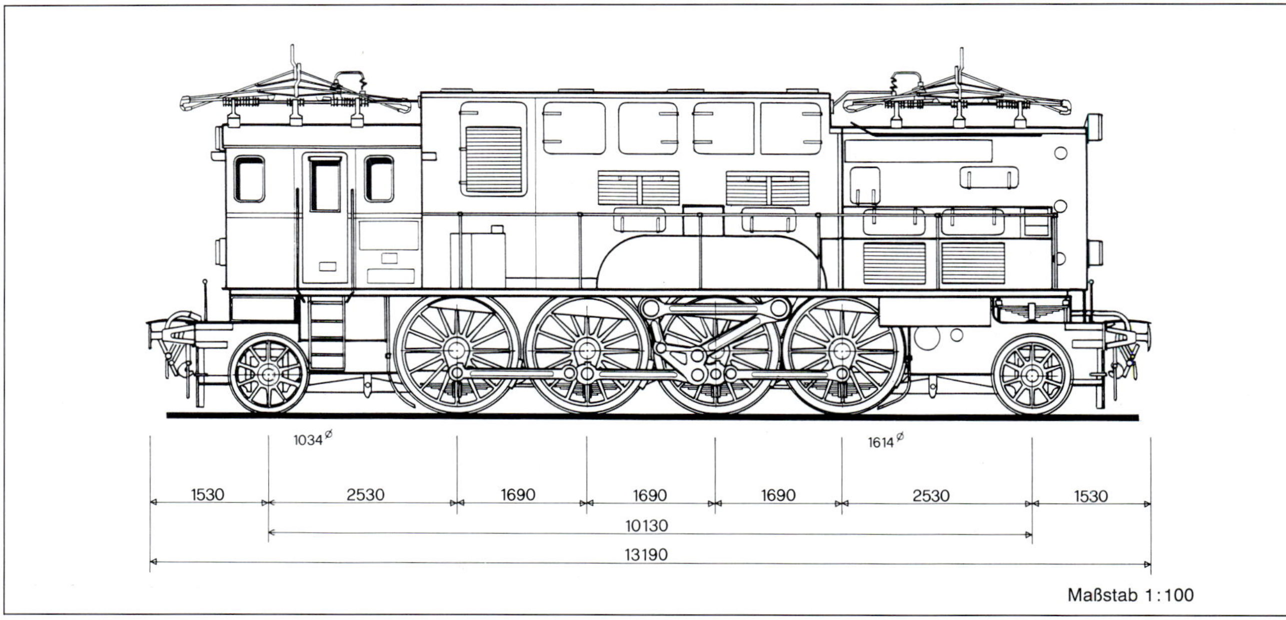

Typenbild der von den BBÖ nicht abgenommenen Phasenumformerlok 1470.001 WLF/Ganz

Die Reihe 1080 der BBÖ mit der Achsfolge E und 75 t entwickelt eine Stundenleistung von 1020 kW, die ungarische Versuchslokomotive ebenfalls mit Achsfolge E und 80 t aber fast 2000 kW! So wurden zwei Versuchslokomotiven zur Bestellung vorgesehen. Eine Güterzuglokomotive für Einsatz auf Rampenstrecken und Flachland und eine für schnellfahrende Reisezüge. Die elektrische Ausrüstung war für beide Lokomotiven gleich, nur der Fahrzeugteil war den unterschiedlichen Einsatzbedingungen entsprechend auszuführen.

Entgegen der damaligen Gepflogenheit, daß die Elektrofirma als Hauptlieferer auftritt, ist es hier die, die den mechanischen Teil zu liefern hat. Hauptlieferer ist die Wiener Lokomotivfabriks A.G., die elektrische Ausrüstung war von der Ganz'schen Elektrizitäts A.G. in Budapest zu liefern. Für beide Lokomotiven war Stangenantrieb vorzusehen, wobei der von der Reihe 1280 her bekannte Kandoantrieb mit seinen günstigen Platzverhältnissen gewählt wurde. Im Prinzip ist der elektrische Teil wie bei der ungarischen Versuchslokomotive ausgeführt, wobei allerdings schon daraus abgeleitete Verbesserungen berücksichtigt wurden. Der Phasenumformer, nach dem Grundsatz einer Synchronmaschine arbeitend, ist in der Lage, zwei-, drei- oder vierphasigen Wechselstrom zu liefern, entsprechend der Polschaltung der beiden Fahrmotoren. Dadurch können fünf synchrone Geschwindigkeiten eingestellt werden. Das jeweilige Hochfahren der Motoren erfolgt über Wasserwiderstände. Der Leistungsfaktor wird automatisch auf den Wert 1 eingeregelt, ebenso im einfach herzustellenden Netzbremsbetrieb.

Die Güterzuglokomotive erhielt die Bezeichnung 1180.001, die Schnellzuglokomotive 1470.001. Sie wurden 1925 in die Zgfltg. Bludenz eingeliefert. Von dort aus wurde die 1470.001 Probefahrten unterworfen, die sehr schlecht verlaufen sind. Die synchronen Geschwindigkeiten erwiesen sich auf den vorgesehenen Strecken als ungeeignet. Die zweite Lokomotive kam nicht einmal zum Fahren, weil ihre Motoren für die 1470 herhalten mußten. Aufgrund des Mißerfolges wurden beide Lokomotiven der Herstellerfirma zurückgegeben.

Konstruktive Merkmale

Fahrzeugteil

Laufwerk: 1180.001 mit fünf durch Stangen gekuppelte Antriebsachsen. Gleitachslager mit unten angeordneter Blattragfeder, Zentralschmierung. 1470.001 mit vier durch Stangen gekuppelte Antriebsachsen, wovon die beiden inneren ein Seitenspiel von ±25 mm haben. Vorne und hinten eine Laufachse als Adamsachse ausgebildet mit ±65 mm Seitenspiel. Achslager wie vor.

Antrieb: Beide Triebmotoren halbhoch im Rahmen gelagert, symmetrisch zur jeweiligen Antriebsachse. Die Motorkurbeln sind durch eine horizontale Kuppelstange verbunden, deren Enden über die schrägen verschieden langen Treibstangen am Kandoschen Gelenkdreieck angreifen. Der untere Dreieckspunkt ist am Kopf der Hauptkuppelstange der Triebräder angelenkt.

Hauptrahmen: Platteninnenrahmen in genieteter und geschraubter Ausführung mit Blechquerverbindungen, kräftige Stahlgußkonstruktion zur Aufnahme der beiden Fahrmotoren. Stirnverbindungen zur Aufnahme der Zug- und Stoßvorrichtungen.

Lokomotivkasten: Langgestreckter schmalerer Kastenaufbau zur Aufnahme der gesamten elektrischen Traktionsausrüstung. Durch Türen und Klappen Zugang von außen über ein Laufblech. Am hinteren Ende ein Führerhaus über die ganze Fahrzeugbreite. Im vorderen Teil des Kastens elektrische Apparate, die Wasserwiderstände mit Lüfter, bei 1470.001 ein Dampfkesselaggregat für die Zugheizung. Im mittleren Teil die Fahrmotoren mit Lüfter und zum Führerhaus hin der Phasenumformer mit Erregermaschine und Regler, letztere in das Führerhaus hineinreichend.

Bremseinrichtung: Automatische Vakuumbremseinrichtung für Lokomotive und Wagenzug, Druckluftbremse für Wagenzug. Zwei Vakuumpumpen und Kompressor.

Hilfseinrichtungen: Radialgebläse für Fahrmotoren und Wasserwiderstände, Druckluftpfeife, Druckluftsandstreuer, Zugheizdampfkessel nur bei Reihe 1470, Zentralschmierpresse.

Elektrischer Teil

Hochspannungsausrüstung: Zwei Scherenstromabnehmer Bauart I mit Hilfsbügel für verengtes Profil, Ölschalter.

Erfolglose Floridsdorfer 1470.001 System Kandò abgestellt in der Zugförderungsleitung Innsbruck Westbahnhof im Jahr 1925
Foto: Sammlung Scheingraber

1470.001 (nach erfolglosen Probefahrten) und 1180.001 (wegen Tauschteilentnahme für Sanierungsversuche an der 1470 nie mit eigener Kraft gefahren) blieben ein Jahrzehnt als Schrott in Bludenz stehen, bis sich die Lokfabrik Floridsdorf als Generalunternehmer mit dem Sublieferanten Ganz über Ersatzleistung (Kästen für VT 42.03 und 04) einigte
Foto: Stögermayr (1935)/Sammlung Scheingraber

Phasenumformer: Formt den Fahrleitungsstrom in mehrphasigen Wechselstrom niedriger Spannung mit gleicher Frequenz um. Drei Wicklungen im Ständer: Einphasenhochspannungswicklung, Niederspannungswicklung für Hilfsbetriebeversorgung und Traktionswicklung. Letztere mit Anzapfungen für zwei-, drei- und vierphasigen Wechselstrom. Der Läufer wird von einer Gleichstromerregermaschine, welche auf derselben Welle aufgesetzt ist, erregt. Ein automatischer Regler stellt die Läufererregung so ein, daß der von der Fahrleitung entnommene Strom mit der Spannung gleichphasig ist, der Leistungsfaktor also praktisch = 1 ist.

Steuerung: Von den vorgenannten Anzapfungen der Traktionswicklung des Phasenumformers wird zwei-, drei- oder vierphasiger Wechselstrom einer zwölf-, acht- oder sechspoligen Schaltung der beiden Motoren abgenommen. Damit können in Parallelschaltung drei synchrone Geschwindigkeiten eingestellt werden. In Kaskadenschaltung der Motoren mit acht- und zwölfpoliger Schaltung zwei weitere niedrigere synchrone Geschwindigkeiten. Diese betragen bei der Güterzuglokomotive 1180.001 mit 1070 mm Triebraddurchmesser rund 16,5, 25, 33, 50 und 60 km/h, bei der 1470.001 mit 1614 mm Triebraddurchmesser 25, 37,5, 60, 75 und 100 km/h.

Fahrmotoren: Zwei Drehstrommotoren von je 736 kW Stundenleistung umschaltbar auf zwei, drei und vier Phasen sowie zwölf, acht und sechs Pole. Vorschaltwiderstände als Wasserwiderstände.

Elektrische Bremse: Automatisch wirkende Netzbremse.

Hilfseinrichtungen: Von der Hilfsbetriebewicklung des Phasenumformers werden versorgt: Pumpen-, Kompressor- und Lüftermotoren, Anlaßschaltung für Umformer sowie Speisung des Dampfheizkessels bei 1470.001. 24-V-Gleichstromversorgung, Batterieladung vermutlich von der Erregermaschine.

Triebwagen

4010

Bo'Bo'
1964
Techn. Daten: Seite 228

Erstes Erscheinungsbild des „Transalpin"-Zuges 4010.02 (Schürzen am Triebkopf, noch fehlende Scheinwerferumrahmung usw.): Probefahrtaufnahme mit zusätzlichem Zwischenwagen (als Ballast) im Mai 1965 im Bahnhof Semmering
Werkfoto: SGP-Wagner

Die 1958 in Betrieb genommene Schnelltriebwagenverbindung Wien–Zürich, als Transalpin bezeichnet, wurde trotz des nicht sehr großen Komforts beifällig aufgenommen. Verwendet wurden vierteilige Züge, deren bauliches Konzept von einem Nahverkehrstriebwagen abgeleitet wurde. Näheres siehe unter 4130. Um die steigende Nachfrage befriedigen zu können, beschloß die Unternehmensleitung, einen leistungsfähigen Schnelltriebzug mit gehobenem Komfort für diesen Zweck vorzusehen. Außerdem waren in anderen Ländern auch attraktive Städtefernverbindungen geschaffen, so daß gewisse Konkurrenzgründe gegeben waren. Der neue Zug war als Sechswagenzug vorgesehen, wobei ein Wagen als komfortabler Speisewagen auszubilden war. Überlegungen betreffend Ausbildung des Triebfahrzeuges selbst, welches im Rahmen des Buchtitels allein zu beschreiben sein wird, ergaben klare Richtlinien. Die erforderliche Leistung war in Apparaten unter dem Wagenkasten nicht mehr unterzubringen. Das Trieb-

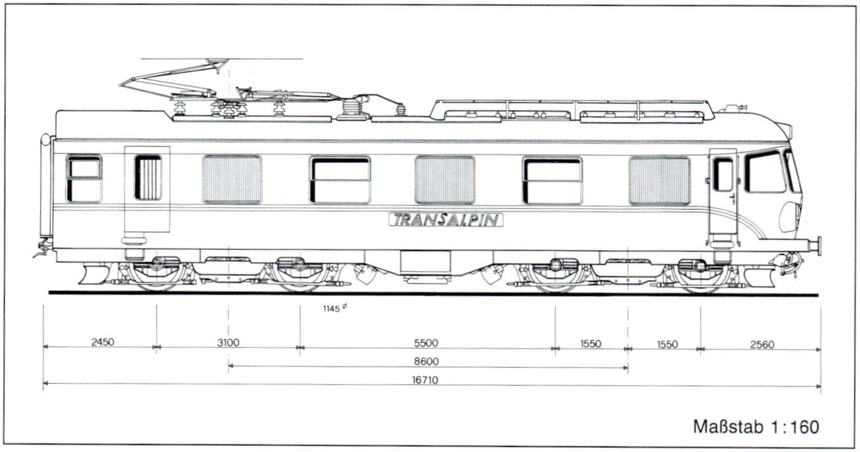

Typenbild der Triebköpfe ET 4010.01-03 im Ablieferungszustand für die „Transalpin"-Züge

fahrzeug wurde daher als Lokomotive ausgebildet, in seinem äußeren Erscheinungsbild aber voll in die Zugeinheit integriert. Das war um so leichter, als nur ein Führerstand erforderlich war, der zweite ist am anderen Zugende im Steuerwagen angeordnet. Damit ergibt sich das Bild einer in sich geschlossenen Zugeinheit. Für derartige lokomotivartige Antriebsfahrzeuge wurde der Begriff „Triebkopf" geprägt, wie man ihn auch heute beim französischen TGV oder deutschen ICE wiederfindet. Das Gewicht des gesamten besetzten Zuges sollte 300 t nicht überschreiten, der Achsdruck

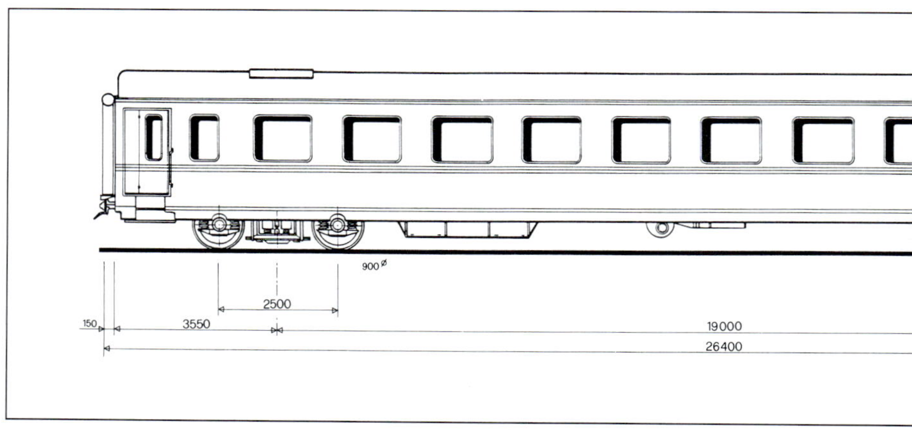

Typenbild des Halbbuffetwagens BR4hTI 7110.301-312 für die Inlandszüge 4010.04-15 als Beispiel für die mannigfaltigen Varianten an Zwischenwagen der Städtetriebzüge, deren komplette Einzeldarstellung über den Rahmen dieses Buches hinausginge

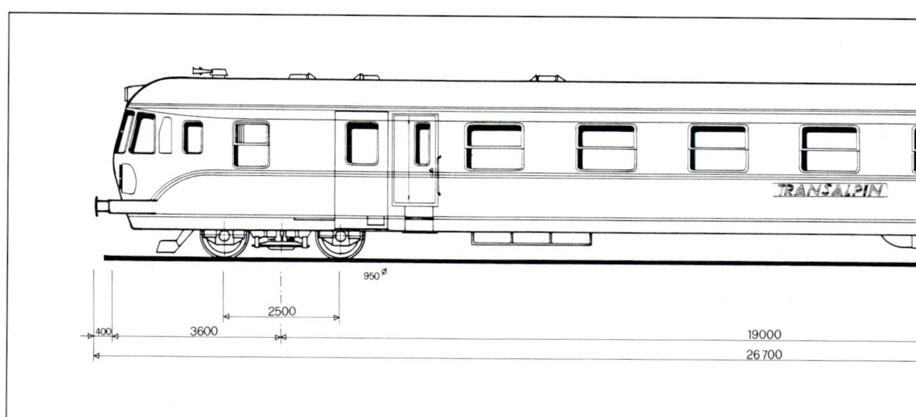

Typenbild der Steuerwagen ES 6010.01 -03 im Ablieferungszustand für die ersten Transalpin-Züge

des Triebkopfes auf 18 t beschränkt bleiben. Auf der Strecke Wien–Salzburg sollte die Beigabe von zwei Reisezugwagen (insgesamt 100 t) möglich sein. Der Triebzug sollte die jeweilige Streckenhöchstgeschwindigkeit (140 km/h) voll nutzen, die Arlbergwestrampe (31,4 ‰) mit ihrer zulässigen Geschwindigkeit von 70 km/h ohne Vorspann durchfahren können.

Daraus ergibt sich eine Fahrzeughöchstgeschwindigkeit von 150 km/h, die Antriebsleistung errechnete sich mit 2400 kW. Darüber hinaus wurden weitere Züge für den innerösterreichischen Verkehr vorgesehen, die als Fünfwagenzug (das heißt, vier Wagen für Fahrgäste, hiervon einer als Teilspeisewagen mit Personenabteil) verkehren sollten. Die Züge fanden beim Reisepublikum hervorragende Zustimmung, trotz ihrer Konzeption der frühen sechziger Jahre sind sie komfortmäßig unübertroffen.

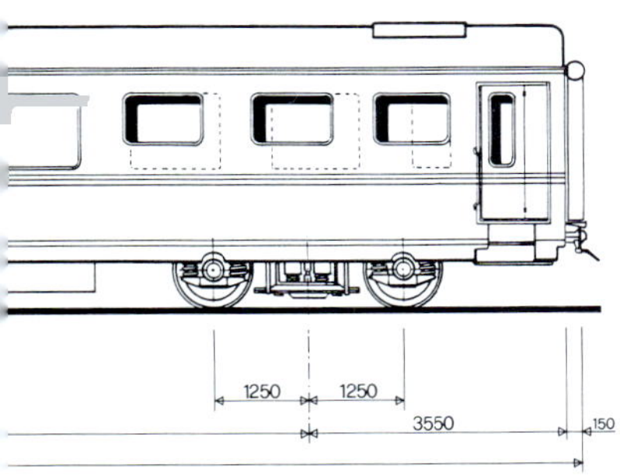

Maßstab 1:160

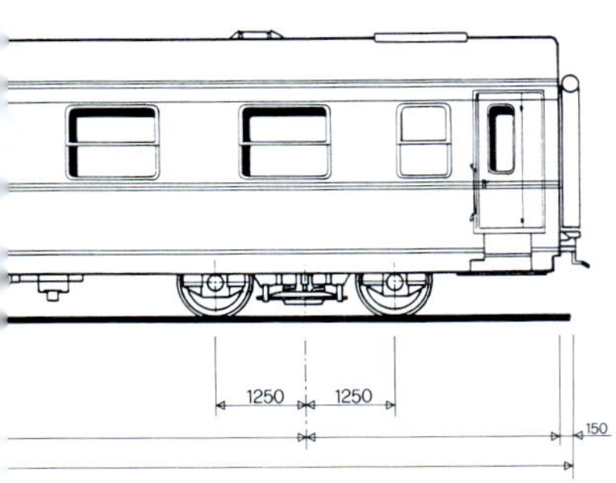

Maßstab 1:160

1962 wurden die drei Sechswagenzüge bestellt, der Triebkopf sollte die Reihenbezeichnung 4010 erhalten, der Steuerwagen 6010, die Zwischenwagen unterschiedlicher Ausstattung gemäß mit der ersten Nummer 7, wobei besondere Kennzeichnungen für Großraum-, Abteil-, Speisewagen sowie 1. oder 2. Klasse in der Ziffernkombination enthalten sind. Als Lieferfirmen für den elektrischen Teil waren wieder die Firmengemeinschaft Brown Boveri, ELIN und Siemens unter Federführung von BBC verantwortlich. Konstruktion und Bau des Fahrzeugteiles sowie der Innenausstattung lag in Händen der Firma SGP, wobei letztere in enger Zusammenarbeit mit den ÖBB entworfen wurde.

Für die Ausbildung des Triebkopfes sollten, soweit möglich, bewährte Komponenten eingebracht werden. Besonderes Augenmerk war der Fahr-/Bremssteuerung zuzuwenden, von der kein geeignetes Vorbild gegeben war. Beschleunigungs- und Bremskraftwirkung sollten unter Ausnutzung der Adhäsion an den elektrischen Grenzwerten, hier vor allem Motor- und Bremsstrom, optimal wirksam sein. Hierzu mußten die Steuervorgänge weitgehend automatisiert werden. Erstmals kamen Thyristoren im Bremskreis zur Anwendung. Für die stufenlose Bremskraftregelung werden die Fahrmotorenfelder über eine Thyristorbrücke gesteuert. Eine weitere, äußerst erfolgreiche Neuentwicklung, nämlich die Einholmstromabnehmer oder auch Halbscherenstromabnehmer, wurden für diesen Fahrzeugtyp erstmals gebaut und sind inzwischen zum Standardtyp geworden. Für zwei normale Scherenstromabnehmer war am Dach infolge der platzbeanspruchenden Bremswiderstände keine Unterbringung möglich. Zwei Einholmstromabnehmer, mit den Wippen zueinander, konnten angeordnet werden. Die zwei Stromabnehmer waren zwingende Notwendigkeit, weil in der Schweiz mit einem anderen Schleifstück aus Profilgründen gefahren werden mußte. Der Fahrmotor wurde mit den neuesten Erkenntnissen aus dem der Reihe 1141 weiterentwickelt, wobei er um 700 kg leichter wurde. Das Triebdrehgestell zeigt Ähnlichkeit mit dem der Reihe 4030.200, das Schaltwerk in gleicher Ausführung. Für den Antrieb wählte man den bewährten BBC-Federantrieb aus.

An die genannte Erstbestellung 1962 wurden unmittelbar darauf zwölf weitere Züge für den Inlandsverkehr bestellt. 1967 wurden aufgrund des Bedarfs und der großen Nachfrage noch zwei Züge bestellt, 1971 erfolgte eine Bestellung von Zwischenwagen, so daß dann alle 17 Züge sechsteilig geführt werden konnten. Teilbestellungen danach führten schließlich 1978 zu einem endgültigen Bestand von 29 Zügen. Die ersten Züge konnten zum Sommerfahrplan 1965 für den Transalpineinsatz zur Verfügung gestellt werden. Es folgten innerösterreichische Kurse, zunächst nach Graz und dann Villach. Neben weiteren wurden auch internationale Einsätze nach Frankfurt/Main, München und neben dem Transalpin in die Schweiz gefahren. Bald konnte das Platzangebot die Nachfrage nicht mehr befriedigen, so daß beschlossen wurde, die Züge für

Städteschnellzug ET 4010 bei Innsbruck im März 1981
Foto: Petrovitsch

Triebkopf 4010.022 mit geänderter Anordnung des Einstieges und des Führerstand-Senkfensters (Bischofshofen, Juni 1990)
Foto: Petrovitsch

Vielfachsteuerung auszurüsten und in Doppeltraktion einzusetzen. Ab dem 18. Zug war dies für die Lieferung bereits vorgeschrieben. In der Zeit der Auslandskurse waren die Triebzüge Spitzenreiter in der Kilometerleistungsstatistik, sie lagen über 30 000 km monatlich. Infolge der weiterhin gestiegenen Nachfrage war es nur noch möglich, die internationalen Verbindungen mit lokomotivbespannten Zügen abzudecken und die Triebzüge dem Binnenverkehr zuzuführen. Damit konnten etliche Landeshauptstädte

attraktiver verbunden werden. Dabei sind noch Monatsleistungen von weit über 20 000 km zu verzeichnen. Beheimatet sind die Triebzüge in Wien West, Wien Süd und Graz. Von der hervorragenden Publikumswirksamkeit abgesehen, hat auch die technische Konzeption sehr gut entsprochen. Anfangsprobleme waren nicht ganz zu umgehen, vor allem waren es Einwirkungen von Frost und Schnee, denen durch geeignete Maßnahmen begegnet werden konnte. Um die Bremswirkung zu erhöhen, erhielten die Wagen eine Magnetschienenbremse. Ab 1988 erfolgte ein Umbau für Dauereinsatz mit 150 km/h, bei dem die Fahrmotoren für Feldschwächbetrieb als besonders signifikante Maßnahme eingerichtet wurden. Die Erhaltungskosten sind minimal, Untauglichkeitsfälle äußerst selten.

Konstruktive Merkmale

Fahrzeugteil

Laufwerk: Drehgestelle in geschweißter Kastenrahmenausbildung, in der Mitte mit tief nach unten gezogenen Längsholmen, keine Wiegenkonstruktion. Kastenabstützung über Gleitsteine auf einen oberen Wiegentrog, der mit je zwei Schraubenfedern (Flexicoilfedern) am unteren Wiegentrog abgestützt ist, der am Gestell pendelnd aufgehängt ist. Die unteren Tröge sind durch Rohrstangen miteinander verbunden. Zugkraftübertragung vom Drehgestell über einen in vorgespanntem Gummiblock fest gelagerten Drehzapfen, der mit dem Fahrzeugkasten fest verbunden ist. Achslager in Zylinderrollenlagern über Gummifedern mit dem Gestell verbunden. Da die Laufeigenschaften nicht ganz entsprechend waren, wurde die Lagerung auf Stahlschraubenfederausführung mit hydraulischen Dämpfern umgebaut. Für alle Relativbewegungen Kasten–Gestell sind Dämpfer eingebaut. Beide Drehgestelle sind durch eine Querkupplung verbunden.

Antrieb: Einseitiger BBC-Federantrieb mit schrägverzahnten Getrieberädern, Zähnezahl 29:73, Großrad in zwei Pendelrollenlagern gelagert.

Hauptrahmen: Geschweißte Rahmenkonstruktion aus Walzprofilen und Blechen, verstärkte Endquerverbindungen stirnseitig zur Aufnahme der Zug- und Stoßvorrichtung normaler Bauart, am übergangsseitigen Ende zur Aufnahme der Mittelpufferkupplung als Verbindungskupplung innerhalb der Triebzugeinheit, Querverbindung in der Mitte zur Aufnahme des Transformators, zwei Verbindungen, in welchem der Drehzapfen fest gelagert ist.

Fahrzeugkasten: Selbsttragende Konstruktion aus Blech und Walzprofilen, windschnittige Stirnausführung. Maske aus Polyester bei den ersten drei Zügen, nachträglich auf Stahlblech umgebaut. Stirnseitig ein geräumiger Führerstand, Maschinenraum mit einseitigem Durchgang, anschließend ein Gepäckraum mit zwei seitlichen Schwingschiebetüren und kleinem Dienstabteil für den Zugführer. In Maschinenraummitte Transformatoraggregat mit Ölkühler und Stufenschaltwerk, an den Enden die beiden Doppellüfteraggregate, im hinteren Teil Kompressor und Aggregate für elektrische Bremse, beiderseitig elektrische Schalteinrichtungen, vorne Apparategerüste für elektrische und pneumatische Ausrüstungsteile. Seitliche große Fenster oder Lüftungsjalousien als Düsenlüftungsgitter in Übereinstimmung mit den Fensterquerschnitten der Anhängewagen. Direkte Kühlluftansaugung durch seitliche Jalousien.

Bremseinrichtung: Schnellwirkende automatische Druckluftbremse, Zusatzdruckluftbremse für den Triebkopf, Rückhaltebremse bei Fahrt vom Steuerwagen aus, Nachbremsventil, im Zusammenhang mit der elektrischen Bremse wirkend. Schleuderschutzbremse. Pneumatische Gleitschutzbremse. Handbremse nur auf eine Seite des vorderen Drehgestells wirkend. Kolbenkompressor mit 150 m^3/h gegen 8 bar Förderleistung.

Hilfseinrichtungen: Zwei Doppellüfteraggregate mit je zwei Radialgebläsen für die Fahrmotoren (pro Fahrmotor 128 m^3/min) und für Transformatorkühlung (120 m^3/min). Mehrfachdrucklufttyphon, Druckluftsandstreuer, Achsgetriebe für Gleit- und Schleuderschutz, Überwachungsgerät, Geschwindigkeitsmesser.

Elektrischer Teil

Hochspannungsausrüstung: Zwei Einholmstromabnehmer VI, Hochspannungswandler, Druckluftschnellschalter DBTF.

Haupttransformator: Kerntransformator in radialgeblechter Ausführung mit zwangsweisem Ölumlauf im Kessel und in einem zusätzlich belüfteten Luftkühlsystem. 28 Niederspannungsstufenanzapfungen von 80 bis 540 V, Traktionsdauerleistung 2180 kVA, Heizleistung 312 kVA bei 1000 V und 96 kVA Hilfsbetriebsleistung. Bremserregerausführung für 180 V, Überschaltdrosselspulen im Kessel eingebaut.

Steuerung: Niederspannungsstufenschaltwerk BBC mit 28 Fahrstufen bestehend aus Wähler (unter Öl), Lastschalter und Antrieb. Wähler mit vier

Seit Mai 1990 präsentiert sich der Triebzug ET 4010.022 in neuer EC-Farbgebung Verkehrsrot-Grauweiß-Umbragrau, vollklimatisiert und umgebaut auf Schwenkschiebetüren: Einfahrt als EC „Robert Stolz“ in Bischofshofen im Juni 1990
Foto: Petrovitsch

ringförmigen Kreisbahnen und wechselweiser Kontaktanordnung, davor gleichartige Sammelschienensegmente. Verbindung durch Kontaktvorrichtungen mit Rollenkontakten und damit der Überschaltdrosselspulen mit den Transformatoranzapfungen. Zwangsabhängigkeit von Kontakt- und Lastschalterbetätigung. Antrieb über einen vierzylindrigen Kurbelwellendruckluftmotor, der durch zwei elektropneumatische Ventile gesteuert wird. Diese erfolgt mittels einer elektronischen Befehlsgebersteuerung, bei der die vom Fahrschalter kommenden Steuerungsimpulse in Abhängigkeit von Motorstrom und Fahrschalterstellung zu Steuermotorbefehlen verarbeitet werden. Dabei werden je nach Auf-Befehl Motorströme von 1300, 1600 oder 1900 A angesteuert und konstant gehalten, wobei die Schaltgeschwindigkeit durch einen Taktgeber beeinflußt wird. Ein Zusatzgerät vergleicht zwecks Schleuderschutz die Motorströme untereinander. Überschreiten diese eine bestimmte Differenz, wird der Aufschaltvorgang unterbrochen und die Schleuderschutzbremse wirksam. Fahr-/Bremswender in herkömmlicher Ausführung mit Klotzkontakten. Vielfachsteuerung.

Fahrmotoren: Vier zehnpolige kompensierte Wechselstromreihenschlußmotoren für 625 kW Stundenleistung und 1800 U/min Höchstdrehzahl, Motoren fremdbelüftet, Läufer mit offenen Fahnen.

Elektrische Bremse: Elektrische Hochleistungswiderstandsbremse, wobei die über die Bremswiderstände kurzgeschlossenen Motoren von den nun als Fremdfeldern geschalteten Erregerwicklungen beaufschlagt werden. Diese werden von einer Thyristorbrücke gesteuert, welche mit 180 V vom Transformator gespeist wird. Mit Hilfe der Anschnittsteuerung ist eine stufenlose Bremskraftregelung möglich. Die Bremsleistung beträgt 1500 kW, die maximale Bremskraft bei etwa 50 km/h 100 kN. Elektronik schützt bei gleichzeitiger elektrischer und Druckluftbremsung vor Überschreitung der Bremskraft.

Hilfseinrichtungen: 24-V-Gleichstromversorgungsnetz für Steuerung, Beleuchtung und sonstige Betätigungen. Batterie für 300-Ah-Kapazität von einem Umformeraggregat mit 2,6 kW, von einem Einphasenasynchronmotor angetrieben über einen statischen Laderegler versorgt. Im Prinzip gleichartige Anlagen auch im Steuer- und Zwischenwagen mit unterschiedlicher Auslegung. Anspeisung über einen Transformator von der Zugheizleitung mit 6 kW, der Speisewagen mit der vollelektrischen Küche hat einen Transformator für 37 kW und zwei Batterien. Doppellüfteraggregate mit je einem Antriebsmotor von 25 kW, Kompressormotor mit 22 kW, Ölpumpenmotor als Einphasenasynchronmotor mit 3 kW und Anlaufkondensator. Elektronisches Überwachungsgerät mit Weg–Weg-Impulssicherheitsfahrschaltung, Indusi, Zugbahnfunk.

4020

Bo'Bo'

1978

Techn. Daten: Seite 228

Der Wiener Schnellbahn war von ihrer Eröffnung an im Januar 1962 ein großer Erfolg beschieden. Innerhalb von acht Jahren stieg die Zahl der beförderten Personen um 100 % (rund 17 auf 34 Millionen jährlich), ebenso auch die Zahl der Zugkilometer. Dabei hatte sich am Grundnetz praktisch nichts geändert. Schon 1970 war klar, daß im Großraum Wien längerfristig ein Verkehrsverbund aller öffentlichen Verkehrsmittel notwendig sein wird, wobei auch eine Netzerweiterung eintreten wird. In Planungsgesprächen wurde für den Endausbau eine maximal mögliche Zahl von 150 Dreiwagenzügen in Betracht gezogen. Da sich der Verkehr auch auf dicht befahrene Hauptstrecken (z. B. Südbahn) auszudehnen begann, war ein Triebzug mit nur 100 km/h und 0,5 m/sek² aus fahrplantechnischen Gründen wie der vorhandene 4030.200, in kurzen Intervallen nicht mehr möglich. Auf den in Frage stehenden Hauptstrecken muß auch der Nahverkehr auf den beiden Hauptgleisen abgewickelt werden. So begannen für die Anschaffung neuer Nahverkehrstriebzüge 1970 konkrete Untersuchungen, wobei an der Dreiwagenvariante festgehalten wurde. Die Höchstgeschwindigkeit war auf 120 km/h anzuheben, die mittlere Anfahrbeschleunigung auf 0 ‰ hatte 0,7 m/sek² zu betragen. Das Fahrplanmodell war wie bei Reihe 4030 auf die Schnellbahnstammstrecke Meidling–Floridsdorf bezogen. Auf Ersuchen stellte die DB eine Garnitur des neuen Nahverkehrstriebzuges 420 für Probefahrten den ÖBB zur Verfügung, die eine Entscheidungshilfe bringen sollten. Verglichen wurde mit der Reihe 4030.200. Der bescheidene Fahrzeitgewinn in der Stammstrecke betrug etwas über eine Minute bei vergleichbaren Leistungen von 1000 zu 2400 kW. Damit wurde an der bewährten Variante Trieb-, Zwischen- und Steuerwagen festgehalten.

Die Rechnung ergab, daß 1200 kW Antriebsleistung und 120 km/h Höchstgeschwindigkeit ausreichend sind. Mit einem thyristorgesteuerten Triebfahrzeug und automatischer Fahr-/Bremssteuerung zur Entlastung des Triebfahrzeugführers ist das Fahrprogramm zu beherrschen.

Die Innenraumgestaltung war mehr als bei Reihe 4030 auf Erfordernisse des Ballungsverkehrs abzustimmen, wobei gewisse Abstriche beim Sitzplatzkomfort und -angebot vorzusehen waren. Für die geforderte hohe Bremsverzögerung von 1 m/sek² war eine hochwirksame elektrische Bremse notwendig, ebenso zur vollen Nutzung der Reibungsverhältnisse geeignete Gleit- und Schleuderschutzeinrichtungen. Die elektrische Traktionsausrüstung war wieder unterflur anzuordnen. Es war von vornherein geplant, daß ein Regelzug als Doppelgarnitur in Vielfachsteuerung geführt wird. Alle Züge sollten nur mit automatischer Mittelpufferkupplung unter Einbeziehung von Steuer- und Druckluftleitungen ausgestattet werden. Den Zügen wurde die Reihenbezeichnung 4020 zugewiesen. Adäquat 6020 beziehungsweise 7020 für Steuer- und Zwischenwagen.

Der mechanische Teil, in diesem Falle also Fahrzeugteil und Wagenkasteninneneinrichtung, war wieder von der Firma SGP in ihrem Grazer Werk herzustellen. Die Firma Siemens war federführend für den elektrischen Teil, der wieder in Gemeinschaft mit BBC und ELIN hergestellt wurde. Aber auch das österreichische Zweigwerk der AEG trat bei diesem Fahrzeug auf dem Gebiet der Stromrichter wieder als Unterlieferant in Erscheinung.

Laufwerk und Antrieb sollten so einfach als auch zweckmäßig sein. Der bei Thyristorsteuerung volumenmäßig günstigere Gleichstrommotor, in Zusammenwirken mit einem einseitigen Tatzlagerantrieb, findet leicht innerhalb der Triebdrehgestelle Platz, so daß die Höhe des Wagenfußbodens nicht beeinträchtigt wird. Ein neuer Weg wurde in der Kastenabstützung beschritten. Anstelle der bisherigen Wiegen- und Federnkombination kam ein Luftfedernsystem zur Anwendung, bei welchem der Wagenkasten über Luftfederbälge sich direkt auf die Drehgestelle abstützt. Die Luftfedern sind in der Lage, sämtliche Relativbewegungen zwischen Wagenkasten und Drehgestell aufzunehmen. Damit ist eine gewisse Vereinfachung eingetreten, haben doch gerade herkömmliche Funktionselemente in diesem Bereich immer wieder zu Schwierigkeiten geführt. Außerdem wird der Fahrkomfort verbessert. Die Einstiegöffnungen wurden verbreitert, was sich vorteilhaft auf den Fahrgastwechsel auswirkt. Auf Trennzwischenwände wurde verzichtet, die Fahrgäste können sich ungehindert zwischen Einstiegplattformen und Innenräumen bewegen. Im Triebwagen sind 56 Sitzplätze ange-

Maßstab 1:160

Typenbild Nahverkehrs-Triebwagengarnitur B4ET 4020 + B4hTI 7020 + B4hES 6020 der Erstbauserie im Ablieferungszustand

ordnet, die Stehplatzanzahl ist mit 134 angenommen. Hinter dem Führerstand ist ein kleines Dienstabteil, im Steuer- und Zwischenwagen sind 64 Sitzplätze vorhanden. Als Einstiegtüren finden wieder die bewährten Schwenkschiebetüren mit automatischer Steuerung Verwendung. Bei der Bremsausrüstung wurden die Triebachsen auch mit Scheibenbremsen ausgestattet.

Es wurden zunächst 40 Züge bestellt. Da aber nicht nur der Großraum Wien zu versorgen war, sondern auch Ballungsverkehr im Raum Innsbruck, Vorarlberg und Linz einzuführen war, wurden weitere Züge benötigt. Schließlich erhöhte sich das Gesamtbestellvolumen auf 120 Züge, die bis 1987 ausgeliefert waren. Eingeliefert wurden die neuen Züge in der Zfltg. Wien-Floridsdorf.

Die ersten Züge gelangten anläßlich der Aufnahme des Schnellbahnbetriebes auf der Strecke Innsbruck–Telfs bereits 1979 zur Zfltg. Innsbruck. Neben Wien, wo der Großteil der Züge beheimatet ist, kamen dann weitere Züge in die Zfltgn. Bludenz und Linz. Mit Einbindung der Franz-Josef-Bahn-Strecke von Wien bis Tulln und der Wiener Vorortlinie, welche eine Verbindung über die westlichen Randbezirke von der Franz-Josef-Bahn zur Westbahn herstellt, wurden auch der Zfltg. Wien-Franz-Josef-Bahn Triebzüge der Reihe 4020 zugewiesen.

Auch die heute klaglos funktionierende Triebzugeinheit blieb nicht von Kinderkrankheiten verschont. Die Reihe 4020 hatte den gewaltigen Technologiesprung zur Anwendung der Thyristortechnik im Nahverkehrseinsatz zu verkraften. Die anfänglichen Schwierigkeiten im Zusammenwirken elektronischer Bauteile verschiedener Erzeuger konnten in intensiver Zusammenarbeit mit der zentralen Elektronikwerkstätte der ÖBB bald ausgeräumt werden. Das der neuen Technik der stufenlosen Zugkraftübertragung anhängige Problem der mechanischen Energieübertragung (siehe auch 1043 und 1044), welches an einer mit herkömmlichen Dimensionen ausgeführten, an der schwächsten Stelle Schwierigkeiten bringt, hat sich hier am Fahrmotor und dem Ritzel niedergeschlagen. Eine entsprechende Verstärkung brachte Abhilfe. Den enormen Verbrauch an Druckluft für die Luftfederung konnte der jahrzehntelang bestens bewährte Rotationskompressor nicht mehr bewältigen. Ein robuster Kolbenkompressor, der fast dauernd läuft, brachte Abhilfe. Und schließlich gab es auch hier, wie von anderen Fahrzeugtypen bekannt, Probleme bei Frost und Schnee, vor allem im Bereich der Druckluftversorgung. Durch verschiedene Maßnahmen, wie Einbau einer Lufttrocknungsanlage, vermehrter Entwässerungsmöglichkeiten, zusätzlicher Belüftung der Apparateschränke usw., konnten auch diese Übelstände beseitigt werden.

Die Reihe 4020 hat sich nunmehr zu einem Fahrzeugtyp herauskristallisiert, der äußerst betriebszuverlässig ist und auch erhaltungsmäßig optimal erscheint. So liegen zum Beispiel die Kosten bei einer Teilrevision einer alten Triebzuggarnitur 4030.200 um 80 % über den der Reihe 4020.

Konstruktive Merkmale

Fahrzeugteil

Laufwerk: Drehgestellrahmen in geschweißter Holmenbauweise Bauart SGP T 4020-LS mit Stirn- und mittlerer Querverbindung, wo die Motoren über vorgespannte Gummifedern angelenkt sind. Sie übernehmen deren Relativbewegungen, ihr Druck wird belastungsabhängig von einem Niveauregulierventil angepaßt. Je Feder zusätzlich ein Vertikalstoßdämpfer. Zug- und Bremskraftübertragung über einen mit dem Kasten verschraubten Drehzapfen, dessen Führungsgehäuse in eine Öffnung des mittleren Querträgers ragt. Räder als Vollräder mit angebauten Bremsscheiben ausgeführt. Zylinderrollenachslager über Schichtgummifedern abgestützt.

Antrieb: Einseitiger Tatzlagerantrieb mit Achsabstützung über Kegelrollenlager, schrägverzahnte Getrieberäder, Großrad gefedert, 18 : 85 Zähne, später auf 20 : 85 nach Ritzeltausch geändert beziehungsweise ab 4020-41 serienmäßig vorhanden.

Hauptrahmen: Geschweißte Rahmenkonstruktion aus gewalzten Stahlprofilen und -blechen. Langträger im Einstiegbereich um das Maß der erforderlichen Einstiegtiefe gekröpft. An der Stirnseite vollautomatische Mittelpufferkupplung mit Stoßverzehreinrichtung, Steuerkabel-und Druckluftkupplung, am übergangsseitigen Ende Kupplung ohne Stoßverzehr, Kabel- und Luftleitungen. Eingeschweißte Tragkonstruktionen zur Aufnahme elektrischer und pneumatischer Bauteile unter dem Kasten, wo auch die gesamte Traktionsausrüstung angeordnet ist.

Fahrzeugkasten: Selbsttragende Konstruktion aus gewalzten Stahlprofilen und gekanteten Stahlblechen. Gepreßte Dachspriegel aus Stahlblech. Im Dachgerippe Tragkonstruktionen für elektrische Geräte. Schräge Stirnfront mit großem einteiligen Fenster und Zugzielanzeige. Geräumiger Führerstand mit hinten angeordneten Elektronikschränken. Keine seitlichen Einstiegtüren, Mitteltüre nach hinten in einen kleinen Dienstraum mit seitlichen Türen. Vom Dienstraum Durchgang in den Fahrgastraum mit vorderem kleinen Endabteil und sechs Sitzplätzen, Einstiegraum, weiter Mittelabteil mit 28 Plätzen, hinterer Einstiegraum und Endabteil mit 22 Sitzplätzen. Hintere Stirntüre zum Übergang in den Zwischenwagen. Schwenkbare Übergangsbrücke, wodurch Öffnungen nach unten im Bogen vermieden werden, Gummibälge in üblicher Ausführung. Große Einstiegräume mit

Erstes Einsatzgebiet der Thyristortriebwagen 4020 war 1979 der Regional-Taktverkehr Innsbruck–Telfs-Pfaffenhofen: 4020.05 hinterstellt als Reservegarnitur für die Eröffnungsfahrt in Innsbruck im März 1979
Foto: Petrovitsch

trichterförmigem Übergang ohne Zwischentüren in die Fahrgasträume, Schwenkschiebetüren mit 1400 mm lichter Weite und automatischer Steuerung. Seitenwandinnenverschalung aus Polyester, am Dachgerippe eine Farbschichtlochplatte montiert, darunter Leichtmetalldeckenraster. Im Zwischenraum Rohrleitungen, Lüfter und Lautsprecher. Wagen mit Zweiplatz-Doppelsitzen, Zweiplatz-Wand- und Einplatz-Wandsitzen, an den Rükkenlehnen der Doppelsitze Haltegriffe, Einheitsitzbespannung. Vier abhebbare Dachfelder über Lüftern und Motorbeschaltung, Bremswiderstände freiliegend am Dach angeordnet, Lüfteraufbauten mit seitlichen Düsenlüftungsgittern.

Bremseinrichtung: Universalhochleistungsbremse mit automatischer Lastabbremsung. Für Betriebsbremsungen wird eine elektropneumatische Bremse mit sieben Stufen verwendet. Rein pneumatische Bremse nur bei Ausfall der elektropneumatischen und bei Schnellbremsungen wirksam. Die Bremselektronik stellt eine optimale Ergänzung zwischen elektrischer und pneumatischer Bremse sicher, wobei das Schwergewicht auf die verschleißfreie elektrische Bremse gelegt wird. Lastabhängige Bremswirkung vom Luftfederdruck gesteuert. Abbremsung der Triebräder über Zangenbremsen, die auf die Bremsscheiben wirken. Zusätzlich eine Klotzbremse vorhanden (entfällt bei Zwischen- und Steuerwagen). Handbremse nur auf das führerstandsseitige Drehgestell wirkend. Einheitsrotationskompressor mit 140 m^3/h gegen 8 bar, ab 4020.31 Verwendung eines Schraubenkompressors, schließlich Übergang zu Kolbenkompressoren ab 4020.81, nachträglich 4020.01 bis 30 auch damit bestückt. Nachträgliche Ausrüstung mit Lufttrocknern.

Hilfseinrichtungen: Sechs Lüfter, und zwar je zwei für den Transformator, Traktionsstromrichter und die Fahrmotoren. Mehrfachdruckluftttyphon, Druckluftsandstreuer, elektronische Gleitschutzeinrichtung, elektrischer und pneumatischer Schleuderschutz. Achsantriebe, elektrischer Geber für Schleuderschutz, Geschwindigkeitsmesser, Sicherheitsfahrschaltung. Fahrgastinformation im Wagen durch Rollbandanzeige. Spurkranzschmierung.

Elektrischer Teil

Hochspannungsausrüstung: Zwei Einholmstromabnehmer Bauart VI am hinteren Fahrzeugende angeordnet,

Stromabnahme über den in Fahrtrichtung hinten liegenden Stromabnehmer, Druckluftschnellschalter DBTF, Primärspannungswandler und Überspannungsableiter. Kunststoffhochspannungskabel mit Einführung und Stromwandler zum Transformator.

Haupttransformator: Öltransformator in radialgeblechter Kernausführung mit zwangsweisem Ölumlauf im Kessel und zusätzlich belüfteten Luftkühlsystem, hinzu kommt noch die Fahrtwindkühlung. Zwei Traktionssekundärwicklungen mit zweimal 550 V, 1450 kVA Dauerleistung zur Anspeisung der in Serie geschalteten Thyristorgleichrichterbrücken. Eigene Heizwicklung für 1000 V und 200 kW, Hilfsbetriebewicklung für 203 V/70 kVA.

Thyristorgleichrichter: Zwei gleichstromseitig in Serie geschaltete Gleichrichterbrücken in je einem Unterflurschrank. Sie sind für eine Nenngleichspannung von 850 V, einen Nennstrom von 1520 A und Anfahrstrom von 2280 A ausgelegt. Im Schrank der zweiten Brücke befindet sich auch der Erregergleichrichter für die Fremderregerwicklung der Fahrmotoren. Die Spannung der Fahrmotoren wird durch Änderung des Anschnittwinkels gesteuert. Die Brücken sind in unsymmetrisch halbgesteuerter Weise (wie 1043) ausgeführt. Die Dioden bilden dabei mit den Fahrmotoren einen Freilaufkreis. Zusätzlich ist die zuerst angesteuerte Brücke mit einer 2C-LUB-Schaltung ausgestattet (LUB = löschbare unsymmetrische Brücke). Dabei wird der Strom auf einen Kondensatorlöschzweig kommutiert und noch vor dem Nulldurchgang spiegelbildlich zum Zündzeitpunkt gelöscht. Diese Maßnahme verbessert den Leistungsfaktor erheblich. Zwei Lüfter saugen die Luft durch die Brücken zur Kühlung. Die Thyristoren werden durch ultraflinke Sicherungen geschützt sowie einer Gittersperre, die im Normalfall noch vor den Sicherungen anspricht. Die Gleichrichterzellen sind Flachbodenzellen, die auf Kühlkörper mit Federdruck aufgepreßt sind. Sie sind in Kühlschienentechnik angeordnet.

Steuerung: Der Triebzug ist mit einer AFB (Automatische Fahr-Bremssteuerung) ausgerüstet. Es sind nur zwei Bedienhebel vorhanden, ein „V-Hebel“ (Geschwindigkeit) und ein „Z-Hebel“ (Zugkraft). Das Fahrzeug kann mit jedem Hebel allein, aber auch im Zusammenwirken gesteuert werden. Der Z-Hebel beinhaltet das Führerbremsventil. Wird mit dem V-Hebel gefahren, werden die erforderlichen Zug- und Bremskräfte über die AFB vorgegeben. Die Anlage besteht aus einzelnen Baugruppen. Die Geschwindigkeitsregelung wird mit der AFB vom Triebfahrzeugführer direkt beeinflußt, die Fahrzeugregelung führt die Zünd- und Löschimpulse für die Stromrichter durch. Die EP-Steuerung, von der AFB mitbeeinflußt, stellt den Vorrang der elektrischen Bremse sicher. Schließlich die Geschwindigkeitsmeßanlage, deren Zentralgerät neben der Geschwindigkeitsmessung auch die Funktion der Weg–Weg-Sifa sowie des Gleit- und Schleuderschutzes übernimmt. Elektropneumatische Fahrtwender. Fahr-Bremsschütze.

Fahrmotoren und Glättungsdrossel: Vier eigen- und fremdbelüftete vierpolige Tatzlagergleichstrommotoren für 300 kW Stundenleistung und 3200 U/min bei Höchstgeschwindigkeit. Die Motoren haben eine gemischte Erregung durch eine Reihen- und Fremderregerwicklung. Die Motoren sind parallelgeschaltet und gemeinsam spannungsgeregelt. Zwischen den Gleichrichter und den Motoren ist eine gemeinsame luftgekühlte Glättungsdrossel geschaltet. Von den Fahrmotoren gibt es zwei Ausführungen, die zweite ist konstruktiv verbessert und wurde ab 4020.41 eingebaut, die Leistungswerte sind gleich.

Elektrische Bremse: Die vier Läufer der Fahrmotoren arbeiten jeder für sich auf einem Bremswiderstand, der am Dach selbstlüftend angeordnet ist, in Kurzschlußschaltung. Die Fremderregerwicklungen werden von der Hilfsbetriebespannung des Transformators gespeist und auf konstantes Bremsmoment geregelt. Elektromagnetische Schütze besorgen die Umgruppierung für Fahren/Bremsen. Dauerbremsleistung 1000 kW, maximale Bremskraft 100 kN.

Hilfseinrichtungen: 24-V-Gleichstromversorgungsnetz für Steuerung, Beleuchtung und Betätigungen. In jedem Wagen des Zuges ist eine Batterie für 430-Ah-Kapazität eingebaut. Batterieladegerät im Triebwagen vom Hilfsbetriebenetz angespeist, in den übrigen von der Heizleitung. Batterieschiene für die EP-Bremse durch den ganzen Zug. Hauptverbraucher im Triebwagen ist die Regelung, die von einem 1500 VA-Wechselrichter als zentrales Netzgerät eine 220 V-/50-Hz-Rechteckspannung liefert. Die Lüfter werden einheitlich von Einphasenasynchronmotoren von 1,5 kW mit Kondensatorhilfsphase angetrieben. Kompressormotor als Wechselstrommotor mit 17 kW. Belüftung im Triebwagen durch Ansaugen der Motorluft aus dem Fahrgastraum, 40-W-Dachlüfter in den übrigen Wagen. Gleichartige Motoren auch für Führerstandsheizung und Belüftung. Beheizung der Fahrgasträume mit 1000-V-Widerstandsheizkörpern an den Längsseiten. Heizleistung durch Energieregler im Fahrgastraum variierbar.

4030
4030.100
4030.300

Bo'Bo'

1956

Techn. Daten: Seite 228

Um diese etwas verwirrende Typenbezeichnung sei gleich am Anfang klargestellt, daß die Bezeichnungen 4030 und 4030.300 identisch sind. Betriebsbedingte Umbauten und Vereinheitlichungen sowie schematische Erfordernisse führten zu dieser Bezeichnungsweise. Man wird also heute vergeblich ein Triebfahrzeug mit der Bezeichnung 4030.0 ... suchen. Im weiteren soll sich die Beschreibung im Sinne des Buchtitels nur auf die Triebwagen beziehen, Zwischen- und Steuerwagen weisen oft zu unterschiedliche Merkmale auf. Sie sollen nur soweit erwähnt werden, wie sie im Zusammenhang mit dem Triebwagen erforderlich sind.

Die Personentriebwagenreihe 4030 wurde zu einer Zeit bestellt, nachdem sich der elektrische Betrieb bis nach Wien im Jahre 1952 ausgeweitet hatte und die Elektrifizierung der Südbahn vorgesehen war. Im dünnbesiedelten Westen war der Verkehr mit Personentriebwagen nicht sehr gefragt, sieht man von den Voraussetzungen der wirtschaftlich schwierigen Zwischenkriegszeit ab, die zum Bau der Reihe 4041 (siehe dort) geführt haben. Der Nahverkehr zunächst von Wien aus auf der Westbahnstrecke und das Kärntner „Seendreieck", welches die drei größten Städte in Kärnten bahnmäßig verbindet, waren für einen Triebwageneinsatz gegebene Relationen. Die zunehmende Industrialisierung im Raum Linz, dem Tiroler Inntal und Vorarlberg wurden zu Hoffnungsgebieten. Auch in Blickrichtung eines Wiener Schnellbahnnetzes, welches 1954 über Ministerweisung zu schaffen ist, war ein Triebwagenbetrieb Voraussetzung, obwohl zu diesem Zeitpunkt über das System für diesen Betrieb noch keine Klarheit herrschte.

Die vorgesehenen Nahverkehrsstrekken weisen Steigungen bis zu 12 ‰ auf, ihre personenmäßige Bedienung sollte in möglichst dichter Folge abgewickelt werden, ohne den dabei hauptstreckenmäßigen Verkehr zu behindern. Die Einsatzentfernungen liegen zwischen 60 bis 120 km. Der Triebwagen wurde deshalb auch als Nahverkehrstriebwagen deklariert, dies bedeutet relativ kurze Fahrstrecken und oftmaliges Anhalten. Als geeignetste Triebzugkomposition wurde von den ÖBB ein Vierwagenzug vorgeschlagen, der an beiden Enden mit Steuerständen ausgerüstet ist und im Zweirichtungsverkehr kein Problem mehr darstellt. Ein Endfahrzeug ist naturgemäß der Triebwagen selbst, das andere der Steuerwagen und dazwischen die beiden Zwischenwagen. Laut vorgesehenem Garantieprogramm, dem ein vollbesetzter Vierwagenzug mit ca. 200 t zugrunde gelegt war, waren folgende Leistungen zu erbringen:

Auf 10 ‰ mit 80 km/h,
auf 5 ‰ mit 100 km/h.

Des weiteren wurde den Herstellern ein Fahrliniendiagramm für die rd. 60 km lange Strecke Wien–St. Pölten als zweite Bedingung überreicht, wo bei 21 Aufenthalten mit teilweisen Anfahrten in 12 ‰ die Reisegeschwindigkeit 47 km/h zu betragen hatte. Die Beschleunigung war mit 0,3 m/sek² bemessen. Daraus errechnete sich eine Triebfahrzeugleistung mit 1000 kW bei 100 km/h Höchstgeschwindigkeit

4030.19 und 4030.104 in Payerbach-Reichenau im Jahr 1960
Foto: Rotter

Typenbild Nahverkehrs-Triebwagengarnitur B4ET 4030.0 + B4hTI 7030.0 + BD4hES 6030.0 im Ablieferungszustand

als ausreichend. Trieb- und Steuerwagen waren nur mit einem Führerstand auszurüsten. Gefordert wurde weiterhin eine den Ansprüchen gemäße robuste Fahrzeugausbildung. Im Interesse eines raschen Fahrgastwechsels waren ausreichend große Einstiegtüren und -plattformen vorzusehen. Der Wagenkasten mußte völlig für Fahrgäste zur Verfügung stehen, somit die elektrische Ausrüstung unterflur angeordnet werden.

Die mechanische Ausrüstung und Wagenkastenausstattung wurde dem SGP-Werk Graz übertragen, für den elektrischen Teil zeichnete wieder die Firmengemeinschaft ABES verant-

4030.313 im ursprünglichen Anstrichschema beige-saphirblau mit zusätzlicher gelboranger S-Bahn-Kennung im März 1981 in Innsbruck
Foto: Petrovitsch

wortlich, federführend war die AEG-Union.

Laufwerk und Antrieb wurden in der bewährten Form wie bei Reihe 1046 vorgesehen (siehe dort). Der Antrieb kam der Forderung nach möglichst tiefer Fußbodenhöhe der Fahrgäste wegen entgegen. Aufgrund des Fahrgastflusses wurden die Einstiegplattformen zur Mitte gerückt, ein großes Personenabteil mit 40 Plätzen in Fahrzeugmitte und zwei kleinere mit je 16 Plätzen gegen die Enden zu angeordnet. Als Einstiegtüren kam eine Neuentwicklung zur Anwendung, und zwar in Form von Schwenkschiebetüren. Der Beginn einer äußerst erfolgreichen Türkonstruktion. Für die elektrische Ausrüstung sollten, soweit wie möglich, bewährte Bauteile verwendet werden. Vielfachsteuerung war keine vorgesehen. Für die Stufenschalteinrichtung mußte aus Platzgründen eine neue Form gesucht werden. Zwei Lösungen boten sich an: Von AEG-Union ein weitgehend elektromechanisch gesteuertes Schaltwerk und eines mit Luftmotor und Kreisbahnwähler versehenes nach BBC. Beide Lösungen wurden vorgesehen: Alle von BBC montierten Wagen erhielten letzteres, die übrigen das AEG-Schaltwerk. Die Lüfteraggregate mußten um den Dachraum über den Einstiegplattformen plaziert werden. Trotz der Schwierigkeiten, die sich aus der Forderung – Wagenkasten nur als Fahrgastraum – Elektrische Ausrüstung unterhalb – für die Konstrukteure ergaben, hat sich eine sehr brauchbare Lösung ergeben, die vom Reisepublikum sehr positiv aufgenommen wurde. Das Fahrzeugkonzept wurde später auch für die Wiener Schnellbahn übernommen, so daß insgesamt 76 Triebzüge danach gebaut wurden.

Das ursprünglich vorgesehene Bestellvolumen sollte 30 Vierwagenzüge in der beschriebenen Form umfassen. Noch während des Baues mußten vier Züge für einen Schnelltriebwagenverkehr Wien–Zürich vorbehalten werden (Reihe 4130 siehe dort), die letzten vier der nun 26 verbleibenden Nahverkehrszüge wurden mit einigen Abänderungen, nämlich automatische Türschließeinrichtung und Vielfachsteuerung im Hinblick auf einen Einsatz auf der Wiener Schnellbahn, als Reihe 4030.100 geliefert.

Einlieferungsstelle war die Zfltg. Wien West, wo der erste Zug Ende November 1956 in Betrieb genommen wurde. Die Lieferungen erfolgten etwas schleppend, erst ab dem 14. Wagen wurde im Schnitt ein Zug pro Monat ausgeliefert. Diese Verzögerungen waren durch den vorangetriebenen Bau der vier Züge 4130 ausgelöst. Der letzte Wagen der Nullserie (4030.22) kam anfangs 1960 zur Auslieferung, die vier Wagen 4030.100 in der zweiten Hälfte 1960.

Bald nach Inbetriebnahme wurden Züge in den Raum Villach überstellt, später auch nach Innsbruck und Bludenz, wo sie neben der Strecke Wien–St. Pölten im Nahverkehr eingesetzt waren. Auch auf der Steilstrecke der Mittenwaldbahn verkehrten sie als Zweiwagenzug Innsbruck–Reutte. Schließlich wagte man sogar einen Schnellzugeinsatz über die Tauernstrecke, den die Züge anstandslos verkrafteten. Eine einschneidende Änderung ergab sich 1962 mit Inbetriebnahme der Wiener Schnellbahn. Von den hierfür gebauten Zügen standen erst zwei zur Verfügung, so daß die restlichen Garnituren für den Planverkehr, wofür immerhin 19 Züge notwendig waren, in der neuen Schnellbahnheimatdienststelle Wien-Floridsdorf zusammengezogen wurden. Bis in die siebziger Jahre waren noch immer einige Züge im Schnellbahneinsatz. Heute verteilen sich die 26 Züge auf die Zfltg. Wien-Franz-Josef-Bahn, Innsbruck, Bludenz und Villach.

Von einigen Kinderkrankheiten abgesehen, bewähren sich die Züge sehr gut und erfüllen auch heute noch nach bald 35 Jahren voll ihren Zweck. Störungen hatten sich bald nach der Einlieferung am elektromechanischen Schaltwerk, am Hochspannungskabel, das sehr zu Überschlägen neigte, sowie an den Stützpfannen ergeben. Durch geeignete Abhilfemaßnahmen konnten die Probleme zufriedenstellend gelöst werden. Monatsdurchschnittsleistungen in den entfernungsbegrenzten Einsätzen von 15000 bis 20000 km zeigen von der hohen Einsatzverfügbarkeit. Auch erhaltungsmäßig sind die Züge nicht aufwendig. Ab 1975 wurden sie laufend Großausbesserungen unterzogen, so daß noch mit einer etwa 25jährigen weiteren Lebensdauer gerechnet werden kann.

Meßfahrten mit den Triebwagen wurden nur sehr wenige unternommen. Es sollte lediglich nachgewiesen werden, daß die geforderten Betriebsprogramme eingehalten werden können. Reserven sind genügend vorhanden, so daß oft noch Postwagen oder Güterwagen mit bevorzugter Fracht angehängt wurden. Nachdem die Entscheidung gefallen war, den Wiener Schnellbahnverkehr auch mit hochgespanntem Wechselstrom zu führen und hierfür geeignete Fahrzeuge einen Nachfolgetyp der Reihe 4030 darstellen würden, begann ein umfangreiches Probefahrtprogramm. Darüber soll aber bei der Schnellbahntriebwagenreihe 4030.200 kurz berichtet werden, hier sei nur erwähnt, daß die heikle Frage der Vielfachsteuerung bei 24 V Steuergleichspannung bis zu acht Wagen kein Problem bietet, was auch für den Umbau auf 4030.300 von Bedeutung war.

Größere Umbauten wurden durch den schnellbahnmäßigen Einsatz ausgelöst, vor allem was die automatische Türschließeinrichtung und die Vielfachsteuerung betrifft, und ab 1969 planmäßig bei der Reihe 4030 mit gleichzeitiger Umbenennung auf

Garnitur 4030.313 im inversen Ultramarinblau-Elfenbein-Anstrichschema der Jahre 1978–87 (Westendorf, Dezember 1989)
Foto: Petrovitsch

4030.300 bis 1982 abgeschlossen war. Im Zuge der Großausbesserungen erhielten alle Fahrzeuge neue Kopfstücke für die Führerstände mit Verlängerung, Stoßverzehrelemente, einen Bremsumbau auf Doppelklotzausführung und Stofftapezierung. Die vier Triebwagen 4030.100 sind nunmehr einheitlich mit BBC-Schaltwerken versehen.

Konstruktive Merkmale

Fahrzeugteil

Laufwerk: Drehgestellrahmen in geschweißter Holmenbauweise neben Querholmen, zur Mitte hin zwei Querverbindungen zur Motorabstützung. Kastenabstützung auf die Wiege über den Stützpfannenoberteil, beiderseits der Stützpfanne seitliche Gleitstücke 2 mm vom Oberkasten entfernt, damit freie Einstellbarkeit und Gewichtsübertragung der Pfanne vorbehalten bleibt. Wiege selbst pendelnd unter Zwischenschaltung einer Blattfeder am Drehgestellrahmen aufgehängt. Wiege als Blechkastenkonstruktion mit Kröpfung in der Mitte nach unten, in der der Stützpfannenunterteil mittig eingeschraubt ist. Die Stützpfanne dient gleichzeitig der Zugkraftübertragung von der Wiege auf den Kasten. Zugkraft vom Drehgestell über diagonal angeordnete, kugelig gelagerte Lenker auf die Wiege geleitet. Spielfrei geführte Achslager, System Winterthur wie Reihe 1046.

Antrieb: Sècheron-Lamellenantrieb wie 1046, Zähnezahl 22:73.

Hauptrahmen: Geschweißte Rahmenkonstruktion aus Walzprofilen und Blechen. Zusätzliche Tragkonstruktionen für unterflur angebrachte elektrische Bauteile. Hauptquerträger als kräftige Kastenkonstruktion, in die der Stützpfannenoberteil eingeschraubt ist. Besonders versteifte Blechkonstruktionen an den Wagenenden zur Aufnahme der Zug- und Stoßvorrichtungen. In Rahmenmitte Transformator mit Schaltwerk aufgehängt. Besondere Wagenbodenkonstruktion.

Fahrzeugkasten: Selbsttragende Konstruktion aus Blechhohlsäulenprofilen, was auch auf die Dachspriegel zutrifft. Unter Seitenwänden Schürze mit aufklappbaren Feldern als Zugang zu Apparaten. Stirnfront leicht windschnittig mit drei Fenstern ausgebildet. Vorne Führerstand, danach wie bereits angeführt Halbabteil (16 Plätze), Einstiegraum, Großabteil (40), Einstiegraum, Halbabteil und Endplattform mit mittlerer Übergangstüre, WC und Schaltschrank. Große Einstiegräume mit 1200 mm lichter Einstiegweite, Schwenkschiebetüren. Zwei Flügeln, in geschlossenem Zustand in einer Ebene mit der Seitenwand, beim Öffnen gleitet der Türflügel schräg nach außen und gleitet an der Seitenwand bis zur vollen Freigabe entlang. Leichtgängige Ausführung, so daß zum Öffnungs- oder Schließvorgang ein Schnappimpuls am Türgriff genügt. Innenverkleidung mit Pagholzplatten, einem gefällig aussehenden, widerstandsfähigen Holzpreßstoff. Jeweils vier Sitze in einer Reihe, durch Mittelgang getrennt. Hochgezogene Sitzlehnen, Bespannung mit Plastiküberzug. Notsitze in Einstiegsräumen und Endplattform, Gepäckraum im Steuerwagen. Als Abschluß- und Übergangsschutz portalförmige Gummibälge mit Stirnwand verschraubt. Führerseitige Einstiegtür in den Führerstand, Verbindungstür ins vordere Halbabteil. Schiebetüren trennen die einzelnen Fahrgasträume voneinander. Lüfteraufbau am Dach mit seitlichen Ansaugjalousien, Blechschächte im Einstiegraum nach unten.

Bremseinrichtung: Schnellwirkende automatische Druckluftbremse mit Steuerventil für Hoch- und Normalabbremsung, vom Achsgetriebe gesteuerter Fliehkraftumschalter, keine Zusatzbremse, als Ersatz Rückhaltebremse mit Kippschalter gesteuert. Handbremse nur auf beide mittleren Achsen wirkend. Einheitsrotationskompressor für 140 m³/h gegen 8 bar.

Hilfseinrichtungen: Zwei Lüfteraggregate für jeweils zwei Fahrmotoren, pro Aggregat 60 m³/min Förderleistung, Mehrfachdrucklufttyphon, Druckluftsandstreuer, mechanische Achsantriebe für Geschwindigkeitsmesser, Sicherheitsfahrschaltung, Anfahranzeige und Bremsumschaltung. Spurkranzschmierung.

Elektrischer Teil

Hochspannungsausrüstung: Zwei Einheitsscherenstromabnehmer V, Einheitsdruckluftschnellschalter DBTF, Verbindung Hauptschalter – Transformator über Dachleitung, Dachdurchführungsisolator mit Stromwandler und einem in Stahlrohr verlegten Hochspannungskabel.

Haupttransformator: Kerntransformator unter dem Wagenkasten mit seitlichen, vom Fahrtwind bestrichenen Radiatoren, in welche das erwärmte Öl im Kessel von oben einströmt, Ölausdehnungsgefäß, 14 Stufenanzapfungen von 42 bis 518 V, 850 kVA Dauerleistung, zwei Heizanzapfungen 800 und 1000 V, 200 kW Heizleistung, 30 kVA Hilfsbetriebeleistung bei 196 V, Überschaltdrossel und Stromwandler im Kessel.

Triebwagengarnitur 4030.311 (Einzelstück mit E-Bremse in Verwendung auf der Mittenwaldbahn) im vereinfachten aktuellen Anstrichmodus (Innsbruck, April 1988)
Foto: Petrovitsch

Steuerung: Zwei Systeme von Niederspannungsstufenschaltwerken mit 28 Fahrstufen und Dreidrosselschaltung, mit dem Transformator baulich verbunden.

System AEG-Union: Bestehend aus Kontaktplatte, den in einem Gehäuse unter Öl befindlichen Stufenschaltern, den Lastschaltern, Schaltwerksgetriebe und Antriebe. Vier gestreckte Kontaktbahnen, die über einen Rollenschlitten mit den Lastschaltern verbunden sind. Mechanische Zwangsabhängigkeit, Antrieb über 24-V-Steuermotor und zwei Magnetkupplungen.

System BBC: Bestehend aus einem unter Öl befindlichen Wähler, Lastschalter und Antrieb. Wähler mit vier ringförmigen Kreisbahnen mit wechselweiser Kontaktanordnung, davor gleichartige Sammelschienensegmente. Verbindung durch Kontaktvorrichtungen mit Rollenkontakten. Zwangsabhängigkeit von Kontakt- und Lastschalterbetätigung. Antrieb über einen vierzylindrigen Kurbelwellendruckluftmotor, der durch zwei elektropneumatische 24-V-Gleichstromventile gesteuert wird. Relaisgesteuerte „Auf-Ab-Steuerung" mit drei verschiedenen Aufschaltgeschwindigkeiten und Strombegrenzung, quadratisches Stufenanzeigegerät. Richtungswender in Einheitsbauart mit Klotzkontakten.

Fahrmotoren: Vier fremd- und selbstbelüftete, achtpolige kompensierte Einphasenreihenschlußmotoren für 250 kW Stundenleistung und 1960 U/min bei Höchstgeschwindigkeit. Läufer mit offenen Kühlfahnen, Läuferhohlwellenlager mit Fettmengenregler.

Hilfseinrichtungen: 24-V-Gleichstromversorgungsnetz für Steuerung, Beleuchtung und sonstige Betätigungen. Batterie für 240-Ah-Kapazität von einem Umformeraggregat mit 2,6-kW-Einphasenasynchronmotor und Laderegler System Dick gespeist. Dieses Gleichstromversorgungssystem ist in allen Steuer- und Zwischenwagen ebenfalls vorhanden. Wechselstromasynchronmotoren mit Anlaufkondensator für 1,2 kW als Lüfterantriebsmotoren. 17-kW-Wechselstrommotor für Kompressorantrieb. Beheizung der Fahrgasträume durch Widerstandsheizkörper in Röhrenform an den Längs- und Querwänden für 1000 V. Impulssicherheitsfahrschaltung, Indusi.

4030.200

Bo'Bo'
1961
Techn. Daten: Seite 229

Im Januar 1962 wurde die Wiener Schnellbahn in Betrieb genommen. Die ehemalige Verbindungsbahn von Meidling über Wien Nord nach Floridsdorf als Stammstrecke sowie die Fortsetzungen nach Gänserndorf und Stockerau begrenzten bei Beginn das Netz. Davon war die 14 km lange Stammstrecke mit stark wechselnden Neigungs- und Richtungsverhältnissen (22 ‰ und 200 m Radius) und neun Zwischenstationen der zugförderungstechnisch anspruchsvollere Streckenabschnitt, der für die Fahrzeugauslegung zugrunde zu legen war. Die anschließenden Überlandstrecken mit 27 und 23 km sind größtenteils ebene und gerade Strecken. 1958 wurden die Planungsarbeiten aufgenommen und Fahrliniendiagramme erstellt. Ausgegangen wurde vom Fahrplanmodell, das zunächst einen 15-Minuten-Intervallverkehr mit späterer Halbierung auf 7,5 Minuten vorsah (heute wird bis zu 3 Minutenfolge gefahren). Hierfür ergab sich eine mittlere Anfahrbeschleunigung von 0,5 m/sek². 1959 mußte entschieden werden, ob ein neuer Fahrzeugtyp zu entwickeln sei oder eine Weiterentwicklung der Reihe 4030 zum Ziele führt. Da die Garnituren 4030 großen Anklang beim Publikum gefunden hatten und auch die räumliche Aufteilung künftigen Erfordernissen gerecht werden konnte, wurde der zweite Weg beschritten. Im Frühjahr 1959 begann ein großangelegtes Versuchsprogramm. Zu diesem Zweck wurde ein gleich langer Streckenabschnitt wie die Schnellbahnstammstrecke mit Kennzeichnung der Haltestellen durch Markierungsstangen versehen und mit unterschiedlichen Zugkombinationen nach dem Fahrplanmodell gefahren. Ein Vierwagenzug war ungeeignet, ein Dreiwagenzug erreichte 0,41 m/sek². Andererseits lagen Erkenntnisse vor, wonach mit Vierwagenzügen der Spitzenverkehr nicht abzudecken sei und daher sechs Wagen erforderlich sind. So war es naheliegend, eine Dreiwagengarnitur festzulegen, die in Stoßzeiten durch eine gleichartige in Vielfachsteuerung zu verstärken sei. Um die geforderten 0,5 m/sek² zu erreichen, mußte das Zuggewicht vermindert werden. Das Triebwagengewicht war mit maximal 58 t begrenzt, also 8,5 t weniger gegenüber Reihe 4030, Steuer- und Zwischenwagen mußten 4 t leichter werden. Die thermischen Überprüfungen ergaben, daß der Transformator mit einem Lüfteraggregat auszustatten ist, wobei die gleiche Ausführung wie für Fahrmotoren ausreicht. Die übrige elektrische Ausrüstung ist unverändert beizubehalten, nur sind die Triebwagen einheitlich mit dem BBC-Schaltwerk auszurüsten.

Zwei Jahrzehnte land prägten die 4030.200-Garnituren das Bild der 1962 in Betrieb genommenen Wiener Schnellbahn: Blick über das Hallenvorfeld der Zugförderung Floridsdorf
Foto: Lichtbildstelle ÖBB

Typenbild der Schnellbahngarnituren der zweiten Nachlieferserie B4hET 4030.226-228 + B4hTI 7030.226-228 + B4hES 6030.226-228

Eine automatische Türschließeinrichtung war für flotte Verkehrsabwicklung Voraussetzung. Mit diesen Vorgaben wurden im August 1960 15 Züge bestellt, wobei sich am Fahrzeugteil firmenmäßig nichts änderte, elektrisch nur noch BBC und ELIN beteiligt waren. Siemens hatte sich auf die Entwicklung und Inbetriebnahme der Reihe 4130 voll konzentriert. AEG-Union wurde, wie schon an anderer Stelle berichtet, mit ELIN fusioniert.

Da am elektrischen Teil kaum Gewicht erspart werden konnte, waren es die Fahrzeugbauer, die ihren Beitrag zu liefern hatten. SGP hatte in der

Neugelieferte 4020 haben die ehemaligen Wiener Schnellbahngarnituren 4030.200 in den letzten Jahren westwärts abwandern lassen: Garnitur 4030.242 im Nebenbahn-Pendeleinsatz nach Kammer-Schörfling (Attnang-Puchheim, Mai 1990)
Foto: Petrovitsch

Zwischenzeit eine Drehgestellneuentwicklung getestet, die als Bauart III vorgesehen wurde und wiegenlos ist. Die schwere Winterthurkonstruktion für Achslager wurde ebenso dabei verlassen. Auch konnte die Tragkonstruktion leichter ausgeführt werden. Ein ganz erheblicher Einsparungserfolg war durch die neuen Sitze gegeben, wo ein Doppelsitz nunmehr 24 kg gegenüber 64 kg aufweist. Der neue Triebwagen hat ein um 9,4 t geringeres Gewicht. 57,1 anstelle 66,5 t, bei den Anhängewagen war das Mindergewicht 11,7 t. Der neue Triebwagenzug (Reihe 4030.200) als Dreiwagenzug hat nun ein Gesamtgewicht bei Vollbesetzung von 158,8 t, wobei eine Ausnutzung des Wagens mit rund 110 Stehplätzen einbezogen ist. Mit dieser Garnitur kann das vorgeschriebene Fahrprogramm erfüllt werden, wie es auch meßtechnisch nachgewiesen werden konnte.

Es hat sich erwiesen, daß der eingeschlagene Weg nach der zweiten Lösungsmöglichkeit, nämlich an ein konkretes Muster anzuknüpfen, der bessere war. Damit war es auch möglich, daß von Bestellung bis Lieferung nur ein Zeitraum von 1¼ Jahren dazwischen lag. Ingesamt wurden, infolge Ausdehnung des Schnellbahnbetriebes, 46 Züge bestellt, wobei die weiteren Bestellungen ab 4030.216 in mehreren Teilbestellungen erfolgten, der letzte Zug wurde im Frühjahr 1975 geliefert. Die Züge bildeten durch viele Jahre hindurch den Kern des Schnellbahnzugförderungsdienstes und waren alle in der Zfltg. Floridsdorf beheimatet. Erst mit Lieferung der Reihe 4020 erhielten auch andere Dienststellen die Reihe 4030.200 für Regionaleinsatz. Neben zehn dort verbliebenen teilen sich die übrigen Fahrzeuge auf die Zfltgen Wien-Franz-Josef-Bahn, Linz, Salzburg und Villach auf.

Die Bewährung der Züge war von Anfang an gut. Es traten wohl einige Schwierigkeiten auf, die durch Verbesserungen beseitigt werden konnten (Bremse, Hochspannungsdurchführung, Achslagerung) und ab der Nachfolgeserie nicht mehr in Erscheinung treten konnten. Aus Betriebserfordernissen (schnelles Trennen oder Kuppeln während eines planmäßigen Stationsaufenthaltes) stattete man die Stirnseiten ab der dritten Teilbestellung mit einer Mittelpufferkupplung aus, in der die Steuerleitungen eingeschlossen waren. Alle vorher gelieferten Züge wurden in diesem Sinne nachgerüstet. Weitere, zum Teil noch laufende Umbauten dienen der Verbesserung des Reisekomforts.

Konstruktive Merkmale

Fahrzeugteil

Laufwerk: Drehgestellrahmen als geschweißter Kastenträger mit in der Mitte tief nach unten gezogenen Längsholmen, zur Aufnahme eines Wiegentroges, wiegenlose Ausführung. Kastenabstützung in einem Wiegentrog, der am Drehgestellrahmen pendelnd aufgehängt ist. Verbindung Kasten zum Wiegentrog durch zwei doppelte Schraubenfedernsätze. Zugkraftübertragung vom Drehgestell über einen Führungsdrehzapfen, im Drehgestell gummigelagert und mit dem Wagenkasten fest verbunden. Achslager in Zylinderrollenlagern, Lagergehäuse mit Schwingen am Drehgestell angelenkt und über Gummihülsen gelagert. Später Umbau auf neue Achsführung mit zylindrischen Silent-Gelenkblöcken, die in zylindrischen Hülsen im Lagergehäuse geführt sind. Achsfedern aus Gummischeiben.

Antrieb: Getriebegroßrad mit Tangentialfederung ausgebildet, sonst gleich wie Reihe 4030.

Hauptrahmen: Ähnlich Reihe 4030, verschiedene gewichtssparende Maßnahmen, wegen des geräumigeren Führerraums um 310 mm länger ausgeführt.

Fahrzeugkasten: Tragkonstruktion selbsttragend aus Walzprofilen, Dachspriegel aus Preßblechen, erheblich gewichtsmindernde Ausführung. Seitenwandschürzen wie Reihe 4030. Abteilkonfiguration wie Reihe 4030, im Endabteil kein WC mehr. Schwenkschiebetüren nunmehr für elektropneumatische Betätigung mit automatischer Steuerung, Innenverkleidung aus Kunststoffschichtplatten, neue einfache, gepolsterte Sitze in straßenbahnähnlicher Art mit Haltegriffen, mehr Raum für Stehplätze, Halbabteile im Interesse des Fahrgastflusses ohne Zwischentüre vom Einstiegraum zugänglich. Weitere Details wie Reihe 4030.

Bremseinrichtung: Schnellwirkende automatische Druckluftbremse mit besonders raschem Lösevorgang, Prinzip Dreidruckbremse. Handbremse nur auf die Achsen des vorderen Drehgestells wirkend. Rotationsluftkompressor mit 140 m³/h gegen 8 bar Förderleistung.

Hilfseinrichtungen: Drei Lüfteraggregate, hiervon zwei für je zwei Fahrmotoren, eines für Transformator mit jeweils 60 m³/min Förderleistung. Übrige Einrichtungen wie Reihe 4030.

Elektrischer Teil

Hochspannungsausrüstung: Zwei Einheitsscherenstromabnehmer V, Primärspannungswandler in explosionssicherer Gießharzausführung in der Dachleitung, Einheitsdruckluftschnellschalter DBTF und neuer Hochspannungskabelausführung.

Haupttransformator: Ausführung wie Reihe 4030, jedoch mit Fremdkühlung, Lüfteraggregat gleich wie bei Fahrmotoren.

Steuerung: Wie bei Reihe 4030, jedoch nur BBC-Niederspannungsstufenschaltwerk.

Fahrmotoren: Gleich Reihe 4030.

Hilfseinrichtungen: Gleich Reihe 4030, nur zentrale Lichtsteuerung vom Führerstand aus.

4130
Bo'Bo'
1958
Techn. Daten: Seite 229

Wie bei der Beschreibung der Reihe 4030 dargestellt, mußten vier Garnituren für einen Einsatz als Fernschnelltriebwagen Wien–Zürich ab Sommerfahrplan 1958 zur Verfügung gestellt werden. Damit waren die fahrzeugbaulichen Vorgaben festgelegt. Die Probleme lagen nunmehr für die Konstrukteure darin, die Fahrgasträume entsprechend anzupassen, weil für einen nahezu zwölfstündigen Aufenthalt in einem Zug andere Maßstäbe gelten als im Nahverkehr. Es mußte vor allem der Komfort angehoben werden, ebenso mußte für Verpflegung der Reisenden gesorgt werden. Der elektrische Teil war für diesen Einsatzzweck ebenfalls neu auszubilden. Da die Forderung bestand, eine optimale Fahrzeit zu erreichen, mußte die jeweilige Streckenhöchstgeschwindigkeit, sie betrug zu dieser Zeit 120 km/h, voll genutzt werden können. Das heißt, für das Fahrzeug die Höchstgeschwindigkeit mit 130 km/h festzusetzen. Für rasche Beschleunigung nach streckenbedingten Geschwindigkeitssprüngen sowie für die Beharrung auf den Steilrampen (31,4 ‰ am Arlberg) mußte die Leistung um etwa 25 % höher gegenüber Reihe 4030 angesetzt werden. Damit ist das Anforderungsprogramm, soweit es in dem vorgegebenen Rahmen möglich ist, umschrieben.

Die Ausbildung des Fahrzeugteiles blieb nach wie vor in Händen der SGP, für den elektrischen Teil zeichnete die Firma Siemens verantwortlich. Am Fahrzeugteil des Triebwagens selbst änderte sich nicht viel. Lediglich im großen Mittelabteil wurden nur noch drei Sitze, und diese etwas breiter ausgebildet, in einer Flucht vorgesehen. Es sei erwähnt, daß die Komfortverbesserung den Mittel- und Steuerwagen voll vorbehalten war. Erstere wurden in 1. Klasse-Wagen mit Mitteleinstieg umfunktioniert, der Steuerwagen erhielt eine Kücheneinrichtung. Serviert wurde an den Sitzplätzen mit Klapptischen. Beim Antrieb wurde auf den Siemens-Gummiringfederantrieb zurückgegriffen, der ruhigere Fahreigenschaften garantiert.

Der elektrische Teil wurde nach vollkommen neuen Gesichtspunkten ausgeführt. So ein Steuerungssystem auf Magnetverstärkerregelung für Fahrsteuerung und Gleichstromenergieversorgung. Letzteres, um das vorzusehende Fahren in Doppeltraktion als Achtwagenzug von der spannungsmäßigen Seite sicherzustellen, wofür die Einrichtung für Vielfachsteuerung vorgeschrieben war. Für die zu schaltende Leistung wurde ein Unterflurhochspannungsstufenschaltwerk vorgesehen.

Die ersten Züge wurden so zeitgerecht geliefert, daß der Verkehr Wien–Zürich am 1. Juni 1958 planmäßig aufgenommen werden konnte. Sie wurden in der Zfltg. Wien West beheimatet. Das Hineinpresssen einer technisch aufwendigen Anlage in Verbindung mit einer im Fahrzeugbau bisher nicht angewandten Regelung in einem gegebenen Rahmen wirkte sich nicht günstig aus. Es traten sehr viele Störungen verschiedenster Art zutage. Mit Mühe wurde der Betrieb mit den vier vorhandenen Zügen aufrechterhalten, wobei oft zwei Züge wegen Schadensbehebung abgestellt waren. Aber auch Komfort und Service litten unter den gegebenen Bedingungen. Trotzdem war diesem Zug, der unter dem Namen „Transalpin“ Bekanntheit erlangte, aufgrund der Fahrzeit ein gewisses positives Echo beschieden. In den sechziger Jahren begann die Auslieferung der neuen Fernschnellzugtriebwagengeneration 4010, die ab 1965 sofort die Transalpineinsätze übernahm, so daß die Züge 4130 aus diesem Einstz herausgenommen werden konnten, der betriebswirtschaftlich nicht mehr vertretbar war. Sie wurden nun der Zfltg. Villach zugewiesen, wo sie bevorzugt im Regionalverkehr zum Einsatz kamen. Trotz Bemühungen von ÖBB und Firmenseite blieb die elektrische Ausrüstung ein Sorgenkind.

Schließlich wurde entschieden, Transformator und Steuerung durch die Form 4030.200 zu ersetzen, die mit der motorischen Ausrüstung in Einklang gebracht werden konnte. Der Umbau erfolgte Mitte der siebziger Jahre. Steuer- und Zwischenwagen wurden dem 2. Klasse-Standard angepaßt. Nach schwerer Beschädigung wurde der 4130.03 ausgemustert und verschrottet, der 4130.02 wurde an die Montafonerbahn verkauft. Die beiden übrigen Fahrzeuge sind im Raum Villach eingesetzt.

Probefahrt 4130.01 + 6130.01 ohne Zwischenwagen in Rekawinkel 1958
Werkfoto: Siemens

Konstruktive Merkmale

Fahrzeugteil

Laufwerk: Wie Reihe 4030, geringfügige Änderungen durch die Antriebsart bedingt. Motorabstützung über Schwingmetallaufhängung an Drehgestellquerträgern.

Antrieb: Doppelseitiger Siemens-Gummiringfederantrieb, Hohlwelle in Gleitlagern mit Polsterschmierung,

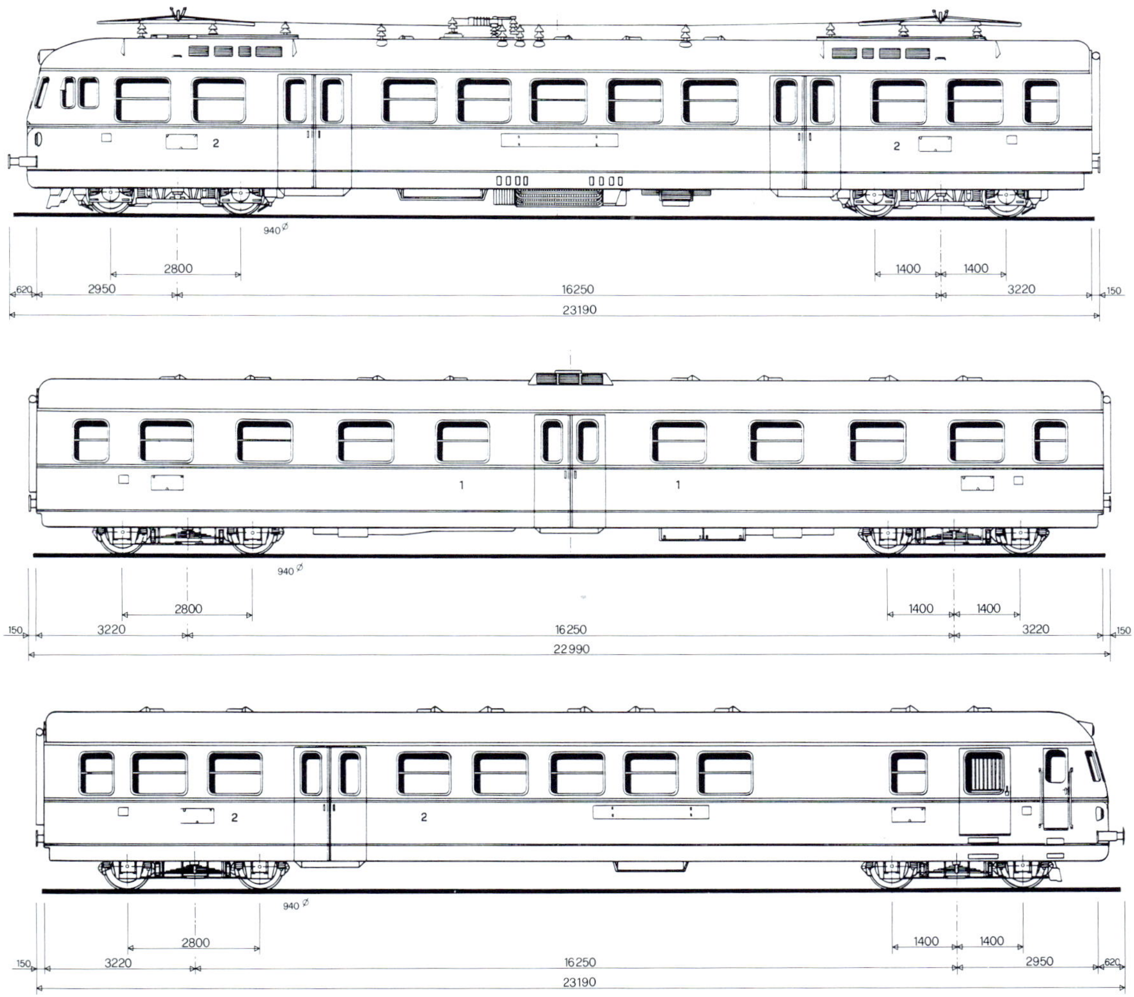

Maßstab 1:160

Typenbild der „Transalpin“-Garnitur B4ET 4130 + A4hTI 7130 + BD4hES 6130 im Ablieferungszustand

schrägverzahnte Getrieberäder mit 24:73 Zähnen.

Hauptrahmen: Wie Reihe 4030.

Fahrzeugkasten: Wie Reihe 4030, im Großabteil jedoch nur 30 anstatt 40 Sitzplätze.

Bremseinrichtung: Ähnlich Reihe 4030.

Hilfseinrichtungen: Abweichend von Reihe 4030 keine Lüfteraggregate, sonst unverändert.

Elektrischer Teil

Hochspannungsausrüstung: Zwei Einheitsscherenstromabnehmer Bauart V, einer mit Schleifstück für Schweizer Profil, sonst wie 4030.

Ferntriebwagen im Ausgedinge: Dreiteiliger ET 4130.01, zum Jubiläum 1987 anstrichmäßig zurückversetzt in Ablieferungsstand, im Kärnter Lokalverkehr (Villach, Mai 1989). Evtl. werden nach dem 4130.02 auch die beiden übrigen Züge an die Montafonerbahn verkauft werden
Foto: Kabelka

Haupttransformator: Kerntransformator für Hochspannungssteuerung ausgebildet mit Rückschlußjoch, Last- und Regelschenkel. Transformator liegend im Ölkessel unterflur angeordnet, Selbstkühlung durch Fahrtwindkühlung. Dauerleistung 1070 kVA, maximale Stufenleerlaufspannung 428,5 V, Heizung mit 1000 oder 800 V, Dauerleistung 210 kW.

Steuerung: Hochspannungsstufenschalter aus Stufenwähler und Sprunglastschalter bestehend. Stufenwähler unter Öl zweiteilig ausgeführt, wobei die 25 Stufen abwechselnd die eine oder andere Kontaktbahn mit der Regelwicklung verbinden. Beide Kontaktbahnen über in Clophen arbeitende Lastschalter an die Primärwicklung des Lastschenkels angeschlossen. Stufenschaltwerk von einem 110-V-Steuermotor angetrieben. Vom Fahrschalter her Ansteuerung über eine Magnetverstärkeranlage, je eine Hauptsteuerdrossel für Auf- oder Abschaltung. Steuerspannung 110 V Zweiphasenwechselstrom mit 100 Hz. Wegen Störanfälligkeit gesamtes Steuersystem samt Transformator durch Ausführung 4030.200 ersetzt.

Fahrmotoren: Vier selbstbelüftete achtpolige kompensierte Einphasenreihenschlußmotoren für 313 kW Stundenleistung und einer Höchstdrehzahl von 2400 U/min. Läufer mit offenen Kühlfahnen.

Hilfseinrichtungen: Umformeraggregat von Einphasenasynchronmotor für 200 V 16⅔ Hz und 5 kW angetrieben, der einen Generator für 24 V Gleichstrom und einen für 2 mal 110 V Wechselstrom mit 100 Hz auf einer gemeinsamen Welle antreibt. Über einen Gleichrichter steht noch 110 V Gleichstrom zur Verfügung. Sämtliche Regelfunktionen werden ebenfalls von Magnetverstärkern gesteuert. 110 V Gleichstrom als Betätigungssteuerspannung des Vielfachbetriebes wegen, 24 V Gleichstrom aus einer Batterie für 160 Ah für Überwachungseinrichtungen, Betätigungen und Beleuchtung. Später ebenfalls durch Einheitsgleichstromversorgung wie Reihe 4030.200 ersetzt. 17-kW-Wechselstromantriebsmotor für Kompressor. Röhrenwiderstandsheizkörper für Fahrgasträume des Triebwagens. Impulssicherheitsfahrschaltung. Indusi.

4041
BBÖ ET 10
DR ET 83

Bo'2'

1929 bis 1973

Techn. Daten: Seite 229

In den zwanziger Jahren nach dem Ersten Weltkrieg begann die Lage in der zweiten Hälfte wirtschaftlich schwierig zu werden. Überall mußte der Rechenstift genau angesetzt werden, um so sparsam wie möglich Betriebe zu führen. Das betrifft auch die damalige BBÖ sehr entscheidend. In dieser Zeit hatte die Schiene fast noch eine Monopolstellung, bei der der Personenverkehr über kurze und mittlere Strecken und Halt in allen Bahnhöfen und Haltestellen große Bedeutung hatte. Personenzüge bestanden aus Lokomotive, Dienst(Pack-)wagen und Personenwagen. Der Energieaufwand und auch Personalbedarf für solch einen Zug, wenn nur wenige Personenwagen und diese schwach besetzt sind, war im Verhältnis zu Nutzlast sehr hoch.

Viel Fahrzeugkapital war gebunden, betriebliche Nachteile und letztlich die Knappheit an Lokomotiven führten zum Beschluß, auf elektrifizierten Strecken Triebwagen mit Personenabteilen und Gepäckraum zu verwenden. Für Triebwagen, die sehr oft anhalten und wiederanfahren müssen, gelten andere Leistungsanforderungen als für Lokomotiven. Hier ist die Beschleunigung maßgebender Parameter und nicht Anhängelasten, die über längere Strecken meist im Beharrungszustand zu befördern sind.

Nach den Lieferbedingungen sind nachfolgende Fahrleistungen zu erfüllen:

Triebwagen allein auf 0 ‰	bis 50 km/h	... 0,37 m/sek²	Beschleunigung
Triebwagen allein auf 0 ‰	bis 65 km/h	... 0,32 m/sek²	Beschleunigung
Triebwagen allein auf 10 ‰	bis 50 km/h	... 0,3 m/sek²	Beschleunigung
Triebwagen allein auf 10 ‰	bis 65 km/h	... 0,26 m/sek²	Beschleunigung
Mit 60 t Anhängelast auf 0 ‰	bis 50 km/h	... 0,2 m/sek²	Beschleunigung
Mit 60 t Anhängelast auf 0 ‰	bis 65 km/h	... 0,18 m/sek²	Beschleunigung
Mit 60 t Anhängelast auf 10 ‰	bis 50 km/h	... 0,1 m/sek²	Beschleunigung
Mit 60 t Anhängelast auf 10 ‰	bis 65 km/h	... 0,078 m/sek²	Beschleunigung

Typenbild ET 4041 im Ablieferungszustand als BBÖ ET 10 mit den aus Achsdruckgründen nachträglich hinzugefügten Laufachsen

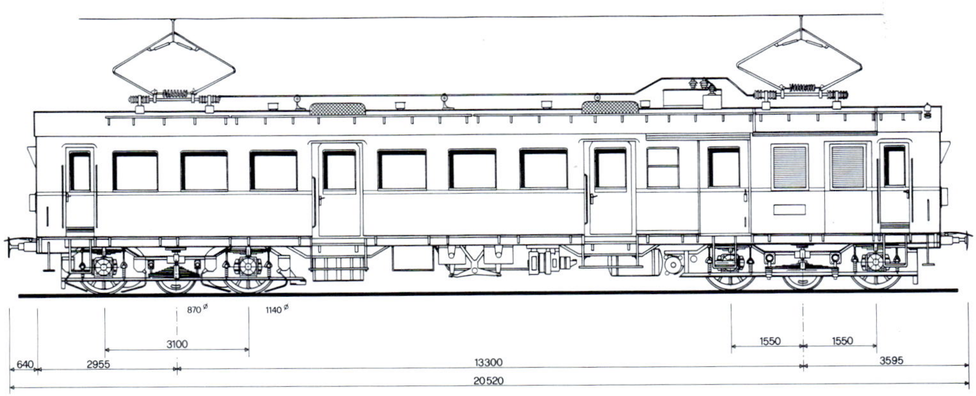

Maßstab 1:160

Auf 25 ‰ befördert der Triebwagen 50 t Anhängelast mit 50 km/h.

Die Höchstgeschwindigkeit ist mit 80 km/h festgelegt, die erforderliche Stundenleistung mit 500 kW. Hierfür reichen zwei Triebachsen; es war ein Trieb- und ein Laufgestell vorgesehen, der maximale Achsdruck sollte 15 t nicht überschreiten.

Mit der Lieferung des Triebwagens wurde die Firma ELIN beauftragt, den Fahrzeugteil lieferte die Firma Krauss & Co. in Linz. Für den elektrischen Teil konnten bewährte Ausrüstungsteile verwendet werden.

Mit Ausnahme des Transformators, der neu entworfen werden mußte, wurden gleiche Bauteile wie bei der Reihe 1045, einschließlich der Motoren, vorgesehen. Als Antrieb entschied man sich für einen einseitigen Tatzlagerantrieb mit gefedertem Großrad. Eine vollkommen neue Aufgabe stellte sich für den Hersteller des Fahrzeugteiles. Eine Lokomotivfabrik mußte einen Waggon mit einer elektrischen Ausrüstung zu einem Triebwagen bauen. Um die elektrischen Bauteile unterzubringen, welche üblicherweise im Maschinenraum Platz finden, mußte ein eigenes Abteil angeordnet werden. Damit wenig Nutzraum verlorengeht, wird ein Teil der elektrischen Ausrüstung unter den Wagenkasten verlegt. Auch der Gepäckraum sollte klein gehalten werden, er ist überdies mit Notsitzen ausgerüstet. Um einen angemessenen Gewichtsausgleich zu erreichen, war es notwendig, das Laufgestell unter dem Maschinenraum mit seinem schweren Transformator zu plazieren und das Triebgestell am anderen Ende. Es stellte sich bald heraus, daß mit zweiachsigen Drehgestellen der vorgeschriebene Achsdruck unmöglich eingehalten werden konnte, nicht einmal im unbesetzten Zustand. Es wurde eine kühne Lösung gewählt: In die Mitte des Gestells gelangt eine Laufachse mit kleinerem Raddurchmesser zum Einbau, wie sie auch bei einer Dampflokomotivreihe in großer Stückzahl verwendet wird.

Tiroler Nostalgiezug „Kaiser Max“ ET 4041.001 + 6259.001 (ex 7759.016) + ET 4041.005 auf der Brücke über den Schloßbachgraben bei Hochzirl im August 1988
Foto: Petrovitsch

Dadurch ergibt sich die Achsanordnung 3'-(Ao1Ao)'.

Die Auslieferung der insgesamt acht Triebwagen begann Mitte 1929. Sie wurden auf der Salzkammergutstrecke und auf Flachstrecken von der BBD Innsbruck aus (Salzburg–Golling, Wörgl–Kufstein und Feldkirch–Bregenz) eingesetzt. Dabei erzielten die Wagen bis zu 10 000 km Monatslaufleistung. Von Anfang an war die mittlere Laufachse Ursache von Störungen, so daß bald, nachdem der Achsdruck auf der Westbahnhauptstrecke angehoben wurde, die Laufachsen entfernt wurden. Die Triebwagen blieben in der Zfltg. Innsbruck konzentriert. Nach 1945 wurden zur Vereinfachung der Betriebsabwicklung Steuerwagen für Tandemgarnituren eingerichtet, um einerseits die Wendemanöver zu vereinfachen und andererseits das Platzangebot zu verbessern. Nach Anschluß der oberösterreichischen Landeshauptstadt Linz im Jahre 1949 an das elektrische Netz wurde eine Triebwagenschnellverbindung Linz–Innsbruck eingerichtet, welche mit den genannten Triebzugeinheiten bedient wurde. Die fast 400 km lange Strecke und langanhaltendes Fahren mit der Fahrzeughöchstgeschwindigkeit überforderten das Fahrzeug für diesen nicht vorhergesehenen Einsatzzweck, so daß bald die Rückkehr in den Personenzugverkehr erfolgte. Ein weiterer bemerkenswerter Einsatz ist im Raum Wien nach Abschluß der Elektrifizierung Ende 1952 zu verzeichnen. Bis dorthin verkehrte der klassische Pendelzug Hütteldorf–Unter-Purkersdorf mit einer mittig gereihten Tenderlokomotive, vorne und hinten je zwei Personenwagen mit offener Plattform (siehe auch unter Reihe 1073). Mit Aufnahme des elektrischen Betriebes war es naheliegend, diesen klassischen Nahverkehrseinsatz mit Triebwagen zu fahren. Zu diesem Zweck wurden Trieb- und Steuerwagen von der Hauptwerkstätte Linz mit einer neuen Vielfachsteuerung ausgerüstet und eine Garnitur bestehend aus je einem Triebwagen an den Enden und den Steuerwagen dazwischen, also ein Vierwagenzug, der Zfltg. Wien West zugeordnet. Der Vielfachbetrieb brachte, besonders bei großer Kälte, Schwierigkeiten. Mit der Zuteilung von Lokomotiven der Reihe 1073 wurde wagenmäßig wieder der alte Zustand hergestellt und die Triebwagen kehrten in den Raum Innsbruck zurück. In den fünfziger Jahren wurden die Triebwagen einer Großausbesserung unterzogen. Dabei wurde der Fahrgastraum in seiner Ausstattung verbessert und das Dach über die Stirn etwas herabgezogen. Im Laufe ihrer Betriebszeit wurden einige Umbauten vorgenommen. Hingewiesen wurde bereits auf den Ausbau der Mittelachsen. Des weiteren wurde die Stirntüre ausgebaut und zwei breite Fenster angeordnet. Die ursprüngliche Vielfachsteuerung war vorübergehend uninteressant, wurde aber in moderner Form wieder aktiviert. Ausgebaut wurde die automatische Vakuumschnellbremse und durch eine Druckluftausrüstung ersetzt. Die Ausmusterung erfolgte in den siebziger Jahren. Drei Wagen sind heute noch als Museumsfahrzeuge für gelegentliche Sonderfahrten vorhanden; zwei hiervon (4041.01 u. 05) in Innsbruck und einer in die Ursprungsform zurückversetzt in Wien-Floridsdorf (4041.03).

Zurückversetzt in das Erscheinungsbild der BBÖ-Vorkriegsära: Nostalgie-ET 10.003 (= 4041.03) in Floridsdorf im Juli 1988
Foto: Petrovitsch

Konstruktive Merkmale

Fahrzeugteil

Laufwerk: Drehgestelle als Außenrahmen in genieteter und geschweißter Plattenbauweise. Kastenabstützung am Laufgestell durch vier je Seite paarweise angeordnete Langfedern, am Triebgestell durch je eine seitlich im Gestell gelagerte Blattfeder. Kasten mit beiden Gestellen durch einen querverschieblichen Drehzapfen verbunden. Speichenradsätze mit außenliegenden Gleitachslagern mit Schöpfscheibenschmierung und Schmierpolster. Mittelachslager als Innenlager mit Tropföler- oder Dochtschmierung.

Antrieb: Einseitiger Tatzlagerantrieb mit geradverzahnten Getrieberädern,

Großrad mit innenliegender Federung. Zähnezahl 20 : 66.

Hauptrahmen: Über ganze Fahrzeuglänge durchgehend mit Querverbindungen in Niet- und Schraubkonstruktion. Stirnseitig Zug- und Stoßvorrichtungen angeordnet.

Fahrzeugkasten: In Eisenkonstruktion ausgeführt, Holzverkleidung aller Räume, ausgenommen des Maschinenraums. An den Enden die beiden Führerräume. Türen der Einstiegräume etwas zurückgezogen, Personenabteile mit 62 Sitzplätzen und Mittelgang, Schiebetüren zwischen Raucher- und Nichtraucherabteile, am vorderen Ende des Fahrgastraums ein WC. Anschließend der Gepäckraum mit seitlichen Schiebetüren und neun Notsitzen. Nach vorne weiterfolgend der Maschinenraum mit einseitigem, abgetrennten Durchgang zum Führerraum. Maschinenraum nur mit dem Stromabnehmerschlüssel zugänglich. Nach Umbauten Inneneinrichtung an zeitgemäßere Ausführung angepaßt. Dachfeld über dem Maschinenraum abhebbar.

Bremseinrichtung: Automatische Vakuumschnellbremse System Hardy, Handbremse auf das jeweilige Drehgestell wirkend. Später Ersatz durch automatische Druckluftbremse. Vakuumpumpe P 20 für die Vakuumbremse. Rotationskompressor für 140 m³/h gegen 8 bar.

Hilfseinrichtungen: Lüfteraggregat für 180 m³/min für Fahrmotoren und Transformator, Radialgebläse, Kühlluftansaugung über Jalousien aus dem Maschinenraum. Druckluftsandstreuer für beide Fahrtrichtungen an beiden Treibachsen. Druckluftpfeife. Mechanische Antriebe für Geschwindigkeitsmesser, Sicherheitsfahrschaltung.

Elektrischer Teil

Hochspannungsausrüstung: Zwei Einheitsscherenstromabnehmer, erst Type II und später IV mit Doppelwippe. Einheitsölschalter ELO 3.

Haupttransformator: Fremdbelüfteter ölgekühlter Transformator in Kernbauweise, Thermosyphonsystem, sechs Fahrstufenanzapfungen von 96 bis 360 V, Nennleistung des Transformators 480 kVA, Zugheizanzapfung für 1000 V und 110 kW Heizleistung.

Steuerung: Elektropneumatische Gleichstromschützensteuerung für elf Fahrstufen in Dreidrosselschaltung, zusätzlich eine Rangierstufe, Schütze für 850 A Dauerstrombelastung. 24 V Steuergleichstrom. Ursprünglich mit Fortschaltautomatik wie Reihe 1045 versehen, der Kompliziertheit wegen auch hier ausgebaut. Zwei elektropneumatische Fahrtwenderschalter, Vielfachsteuerung, 30polige Haupt- und neunpolige Zusatzkupplung (für Vakuumpumpe), später stillgelegt.

Fahrmotoren: Zwei fremdbelüftete, kompensierte achtpolige Einphasenreihenschlußmotoren für 250 kW Stundenleistung und 1275 U/min bei Fahrzeughöchstgeschwindigkeit. Läufer in Gleitlagern, offene Kühlfahnen, Gewicht des Motors 2800 kg.

Hilfseinrichtungen: 24-V-Gleichstromversorgung. Gleichstromgenerator mit 0,9 kW vom Lüftermotor angetrieben. Beleuchtungsstrom von Achslichtmaschine von 1,2 kW Leistung über Spannungsregler mit 60-Ah-Batterie. Getrennte Gleichstromkreise. Nach Umbau auf Einheitsschaltung mit Gleichrichter zur Batterieladung. Wechselstromantriebsmotoren für Lüfter mit 11 kW, Kompressormotor 17,6 kW und Vakuumpumpe 2,5 kW. Impulssicherheitsfahrschaltung.

4042

BBÖ ET 11
DR ET 42

2'Bo'

1936 bis 1966

Techn. Daten: Seite 229

Die Wirtschaftskrise in den dreißiger Jahren ließ auch die Bahn nicht unbehelligt. Allgemein wird an anderer Stelle (siehe Reihe 4041 und 4060) darauf eingegangen. Das zu behandelnde Fahrzeug entstand aus der Tatsache, daß noch immer zahlungskräftiges Publikum in allerdings geringer Anzahl vorhanden war, das schnelle und komfortable Eisenbahnverbindungen schätzte. Salzburg als kultureller Mittelpunkt und die Weltkurorte des Gasteinertales verlangten eine schnelle Verbindung, aber auch die vor allem als Wintersportzentren Zell am See und Innsbruck bekannten Städte waren daran interessiert. Für einen derartigen Einsatz ist ein Triebwagen mit entsprechendem Platzangebot das gegebene Fahrzeug. Damit eine hohe Reisegeschwindigkeit möglich ist, ist es am besten, ohne Anhängewagen zu fahren. Aus diesen Überlegungen heraus wurden 1934 zunächst zwei Elektrotriebwagen bestellt, die sich wagenbaulich mit den ebenfalls 1934 bestellten dieselelektrischen Triebwagen VT 42 identifizieren. Als deklarierter Personen- und Schnelltriebwagen mußte er eine Höchstgeschwindigkeit von 100 km/h im Betrieb entwickeln können und eine

Beharrungsgeschwindigkeit auf Steilrampen mit 25 ‰ in vollbesetztem Zustand von 60 km/h aufweisen.

Mit der Ausführung des mechanischen beziehungsweise wagenbaulichen Teiles wurde wie für den VT 42 die Simmeringer Maschinen- und Waggonbaufabriks A.G. in Wien, für den elektrischen Teil die AEG-Union beauftragt. Die Typenbezeichnung war mit ET 11 festgelegt. Der Wagenkasten sollte in Übereinstimmung mit dem dieselelektrischen Triebwagen zur Ausführung kommen. Zwei Fahrgastabteile nach Raucher- und Nichtraucherabteilen getrennt, jedoch nur mit je vier Sitzplätzen in einer Flucht durch den Mittelgang getrennt. In Wagenmitte ein WC-Abteil und ein Apparateabteil, letzteres diente beim Dieseltriebwagen zur Aufnahme der Heizkesselanlage.

ET 11 als Schnelltriebwagen Zell am See–Badgastein im Jahr 1937
Foto: Sammlung ÖNB

Für den elektrischen Antrieb reicht der einfache Tatzlagermotor aus. Um eine hohe Beschleunigung zu erreichen, wurde ein Nockenschaltwerk mit halbautomatischer Steuerung vorgesehen. Beide Triebwagen wurden im Jahr 1936 in die Zfltg. Salzburg eingeliefert, von wo sie nach den erforderlichen Erprobungen in den planmäßigen Einsatz auf der Tauernstrecke Salzburg–Spittal und Zell a. See nach Badgastein kamen. Die Bewährung war gut, der Anklang beim Publikum ließ nichts zu wünschen übrig. Einige Schwierigkeiten brachte das Nockenschaltwerk, das durch die etwas komplizierten mechanisch-elektrischen Abhängigkeiten eine gewisse Störanfälligkeit zeigte. Beide Triebwagen,

Typenbild ET 4042 im Ablieferungszustand als BBÖ ET 11

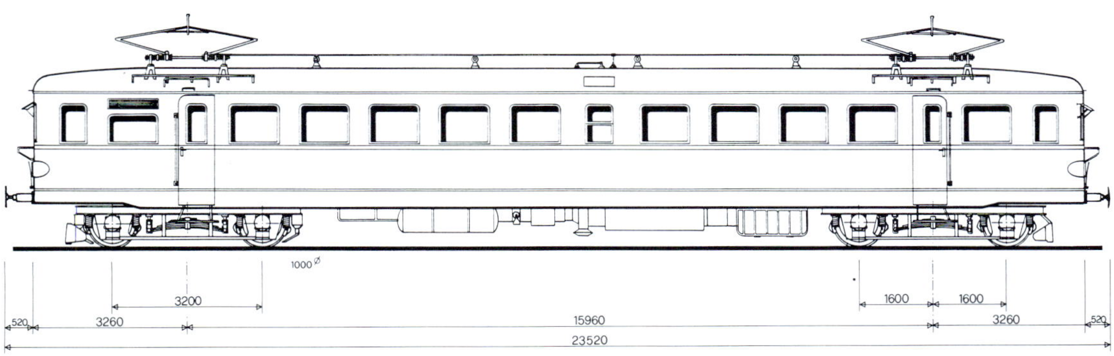

Maßstab 1:160

Austritt des 4042.02 nach H-Ausbesserung (Neuaufbau Kasten nach Brandschaden, fixe Kombination mit ES 6042) in der HW St. Pölten im Juni 1957
Foto: Sammlung Doleschal

die immer in Salzburg beheimatet waren, wurden nach 1945 auf der Strecke Attnang–Puchheim–Salzburg, mit fortschreitender Elektrifizierung Linz–Salzburg und schließlich Wien–Salzburg als Schnelltriebwagenverbindung geführt, eine Art Vorläufer der Städteschnellzüge. In diese Zeit fällt auch ein Umbau der Steuerung, um die Störanfälligkeit zu vermindern. Das geringe Leistungsangebot verhinderte jedoch, den Triebwagen mit Anhängewagen und Ausnutzung der Höchstgeschwindigkeit einzusetzen, so daß aufgrund der gestiegenen Nachfrage die Schnellverbindungen von anderen Fahrzeugen übernommen wurden. Der Einsatz beschränkte sich nunmehr auf Regionaleinsätze im Raum Salzburg. Im Jahre 1966 wurden beide Triebwagen an die Steiermärkischen Landesbahnen verkauft und aus dem Betriebsstand gestrichen. Die Fahrzeuge existieren heute noch und versehen Dienst auf der Strecke Peggau–Übelbach, einer Nebenstrecke am Hauptast Bruck/Mur–Graz.

Konstruktive Merkmale

Fahrzeugteil

Laufwerk: Drehgestelle in Außenrahmenbauart in vollkommen geschweißter Ausführung mit Querversteifungen. Wagenkasten in den Drehgestellen in Wiegen mit geneigten Schaken federnd aufgehängt. Zugkraftübertragung über Drehzapfen auf den Kasten. Achsen durch Blatt- und Schraubenfedern gegen das Gestell abgefedert. Achslager mit Schöpfscheiben- und Druckumlaufschmierung.

Antrieb: Einseitiger Tatzlagerabtrieb mit geradverzahnten Stirnrädern und 23:78 Zähnen.

Hauptrahmen: Vollständig geschweißte, aus Blechen zusammengesetzte Konstruktion. Verstärkte Querverbindungen mit festem Drehzapfen sowie zur Aufnahme des unter dem Wagenkasten befindlichen Transformators sowie weiterer elektrischer Bauteile.

Fahrzeugkasten: Aufbau in teilweise geschweißter und genieteter Ausführung. Hinter dem vorderen Führerstand ein Dienst- und Gepäckraum, durch den auch der Führerraum zugänglich ist. Daran schließt sich ein schmaler Einstiegraum an, der, da ein oftmaliger und rascher Fahrgastwechsel weniger in Frage kommt, entsprechend klein gehalten werden konnte. Anschließend ein Großraumfahrgastabteil mit 40 Sitzplätzen. In Fahrzeugmitte schmaler Durchgang in das hintere Großraumabteil mit 32 Plätzen. Im Durchgang ein WC und Apparateraum. Die Sitze sind mit Leder bespannt und verchromten Beschlägen ausgeführt. An die hintere Einstiegplattform schließt ein Abteil mit acht aufklappbaren Lattensitzen an, das auch als Gepäckraum verwendet werden kann. Durch eine Türe erreicht man den hinteren Führerraum.

Bremseinrichtung: Spezielle für diese Triebwagenbauarten entwickelte selbsttätige, unerschöpfliche Druckluftbremse mit sehr geringen, abstufbaren Brems- und Lösezeiten. Rotationskompressor für eine Förderleistung von 60 m³/h.

Hilfseinrichtungen: Druckluftsandstreuer, Druckluftpfeife, mechanischer

Geschwindigkeitsmesserantrieb, Sicherheitsfahrschaltung.

Elektrischer Teil

Hochspannungsausrüstung: Zwei Einheitsscherenstromabnehmer, ehemals Bauart II, Einheitsölschalter ELO 3, Hochspannungsgummikabel zum Transformator unter dem Wagenkasten.

Haupttransformator: Kerntransformator mit Ölselbstkühlung, wobei die seitlichen Radiatoren vom Fahrtwind bestrichen werden. Elf Anzapfungen bis zu einer maximalen Spannung von 372 V. Dauerleistung des Transformators 320 kVA, Zugheizung mit 60-kW-Stromteilerdrossel im Kessel.

Steuerung: Nockenschaltwerksteuerung mit 13 Fahrstufen, Antrieb über ein Schaltgetriebe durch einen Schaltmotor. Stromwächtersteuerung mit zwei verschiedenen Aufschaltgeschwindigkeiten in Stellung „Auf" und „Beschleunigung". Schaltmotor mit 200-V-Wechselspannung angetrieben. Elektromagnetische Fahrtwendeschütze, die zugleich als Trennschütze wirken.

Fahrmotoren: Zwei achtpolige kompensierte Reihenschlußmotoren für 200 kW Stundenleistung und 1895 U/min Höchstdrehzahl. Eigenbelüfteter Motor, Kühlluftansaugung durch Jalousien oberhalb des Gepäckraumes, keine offenen Kühlfahnen, Gewicht des Motors 2100 kg.

Hilfseinrichtungen: 24-V-Gleichstromnetz zur Versorgung für Beleuchtung und Betätigungen, Lichtumformer mit 1,6 kW über Laderegler auf Batterie arbeitend mit 120 Ah, Kompressorantriebsmotor mit 10 kW. Fahrgastraumbeheizung durch 1000-V-Röhrenheizkörper längs der Seitenwände mit Zweistufenregelung. Sicherheitsfahrschaltung.

4060
BBÖ ET 30
DR ET 94

Bo'Bo'

1936 bis 1971

Techn. Daten: Seite 229

Während der großen Wirtschaftskrise in den dreißiger Jahren stagnierte nicht nur die Industrie, sondern auch die Eisenbahnen waren stark davon betroffen. Die ungeheure Anzahl von Arbeitslosen führte zu einem fühlbaren Rückgang im Personenverkehr. Andererseits standen nur geringe Mittel für die laufenden Betriebsausgaben zur Verfügung, so daß der Einsatz leistungsstarker Lokomotiven vor schwach besetzten Personenzügen sehr unwirtschaftlich war. Von diesen Überlegungen ausgehend wurde zum Beispiel 1935 der Dampftriebwagen DT I, eine Kombination von Dampflokomotive mit Gepäckraum und gleichzeitig für Einmannbedienung, also Entfall des Heizers, gebaut. Auch die meisten Elektrolokomotivbauarten mußten schon wegen der Antriebe mit ihren vielen Schmierstellen und laufenden Betriebskontrolle mit zwei Mann besetzt sein. Es war daher naheliegend, auch für die elektrischen Strecken ein ähnlich geartetes Fahrzeug zu bauen. Einmannbedienung und Gepäckabteil waren Voraussetzung, eine möglichst hohe Anfahrbeschleunigung war erwünscht, damit leichte Personenzüge mit erhöhter Reisegeschwindigkeit befördert werden konnten. Da für die Forderung nach hoher Beschleunigung das ganze Fahrzeuggewicht für die Reibung notwendig war, ergab sich praktisch von selbst ein Fahrzeug mit der Achsanordnung Bo'Bo'. Vorgesehen waren drei vierachsige Anhängewagen als Regellast, wobei die damals moderne Bauart N 28 mit 40 t Eigengewicht und

Typenbild Gepäcktriebwagen 4060 im Ablieferungszustand als BBÖ ET 30

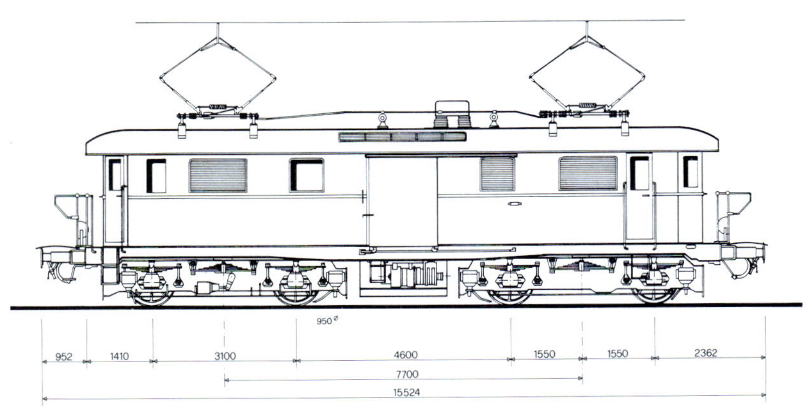

Maßstab 1:160

72 Sitzplätzen zugrunde gelegt wurde. Ein solcher Zug mit maximal 150 t Anhängelast sollte auf 25 ‰ mit 50 km/h befördert und auch angefahren werden können, auf 0 ‰ ist die Fahrzeughöchstgeschwindigkeit von 90 km/h nach 2 min zu erreichen. Der Achsdruck des leeren, als Gepäcktriebwagen bezeichneten Fahrzeuges sollte 15 t nicht überschreiten, da mit Zuladungen im Gepäckteil der damals zulässige Achsdruck von 16 t zu berücksichtigen war. Da zeitbedingt auch die Investitionsmittel knapp waren, erfolgte zunächst nur eine Bestellung von zwei Fahrzeugen.

Für die Lieferung des elektrischen Teiles waren unter Federführung der österreichischen Siemenswerke die Firmen Brown Boveri und ELIN zuständig, den Fahrzeugteil konstruierte und lieferte die Wiener Lokomotivfabriks A.G.

Das Fahrzeug sollte möglichst einfach sein, einen großen Gepäckraum besitzen, bequeme Führerräume für sitzende Bedienung aufweisen und nach Möglichkeit mit bewährten Bauelementen, vor allem in der elektrischen Ausrüstung, versehen sein, um die Entwicklungskosten minimal zu halten. Es ist besonders zu erwähnen, daß bei diesem Fahrzeug, das ja in seinen Grundzügen eine Lokomotive darstellt, erstmals für Drehgestelle und Rahmen nur noch Schweißverbindungen vorgeschrieben waren. Als Antrieb wurde der einfachste Einzelachsantrieb, der Tatzlagerantrieb, und der geringen Leistung wegen, nur einseitig ausgeführt. Elektrisch kamen Bauteile, wie sie bereits in den Lokomotiven 1045 und 1245 verwendet wurden, weitestgehend zur Anwendung. Neuentwickelt wurden die Fahrmotoren, wobei geringere Leistung und Einbauverhältnisse bestimmend waren. Die Konstruktion orientierte sich aber an vorhandenen Ausführungen.

Beide Gepäcktriebwagen wurden 1936 ausgeliefert und in der Zfltg. Bludenz beheimatet. Sie bewährten sich von Anfang an hervorragend, es traten praktisch keine Probleme auf. Beim Personal waren sie sofort wegen der bequemen Bedienung und der Laufruhe beliebt. In der Reichsbahnzeit

Probefahrtaufnahme des ET 30.01 in Völs bei Innsbruck im Jahr 1936
Werkfoto: WSSW

wurden beide Fahrzeuge dem BW Groß-Schwechat zugeteilt, kamen also auf der Preßburgerbahn zum Einsatz, die vor allem in den Kriegsjahren eine bedeutende Rolle spielte. Sie kamen in den fünfziger Jahren wieder nach Bludenz zurück. Umfangreichere Umbauten waren nicht zu verzeichnen. Ausgebaut wurde in den sechziger Jahren die Vakuumbremse für den Wagenzug und der immer zu Schwierigkeiten neigende Expansionshauptschalter, der durch den Einheitsschalter DBTF ersetzt wurde. Der Triebwagen 4060.01 wurde bei einem Zusammenstoß 1966 auf der Arlberg-Ostrampe so schwer beschädigt, daß er ausgemustert wurde. Im Jahre 1971 wurde der zweite Wagen von der Montafonerbahn in Vorarlberg angekauft, wo er noch heute in Betrieb steht.

Konstruktive Merkmale

Fahrzeugteil

Laufwerk: Drehgestelle in Außenrahmenbauart in vollständig geschweißter Plattenbauart mit Querversteifungen. Kastenabstützung mit seitlichen Blattfedern über Gleitstücke auf den Drehgestellen. Zugkraftübertragung vom Drehgestell über den seitlich gefederten Drehzapfen, der fest mit dem Kasten verbunden ist. Radsätze in Gleitachslagern mit Schöpfscheiben- und Druckumlaufschmierung.

Antrieb: Einseitiger Tatzlagerantrieb mit geradverzahntem Stirnrandgetriebe und 19:72 Zähnen.

Hauptrahmen: Vollständig aus Blechen zusammengesetzte Schweißkonstruktion, verstärkte Querverbindungen zur Aufnahme des Drehzapfens sowie in der Mitte zur Aufnahme des Transformators, der unter dem Hauptrahmen hängend angeordnet ist. Zwischen den Längsplatten vorhandene Hohlräume werden als Lüftungs- oder Kabelkanäle verwendet. An den Stirnseiten aufgeschraubte Bohlen zur Aufnahme der Zug- und Stoßvorrichtungen.

Fahrzeugkasten: Wesentliches Merkmal der große Gepäckraum in Kastenmitte, durch seitliche große Schiebetüren von außen zugänglich. Holzauskleidung, um schonenden Transport von Gepäckstücken zu gewährleisten. Auf einer Seite in der Mitte schmale Apparatekammer, in der die Schütze, Umformer und einige weitere elektrische Apparate untergebracht sind. An den Gepäckraumenden Kammern zur Aufnahme der Lüfteraggregate und Fahrtwender. Zwei geräumige Führerräume, vorgezogenes Dach.

Bremseinrichtung: Automatische Druckluftbremse für Triebfahrzeug und Wagenzug, Nachbremsventil, direktwirkende Zusatzbremse, ursprünglich Vakuumbremse, für den Wagenzug vorhanden. Rotationskompressor für 140 m³/h gegen 8 bar. Handbremse auf das jeweilige Drehgestell wirkend.

Hilfseinrichtungen: Zwei Lüfteraggregate für je 60 m³/min für jeden Fahrmotor. Kühlluftansaugung über Jalousien aus den Lüfterkammern. Druckluftsandstreuer, Druckluftpfeife. Mechanische Antriebe für Geschwindigkeitsmesser, Sicherheitsfahrschaltung.

Elektrischer Teil

Hochspannungsteil: Zwei Scherenstromabnehmer, zuletzt Bauart IV, Expansionshauptschalter R 618 später durch Einheitshauptschalter DBTF ersetzt. Stromwandler in Dachdurchführung, Hochspannungskabel vom Dach durch Apparatekammer zum Einführungsisolator des Transformators.

Haupttransformator: Niedrig gebauter Kerntransformator, damit Anordnung unter dem Kasten möglich. Dauerleistung 720 kVA. Künstliche Belüftung durch seitliche Kühltaschen mit 2,8 m³/sek und Zwangsumlauf durch Ölpumpenaggregat. Fahrstufenanzapfungen von 62 bis 432 V, Dreifachdrosselschaltung mit 15 Fahrstufen, Drossel im Transformatorkessel angeordnet, Heizspannung 1000 V und 200 kW Leistung, Hilfsbetriebespannung 212 V. Schutz gegen Steinschlag durch Brustbleche an den Drehgestellen sowie Blechplatte an Kesselunterseite.

Steuerung: Elektropneumatische Gleichstromschützensteuerung für 15 Fahrstufen in Dreidrosselschaltung, Schütze für 850 A Dauerstrombelastung, 24-V-Gleichstromsteuerspannung, Einheitsnockenrichtungswender.

Fahrmotoren: Vier achtpolige kompensierte Einphasenreihenschlußmotoren für 200 kW Stundenleistung und einer Höchstdrehzahl von 1920 U/min mit Fremdbelüftung, sonst gleich wie Reihe 4042.

Hilfseinrichtungen: 24-V-Gleichstromversorgungsnetz für Steuerung, Beleuchtung und Betätigungen. Versorgung über Umformeraggregat mit 0,6 kW Ausgangsleistung über Laderegler, 50-Ah-Batteriekapazität. Zwei Wechselstromantriebsmotoren für die Lüfter mit je 5 kW, Kompressormotor 17 kW, Ölpumpenmotor 0,6 kW, Impulssicherheitsfahrschaltung.

Wechselstrom-Triebfahrzeuge der normalspurigen Privatbahnen

Gleichstrombahn in ÖBB-Eigentum: St&H-Lokalbahn Lambach–Haag

Im Wege des konzessionsbedingten „Heimfalles“ ging die 1901 eröffnete normalspurige Lokalbahnstrecke Neukirchen bei Lambach–Haag am Hausruck (22 km) nach Liquidation der Bahngesellschaft per 1. 1. 1930 an den Staat über. Sie gilt unter diesem Gesichtspunkt auch heute noch formal als Strecke der ÖBB, deren Betriebsführung aber seit 5. 10. 1932 an die Privatunternehmung Stern & Hafferl übertragen ist.

Stern & Hafferl elektrifizierte die übernommene Lokalbahn 1932/33 umgehend mit 750 V=, wobei auch der mitbenützte 4,4 km lange Abschnitt Lambach–Abzwg. Neukirchen der zweigleisigen BBÖ-Westbahn–Hauptstrecke Wien–Salzburg mit Lokalbahnholzmastfahrleitung überspannt wurde.

Die Betriebsvereinbarung verpflichtet grundsätzlich die ÖBB zur Stellung der Fahrbetriebsmittel für LH. Für die von St&H eingesetzten elektrischen Lokalbahntriebfahrzeuge hatten die Bundesbahnen (bzw. 1938–45 die DRB) eine Pauschalvergütung zu leisten. Der von den ÖBB gestellte, doppelt (ÖBB und LH) numerierte Wagenpark spiegelte zumeist eher den ausmusterungsreifen Überhang der Vollbahn wider.

1949 mußte im Hauptstreckenabschnitt die Gleichstromeinfachfahrleitung der fortschreitenden ÖBB-Vollbahnelektrifizierung weichen. Nach einem Provisorium mit Dampflokvorspann auf dem Peageabschnitt wurde 1950 der erste Gleichrichterbeiwagen EGl 25.051 fertiggestellt, nach dessen Bewährung 1952 ein zweiter EGl 25.052. Die Lokalbahntriebfahrzeuge werden aus der Vollbahnfahrleitung über den zwischengeschalteten Gleichrichterwagen mit 800 V= mittels Steckkabel versorgt. Zum Umsetzen im ÖBB-Bahnhof Lambach verfügen die Gleichrichterwagen über Eigenfahrantrieb.

Stammtriebfahrzeuge der „Haager Lies“, wie diese seit jeher im Volksmund bezeichnet werden, waren seit 1933 die damals bei der Grazer Waggonfabrik neu beschafften beiden zweiachsigen Holzkastenlokalbahntriebwagen ET 25.101 und 102 der LH. Im Gefolge diverser Triebwagenrochaden zwischen den einzelnen St&H-Bahnen fuhren u. a. längerfristig auch ET 24.102 LVE und ET 21.103 NWP auf der LH. Der ET 22.105 der Linzer Lokalbahn ersetzte 1985 als ET 25.105 den bei einem Verschubunfall demolierten originalen ET 25.101.

1930 hatte Stern & Hafferl drei Gleichstromvierachsloks ungarischer Herkunft (Ganz-Danubius 1916) der seit 1918 stilliegenden Werksbahn in der Munitionsfabrik Wöllersdorf erworben. Hiervon wurde seit 1935 im Regelfall stets die E 52.01/20.001 auf der Strecke Lambach–Haag eingesetzt.

Die öffentliche Hand finanzierte im Wege der ÖBB die Anschaffung zweier moderner Zweisystemgleichrichtertriebwagen ET 4855 mit 120 km/h-Vollbahneignung. Seit November 1989 besorgen die attraktiven Neubaufahrzeuge den Reisezugdienst der LH, seit Juni 1990 auch leichten Güterverkehr.

LH EGI 25.051/052

selbstfahr. Gleichrichterwagen

1 A

1950 bzw. 1952

Techn. Daten: Seite 230

1931, als die Opponenten der E-Traktion in den Entscheidungsgremien der BBÖ dominierten, bewilligte man Stern & Hafferl als Betriebsführer der verpachteten Lokalbahn Lambach–Haag die Überspannung des Peageabschnitts Lambach (km 226,1)–Abzweigung Neukirchen (km 230,6) der Westbahn-Hauptstrecke mit einer 750-V=-Fahrleitung (in Betrieb ab 8. 4. 1933). 1948/49 mußte die Lokalbahnfahrleitung der fortschreitenden ÖBB-Elektrifizierung weichen.

Der für die Speisung eines Gleichstromtriebfahrzeuges unter Vollbahnfahrleitung erforderliche Traktionsstromumrichter war nach damaligen technologischem Entwicklungsstand (Quecksilberdampfgleichrichter) in den zweiachsigen Lokalbahntriebwagen nicht unterzubringen. Zur Wiederaufnahme des durchgehenden E-Betriebes der Lokalbahn baute St&H in der Werkstätte Vorchdorf 1950 auf einem von den ÖBB zur Verfügung gestellten Güterwagenfahrwerk (ex G 77865) den selbstfahrenden Gleichrichterwagen EGI 25.051. Nach dessen positiver Betriebsbewährung entstand 1952 auf Basis des X 46831 ex DRB der ähnliche EGI 25.052.

Der Gleichrichterwagen wird im Abschnitt Bachmanning (km 8,8)–Systemtrennstelle bei Neukirchen (km 4,4)–Lambach (km 0,0) hinter das abgebügelte Gleichstromtriebfahrzeug eingereiht. Der nur mit Handbremse ausgerüstete EGI 25.051 wird im Regelfall für die lokbespannten Güterzüge eingesetzt, der mit Saugluftbremse versehene EGI 25.052 lief bis Ende 1989 planmäßig in allen Reisezugkursen.

Auf der Gleichstromzulaufstrecke erfolgt einfach eine Durchschaltung vom EGI-Stromabnehmer zum Triebfahrzeug, unter der 15-kV/$16\frac{2}{3}$-Hz-ÖBB-Fahrleitung wird über Trafo, Gleichrichter, Drossel und Resonanzsiebkreis eine einigermaßen geglättete Speisegleichspannung von 800 V mit maximal 17 % Restwelligkeit erzeugt. Für eine statische Traktionsstromgleichrichtung kam anfangs der fünfziger Jahre nur ein Quecksilberdampfgleichrichter in Betracht.

Nach reiflicher Überlegung gab die ausführende Elektrofirma (EBG Linz) gläsernen Gleichrichterkolben den Vorzug gegenüber Metalltöpfen. Durch gedämpft-elastische Federaufhängung war die mechanische Beanspruchung bei Verschubstößen in Grenzen zu halten, während in Metallgleichrichtergefäßen üblicher Bauart überschwappendes Quecksilber die kurzen Isolationsstrecken hätte überbrücken können. Zeitgleich mit der Umrüstung der E 80 01 der DB wurden die LH-Gleichrichterwagen bereits 1956/57 auf Siliziumdioden umgebaut.

Typenbild Gleichstromlok St&H E 20.001 (Ganz/Danubius 1916 ex Schleppbahn Wöllersdorf) mit speisendem Gleichrichterwagen EGI 25.051

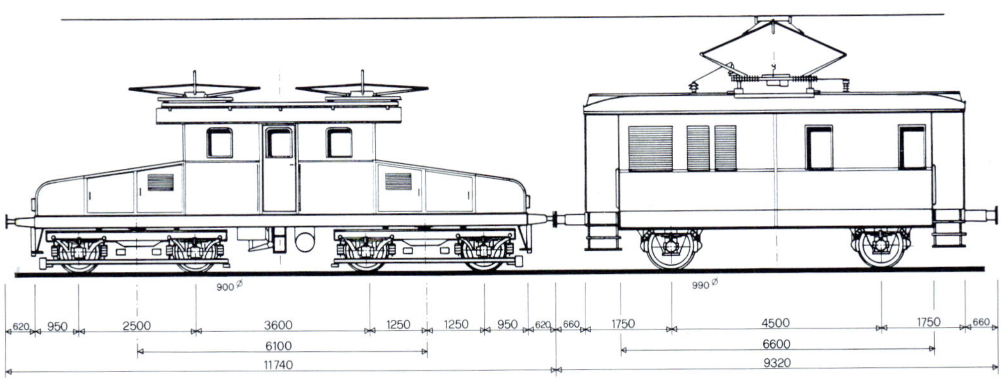

Maßstab 1:160

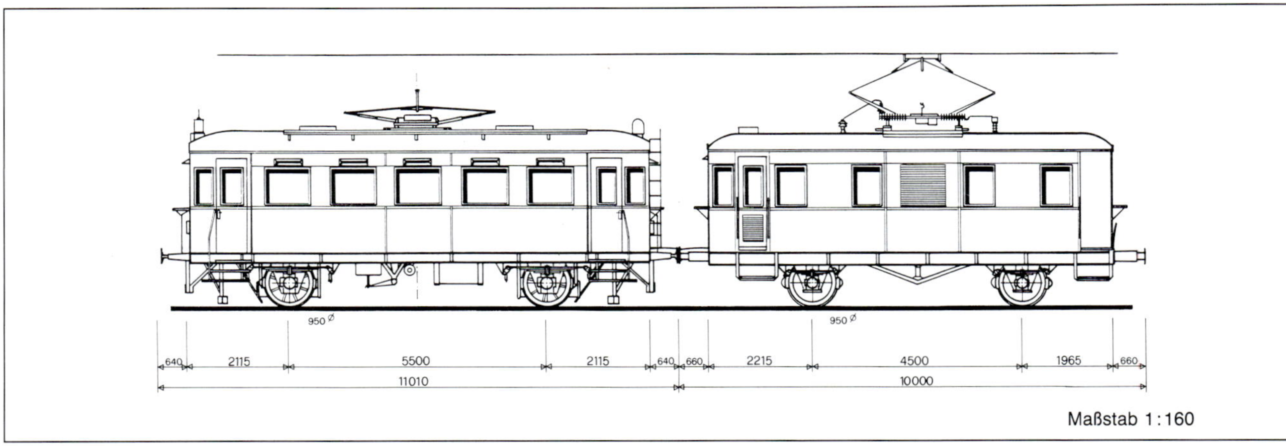

Typenbild LH-Gleichstromtriebwagen ET 25.101 (Graz/SSW 1932) mit speisendem Gleichrichterwagen EGl 25.052

Lokalbahn-Güterzug Lambach–Haag unter 15 kV-ÖBB-Fahrleitung: E 20.001 über Kabel gespeist von nachgereihtem Gleichrichterwagen EGl 25.051 (Lambach, Mai 1973) *Foto: Petrovitsch*

Die Systemumschaltung im Gleichrichterwagen wird während der Fahrt durch die Schutzstrecke vom Zugführer von Hand durch Umlegen von Trennschaltern vorgenommen. Bis vor wenigen Jahren mußte sich der Triebfahrzeugführer auf eine entsprechende Signalgabe bezüglich der erfolgten Umschaltung verlassen. Als einzige mögliche Notmaßnahme im Zweifels- oder Gefahrfall läßt sich vom Triebfahrzeug aus der Haltestromkreis des EGI-Bügelantriebes und des 15-kV-Hauptschalters unterbrechen. Schließlich wurde noch eine elektrische Schalterstellungsmeldung nachgerüstet.

Im Fall des Liegenbleibens der Garnitur in der 180 m langen spannungslosen Schutzstrecke kann in Schlüsselabhängigkeit vom Systemartumschalter im EGI das Neutralstück an eine der beiden angrenzenden Fahrleitungen vorübergehend angeschaltet werden. Zum Umsetzen im ÖBB-Bahnhof Lambach besitzen die Gleichrichterwagen Einachseigenfahrantrieb und Führerstand.

Schleppgespanne aus LH-Triebwagen + Gleichrichterwagen sind fallweise in Eigenfahrt (max. 50 km/h) anläßlich von St&H-Fahrzeugüberstellungen oder für bestellte Sonderfahrten auf der ÖBB-Hauptstrecke bis Salzburg oder Linz gekommen.

Konstruktive Merkmale

Fahrzeugteil

Laufwerk: Konventionelles Güterwagenfahrgestell ohne jegliche besondere lauftechnische Adaptierung, Sprengwerk.

Kastenaufbau: Spantenbauweise aus Winkelprofilen und Blechwänden, Holzrahmensenkfenster, einseitiger Führerstand, Stirnwandübergänge.

Der Gleichrichterwagen besorgt in Lambach mit Eigenfahrantrieb den Umsetzvorgang: EGI 25.052 in Lambach im September 1972 *Foto: Petrovitsch*

Gleichrichterwagen EGI 25.052 läuft zwischen Bachmanning und Lambach hinter dem 800-V-Triebwagen im Lokalbahnzug (Lambach, September 1972) *Foto: Petrovitsch*

Bremseinrichtungen: EGl 25.051 lediglich Handbremse sowie Durchgangsleitungen für Vakuum- und Druckluftbremse, EGl 25.052 Vakuumbremsausrüstung, Handbremse und Durchgangsleitung für Druckluftbremse, im Eigenfahrbetrieb elektrische Widerstandsbremse.

Elektrischer Teil

Hochspannungsausrüstung: Scherenstromabnehmer ÖBB-Bauart II mit Druckluftantrieb auf Hochspannungpotential, Umbauschere analog Bauart V mit Wanisch-Palette, Systemumschalter (in Stellung 800 V= unmittelbare Durchschaltung auf Fahrzeugumschalter Eigenfahrt EGl bzw. Speisekabel Tfz), im 15-kV-Kreis Ölhauptschalter und Hochspannungssicherung.

Umrichterteil: Gleichrichtertransformator 150 kVA fixen Übersetzungsverhältnisses, Mittelpunktschaltung mit zwei Einweggleichrichtern, anfänglich Quecksilberdampfgleichrichter in Glaskolben, elastisch aufgehängt mit annähernd aperiodischem mechanischen Dämpfungsverhalten, ab 1956 (EGl 25.051) bzw. 1957 (EGl 25.052) ersetzt durch Silizium-Leistungsdioden, Einspeisung über kathodenseitigen Gleichstromschnellschalter auf Fahrzeugumschalter Eigenfahrt/Tfz-Versorgung.

Eigenfahrantrieb: Tatzlagermotor Typ U 101 (EGl 25.051) bzw. D 93 w (EGl 25.052), gesteuert über Nockenfahrschalter, nur für selbständige Verschubbewegungen des Gleichrichterwagens in Lambach (Speisung ab 15 kV über Trafo und Gleichrichter) bzw. Bachmanning (800 V= direkt), Stundenleistung 41 bzw. 50 kW, bei Streckenfahrt mit EGl-Speisung eines anderen Triebfahrzeugs Eigenfahrantrieb desaktiviert.

LH ET 25.103/104
(= ÖBB B4ET 4855.001 u. 002)

Bo'2'
1989
Techn. Daten: Seite 230

1989 wurden der Lokalbahn Lambach–Haag zwei zu Lasten des Bundes (bahn)-Etats in Auftrag gegebene Neubautriebwagen mit Zweisystemeignung 15 kV/16⅔ Hz bzw. 800 V= übereignet. Sie figurieren zum einen unter den (in Klammern angeschriebenen) ÖBB-Bezeichnungen 93 81 4855.001 bzw. 002 und andererseits im Nummernschema der St&H-Bahnen als ET 25.103 und 104. Sie tragen deren Farbschema und Emblem anstelle jenes des buchmäßigen Eigners ÖBB. Trotz 120 km/h-Vollbahnauslegung widersetzten sich die ÖBB anfänglich einem Durchlauf ihrer eigenen (!) Triebwagen auf der Hauptbahn bis in die Bezirksstadt Wels (13 km). Seit Juni 1990 verkehren nun doch LH-Zugläufe durchgehend zwischen Wels und Haag.

In der Grundkonzeption stellen die Zweisystemtriebwagen für die Lokalbahn Lambach–Haag schaltwerksgesteuerte übliche Bo'2'-Gleichstrom-Nahverkehrsfahrzeuge für 800 V Fahrdrahtspannung dar. Die alternative Vollbahnspeisung 15 kV/16⅔ Hz erfolgt über Trafo, ungesteuerten Gleichrichter und Siebglieder in die 800-V=-Ausrüstung. Die korrekte Systemzuschaltung der Zweisystemausrüstung wird im Bereich der Schutzstrecke durch Beeinflussungsmagnete gesichert. Die fahrzeugmäßige Höchstgeschwindigkeit von 120 km/h (Gleichstrom limitiert 80 km/h) kommt nur auf der ÖBB-Westbahn zum Tragen, da die Lokalbahnstrecke vorläufig überhaupt nur 50 km/h zuläßt. Die beiden Triebwagen können vielfachgesteuert in Tandembetrieb eingesetzt werden.

Nach der Liquidation des ursprünglichen Auftragnehmers Knotz ging das 1985 initiierte Projekt der Zweisystem-ET 4855 für Lambach–Haag an das Wiener Zweigwerk des kanadischen Bombardier-Konzerns über. Im elektrischen Teil (Elin) wurde soweit möglich auf modifizierte Komponenten aus laufenden anderweitigen Fertigungen zurückgegriffen: Die Fahrmotoren entsprechen bis auf eine unterschiedliche Statorwicklung jenen des ÖBB-Thyristor-ET 4020, das Schaltwerk wurde von der Wiener U-Bahn-Ausrüstung übernommen, der Traktionsgleichrichter von der ÖBB-Verschublok 1063, der Hilfsbetriebeumformer vom deutschen Stadtbahnwagen usw.

Konstruktive Merkmale

Fahrzeugteil

Laufwerk: Trieb- und Laufdrehgestell im Grundaufbau gleich, Primärfederung Gummirollfedern Typ Clouth, Sekundärfederung paarweise angeordnete Schraubenfedern mit innenliegenden Stoßdämpfern, Torsionsstabwankausgleich. Jedes Drehgestell ist in einem Kugelrollkranz gelagert, der sämtliche Zug- und Bremskräfte überträgt und auch die seitliche Abstützung des Wagenkastens übernimmt. BBC-Spurkranzschmierung Typ Lausanne, pneumatische Sandstreuvor-

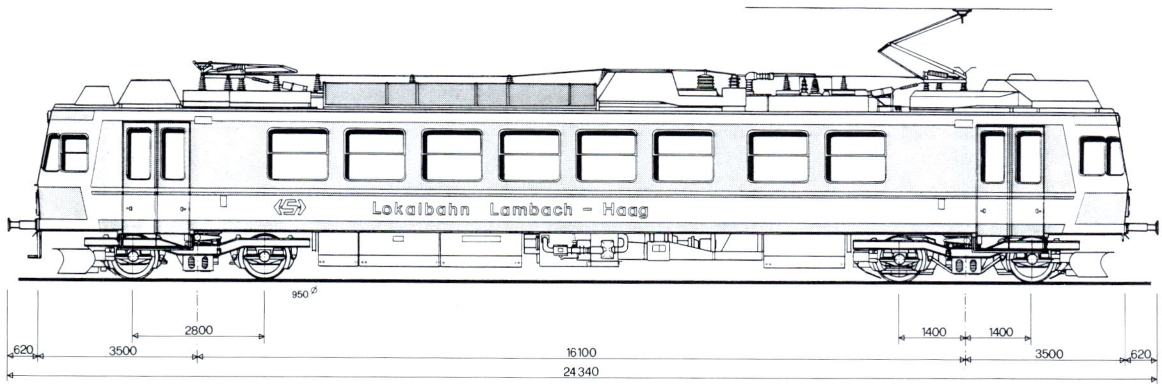

Maßstab 1:160

Typenbild der beiden neuen Zweisystem-Gleichrichter-Triebwagen ET 25.103 und 104 (= ÖBB-Eigentum ET 4855) für Durchlauf Wels–Haag

richtung an Triebradsätzen und vorderem Laufradsatz, Pflugbahnräumer.

Antrieb: Einseitiger Tatzlagerantrieb ähnlich ÖBB-Reihe ET 4020 mit Kegelrollenlagern und gefedertem Großrad, Übersetzung schrägverzahnt 1:4,25.

Hauptrahmen: Schweißkonstruktion aus Walzprofilen, die zusammen mit dem mittragenden Wagenkasten eine stabile, 2000 kN statischer Längsdruckkraft widerstehende Röhre bildet. Deformationselement zwischen Pufferträger und Kopfstück.

Fahrzeugkasten: Tragkonstruktion selbsttragend aus Formhohlprofilen und 2 mm starker Verblechung, hinterlegt mit 50 mm starken Isolierplatten zum Schall- und Wärmeschutz, Wandinnenverkleidung aus kunststoffbeschichteten Platten, vollbreite Führerstandfrontscheibe 2470 × 1100 mm in 12 mm Stärke, elektrisch geheizt, elektrisch verstellbare Außenspiegel. Versteifung der Frontpartie durch kräftige Eckrohre und Rahmenstützen zum Schutz bei EK-Kollisionen.

Fahrgastraum: Der Fahrzeuggrundriß wird durch die Erfordernisse des Einmannbetriebes bestimmt. Die Einstiege liegen im Drehgestellbereich, die pneumatisch betätigten Außenschwingtüren mit Lichtschrankenüberwachung und Einklemmschutz geben eine 1252 mm breite Öffnung frei. Ausfahrbare Zusatztrittstufe (profilüberschreitend) für Haltestellen ohne erhöhten Bahnsteig. Geräumige Einstiegsräume, Kassafenster in der Führerstandtüre. Innenraumteilung Vis-a-vis-Bestuhlung Anordnung 2 + 2 mit 1650 mm Sitzgruppenabstand, Längsgepäckträger, Platzangebot 48 Nichtraucher + 16 Raucher + 4 Klappsitze + evtl. 62 Stehplätze, Gepäck 3 m², kein WC.

Bremseinrichtung: Klotzbremsen, indirekt wirkende Druckluftbremse (Zugbremse), direkt wirkende, elektropneumatisch gesteuerte Zusatzbremse, tastenbetätigte Federspeicherfesthaltebremse. Zweistufiger Kolbenkompressor Knorr mit Förderleistung 39 m³/h gegen 10 bar.

Hilfseinrichtungen: Kühlluftaggregate für Fahrmotoren, Trafo, Gleichrichter und Umformer in Dachaufsatzkisten, Luftführung durch Kanäle zu entsprechenden Unterflureinbauten.

Elektrischer Teil

Hochspannungsausrüstung: Zwei druckluftbetätigte Halbscherenstromabnehmer ähnlich ÖBB-Bauart VI, Systemübergang 15 kV/800 V= ohne Stromabnehmerwechsel, elektromotorisch betätigter, unter Öl schaltender Systemwähler, Wechselstromhauptschalter DBTF 20i bzw. Gleichstromschnellschalter R 928.

Umrichterteil: Radialgeblechter Transformator 525 kVA fixen Übersetzungsverhältnisses mit integrierter Glättungsdrossel und Ölumlaufkühlung, eingebaut unterflur in Wagenmitte. Silizium-Traktionsgleichrichter Siemens A 1200 ähnlich ÖBB-Baureihe 1063, Einspeisung mit 800 V= Misch-

Vollbahnstandard für Lokalbahn: ET 25.103 (= ÖBB 4855.001), für LH entwickelter Zweisystem-Triebwagen 800 V = /15 kV/16⅔ Hz in Lambach im Mai 1990
Foto: Petrovitsch

strom in die konventionelle schaltwerksgesteuerte Gleichstromausrüstung.

Steuerung: Elektromotorisch angetriebenes Nockenschaltwerk GNW 97 ähnlich Bauart für Wiener U-Bahn-Triebwagen mit Schaltsequenz von 11 Serien-, 5 Feldschwächungs-, 8 Parallel- und nochmals 5 Feldschwächungsstufen, generatorische E-Bremsung batterieerregt in 17 Stufen, Anfahr- und Bremswiderstände am Wagendach situiert, Fahrsteuerung mit kombiniertem Fahr-Brems-Hebel, Schaltwerkshochlauf über elektronischen Fahrregler abhängig Motorstromverlauf, Steuer- und Überwachungsfunktionen samt Fahrtregistrierung und Störmeldeprotokollierung rechnergeführt, Überwachung Systemumschaltung durch magnetische Zugbeeinflussung, Vielfachsteuerung multiplex über V-24-Datenschnittstelle mit Ausnahme des 400-Hz-pulsbreitenmodulierten Zugkraftsollwertes.

Fahrmotoren: Mischstromreihenschlußmotoren WM 302, Type wie in Thyristortriebwagen 4020 der ÖBB, jedoch ohne Fremderregungsanteil, betrieben mit max. 800 (statt 850) V, Stundenleistung 2 × 240 kW bei 1420 U/min.

Elektrische Bremse: Betriebsbremse ist die mit dem Fahrbremshebel gesteuerte, batterieerregte generatorische E-Bremse, der erforderlichenfalls die Druckluftbremse ohne weiteres Zutun des Triebfahrzeugführers im nötigen Ausmaß hinzugesteuert wird.

Hilfseinrichtungen: Bordnetz 380/220 V Drehstrom 50 Hz, versorgt durch rotierenden Umformersatz 800 V=/18,5 kVA (Standardbauteil deutscher Stadtbahnwagen, durch Compoundierung ausgangsstabil für Eingangsspannung im Schwankungsbereich 540 bis 900 V=), im Vollbahnbetrieb Umformersatz gespeist über separate Sekundärwicklung des Trafos und eigenen Hilfsbetriebegleichrichter, Batterie 24 V/330 Ah, Wagenheizung 800 V= thermostatgeregelt 33,8 kW, Zugheizspannung 800 V= nach St&H-Norm, nicht UIC- bzw. ÖBB-konform, wegabhängige Sifa, Indusi, ÖBB-Zugbahnfunk, St&H-Zugleitfunk.

Industriefrequenz-Elektrifizierung der Raaberbahn GySEV/ROeEE

Mit der Umstellung der Stubaitalbahn auf Gleichstrombetrieb im Juli 1983 schien die Industriefrequenz-Wechselstromtraktion in Österreich, wo diese Traktionsform mit jenem fehlgelaufenen AEG-Erstversuch 1904 den Anfang genommen hatte, der Vergangenheit anzugehören. Anfang der fünfziger Jahre hatte es auf Betreiben der französischen Besatzungsmacht und der heimischen Elektrizitätswirtschaft nochmals Bestrebungen gegeben, für weitere Streckenelektrifizierungen der ÖBB den Übergang zur 50-Hz-Traktion durchzusetzen.

Als einzige Relikte aus dieser Ära der Systemdiskussion blieben die Zweisystem-Versuchslok 1050.01 und eine nach 1957 nie mehr genutzte Einspeisemöglichkeit für Probebetrieb mit 20 kV/50 Hz aus dem Kelag-Landesnetz in die Fahrleitung der ÖBB-Strecke Villach–Feldkirchen. Die grenzüberschreitende Elektrifizierung der GySEV/ROeEE-Privatbahnstrecke (Sopron–)Staatsgrenze bei Baumgarten–Ebenfurth mit dem ungarischen 25-kV/50-Hz-System brachte 1988 „durch die Hintertür" die Industriefrequenztraktion nach Österreich.

GySEV (im Ungarischen ausgesprochen wie „djeschew") steht als Abkürzung für „Györ-Sopron-Ebenfurti-Vasut", die in Österreich im gleichen Sinn als „Raab-Ödenburg-Ebenfurter Eisenbahn" ROeEE firmiert. Ihr eigentümlicher grenzübergreifender Status rührt von der Auflösung der Donau-Doppelmonarchie in einzelne Nationalstaaten nach Ende des Ersten Weltkriegs her. Das heutige österreichische Burgenland hatte von 1867 bis 1921 als Deutsch-Westungarn der Reichshälfte unter der Stephanskrone zugehört.

Während die Strecken der kgl. ungarischen Staatsbahnen MÁV auf (neu-)österreichischem Gebiet 1922 an die ÖBB übergingen, blieb die private GySEV ungeteilt in ungarischem Besitz unter nachträglicher Gewährung einer Konzession als österreichischer Privatbahn für den Abschnitt Staatsgrenze bei Baumgarten–Ebenfurth. Diese Rechtslage besteht bis heute, wenngleich die GySEV nach 1949 von der damaligen Volksrepublik Ungarn verstaatlicht wurde.

1985 begann die GySEV mit der Elektrifizierung ihres in Ungarn gelegenen Streckenteils von Györ nach Sopron mit dem von der MÁV vorgegebenen 25-kV/50-Hz-System. Von der Staatsbahn wurden 1987/88 im Tausch gegen Dieselloks M 41 deren Gleichrichter-Elloks V 43.1320 – 1331 aus einer der letzten Lieferserien als GySEV – V 43.320 – 331 übernommen.

Seit 27. Mai 1988 wird auch die ROeEE-Strecke Sopron–Ebenfurth elektrisch betrieben. Buchmäßig sind hierfür die V 43.329 – 331 der ROeEE zugewiesen. De facto allerdings sind alle Fahrbetriebsmittel der GySEV/ROeEE in Sopron beheimatet und werden von ungarischem Personal (in österreichischen Eisenbahner-Uniformen) gefahren.

GySEV/ROeEE V 43

Industriefrequenzlok ex MÁV

B'B'

1987 (1963)

Techn. Daten: Seite 231

Die ungarischen Staatsbahnen MÁV hatten nach einem Probebetrieb zwischen Budapest Westbf. und Dunakeszi 1923/28 einen Alleingang in der Systemwahl von 50 Hz industriefrequenten Einphasenwechselstroms (damals mit 16-kV-Fahrdrahtspannung) getroffen zu einem Zeitpunkt, als mangels betriebstauglicher Direktmotoren für Industriefrequenz oder Gleichrichter die Loks nach Kandó mit rotierenden Phasenspalter-Frequenzumformern gebaut werden mußten, die ihrerseits Asynchron-Drehstromfahrmotoren speisten (V 40, V 60, V 44, V 55 Baujahre 1932–57).

Nach einem Zwischenspiel von Ward-Leonard-Umformerloks mit Gleichstromfahrmotoren (V 41, V 42, Bauperiode 1959...66) wandte sich die MÁV westlicher Technologie zu, als sie 1960 bei der „50-Hz-Union" (ACEC Charleroi, AEG Berlin, Siemens Erlangen, BBC Baden, MFO und den französischen Alsthom, Jeumont und Schneider-Westinghouse) Silizium-Gleichrichterloks V 43.1 mit Mischstrommotoren nach SNCF-Vorbild in Auftrag gab.

Die V 43 stellt eine in konventioneller Weise trafoseitig mit elektromechani-

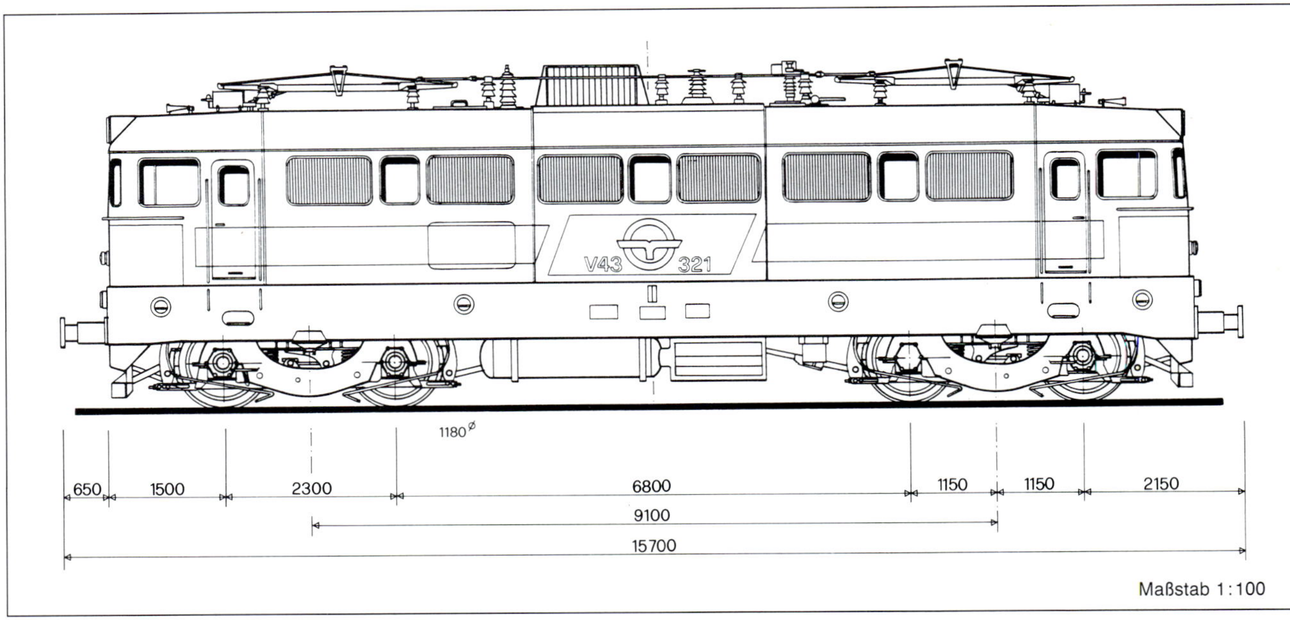

Typenbild der Gleichrichterlok GySEV/ROeEE V43.3 ex MÁV nach Lizenz der westeuropäischen 50-Hz-Union

Vorstellung der ROeEE V 43 321 in Müllendorf im März 1988 *Foto: Petrovitsch*

schem Hochspannungsstufenschaltwerk gesteuerte Lok dar, bei der die Motor-Ströme durch ungesteuerte Diodenbrücken in Graetz-Schaltung gleichgerichtet werden – vergleichbar den Re 4/4 161 – 195 der BLS-Gruppe. Der mechanische Teil entspricht französischen Konstruktionsprinzipien (Monomotor-Drehgestelle mit Jacquemin-Antrieb wie SNCF BB 9400). Die Erstserie V 43.1001 – 1007 wurde bei Schneider Creusot und Krupp Essen gefertigt.

Unter Nutzung der miterworbenen Nachbaurechte stellte die ungarische Industrie (Ganz-VM und Ganz-MÁVAG) von 1964 bis 1982 insgesamt 372 gleichartige Loks als Einheitsbauart des MÁV-Elektrobetriebes her. Für den Altbestand Budapest–Hegyeshalom besaßen die 25-kV-Loks anfänglich bis zur Systemangleichung 1972 noch 16-kV-Umschaltmöglichkeit.

Konstruktive Merkmale

Fahrzeugteil

Laufwerk: Zweiachsige drehzapfenlose Monomotor-Triebdrehgestelle französischer Bauart SFAC-Jacquemin wie SNCF-Baureihe BB 9400, Motor- und Getriebegehäuse als mittragende Komponenten der Drehgestellrahmenkonstruktion. Die Treibachsen laufen in Athermos-Gleitlagern, auf deren Gehäuse sich ungefedert genietete Schwanenhalsträger abstützen. Der Drehgestellrahmen ruht über acht Schraubenfedern mit parallelgeschalteten Reibungsdämpfern auf den Schwanenhalsausgleichsträgern, die in Längsrichtung über kurze horizontale Schwenkhebel am Drehgestellrahmen angelenkt sind. Der Lokkasten ist an vier Punkten über Pendel ohne weitere Federung an den auf den Drehgestellen gleitenden Abstützungen aufgehängt. Traktionskräfte werden von den Drehgestellrahmen auf den Lokkasten durch tiefangelenkte Zugstangen übertragen.

Antrieb: doppelter Kardanringhohlwellenantrieb Bauart Jacquemin, Antrieb des Hauptritzels über Torsionswelle durch Motorhohlwelle. Das Ritzel treibt seinerseits über je ein Zwischenzahnrad die Großräder der beiden Treibachsen an. Von den Großrädern wird das Moment durch einen elastischen Achswellenantrieb auf die Radachsen eingeleitet. Getriebeübersetzung 1:2.5.

Hauptrahmen: Durchgehender Brükkenträger als Schweißkonstruktion mit Längs- und Querträgern verwindungssteif und alleintragend ausgeführt. Zug- und Stoßvorrichtungen an den Kopfstücken des Brückenträgers.

Lokomotivkasten: Führerhäuser mit dem Brückenträger verschweißt, dreigeteilte Maschinenraumhaube dagegen abhebbar. Wände, Türen und Dach sind doppelwandig mit Isolierzwischenlagen ausgeführt. Beidseitiger Maschinenraumdurchgang, Transformatorblock mit angebautem Hochspannungsschaltwerk abgesenkt in Mitte des Lokrahmens eingebaut. An beiden Enden des Maschinenraumes liegen die Fahrmotorlüfter, neben denen gangseitig Gerätegerüste angeordnet sind. Zwischen Haupttrafo und diesen Gerüsten sind Hauptgleichrichter, Glättungsdrossel, Kompressor, Relais-und Druckluftgerüst plaziert.

Bremseinrichtungen: Einlösige indirekte Druckluftbremse für Lokomotive und Wagenzug, direktwirkende Zusatzbremse für die Lokomotive, Schleuderschutzbremse, Kolbenkompressor VV 450/150 nach Knorr-Lizenz mit 162 m³/h Förderleistung gegen 10 bar, Handbremse auf zugeordnetes Drehgestell wirkend.

Hilfseinrichtungen: Zwei Fahrmotorlüfter (je 230 m³/min), ein Glättungsdrossellüfter (84 m³/min) und ein Ölkühlerlüfter (360 m³/min), Kühlluftansaugung aus dem Maschinenraum (Düsengitter), druckluftbetätigte Sandstreuer und Signalhörner.

Elektrischer Teil

Hochspannungsausrüstung: Scherenstromabnehmer mit segmentierten, ungekrümmten Kohleschleifstücken, Schleifbreite 1150 mm für Zickzack ± 50 cm auf Altbaustrecken MÁV, Überspannungsableiter, Primärspannungswandler, Drucklufthauptschalter DBTF 30 i 250 kombiniert mit Erdungstrenner, Hochspannungsdurchführung mit Primärstromwandler.

Haupttransformator: Fremdbelüfteter, ölgekühlter Dreischenkeltransformator mit zwangsweisem Ölumlauf. Reguliertrafo in Sparschaltung mit 32 Anzapfungen, über Hochspannungsschaltwerk gesonderter Übersetzungstrafo nachgeschaltet. Dessen beide Sekundärwicklungen zur Speisung der Fahrmotoren sind voneinander galvanisch getrennt. Dauerleistung 3150 kVA, Zugheizleistung 790 kVA bei 1500 V, Hilfsbetriebeleistung 150 kVA bei 250 V.

Steuerung: Hochspannungsschaltwerk mit 32 Dauerfahrstufen, Kreiswähler unter Öl, drei Lastschalter mit magnetischer Blasung in Luft, zwei Überschaltwiderstände, Schaltwerksantrieb mittels Druckluftmotor, Sechsstellungsfahrschalter nach Prinzip Auf-Ab-Steuerung.

Gleichrichter: Ungesteuerter Siliziumhauptgleichrichter pro Motor, Einphasenbrückenschaltung aus je 128 Dioden (je Brückenzweig fünf in Reihe und neun parallel geschaltet), Federspeichertrennschalter mit elektromagnetischer Auslösung über Thyristorkreis, Blockschaltung Trafowicklung – Gleichrichter – Motor, Kühlung durch benachbarten Motorlüfter.

Fahrmotoren: Mischstromreihenschlußmotor pro Drehgestell, unkompensiert, achtpolig, 1130 kW bei 1100 V, 1110 A und 625 U/min einstündig, Mischstromwelligkeit im Nennpunkt ca. 25 %, vier Feldschwächungsstufen 75, 65, 55 und 42 %.

Hilfseinrichtungen: Speisung Hilfsbetriebe aus besonderer Wicklung des Transformators 250 V/50 Hz, Hilfsbetriebegleichrichter, Antriebe Fahrmotorlüfter (2 × 23,5 kW), Ölkühlerlüfter 9 kW und Kompressor 18,6 kW durch Gleichstromhauptschlußmotoren, Batterie 72 V/78 Ah, wegzeitabhängige Sicherheitsfahrschaltung, Vielfachsteuerung.

Montafonerbahn Bludenz–Schruns (MBS)

Die per 12. 12. 1905 eröffnete, 12 Kilometer lange Stichbahn in Vorarlberg stellte die erste elektrifizierte Normalspurlokalbahn auf dem Gebiet der nachmaligen Republik Österreich überhaupt dar. Nur zwanzig Jahre später mußte ihre 600-V-Gleichstromfahrleitung im Bahnhof Bludenz der Vollbahnelektrifizierung der BBÖ weichen. Nach dem Provisorium eines mitgeführten Akkuwagens wurde eine Lösung des Traktionsproblems schließlich darin gefunden, den Lokalbahntriebfahrzeugen durch Einbau benzin- bzw. dieselelektrischer Netzersatzaggregate die Einfahrt unter die Vollbahnfahrleitung zu ermöglichen.

Die Realisierung des Zweisystemtriebwagens ET 10.103 in Eigenregie der MBS bildete 1965 die Vorstufe zur Umstellung auf das Vollbahnsystem, die schließlich per 6. 3. 1972 vollzogen wurde. Zwei weitere Triebwagen in konventioneller Gleichstromantriebstechnik wurden analog durch Einbau eines Umrichterblockes aus Transformator, Gleichrichter und Siebgliedern für den 15-kV/16⅔ Hz-Betrieb adaptiert.

Daneben übernahm die MBS altbrauchbar zu kulanten Preisen von den ÖBB zwischen 1971 und 1987 einen Gepäcktriebwagen (ET 10.106 ex ÖBB 4060.02 Baujahr 1936), zwei Loks 1045.01 und 03 (Baujahr 1927) und zuletzt einen kompletten vierteiligen Triebwagenzug (ET 10.105 ex ÖBB ET 4130.02 des alten „Transalpin"-Typs von 1958).

Mangels eines für Privatbahnbelange geeigneten serienmäßigen Triebwagentyps österreichischer Herkunft bemühte sich die MBS ohne Erfolg um den Erwerb von Trieb- und Steuerkopf eines der Prototyp-NPZ RBDe 4/4 2100 – 03 der SBB. Daraufhin vergab die MBS im Juli 1989 dann den Auftrag zur Lieferung eines fabrikneuen zweiteiligen NPZ unveränderten SBB-Typs an die schweizerische Rollmaterialindustrie. Der rot-gelb-blaugraue „Neue Pendelzug" MBS ET 10.107 + ES 10.207 kommt nach dem letzten bestellten SBB-Serienzug Nr. 2183 gegen Ende 1990 zur Auslieferung.

Die Gleichrichtertriebwagen ET 10.103 und 104 (Ursprungsbaujahr 1935) sollen in absehbarer Zeit ausscheiden. An ihre Stelle würde entweder ein zweiter NPZ treten oder auf Basis der Trieb- und Steuerköpfe der ÖBB 4130/6130.01 und 04 (verbliebene Transalpin-Garnituren) mit neuer Inneneinrichtung zweiteilige Pendelzüge hergerichtet werden.

Eine Trassenumlegung der MBS im Bereich Lorüns beseitigte im Mai 1990 jenen lokalbahnmäßigen 118-Meter-Minimalradius in einer Brückenauffahrt, der dem freizügigen Durchlauf von ÖBB-Rollmaterial bis Schruns bislang im Wege stand. Längerfristig steht nach Vollendung des ÖBB-Zweigleisausbaus Feldkirch–Bludenz die Einbindung der MBS in einen Regionalzugtaktverkehr bis Bregenz in Diskussion.

MBS B4ET 10.101
ex ET 204 Bad Eilsener Klb.

(1A)' (A1)'
1968 (1950)
Techn. Daten: Seite 231

Für die 6,4 km lange normalspurige Kleinbahn Bückeburg–Bad Eilsen im Besitz des Fürstenhauses zu Schaumburg-Lippe wurde 1950 ein moderner Neubau-Vierachstriebwagen in Betrieb genommen. Dieser BEK ET 204 stellte überhaupt die erste Nachkriegsneukonstruktion eines deutschen Privatbahntriebfahrzeuges dar. Der von der Niedersächsischen Waggonfabrik Joseph Graaff in Elze (Hannover) in geschweißter Stahlschalenleichtbauweise erstellte Triebwagen war für 40 km/h Höchstgeschwindigkeit bei 600 V= Netzspannung übersetzt.

Am 21. 5. 1966 wurde die Bad Eilsener Kleinbahn stillgelegt. Im Sommer 1967 erwarb die Montafonerbahn zu einem minimalen Preis (DM 12 000) den ehemaligen BEK ET 204. Die günstige Einstiegsanordnung und die fernbedienten Falttüren kamen der angestrebten Anpassung für MBS-Einmannbetrieb zum Einsatz in den Tagesrandstunden entgegen. Durch Änderung der Getriebeübersetzung wurde ohne sonstige Umbauerfordernisse an der Drehgestellkonstruktion mit kombinierter Blatt- und Gummisekundärfederung die Höchstgeschwindigkeit von 40 auf 75 km/h angehoben.

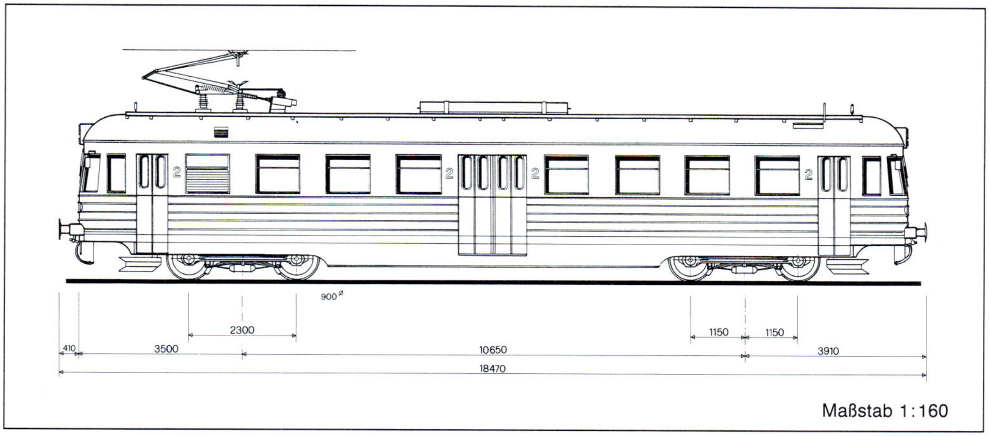

Typenbild des 1972 zu einem Gleichrichtertriebwagen für Vollbahnsystem umgebauten MBS ET 10.101 (bis 1966 ET 204 der Bad Eilsener Kleinbahn)

Die elektrische Traktionsausrüstung war mit geringen Umarbeiten für die MBS-Nennspannung von 800 V= weiterverwendbar. Für die Einfahrt des Gleichstromtriebwagens in den ÖBB-Bahnhof Bludenz wurde ein benzinelektrisches 55-PS-Hilfsaggregat in einer vom Gepäckraum hinter Führerstand 1 abgetrennten Kabine installiert. So war der nunmehrige ET 10.101 von Mai 1968 bis März 1972 in Betrieb.

Nach der MBS-Systemumstellung wurde der ET 10.101 analog dem Zweisystem-ET 10.103 mit Transformatorgleichrichtergruppe nachgerüstet, so daß seine unverändert beibehaltene Gleichstomtraktionsausrüstung samt straßenbahnartigem Direktkontroller intern mit 800 V= gespeist wird. Die Motorkabine des früheren Verbrennungsnetzersatzaggregates wurde als Hochspannungszelle hergerichtet. Gleichrichter und Schnellschalter sind übrigens weiterverwendete Teile aus einem vormaligen stationären MBS-Gleichrichterunterwerk.

Konstruktive Merkmale

Fahrzeugteil

Laufwerk: Geschweißter Drehgestellrahmen mit gummigefederten Achslagern, die Abstützung des Wagenkastens erfolgte über Gleitstücke, zwischengeschaltete Gummifedern mit progressiver Charakteristik und längsliegenden Blattfedern direkt auf äußere Drehgestellwangen, Drehzapfen gummigelagert als zentrierender Mitnehmer.

Antrieb: Tatzlagerantrieb mit schrägverzahnter Stirnradübersetzung jeweils auf die inneren Achsen beider Drehgestelle, Übersetzung 1:4.05.

Wagenkasten: Geschweißte Stahlschalenleichtbauweise als selbsttragende Röhre ohne eigentlichen Haupt-

ET 10.101 ex BEK besorgte langjährig im Einmannbetrieb die Tagesrandkurse der MBS (Bludenz, Juli 1973)
Foto: Petrovitsch

rahmen, Bodenwanne, Seitenwände und Dach als tragende Elemente einbezogen, Außenhaut zur Erzielung hinreichender Schub- und Druckfestigkeit längs gesickt.

Fahrgastraum: Endeinstiege durch Führerstandräume (Einmannbetrieb mit Abfertigung durch Triebfahrzeugführer), Großraum 58 Plätze Nichtraucher, Sitzteilung 2 + 3 ohne Abtrennung gegenüber Plattform Mitteleinstieg, zehnplätziges Raucherabteil Seite Führerstand 2.

Bremseinrichtungen: Automatische Westinghouse-Druckluftbremse mit Zusatzbremse, Handspindelbremse pro Drehgestell.

Elektrischer Teil

Hochspannungsausrüstung: Einholmstromabnehmer Siemens Bauart ÖBB VI, Überspannungsableiter, Hochspannungssicherung, kein primärseitiger Leistungsschalter, Abschaltung durch Senken des Stromabnehmers bei Trafoleerlauf.

Umrichterteil: Ölgekühlter Transformator mit Bedämpfungskreis, Siliziumbrückengleichrichter, gleichstromseitiger Hauptschalter mit Überstromauslösung, Einspeisung auf 800 V=-Fahrschalter bzw. Hilfsbetriebssammelschiene der unverändert beibehaltenen Traktionsausrüstung des früheren Gleichstromtriebwagens.

Steuerung: Elektromechanischer Nockenfahrschalter – Direktkontroller mit zehn Serienstufen, sieben Parallelstufen und zwei Shuntstufen, Anfahrwiderstände in Dachmittenaufbau.

Fahrmotoren: Zwei selbstlüftende Gleichstrommotoren AEG US 533a á 92 kW bei 800 U/min, 130 A und 800 V=.

MBS ET 10.103/104
Umbau aus ex VT 63.9 der DB

Bo'2' (ab 1987 Bo'Bo')

1965 bzw. 1974

Techn. Daten: Seite 231

Als Umbauprojekt im eigenen Wirkungskreis realisierte die Betriebswerkstätte der Montafonerbahn zusammen mit AEG Berlin 1963–1965 den Zweisystemtriebwagen ET 10.103, der von Anfang an mit vollem Leistungsvermögen unter beiden Traktionssystemen ausgelegt wurde. Er stellte eine der Voraussetzungen für die spätere Umstellung der MBS von 800-V=-Lokalbahnsystem auf 15-kV-ÖBB-Speisung per 6. 3. 1972 dar. Der zweite gleichartige ET 10.104 wurde 1974 nur noch in Einsystemausrüstung als Vollbahngleichrichtertriebwagen mit niederspannungsseitigem Gleichstromschaltwerk fertiggestellt.

Basis des wagenbaulichen Teils waren ausgemusterte Dieseltriebwagen der DB. Der ET 10.103 entstand aus dem 1935 von der Gottfried Lindner AG in Ammendorf bei Halle an der Saale unter der Fabrik-Nr. 55360 gebauten und 1951 bei H. Fuchs AG in Heidelberg einer gründlichen Erneuerung unterzogenen ex DRG VT 137 142 / DB VT 63.905, detto ET 10.104 aus ex DRG VT 137 144 (Lindner 55363/1935) bzw. DB VT 63.907.

Für die Konzeption eines Zweisystemnahverkehrstriebwagens 800 V=/15 kV 16⅔ Hz bestand anfangs der sechziger Jahre keinerlei konkretes Vorbild, wenn man von den Gleichrichterwagengespannen der Lokalbahn Lambach–Haag absieht. Für den ET 10.103 übernahm man hiervon die grundsätzliche Lösung, das Triebfahrzeug als konventionellen Gleichstromtriebwagen mit üblicher Stufen- und Gruppierungssteuerung auszubilden. Unter Vollbahnsystem wird über Transformator, ungesteuerten Silizium-

Lokalbahntriebwagen auf großer Fahrt: Zweisystemtriebwagen ET 10.103 der damals noch mit 800 V = betriebenen Montafonerbahn im Oktober 1965 unterwegs zur IVA München. Begegnung mit ET 91 in Scharnitz
Foto: MBS-Zwirchmayr

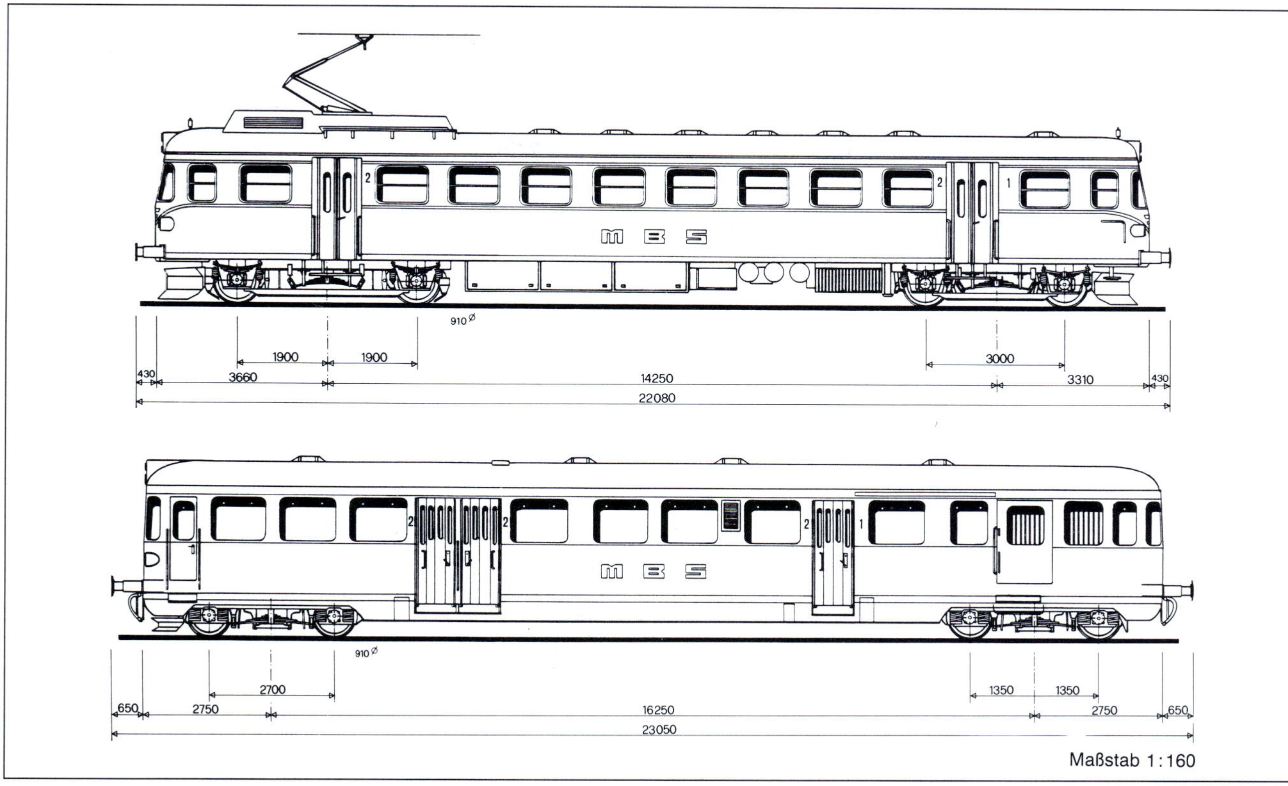

Typenbild der von der MBS aus ex VT 63^9 umgebauten Gleichrichtertriebwagen ET 10.103/104 und der zugehörigen Steuerwagen ES 10.203/204 ex Dieseltriebwagen ABDm 2/4 Mittelthurgaubahn

gleichrichter und Siebglieder intern eine (einigermaßen geglättete) Gleichspannung von 800 V erzeugt, die die sonstige unmittelbare Einspeisung aus der Lokalbahnfahrleistung gleichwertig ersetzt.

Unter Pkt. 5.1.10 der Tafel A2 des Allgemeinen Anhangs zur Signal- und Betriebsvorschrift der ÖBB werden die MBS-Gleichrichtertriebwagen mit 90 km/h zum Verkehr auf allen elektrifizierten Strecken in Österreich zugelassen. Vorführ- und Sonderfahren führten den innovativen Privatbahn-ET 10.103 über den ÖBB-Bereich hinaus in die BRD (IVA 1965) und mit Stromabnehmer-Tauschwippe wiederholt in die Schweiz.

Konstruktive Merkmale

Fahrzeugteil

Laufwerk:

– *bis 1987:* Modifizierte Originaldrehgestelle ex VT 63.9 DRG/DB, Drehgestellrahmen aus Walzprofilen und Blechen geschweißt, Abstützung über Schrauben- und Blattfedern gegen rollengelagerte Radsätze, Wiege über Längsfedern und Schaken im Drehgestellrahmen beweglich aufgehängt, progressiv wirkender Hydraulikquerdämpfer begrenzt seitliche Wiegen- bzw. Wagenkastenauspendelung, Zugkraftübertragung über stufenförmige Drehpfanne auf den Wagenkasten, Kastenabstützung über zwei seitliche Gleitstühle auf der Wiege, Motordrehgestell Radstand 3800 mm, Laufdrehgestell Bauart Görlitz IV.

– *ab 1987:* Ersatzweiser Einbau zweier Motordrehgestelle Bauart Minden-Deutz von Ausmusterungsfahrzeugen der Köln-Bonner-Eisenbahnen AG (Serie ET 53 – 60 der Vorgebirgsbahn, Doppeltriebwagen Bo'2' + 2'Bo', Baujahre 1954–56), geschweißter Blechrahmen, Achsführung durch Flachlenker, Achs- und Wiegenfederung durch Schraubenfedern, Wagenkasten abstützung über Drehpfanne und seitliche Gleitstücke, von KBE-Werkstätte Wesseling nach Vollbahnradprofil neu bereift, Radstand 2500 mm, neue Achsfolge Bo'Bo'.

Antrieb: Tatzlagerantrieb, einseitige schrägverzahnte Stirnradübersetzung 1:6,6 (Motordrehzahl max. 3850 U/min), Austauschdrehgestelle Minden-Deutz (Motordrehzahl max. 1840 U/min) mit Übersetzung 1:3,3.

Hauptrahmen: Umbau aus VT 63.9 DB ex VT 137.14 DRG, durch Stirnträgervorbau um je 110 mm (LüP 22080 mm) neue Gestaltung Stirnfront mit geschrägter Fensterpartie ermöglicht.

Wagenkasten: Kastengerippe aus gewalzten und gepreßten Formstählen geschweißt, mittragende Beplankung aus 2-mm-Stahlblech, ursprüngliche 800 mm breite Fallriemenfenster ersetzt durch 1200 mm breite Übersetzfenster unter Einbau zusätzlicher Kastenstreben aus Stahlprofilrohr, Schiebetüren ersetzt durch zurückversetzte, profilfrei aufschlagende zweiflügelige Leichtmetalltüren SIG/SBB-Bauart, 1990 nachgerüstet mit Fernsteuerantrieben, früherer Motorraum umgewandelt in Hochspannungszelle.

Fahrgastraum: Großraumabteil 2. Klasse mit 56 Sitzen Anordnung 2 + 2 unter Weiterverwendung der ursprünglichen DB-Bestuhlung (aus Umbau H. Fuchs, Heidelberg 1951) und der Quergepäckträger, Einbau Kopfschutzgläser, Seite Laufdrehgestell vergrößerter Einstiegsraum mit Gepäckablage/Schiständer und WC, Abteil 1. Klasse 8 Plätze Teilung 2 + 2 mit freier Streckensicht durch verglaste Führerstandtrennwand.

Bremseinrichtungen: Mehrlösige indirekte Oerlikon-Bremsanlage und direkte Regulierbremse auf beide Drehgestelle, Handspindelbremse jeweils auf zugeordnetes Drehgestell wirkend, zweistufiger Kolbenkompressor Knorr VV 64/100 mit 29 m³/h Förderleistung gegen 8 bar, angetrieben gemeinsam mit Zuglichtmaschine durch 750-V-Gleichstrommotor 6 kW.

Hilfseinrichtungen: 24-V-Lüfter für Siliziumgleichrichtersatz, 24-V-Behr-Doppelgebläse als Dachlüftung Hochspannungsraum, Druckluftsandung fahrtrichtungsabhängig, Spurkranzschmierung Bauart De Limon, mechanischer Antrieb für Schmierpresse (Angaben beziehen sich auf Erstbauform 1965).

Umbau des Zweisystem-ET 10.103 im Jahr 1969: Zusammenfassung der Dachausrüstung und Umrüstung auf Halbscheren-Stromabnehmer (Bludenz, Juli 1969)
Foto: Petrovitsch

Elektrischer Teil

ET 10.103 war 1965–1972 als Zweisystemtriebwagen MBS 800 V=/ÖBB 15 kV in Verwendung, ET 10.104 wurde 1974 als Gleichrichtertriebfahrzeug für Vollbahnsystem fertiggestellt.

Hochspannungsausrüstung:
– *ET 10.103 von 1965 bis 1969:* Die ÖBB widersprachen in der Planungsphase der von der MBS vorgesehenen Ausrüstung mit einem Einholmstromabnehmer, der erst wenig später für die ET 4010 typengenehmigt wurde. Da die Dachfläche des ET 10.103 über dem Triebdrehgestell zum Teil von Systemumschalter und Durchführungsisolatoren in die Hochspannungszelle beansprucht wurde, ordnete man zunächst einen Scherenstromabnehmer der DB-Bauart DBS 54 über dem Laufdrehgestell an.

– *ET 10.103 ab 1969:* Nachdem inzwischen der Siemens-Einholmstromabnehmer zur ÖBB-Standardbauart VI geworden war, wurde 1969 die Hochspannungsausrüstung des ET 10.103 über dem Motordrehgestell zusammengefaßt, in eine tiefergelegte Wanne verlegt und überdacht. Systemumschalter als Drehtrennschalter, Gleichstrompfad über Luftdrossel, 500-

Gelungene MBS-Umbauten: Zweisystem-ET 10.103 aus ex DB VT 63⁹ und Steuerwagen ES 10.203 ex MThB ABDm 2/4 Nr. 8 (Schruns, Juli 1972)
Foto: Petrovitsch

A-Gleichstromhauptsicherung und Gleichstromhauptschütz USG 51 GA zum Niederspannungskreis, Wechselstrompfad über 25-A-Röhrensicherung und Dachdurchführung zum Trafo, kein oberspannungsseitiger Leistungsschalter, Abschaltung durch Senken des Stromabnehmers bei Transformatorleerlauf.

– *ET 10.104:* Wie 15-kV-Ausrüstung am ET 10.103 ab 1969, Einsystemausführung ohne Gleichstromspeisemöglichkeit.

Umrichterteil: Einphasentransformator EHOP 680/20 spez mit 310 kVA Dauerleistung und Ölselbstkühlung, aus Hochspannungszelle nach Ausfahren des Triebdrehgestells auf Achssenke nach unten ausbaubar, Einphasenbrückengleichrichter mit je drei Zellen Si 91 k in Serie und zwei Zellen parallel je Brückenzweig, Gleichrichterauslegung thermisch 540 kW dauernd, Glättungsdrossel für Restwelligkeit Motorstrom von max. 35 %, gleichstromseitiges Ausgangsschütz Umrichterkreis verriegelt gegen 800-V=-Direkteinspeisung ab Fahrleitung.

Steuerung: Gleichstromseitiges Stufenschaltwerk aus AEG-Standardbaugruppen für U-Bahn Berlin (West), elektropneumatisch betätigter Überstromschalter, elektromagnetisch betätigtes Trennschütz, elektromotorisch angetriebenes Stufenschaltwerk Typ GNW 68 zur stufenweisen Abschaltung der Anfahrwiderstände, Serienparallelgruppierung und Shuntung 17 + 8 + 3 Stufen, elektromagnetisch betätigter Richtungswender, Widerstandsgruppen unter Wagenfußboden aufgehängt, Fahrschaltervorgabe der Endstellung, Hochlauf Stufenschaltwerk motorstromabhängig mit zwei wählbaren Stromgrenzen, Vielfachsteuerung über 40polige Fabeg-Kupplungsdosen, Überwachung Systemumschaltung durch magnetische Zugbeeinflussung im Schutzstreckenbereich (ET 10.103 bis 1972).

Fahrmotoren:
– *bis 1987 Görlitz-Drehgestelle:* Zwei vierpolige Vollspannungsreihenschlußmotoren mit Selbstlüftung Typ US 5460 b, Stundenleistung 2 × 150 kW bei 220 A und 1360 U/min (35,3 km/h), Maximaldrehzahl 3850 U/min entsprechend 100 km/h

– *ab 1987 MD-Drehgestelle ex KBE:* Vier Motoren Siemens D 803 a für

Umrüstung der ET 10.103 und 104 auf altbrauchbare Minden-Deutz-Motordrehgestelle ex Vorgebirgsbahn KBE im Jahr 1987 (Bludenz, März 1988)
Foto: Petrovitsch

Nennspannung 1050 V=, Stundenleistung bei 800 V= 4×82 kW bei 39,5 km/h, Maximaldrehzahl 1840 U/min.

Hilfseinrichtungen: Kombiniertes Antriebsaggregat für Kompressor und Zuglichtmaschine mittels 750-V-Gleichstrom-Kompoundmotor 6 kW, Zuglichtgenerator 24/30 V und 3,6 kW, Rohrplattenbleiakku 24 V/210 Ah, Turbowechselrichter 1200 VA für Wagenbeleuchtung 220 V/100 Hz, Widerstandsheizung 20 kW betrieben mit 800 V=, zeitabhängige Sifa.

Steuerwagen ES 10.203 und 204

Nach der Elektrifizierung der schweizerischen Mittelthurgaubahn waren 1965 deren drei 1951–1954 in Leichtstahlbauweise gelieferten Dieseltriebwagen ABDm 2/4 Nr. 7 bis 9 ausgemustert worden. Die MBS erwarb die drei Fahrzeuge ohne Maschinenanlagen mit der anfänglichen Absicht, auf Fahrzeugbasis der ex MThB ABDm 2/4 Nr. 7 und 9 einen elektrischen Doppeltriebwagen ET 10.105a+b auszuführen.

Aus dem ex MThB ABDm 2/4 Nr. 8 entstand im Lauf des Jahres 1969 in der MBS-Werkstätte in Schruns der Steuerwagen ABD4 ES 10.203 zum Zweisystemtriebwagen AB4 ET 10.103. Stirnwandübergänge und der gepäckraumseitige Führerstand entfielen. Die Energieversorgung des Steuerwagens erfolgt ausschließlich über die 800-V=-Zugheizleitung. Nachdem sich das Projekt des ET 10.105 zerschlagen hatte, baute man in Schruns 1977 aus dem MThB-Wagen Nr. 7 einen zweiten Steuerwagen B4 ES 10.204, der sich nur geringfügig (kein Erstklaßabteil, andere Rückfrontfensterteilung usw.) vom ersten Umbau unterscheidet.

MBS B4ET 10.105
ex ET 4130.02 „Transalpin" ÖBB

Bo'Bo'
ab 1990 (1958)
Techn. Daten: sh. ET 4130 ÖBB

Zum Sommerfahrplan 1990 ersetzte der vierteilige „Schüler-Transalpin" ET 10.105 (ex ÖBB B4hET 4130.02) + B4 10.312 (ex A4hTI 7130.01) + B4 10.313 (ex B4hTI 7130.102) + ES 10.205 (ex BD4hES 6130.02) die bisherige Wendezuggarnitur aus ET 10.106 (ex ÖBB 4060.02) mit drei schweizerischen Stahlkastenumbauwagen und Steuerwagen ES 10.203 (ex MThB ABDm 2/4 Nr. 8). Eine mehrteilige Garnitur wird bei der MBS nur für zwei werktägliche Berufsfahrerbzw. Schülerzugpaare benötigt.

In der ehemaligen Fernreisegarnitur („Transalpin" Wien–Zürich/Basel zwischen 1958 und 1965, Umbau 1972 in teilweiser Angleichung an ET 4030) verbleibt die vorhandene ÖBB-Sitzteilung 2 + 1, die originalen Kunststoffsitzpolster erhielten grünen Stoffbezug. Die MBS-Werkstätte rüstete IFE-Fernsteuertürantriebe nach. Die neuen Leichtmetalltürblätter sind in Übereinstimmung mit dem künftigen NPZ ganzflächig gelb lackiert. Der vierteilige „Schüler-Transalpin" stellt einen reinen Nichtraucherzug dar.

MBS ET 10.106
ex ET 30.02 BBÖ/ 4060.02 ÖBB

Bo'Bo'

1972 (1936)

Techn. Daten:
sh. ET 4060 ÖBB

Nach Zerstörung des 4060.01 bei einem Auffahrunfall in Flirsch am 16. 2. 1966 war das zweite Exemplar dieser 1936 gebauten Prototypen den ÖBB als Einzelstück verblieben und im Auslaufbetrieb vom Arlberg auf die ehemalige Preßburgerbahn umstationiert worden. Anstelle des von der MBS damals eigentlich angestrebten Ankaufs einer Lok der Reihe 1045 oder 1145 boten die ÖBB 1971 günstig den zu einer fälligen Hauptausbesserung anstehenden Gepäcktriebwagen 4060.02 an. Am 16. 9. 1971 kam der Verkauf an die MBS zum Tragen.

Mit relativ geringen Anpassungen, wie Einholmstromabnehmer Bauart VI, Dreilichtspitzensignal mit integrierter Schlußleuchte, neuen Plattformgeländern und Neulack in MBS-Farben Karminrot-Ginstergelb mit nußbraunem

Gepäcktriebwagen ET 10.106 ex ÖBB 4060.02 mit MBS-Bedienungszug im Zementwerk Lorüns im August 1976
Foto: Petrovitsch

Schüler- und Berufsfahrerzug der MBS: Vierteiliger „Schüler-Transalpin" ET 10.105, ehemaliger Fernverkehrszug ÖBB ET 4130.02 (Bludenz, Juni 1990)
Foto: Petrovitsch

Fahrwerk, eröffnete der ET 10.106 ex ÖBB 4060.02 ex DR ET 94.02 ex BBÖ ET 30.02 am 6. 3. 1972 den 15-kV-Betrieb im Montafon. Bis zu dem 1980 dann doch möglich gewordenen Erwerb zweier 1045 besorgte der ET 10.106 den MBS-Güterverkehr und bespannte daneben fallweise Reisesonderzüge.

1984 wurde der Gepäcktriebwagen mit Vielfachsteuerung nachgerüstet. Bis Mai 1990 bildeten ET 10.106, drei Stahlkastenumbauwagen ex SBB und der aus dem Dieseltriebwagen ABDm 2/4 Nr. 8 der Mittelthurgaubahn umgebaute Steuerwagen ES 10.203 den einzigen in Österreich auf Normalspur verkehrenden Wendezug, der nun durch die ehemalige Transalpin-Triebwagengarnitur abgelöst wurde. Der ET 10.106 verbleibt als Reservetriebfahrzeug für Güterzüge weiterhin im MBS-Einsatzbestand.

MBS BD4ET 10.107

Neuer Pendelzug (NPZ) Typ SBB

Bo'Bo'
Lieferung Ende 1990
Techn. Daten: Seite 231

Mangels eines für Privatbahnbelange geeigneten österreichischen Elektrotriebwagentyps für Vollbahnsystem hat die MBS im Juli 1989 eine Anschlußbestellung bei Schindler, Pratteln, und ABB, Zürich, über je einen Trieb- und Steuerkopf RBDe 4/4 + Bt aus der laufenden zweiten NPZ-Lieferserie für die SBB getätigt. Die Schweizerischen Bundesbahnen hatten sich nicht zu einem Verkauf eines ihrer vier nicht serienkonformen Prototypzüge bereit gefunden. Der „Neue Pendelzug" (NPZ) für die MBS kommt nach dem letzten bestellten Serienzug RBDe 4/4 2183 + Bt 29-34983 für die SBB Ende November 1990 zur Auslieferung.

Als Alternative hätte sich höchstens ein Einzelstück ähnlich den Zweisystemtriebwagen für Lambach–Haag angeboten. Der (teuerere) NPZ verbindet sich für die Montafonerbahn nicht nur mit dem Vorteil eines in jeder Hinsicht ausgereiften Serienproduktes, sondern auch der räumlichen Nähe zu dessen Herstellerwerken (SWA, Altenrhein, bzw. ABB, Zürich) mit Rückgriff auf den Ersatzteilfundus für die SBB-Züge.

Der NPZ der SBB basiert weitgehend – mit Ausnahme der beim SBB-Zug erstmals realisierten Rekuperationsbremsung an einem im Phasenanschnitt gesteuerten Stromrichtertriebfahrzeug – auf der Konzeption der ab 1982 in Dienst gestellten Privatbahnpendelzüge für BT, BLS-Gruppe, GFM, RVT und EBT-Gruppe. Von diesen wurde auch die freie Kombinierbarkeit mit sonstigen Regelfahrzeugen übernommen, die durch Ausrüstung mit normalen Zug- und Stoßvorrichtungen und herkömmlicher IIId-Vieldraht-Vielfachsteuerung erreicht wird.

Der zweiteilige Kurz-NPZ für die MBS wird bis auf die Farbgebung den seit Sommerfahrplan 1989 im Vallèe de Joux zwischen Vallorbe und Le Brassus im Jura laufenden beiden PBr-Privatbahnzügen entsprechen (RBDe 4/4 2184 und 2185 + Bt 50 62 29 – 34984 und 985 im Anschluß an Nummernschema der betriebsführenden SBB). Im Gegensatz zur PBr-Garnitur bleibt die Innenraumteilung gleich jener der zweiten SBB-Serie, d. h. der zweiteilige MBS-Pendelzug wird demzufolge einen reinen Nichtraucherzug darstellen.

Die NPZ-Normalkompositionen der SBB laufen ansonsten in der Regel mit drei eingereihten, angepaßten Einheitswagen. Als Zwischenwagen könnten zwischen Trieb- und Steuerkopf

Pendant zu dem Ende 1990 erwarteten NPZ aus schweizerischem Neubau Schindler/ABB: Zweiteiliger Kurzzug der Privatbahn Pont–Brassus im Jura (Le Day, Juni 1989)
Foto: Petrovitsch

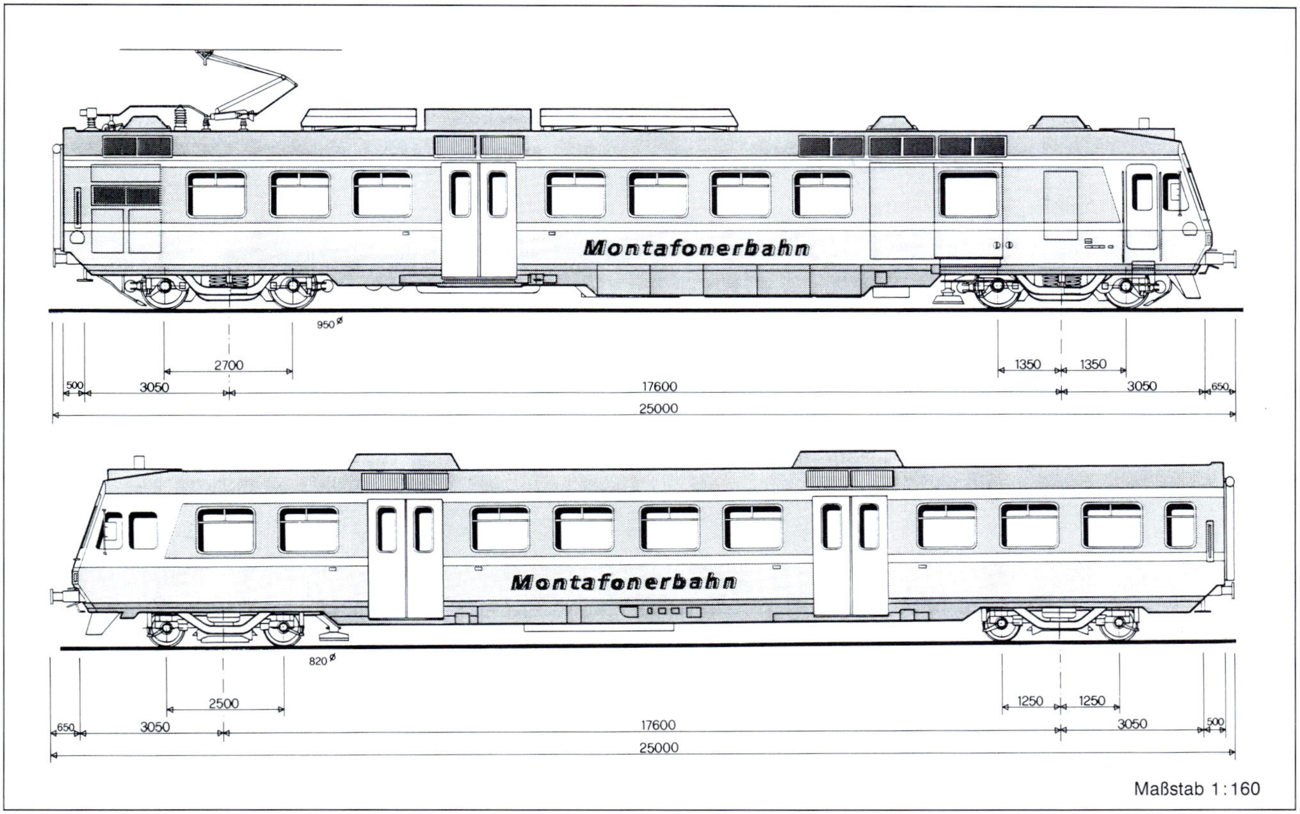

Präsumptives Typenbild des Montafonerbahn-NPZ BD4ET 10.107 + B4ES 10.207 nach Entwurfsunterlagen Schindler Waggon vom Februar 1990

des MBS-Zuges aber nur solche mit Vieldrahtsteuerleitung schweizerischer IIId-Norm eingereiht werden, folglich aber z. B. keine ÖBB-Wagen. Die MBS selbst besitzt seit Juli 1990 überhaupt keine eigenen vierachsigen Reisezugwagen mehr. Mit normalen Zug- und Stoßvorrichtungen und reich-

Designzeichnung zum künftigen Montafonerbahn-NPZ ET 10.107 + ES 10.207, die allerdings einige Ungereimtheiten enthält (z. B. weist der Triebwagen ein Gepäckabteil, aber nur einen Fahrgasteinstieg auf)
Grafik: Schindler-Waggon

lichem Traktionsvermögen eignet sich der NPZ erforderlichenfalls aber als Vorspannkomposition für beliebige Wagengarnituren.

Konstruktive Merkmale

Fahrzeugteil

Laufwerk: Geschweißter Drehgestellrahmen, Achsführung und Primärfederung in Achslenkerkonstruktion zusammengefaßt, Kastenabstützung über Flexicoilfedersäulen, Kastenanlenkung über Drehzapfen mit elastisch gelagerten Lenkern, relativ weiche Anlenkung der Achsen in Längsrichtung erreicht eine gewisse Radialstellung der Radsätze in Kurven.

Antrieb: BBC-Gummiantrieb, Übersetzung 1:3,52.

Wagenkasten: Triebkopf mit einseitigem Führerstand, Apparateabteile am garniturseitigen Wagenende, selbsttragende geschweißte Leichtstahlkonstruktion aus Walzprofilen und Abkantblechen, Verblechung mit Schalldämmschicht und Glasfaserisoliermatten hinterfüllt, schwimmend verlegter Holzfußboden, Seitenwandinnenverkleidung in Form großflächiger Polyesterelemente, Einstiegtüren doppelflügelige Außenschwingtüren mit 1400 mm lichter Durchgangsweite, Türschwenkarme als Handläufe benutzt, seitenselektive Türöffnungsfreigabe, Zentralschließung bzw. selbsttätig abhängig Lichtschranken-Fahrgastflußüberwachung, Druckdifferenzeinklemmschutz, Gepäckschiebetore gleichfalls automatisiert und überwacht.

Fahrgastraum: Zwei Großräume mit 32 bzw. 24 Sitzplätzen in Vis-à-vis-Bestuhlung 2 + 2, Abteilfenster fest eingesetzt mit Schiebeoberteil, Längsgepäckträger, Warmluftheizung mit Zusatzlüftung, Luftaufbereitungsaggregate in Dachaufbauten über Einstiegsräumen, Warmluftzufuhr durch Heizventilator über Bodenkanäle, Kühllufteintritt aus Deckenkanälen durch Lochdecke, Konvektionsheizkörper in Nebenräumen.

Bremseinrichtungen: Automatische indirekte Druckluftbremse, direkte Rangierbremse nur auf Fahrzeug mit besetztem Führerraum wirkend, Scheibenbremsen und zusätzliche Klotzbremseinheit pro Rad, zentrale Bremsprobeanzeige, elektronischer Gleitschutz, Schleuderschutz achsselektiv auf Klotzbremse wirksam, Federspeicherbremse als Festhaltebremse, Schraubenkompressor mit Förderleistung 96 m^3/h gegen 10 bar.

Elektrischer Teil

Hochspannungsausrüstung: Einholmstromabnehmer Siemens Bauart ÖBB VII mit Druckluftantrieb auf Hochspannungspotential, Hauptschalter ABB BDTF 200.

Umrichterteil: Haupttransformator und Stromrichterblock unterflur, ölgekühlt und fremdbelüftet, quasi-vierstufiger Thyristorstromrichter. Bestükkung aller Brückenzweige mit Thyristoren ermöglicht Aussteuerung sowohl im Gleichrichter als auch im Wechselrichterbetrieb. Erregerstromrichter vollgesteuerte Mittelpunktschaltung mit Löscheinrichtung für eine Stromrichtung (Löschen des Fremderregerstroms bei Wechselrichterkippen durch Bügelspringen während des Bremsbetriebes), antiparallele Schaltung Fahr- und Bremsthyristoren erlaubt Umkehr Feldrichtung ohne elektromechanische Schaltapparate. Ansteuerung der insgesamt 46 Thyristoren von Traktions- und Erregerstromrichter rechnergeführt über 19 verschiedene Zündkanäle.

Steuerung: SBB-Befehlsgebersteuerung mit fünf Fahrschalterstellungen: „–“, „0“ (= Beibehaltung Ist-Geschwindigkeit, sofern kein Übergang in Bremsbetrieb nötig) und drei Zugkraftvorgaben „M“, „+“, „++“, speicherprogrammierte modular aufgebaute Leitelektronik.

Fahrmotoren: Gemischt erregte, untereinander parallelgeschaltete Mischstrommotoren, Kurzzeitfahrleistung 2630 kW.

Elektrische Bremse: Anschnittgesteuerte Rekuperationsbremse mit maximaler Bremskraft 95 kN im Geschwindigkeitsbereich von 106 km/h bis nahezu zum Stillstand, maximale Bremsleistung 2800 kW höher als größte Fahrleistung, Dämpfungswiderstand zur Strombegrenzung bei Wechselrichterkippen setzt 8 % der Bremsenergie in Wärme um.

Hilfseinrichtungen: Hilfsbetriebedrehstromumrichter mit variabler Frequenz und Spannung (80 kVA, 100–380 V, 10–55 Hz), Lüftermotoren und Kompressorantrieb Asynchrondrehstrommotoren, Batterieladung über statische Ladegerät ab Haupttransformator oder Heizspannung Zugsammelschiene oder Remisenanschluß 220 V, Sifa und Indusi.

Steuerwagen ES 10.207

Laufwerk: Luftgefederte SIG-Drehgestelle niedriger Bauart mit 820 mm Raddurchmesser, scheibengebremst, am garniturseitigen Drehgestell zusätzliche Magnetschienenbremse.

Wagenkasten: Leichtstahlkonstruktion mit niedrigerer Fußbodenhöhe als Triebkopf (1045 mm ü. SOK gegenüber 1200 mm), Einstiegsräume abgesenkt auf 845 mm ü. SOK (bei Tw 1100 mm), Fensterreihe um 55 mm tieferliegend als am Triebwagen, Dachscheitelhöhe 35 mm niedriger als Tw.

MBS 1045.01/03

ex ÖBB 1045
ex BBÖ 1170.0

Bo'Bo'
1980 (1927)
Techn. Daten: sh. 1045 ÖBB

1045.01 ex ÖBB Baujahr 1927 im gefälligen MBS-Anstrich (Schruns, Juni 1984)
Foto: Petrovitsch

Im Vorfeld der MBS-Systemumstellung hatten die ÖBB 1971 den Verkauf auch nur einer einzigen 1045 wegen vordringlichen Eigenbedarfes noch abgelehnt. Nur neun Jahre später waren dagegen drei 1045 bereits abgestellt. Zum 15. 4. 1980 wurden hiervon 1045.01 und 1045.03 an die MBS verkauft, wobei eine der Loks zunächst eigentlich nur als Ersatzteilspender in Aussicht genommen war.

Die blutorange 1045.03 wurde von der MBS sogleich in vorläufige Verwendung als Güterzuglok genommen, während die grüne 1045.01 in Schruns noch die Revision samt Neulackierung durchlief. Nachdem die MBS zusätzlich noch die bei einem Aufstoß leicht beschädigte 1045.06 erworben hatte, verbleiben letztlich sowohl 1045.01 als auch 1045.03 auf Dauer im MBS-Einsatzbestand. Die 1045.03 erfuhr dann 1985 im Zuge einer fälligen Ausbesserung die Umlackierung in MBS-Look. Eine Umbezeichnung der 1045 gemäß MBS-Nummernschema unterblieb dagegen bis heute.

1045.03 temporär im ÖBB-Blutorange in MBS-Diensten, während die grüne 1045.01 in Schruns sogleich nach Ankauf 1980 eine Revision durchlaufen hat (Schruns, September 1981)
Foto: Petrovitsch

Steiermärkische Landesbahnen Lokalbahn Peggau–Übelbach

Die südlich des Bahnhofs Peggau-Deutschfeistritz von der Hauptstrecke Bruck/Mur–Graz abzweigende Lokalbahn in das Übelbachtal entstand unter widrigen Zeitumständen in den Jahren 1915 bis 1919. Der damalige zwangsläufige Rückgriff auf einen eisernen Fahrdraht war bestimmend dafür gewesen, die geplante 1000 V=-Elektrifizierung nach dem Beispiel der Chur–Arosa-Bahn auf eine Nennspannung von 2200 V= hin zu modifizieren. 1928 erfolgte eine technische Sanierung mit Fahrleitungsneubau, Gleichrichterinstallation und Indienststellung eines zweiten Vierachstriebwagens.

Die ÖBB-Elektrifizierung der Strecke Bruck/Mur–Graz ging Mitte der sechziger Jahre mit erheblichen Trassenkorrekturen einher, so auch an der Südausfahrt des Bahnhofs Peggau-Deutschfeistritz. Ein Streckengleis der alten Südbahntrasse dient seit Mai 1966 allein der Übelbacher Lokalbahn als unabhängige Einfahrt in den Landesbahnflügel des Bahnhofs anstelle vorheriger Mitbenützung der Hauptbahn-Murbrücke.

Die Systemdiskrepanz der 1915 ausgeführten 2200-V=-Lokalbahnelektrifizierung zur Vollbahn hätte im Hinblick auf den getrennten Fahrweg des weiteren keine wesentlichen Probleme zur Folge gehabt. Dessenungeachtet stellten die Steiermärkischen Landesbahnen (StLB) die 11 km lange Stichbahn Peggau–Übelbach 1968 auf Vollbahnsystem 15 kV/16⅔ Hz mit tragseilloser Einfachfahrleitung Bauart Kummler & Matter um. Der 15-kV/16⅔-Hz-Betrieb mit ÖBB-Speisung wurde am 26. 7. 1968 aufgenommen. Es besteht aber bis heute kein Durchlauf von Lokalbahnzügen in die nahe Landeshauptstadt Graz.

Bereits 1966 hatten die Landesbahnen unter dem Aspekt der Systemumstellung die entbehrlichen Vorkriegsschnelltriebwagen ET 4042.01 und 02 samt Steuerwagen 6042 von den ÖBB erworben. 1967 kaufte man zusätzlich von der schweizerischen Südostbahn (SOB) den 1949 als Einzelstück gebauten 1268-kW-Schlepptriebwagen BDe 4/4 62 als StLB ET 13. Anstelle des Beiwagens EB 21 ex ÖBB 6042.02 läuft seit Anfang 1988 als EB 22 ein von den SBB übernommener Leichtstahlmitteleinstiegswagen ex B 50 85 20-39102.

Attraktivieren oder Zusperren? Ab 1. 9. 1988 wurde die bis dahin klägliche Anzahl von ganzen fünf Zugpaaren am Tag auf elf (samstags sieben, Sonn- und Feiertag Betriebsruhe) erhöht. Die Inanspruchnahme der Übelbacher Bahn stieg durch das verbesserte Angebot zwar um etwa 40 % an. In absoluten Zahlen wurde aber die Grenzkostentangente des Mehraufwandes nicht erreicht, so daß der Weiterbestand des Personenverkehrs über 1992 hinaus in Frage steht. Nach dieser Fallfrist droht eine Umwandlung in eine Güterschleppbahn mit ÖBB-Dieselbedienung.

StLB/PÜ ET 11/12
ex ET 11 BBÖ/4042 ÖBB

Bo'2'

1968 (1936)

Techn. Daten:
sh. ET 4042 ÖBB

1956 führten die ÖBB auf der Strecke Wörgl–Kufstein im Rahmen eines ORE-Projektes Stromabnehmerversuche durch, für die als Bügelträgerfahrzeug der ET 4042.02 ausgewählt wurde. Eine DB-Dampflok BR 18^3 ex bad. IVh schob dabei den Triebwagen, an dem die Antriebsritzel ausgebaut worden waren, mit bis zu 162 km/h. Die am 12. 5. 1956 begonnenen Versuchsfahrten mit ET 4042.02 und DB 18 323 fanden ein vorzeitiges Ende, als der Triebwagen in der Nacht 20./21. Mai 1956 in der Zugförderungsstelle Wörgl ausbrannte. Die Meßfahrtserien wurden dann zwischen 24. 9. und 13. 12. 1956 mit ET 4042.01 + DB 18 316/319 zu Ende geführt.

Die Hauptwerkstätte St. Pölten führte den Wiederaufbau des ausgebrannten 4042.02 aus. Die Führerstandfront Seite 1 wurde mit zwei symmetrischen Stirnfenstern ohne Dienstübergang neu hergestellt. Am entgegengesetzten Wagenende entfiel der Führerstand zugunsten eines normalen, von Reisenden benutzbaren Durchganges mit Faltenbalg. Der ET 4042 fuhr von da an als Pendelzugkomposition permanent gekuppelt mit dem im gleichen Sinne umgebauten ES 6042.02. ET 4042.01 + ES 6042.01 durchliefen sodann einen gleichartigen HG-Umbau.

Nach dem Ankauf durch die StLB im November 1966 baute die Landesbahnwerkstätte in Weiz die ET 4042 wieder in Solotriebwagen mit beidseitigen Führerständen zurück (ex 4042.01 = ET 11, ex 4042.02 = ET 12) und entfernte einen Stromabnehmer. Die Steuerwagen verblieben nach dem Umsetzen der Führerpulte in den Triebwagen als einfache Anhängewagen der Landesbahnen (ex 6042.01 = B4 150 Gleisdorf–Weiz, ex 6042.02 = EB 21 Peggau–Übelbach).

Sollte die Lokalbahn Peggau–Übelbach per Fallfrist 31. 7. 1992 den Personenverkehr aufgeben, würde der ET 12 voraussichtlich als betriebsfähiger Nostalgietriebwagen 4042.02 in die Obhut der ÖBB-Zugförderungsleitung Wien–Floridsdorf übergehen.

Ehemaliger ÖBB-Schnelltriebwagen im Lokalbahn-Bummeldienst mit ungewisser Zukunft: ET 11 Peggau–Übelbach ex ET 4042.01 ÖBB (Peggau-Deutschfeistritz, April 1982)
Foto: Petrovitsch

StLB/PÜ ET 13
ex SOB BFe 4/4 62

Bo'Bo'

1968 (1949)

Techn. Daten: Seite 231

Zum Zeitpunkt der Ablieferung der ersten Re 4/4 Nr. 41 veräußerte die schweizerische Südostbahn den 1949 als Einzelstück gebauten 1268-kW-Schlepptriebwagen an die Steiermärkischen Landesbahnen. Letztmalig war der BDe 4/4 (ex CFe 4/4) No. 62 auf seiner Stammbahn am 10. 3. 1967 im Einsatz. Hernach wurde er in der SOB-Werkstätte in Samstagern revidiert und bereits in den StLB-Farben zinkgelb-blutorange-fehgrau lackiert. Am 7. 7. 1967 fuhr er mit eigener Kraft bis Buchs SG, weiter wegen der unpassenden Stromabnehmerwippe geschleppt in ÖBB-Güterzügen.

Der schwachfrequentierte Normalbetrieb der Lokalbahn Peggau–Übelbach wickelt sich mit Solotriebwagen ab, nur die Schülerzüge nehmen noch einen einzigen Beiwagen mit. Als solcher diente bis Ende 1987 der ehemalige 6042.02 der ÖBB (EB 21 StLB), seitdem ein ausgemusterter Leichtstahlwagen der SBB.

Der ex SOB-Triebwagen, dessen leistungsmäßige Auslegung von den 50 ‰-Rampen seiner Stammbahn bestimmt worden war, hätte als Zugtriebfahrzeug für den Güterverkehr dienen sollen.

Die Papierfabrik in Guggenbach als einziger größerer Frachtkunde der PÜ stand allerdings schon am Rande der Liquidation zu dem Zeitpunkt, als die Umstellung der Lokalbahn 1968 erfolgte. Der ET 13 ex SOB verbrachte mangels adäquater Einsatzmöglichkeit die letzten zwei Jahrzehnte vorwiegend als wenig genutztes Reservetriebfahrzeug in der Remise und kommt zumeist nur bei Ausfall eines der beiden ehemaligen BBÖ-Schnelltriebwagen in regelmäßige Verwendung.

Die Zweckmäßigkeit des – für österreichische Begriffe gar nicht billig gekauften – SOB-Schlepptriebwagens für die Übelbacher Lokalbahn war eigentlich von Anbeginn an in Frage gestellt. Die Raumaufteilung mit dem großen, zwei kleine Fahrgasträume voneinander trennenden Mittelgepäckabteil entspricht schwerlich Nahverkehrsanforderungen. Die Rekuperationsbremse in Erregermotorschaltung findet auf der weitgehend flach verlaufenden Lokalbahn kaum nutzbringende Funktion.

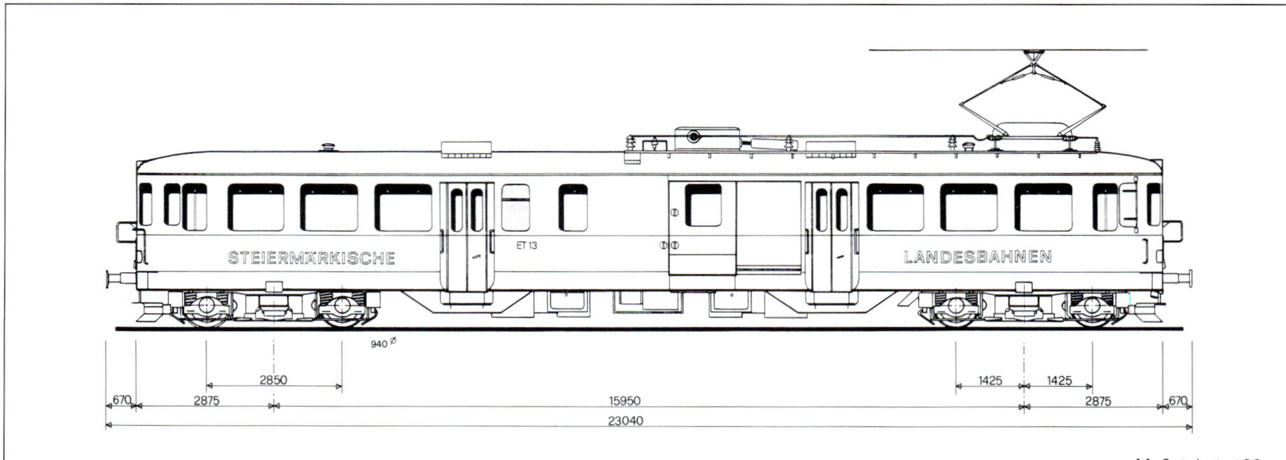

Maßstab 1:160

Typenbild des unveränderten ehemaligen BDe 4/4 No. 62 der schweizerischen Südostbahn, seit 1968 ET 13 der StLB-Lokalbahn Peggau–Übelbach

Schweizerische Garnitur in der Steiermark: ET 13 ex Südostbahn mit EB 22 ex Leichtstahl-Mitteleinstiegwagen SBB (Peggau–Deutschfeistritz, Juni 1988)
Foto: Petrovitsch

Konstruktive Merkmale

Fahrzeugteil

Laufwerk: Drehgestellrahmen Schweißkonstruktion, Achslager zweireihige Pendelrollenlager, Primärfederung mittels Schraubenfedern, Achslagerführung durch zwei außenliegende Führungszapfen.

Antrieb: Motoren im Drehgestellrahmen vollständig gefedert eingebaut, BBC-Federantrieb.

Wagenkasten: Leichte selbsttragende Schweißkonstruktion, Boden, Schürzen, Seitenwände und Dach aus Stahlblechen und Abkantblechprofilen zu verwindungssteifer Röhre verschweißt, Stirnwandübergänge mit versenkbaren Faltenbälgen (SOB-Originalausrüstung, bei StLB nicht benutzt).

Innenteilung: Zwischen Mitteleinstiegen und Führerständen beidseitig je ein Fahrgastabteil mit 24 Plätzen in Sitzteilung 2 + 2, vollöffenbare Senkfenster, in Fahrzeugmitte Gepäckraum mit Seitenschiebetoren, Ladegewicht 3 t, WC zugänglich von Einstiegsplattform Raucherseite.

Bremseinrichtungen: Druckluftbremse Westinghouse und elektrische Rekuperationsbremse, Handbremse.

Hilfseinrichtungen: Druckluftpfeife, pneumatische Sandstreueinrichtung.

Elektrischer Teil

Hochspannungsausrüstung: Schweizerische Stromabnehmerschere Bauart BBC 350/1 mit aufgesetzter ÖBB-Wippe (Breite über Notlaufhörner 1950 mm gegenüber ursprünglichem SBB/SOB-Maß 1320 mm), Druckluft-hauptschalter.

Haupttransformator: Ölgekühlter Unterflurtrafo, fremdbelüftet, zehn Anzapfungen der Sekundärwicklung.

Steuerung: Elektropneumatische Niederspannungsschützensteuerung, 20 Fahrstufen mittels Dreidrosselschaltung, elektropneumatische Fahrtwender, 20 elektrische Bremsstufen.

Fahrmotoren: Vier Einphasenreihenschlußmotoren 317 kW, je zwei Fahrmotoren dauernd in Reihe geschaltet.

Elektrische Bremse: Rekuperationsbremse, bei der ein Motor als Erregermaschine und die drei anderen als Wechselstromgeneratoren geschaltet werden.

Hauptkenndaten

Abkürzungsverzeichnis zu den Hauptkenndaten

Kühlart des Transformators

OF Fremdlüftung
OS Selbstkühlung
OFA Zwangsweiser Ölumlauf im Kessel und in einem zusätzlich belüfteten äußeren Luftkühlsystem
OFU Zwangsweiser Ölumlauf im Kessel mit Fremdlüftung
OSA Zwangsweiser Ölumlauf im Kessel und durch ein äußerliches Luftkühlsystem
OSU Zwangsweiser Ölumlauf im Kessel und Selbstkühlung

Steuerung

EpnGS elektropneumatische Gleichstromschützensteuerung
EpnWS elektropneumatische Wechselstromschützensteuerung
EmWS elektromagnetische Wechselstromschützensteuerung
NSW Nockenschaltwerk
NSWm.Feinr. Nockenschaltwerk mit Feinregler
NStus Niederspannungsstufenschaltwerk
HStus Hochspannungsstufenschaltwerk
Thyristor stufenlose Thyristorsteuerung
LUB löschbare unsymmetrische Brücke
Umrichter-Gleichspgszwkr Umrichtersteuerung für Drehstromantriebssystem mit Zwischenkreis konstanter Gleichspannung
Phasen-Frequenzumfreg siehe Fahrzeugbeschreibung
5 synchr. Dauergeschwdgkt siehe Fahrzeugbeschreibung

Fahrmotorenbauart

1 ~ Rs Einphasenreihenschlußmotor
GR Gleichstromreihenschlußmotor
GF Gleichstrommotor für Fremderregung
2f-1 ~ Rs Einphasenreihenschlußmotor für zwei Frequenzen
3 ~ AsM Drehstromasynchronmotor
1 ~ RepM Einphasenrepulsionsmotor
Doppeltgesp. 1 ~ M doppeltgespeister Einphasenmotor
3 ~ M Drehstrommotor

Hersteller (ÖBB-Triebfahrzeuge)

AEG AEG Union Wien, AEG Berlin bei Reichsbahnlok
BBC Brown, Boveri Cie., Wien
ELIN ELIN Wien, später ELIN Union
Siemens Österreichische Siemenswerke, Wien
ABES Arbeitsgemeinschaft vorgenannter vier Firmen
BES Arbeitsgemeinschaft ohne AEG
Ganz Ganz'sche Elektrizitäts A.G., Budapest
ASEA ASEA Elektrizitätsgesellsch. Västeras, Schweden
NOHAB Nydqvist & Holm, Trollhättan, Schweden
WLF Wiener Lokomotivfabriks A.G., Wien
SGP Simmering-Graz-Pauker A.G.
Wr.Neust Lokomotivfabrik Wiener Neustadt
Steg Lokomotivfabrik der Staatseisenbahngesellsch. Wien
Krauss Lokomotivfabrik Krauss u. Co., Linz
Jenb.Werke Jenbacher Werke A.G., Jenbach (Tirol)
ÖBB HW Linz Hauptwerkstätte Linz der ÖBB

Hersteller (Privatbahn-Triebfahrzeuge)

EBG Elektro-Bau-Gesellschaft, Linz
BRW Bombardierr-Rotax-Werke, Wien
ABB Asea-Brown-Boveri, Zürich, Schweiz
SWS Schindler-Waggon, Werk Schlieren, Schweiz
BBC Brown-Boveri, Baden, Schweiz
SAAS S.A. Sècheron, Genf, Schweiz
Ganz-VM Ganz'sche Elektrowerke, Budapest, Ungarn
Ganz-MÁVAG Ganz'sche Lokomotiv-, Waggon- und Maschinenfabrik, Budapest, Ungarn
Lindner Gottfried Lindner AG, Ammendorf bei Halle a. S.
Fuchs H. Fuchs AG, Heidelberg, BRD

Literatur

Siehe Literatur am Ende des Buches

Lokomotiven

Baureihe				
Baureihe ÖBB		1010	1110	1110.500
BBÖ		–	–	–
DR		–	–	–
Stromsystem	kV/Hz	15/16⅔	15/16⅔	15/16⅔
Achsfolge		Co'Co'	Co'Co'	Co'Co'
Gesamtachsstand	mm	12700	12700	12700
Länge über Puffer	mm	17860	17860	17860
Triebrad/Laufraddurchmesser	mm	1300	1300	1300
Größte Achslast	t	18,3–17,7[1)]	18,3–17,7[1)]	18,5–17,9[1)]
Dienstgewicht	t	109,8–106[1)]	109,8–106[1)]	111–107,2[1)]
Reibungsgewicht	t	109,8–106[1)]	109,8–106[1)]	111–107,2[1)]
Höchstgeschwindigkeit	km/h	130	110	110
Stundenleistung/-Geschwindigkeit	kW/km/h	4000/91	4000/77	4000/77
Dauerleistung/-Geschwindigkeit	kW/km/h	3745/101	3745/86	3745/86
Stundenzugkraft	kN	158	184	184
Dauerzugkraft	kN	132	155	155
Anfahrzugkraft	kN	280	280	280
Spez. Leistungskennziffer	kW/t	36,9–37,7[1)]	36,9–37,7[1)]	36–37,3[1)]
Transformatordauerleistung/Kühlart	kVA/	3580/OFA	3580/OFA	3580/OFA
Steuerung/Stufenzahl		HStus/28	HStus/28	HStus/28
Fahrmotorenbauart/Stückzahl		1 ~ RS/6	1 ~ RS/6	1 ~ RS/6
Größte Motorspannung	V	517	517	517
Antrieb		BBC-Federantrieb	BBC-Federantrieb	BBC-Federantrieb
Übersetzung		1:3,18	1:3,7	1:3,7
Elektrische Bremse		–	–	Thyr.-Gleichstr.-Widstdsbr.
Erstes Lieferjahr		1955	1956	1956
Hersteller elektr./mechan. Teil		ABES/SGP Graz	ABES/SGP Graz	ABES/SGP Graz
Literatur		EB 1956 S. 73, Eisenbahn 1956 S. 145 u. 169		

1) Gewicht Drehzapfen – drehzapfenlose Ausführung

1018	1118	1020	1040	1041
–	–	–	–	–
E 18²	E 18	E 94	–	–
15/16⅔	15/16⅔	15/16⅔	15/16⅔	15/16⅔
1'Do1'	1'Do1'	Co'Co'	Bo'Bo'	Bo'Bo'
12 800	12 800	13 700	9040	10 700
16 920	16 920	18 600	12 920	15 320
1600/1000	1600/1000	1250	1350	1350
19,7	19,6	20	20,05	20,7
110	108,5	120	80,2	83
78,8	78,1	120	80,2	83
130	150	90	90	90
3340/97	3040/117	3300/67	2360/66	2360/66
3200/100	2840/122	3000/70	2040/71	2040/71
122	93	174	128	128
113	84	152	100	100
200	206	320	200	200
30,3	27,6	27,5	29,4	28,4
2880/OFA	2920/OFA	3135[2]/OFU	2200/OFU	2200/OFU
NSW m. Feinr./18	NSW m. Feinr./15	NSW m. Feinr./18	EpnGS/21	EpnGS/21
1 ~ Rs/4	1 ~ Rs/4	1 ~ Rs/6	1 ~ Rs/4	1 ~ Rs/4
489	594	536,5	514,5	514,5
AEG-Kleinow-Federtopfantrieb	AEG-Kleinow-Federtopfantrieb	Tatzlagerantrieb	Sècheron-Federantrieb	Gummipufferantrieb
1:2,939	1:2,79	1:3,95	1:4,43	1:4,43
–	–	Wechselstr.-Widerstdsbr.	Wechselstr.-Widerstd.	Wechselstr.-Widerstd.
1939	1935	1940	1950	1952
AEG-Siemens/WLF	AEG-Siemens/Versch.	AEG-Siemens/Versch.	ABES/WLF	ABES/SGP Graz
EB 1941, S. 51	EB 1934, S. 169	EB 1940, S. 183	EB 1952, S. 269	EB 1952, S. 269

[2] Alutrafo 3275 kVA

Baureihe ÖBB		1141	1042	1042.500
BBÖ		–	–	–
DR		–	–	–
Stromsystem	kV/Hz	15/16⅔	15/16⅔	15/16⅔
Achsfolge		Bo'Bo'	Bo'Bo'	Bo'Bo'
Gesamtachsstand	mm	10 700	11 200	11 200
Länge über Puffer	mm	15 260	16 200	16 200
Triebrad/Laufraddurchmesser	mm	1300	1250	1250
Größte Achslast	t	20	20,97	20,625–20,875[4]
Dienstgewicht	t	80	83,9	82,5–83,5[4]
Reibungsgewicht	t	80	83,9	82,5–83,5[4]
Höchstgeschwindigkeit	km/h	110	130	150
Stundenleistung/-Geschwindigkeit	kW/km/h	2480/77	3560/89–3600/82[3]	4000/102
Dauerleistung/-Geschwindigkeit	kW/km/h	2160/85	3260/95–3480/96[3]	3808/110
Stundenzugkraft	kN	116	143–156[3]	139
Dauerzugkraft	kN	90,5	122–129[3]	123
Anfahrzugkraft	kN	210	260	260
Spez. Leistungskennziffer	kW/t	37	42,4–42,9[3]	48,5–47,9[4]
Transformatordauerleistung/Kühlart	kVA/	2310/OFU	3580/OFA	3580/OFA
Steuerung/Stufenzahl		EpnGS/21	HStus/35	HStus/35
Fahrmotorenbauart/Stückzahl		1~Rs/4	1~Rs/4	1~Rs/4
Größte Motorspannung	V	514,5	480	480
Antrieb		SSW-Gummiring-federantrieb	SSW-Gummiring-federantrieb	SSW-Gummiring-federantrieb
Übersetzung		1:3,83	1:2,586–1:2,5	1:2,25
Elektrische Bremse		–	Netz-Widerstdsbremse	Netz-Widerstdsbremse[4] Thyr.-Gleichstr.-Widstdbr.
Erstes Lieferjahr		1955	1963	1966
Hersteller elektr./mechan. Teil		ABES/SGP Graz	BES/SGP WLF	BES/SGP WLF u. Graz
Literatur		EB 1959, S. 199	EuM 1966, S. 108	ELIN Zeitschr. 1970, H. 1/2

[3] Motor EM890–EM910
[4] 1. Wert 1042.501–520

1043	1044	1045	1145	1245–1245.500
–	–	1170	1170.100	1170.200
–	–	E 45	E 45[1]	E 45[2]
15/16⅔	15/16⅔	15/16⅔	15/16⅔	15/16⅔
Bo'Bo'	Bo'Bo'	Bo'Bo'	Bo'Bo'	Bo'Bo'
10 400	10 900	7100	8450	9040
15 580	16 000	10 400	11 880	12 920
1300	1300	1300	1300	1350
19,25–20,75[5]	21	15,3	17,65	20,8
77–83[5]	84	61	70,6	83
77–83[5]	84	61	70,6	83
135	160	60	70	80
–	5400/89	1140/40	1300/44	1840/56
3600/78–4000/72[6]	5200/91	960/48	1100/48	1700/58
–	215	101	105	119
168	203	73,5	81,5	104
260–274[6]	327	153	180	200
46,7–48,2[6]	64,2	16,4	17	22,2
4870/OFA	6220/OFA	850/OF	1100/OF	1900/OFU
Thyristor	Thyristor	EpnGS/15	EpnGS/16	EpnGS/17
GF/4	GR + F/4	1 ~ Rs/4	1 ~ Rs/4	1 ~ Rs/4
900	1070	340	340	415
ASEA-Ankerhohlwellen-antrieb	BBC-Federantrieb[8]	Sècheron-Federantrieb	Sècheron-Federantrieb	Sècheron-Federantrieb
1:3,35	1:3,057[9]	1:5,687	1:5,687	1:4,43
Thyristor-Gleichstrom-widerstandsbremse[7]	Thyristor-Gleichstrom-widerstandsbremse	Wechselstromwider-standsbremse	Wechselstromwider-standsbremse	Wechselstromwider-standsbremse
1971	1974	1927	1930	1934
ASEA/NOHAB	BES/SGP Graz	ELIN/Wr.Neust.-WLF	ELIN/Krauss-WLF	ABES/WLF
EB 1971, S. 122	Eisenbahntechn. 1975, H. 3	EuM 1928, S. 1153	EB 1959, S. 193	EB 1941, S. 207

[5] 1. Wert 1043.01–03, 2. 1043.04–
[6] 1. Wert 1043.01–04, 2. 1043.05–
[7] Nur bei 1043.04–10
[8] 1044.501: AEG Geaflex
[9] 1044.501: 1:2,17. Ab 1044.201: 1:2,78

Baureihe ÖBB		1046	1146	1050
BBÖ		–	–	–
DR		–	–	–
Stromsystem	kV/Hz	15/16⅔	15/16⅔–25/50	15/16⅔–20/50
Achsfolge		Bo'Bo'	Bo'Bo'	Bo'Bo'
Gesamtachsstand	mm	11 300	11 300	10 700
Länge über Puffer	mm	16 170	16 170	14 260
Triebrad/Laufraddurchmesser	mm	1040	1040	1350
Größte Achslast	t	16,75	18,2	20,5
Dienstgewicht	t	67	72,8	82
Reibungsgewicht	t	67	72,8	82
Höchstgeschwindigkeit	km/h	125	140	110
Stundenleistung/-Geschwindigkeit	kW/km/h	1600/87,5	–	2060/82
Dauerleistung/-Geschwindigkeit	kW/km/h	1400/94,5	2000	1600/84
Stundenzugkraft	kN	65	–	89
Dauerzugkraft	kN	51,5	120	68
Anfahrzugkraft	kN	120	120	150
Spez. Leistungskennziffer	kW/t	23,8	27,5	25,1
Transformatordauerleistung/Kühlart	kVA/	1450/OFA	2700/OFA	1950–2600/OFU
Steuerung/Stufenzahl		EpnGS/19	Umrich.-Gleichspgzwkr.	EpnGS/21
Fahrmotorenbauart/Stückzahl		1 ~ Rs/4	3 ~ Asm/4	2f–1 ~ Rs/4
Größte Motorspannung	V	448	1050	441–588
Antrieb		Sècheron Lamellen-antrieb	Sècheron Lamellen-antrieb	ELIN-Gummipufferantrieb
Übersetzung		1:2,205	1:2,205	1:3,625
Elektrische Bremse		–	Netzbremse	–
Erstes Lieferjahr		1956	1987	1957
Hersteller elektr./mechan. Teil		ABES/WLF	ELIN/ÖBB HW Linz	ELIN/SGP Graz
Literatur		EB 1958, S. 193	EB 1987, S. 367	Techn. Rundschau 1958, Nr. 5

–	1061	1161	1062	1063
1060	1070	1070.100	–	–
E 60[1]	E 61	E 61[1]	–	–
15/16⅔	15/16⅔	15/16⅔	15/16⅔	15/16⅔–25/50
1'C	D	D	D	Bo'Bo'
5900	5000	5000	5100	11 000
10 300	9990	10 500	10 820	15 560
1034/870	1140	1140	1140	1145
14	13,7	14	17	18,875
55	55	56	68	75,5
42	55	56	68	75,5
40	40	40	50	80[10]–100
620/31	720/32	750/31	660/18	–
370/36	540/37	560/36	770/49	1520[10]–2000
72	80	86	130	–
37,5	52	55	54	220
110	137	140	190	260
11,3	13,1	13	10	20,1–26,5
640/OS	600/OFA	690/OFA	870/OFU	2000/OFA
EmWS/12	EpnWS/12	EpnWS-GS/15	EpnGS/19	Umrichter-Gleichspgszwkr.
1~RepM/1	1~Rs/1	1~Rs/1	1~Rs/1	3~Asm/4
–	392	441	518	1090
Parallelk.-Blindw.-Schrägstangenantrieb	Schrägstangenantrieb	Schrägstangenantrieb	Schrägstangenantrieb	Eins. Tatzlagerantrieb
1:1	1:4,69	1:4,69	1:4,125	1:5,37
–	–	–	–	Gleichstrom-Widerstandsbremse
1912	1926	1928	1955	1982
AEG/WLF	AEG/WLF	AEG/WLF	AEG-Siemens/WLF	BES/SGP Graz
EuM 1913, H. 18	EuM 1932, S. 37	EuM 1932, S. 37	EB 1955, S. 202	Eisenbahntechnik 1983, H. 1

[10] 1. Wert 1063.01–05

Baureihe ÖBB		1064	1067	1570
BBÖ		–	–	1570
DR		–	–	E 22
Stromsystem	kV/Hz	15/16⅔	15/16⅔	15/16⅔
Achsfolge		Bo'Bo'	C	(1A)'Bo(A1)'
Gesamtachsstand	mm	14 000	4500	11 000
Länge über Puffer	mm	18 500	10 500	14 100
Triebrad/Laufraddurchmesser	mm	1145	950	1350/1034
Größte Achslast	t	18,7	17,6	16,5
Dienstgewicht	t	112,2	52,8	94
Reibungsgewicht	t	112,2	52,8	66
Höchstgeschwindigkeit	km/h	80	40–70[12]	85
Stundenleistung/-Geschwindigkeit	kW/km/h	–	465	1600/66
Dauerleistung/-Geschwindigkeit	kW/km/h	1520	–	1320/76
Stundenzugkraft	kN	–	161–96[12]	86
Dauerzugkraft	kN	350	–	62
Anfahrzugkraft	kN	370	150	165
Spez. Leistungskennziffer	kW/t	13,5	8,8	17
Transformatordauerleistung/Kühlart	kVA/	2000/OFA	670/OFU	1550/OFU
Steuerung/Stufenzahl		Umrich.-Gleichspgszwkr.[11]	EpnGS/8	EpnGS/15
Fahrmotorenbauart/Stückzahl		3~Asm/6	1~Rs/1	1~Rs/4
Größte Motorspannung	V	1090	–	450
Antrieb		Eins. Tatzlagerantrieb	Turbo – mit Nachschaltgetriebe	SSW-Vertikalantrieb
Übersetzung		1:5,37	–	1:3,82
Elektrische Bremse		Gleichstrom-Widerstandsbremse	(1067.05 hydrodynamische Bremse)	–
Erstes Lieferjahr		1984	1962	1926
Hersteller elektr./mechan. Teil		BES/SGP Graz	ELIN/Jenb. Werke	Siemens/Krauss, L nz
Literatur		Eisenbahntechn. 1985, H. 1	ETR 1963, S. 280	EuM 1928, S. 321

[11] Mit Prozeßrechner
[12] Verschub-Streckengang

1670	1670.100	1072	1073	1080
1670	1670.100	1005	1029	1080
E 22[1]	E 22[2]	E 72	E 33	E 88
15/16⅔	15/16⅔	15/16⅔	15/16⅔	15/16⅔
(1A)'Bo(A1)'	(1A)'Bo(A1)'	1'B1	1'C1'	E
11 000	11 200	5900	9890	7750
14 460	14 684	10 526	12 810	12 850
1350/1034	1350/1034	1034/870	1740/1034	1350
18,5	19	14	15	15,4
107	112	56	74	77
74	76	28	45	77
100	100	60	80	50
2350/66	2350/66	600/39	1160/63	1020/32
2150/72	2150/72	600/58	940/74	840/46
126	126	54,5	67	113
106	106	36,5	48	65,6
185	190	70	110	193
22	21	10,7	15,7	13,2
2480/OFU	2480/OFU	640/OS	840/OSA	956/OF
EpnGS/18	EpnGS/18	EmWS/12	EmWS/15	NStus/8
1 ~ Rs/8	1 ~ Rs/8	Doppeltgesp. 1 ~ M/1	1 ~ Rs/2	1 ~ Rs/3
848/2	848/2	546	542	494
SSW-Vertikalantrieb	SSW-Vertikalantrieb	Parallelkurbel-Blindw.-Schrägstangenantrieb	Gruppenantrieb m. Vorgelege	Tatzlager-Kuppelstangen-antrieb
1:3,84	1:3,84	1:1	1:4,04	1:6,12
–	–	–	–	–
1928	1932	1914	1923	1923
Siemens/Krauss-Linz, WLF	Siemens/WLF	AEG/Waggonf. Graz	AEG/Steg	Siemens/Krauss Linz
EuM 1931, S. 117	EuM 1931, S. 117	EuM 1914, H. 47/48	EuM 1924, S. 541	EuM 1924, S. 358

Baureihe ÖBB		1180	1280	–
BBÖ		1080.100	1280	1082
DR		E 88[1]	E 88[2]	E 88[3]
Stromsystem	kV/Hz	15/16⅔	15/16⅔	15/16⅔
Achsfolge		E	E	1'E1'
Gesamtachsstand	mm	7750	6550	10 110
Länge über Puffer	mm	12 750	12 100	15 654
Triebrad/Laufraddurchmesser	mm	1350	1140	1310/994
Größte Achslast	t	16,3	16,4	17,3
Dienstgewicht	t	81	82	118,5
Reibungsgewicht	t	81	82	86,5
Höchstgeschwindigkeit	km/h	50	50	60
Stundenleistung/-Geschwindigkeit	kW/km/h	1300/36	1500/38	1325/36,5
Dauerleistung/-Geschwindigkeit	kW/km/h	1000/41	1240/43	1178/37,5
Stundenzugkraft	kN	130	141	128
Dauerzugkraft	kN	89,6	103	111
Anfahrzugkraft	kN	200	205	215
Spez. Leistungskennziffer	kW/t	16	18,3	11,2
Transformatordauerleistung/Kühlart	kVA/	1650/OF	1260/OFA	–
Steuerung/Stufenzahl		NStus/8	EpnWS/21	Phasen-Frequenzumfreg.
Fahrmotorenbauart/Stückzahl		1~Rs/3	1~Rs/2	GRs/3
Größte Motorspannung	V	500	474,5	–
Antrieb		Tatzlager-Kuppelstangenantrieb	Kando-Gelenkrahmenantrieb	Gruppenantrieb m. Vorgelege
Übersetzung		1:6,12	1:3,62	1:6,14
Elektrische Bremse		Gleichstrom-Widerstandsbremse	–	Netzbremse
Erstes Lieferjahr		1926	1926	1931
Hersteller elektr./mechan. Teil		Siemens/Krauss Linz	AEG/Steg	Siemens/WLF
Literatur		–	Lokomotive 1930, S. 58	EuM 1931, H. 20/21

1089	1189	1099*)	–	–
1100	1100.100	E	1470	1180
E 89	E 89[1]	E 99	–	–
15/16⅔	15/16⅔	6,5/25	15/16⅔	15/16⅔
(1'C)'(C1')'	(1'C)'(C1')'	C'C'	1'D1'	E
17 700	17 700	7900	10 130	6500
22 350	22 400	10 900	13 190	10 800
1350/870	1350/870	800	1614/994	1070
14,8	15,2	8,3	14,75	14,65
113,6	116	50	90,2	73,5
89	91,2	50	62,2	73,5
65	75	50	100	67
1800/53	1900/55	420/32,5	1470/50	1470/33
1600/57	1740/60	320/35	–	–
120	123	46	108	163
100	103	32	–	–
220	224	104	155	184
15,8	16,4	8,4	16,3	20
1730/OSA	1920/OSA	2 x 190/OS	Phasenumformer	Phasenumformer
NStus/18	NStus/18	EpnGS/9	5 synchr. Dauergeschw.	5 synchr. Dauergeschw.
1 ~ Rs m.Widstdverb./4	1 ~ Rs/4	1 ~ Rs/2	3 ~ M, ph.-polumschaltb.	3 ~ M, ph.-polumschaltbar
664,5	484	316	–	–
Gruppenantrieb mit Vorgelege	Gruppenantrieb mit Vorgelege	Gruppenantrieb mit Vorgelege	Kando-Gelenkrahmen-antrieb	Kando-Gelenkrahmen-antrieb
1:3,28	1:3,13	1:3,448	1:1	1:1
–	–	–	Netzbremse	Netzbremse
1923	1926	1911	1925 (keine Übernahme)	1927 (keine Übernahme)
BBC/WLF	BBC/WLF	Siemens/Krauss Linz	Ganz Budapest/WLF	Ganz Budapest/WLF
EuM 1923, H. 25	–	EKB 1912 H. 15, 1913 H. 18 Öst.Ing.Zeitschr. 1962, S. 169	EuM 1925, H. 21 u. 51	EuM 1925, H. 21 u. 51

*) 760 mm Spurweite

Triebwagen

Baureihe ÖBB		4010	4020	4030
BBÖ		–	–	–
DR		–	–	–
Stromsystem	kV/Hz	15/16⅔	15/16⅔	15/16⅔
Achsfolge		Bo'Bo'	Bo'Bo'	Bo'Bo'
Gesamtachsstand	mm	11 700	18 500	19 050
Länge über Puffer	mm	16 820	23 300	23 190
Triebrad/Laufraddurchmesser	mm	1145	950	940
Größte Achslast	t	18	15,6	16,25
Dienstgewicht	t	72	62,4–78,1[13]	65,8–71,6[13]
Reibungsgewicht	t	72	62,4	65,8
Höchstgeschwindigkeit	km/h	150	120	100
Stundenleistung/-Geschwindigkeit	kW/km/h	2500/94	–	1000/66,4
Dauerleistung/-Geschwindigkeit	kW/km/h	2265/112	1200/69	900/73
Stundenzugkraft	kN	94,5	–	53,6
Dauerzugkraft	kN	72	64	44
Anfahrzugkraft	kN	162	117	95
Spez. Leistungskennziffer	kW/t	34,7	19,2	15,2
Transformatordauerleistung/Kühlart	kVA/	2300/OFA	1720/OFU	880/OF
Steuerung/Stufenzahl		NStus/28	Thyristor-LUB	NStus/28
Fahrmotorenbauart/Stückzahl		1 ~ Rs/4	GR + F/4	1 ~ Rs/4
Größte Motorspannung	V	490	850	497
Antrieb		BBC-Federantrieb	Eins. Tatzlagerantrieb	Sècheron Lamellenantrieb
Übersetzung		1:2,52	1:4,73	1:3,32
Elektrische Bremse		Thyristor-Gleichstrom-widerstandsbremse	Thyristor-Gleichstrom-widerstandsbremse	–
Erstes Lieferjahr		1965	1978	1956
Hersteller elektr./mechan. Teil		BES/SGP Graz	BES/SGP Graz	AEG, BBC, ELIN/ SGP Graz
Literatur		Eisenbahntechnik 1966, H. 3	Eisenbahntechnik 1979, H. 4	EB 1958, S. 224

[13] Gewicht leer–vollbesetzt

4030.200	4130	4041	4042	4060
–	–	ET 10	ET 11	ET 30
–	–	ET 83	ET 42	ET 94
15/16⅔	15/16⅔	15/16⅔	15/16⅔	15/16⅔
Bo'Bo'	Bo'Bo'	2'Bo'	Bo'2'	Bo'Bo'
19 050	19 050	16 340	19 160	10 800
23 500	23 190	20 520	23 520	15 524
940	960	1140	950	990
14,27	17,4	18,2	14	15
57,1–62,9[13]	69,6–74,8[13]	72,7–77,5[13]	48–55[13]	60–63[14]
57,1	69,6	34	28	60
100	130	80	100	90
1000/67	1252/80	500/53	400/60	800/53
900/73	1120/88	412/62	330/67	660/59
53,0	56	34,6	23,8	53,7
44	45,5	24,4	17,5	40
95	95	55	41	77,5
17,5	18	6,9	7,3	13,3
880/OF	1070/OF	480/OF	320/OS	720/OSU
NStus/28	HStus/25	EpnGS/12	NSW/13	EpnGS/15
1 ~ Rs/4	1 ~ Rs/4	1 ~ Rs/2	1 ~ Rs/2	1 ~ Rs/4
497	428,5	316	372	401
Sècheron Lamellen-antrieb	SSW-Gummiringfeder-antrieb	Eins. Tatzlagerantrieb	Eins. Tatzlagerantrieb	Eins. Tatzlagerantrieb
1:3,32	1:3,04	1:3,3	1:3,39	1:3,79
–	–	–	–	–
1962	1958	1929	1936	1936
BES/SGP Graz	Siemens/SGP Graz	ELIN/Krauss Linz	AEG/Waggonf. Simmering	ELIN, Siemens/WLF
EB 1962, S. 17	EB 1958, S. 237	EB 1930, S. 329	EuM 1936, S. 569	EuM 1936, S. 569

13) Gewicht leer–vollbesetzt
14) Gewicht leer–beladen

Wechselstrom-Triebfahrzeuge der normalspurigen Privatbahnen

Bezeichnung		EGl 25.051	EGl 25.052	ET 25.103 und 104
Bahnverwaltung		Lokalbahn Lambach–Haag (LH)		Lokalbahn Lambach–Haag
frühere Bezeichnung		–	–	ÖBB 4855.001 und 002
Stromsystem		15 kV/16⅔ Hz bzw. 800 V=		15 kV/16⅔ Hz bzw. 800 V=
Achsfolge		1A (Eigenfahrt nur Verschub)		Bo'2'
Gesamtachsstand	mm	4500	4500	18900
Länge ü. P.	mm	9320	10000	24340
Treibrad-/Laufraddurchmesser	mm	990	950	950
größte Achslast	t	10,5	10	17,5
Dienstgewicht	t	21	20	58
Reibungsgewicht	t	10,5	10	35
Höchstgeschwindigkeit	km/h	Schleppfahrt 50 km/h		120 bzw. 80 km/h
Stundenleistung bei Geschwindigkeit		44/16,3[1]	50/20,5[1]	480/61 für 15 kV/16⅔ Hz
Dauerleistung bei Geschwindigkeit		–[1]	–[1]	240/30 für 800 V=
Stundenzugkraft	kN	10[1]	9[1]	30
Dauerzugkraft	kN	–	–	?
Anfahrzugkraft	kN	?	?	54 (bis 46 bzw. 23 km/h)
Spezif. Leistungszf.	kW/t	2,2[1]	2,4[1]	8,3
Trafodauerleistung/Kühlart		150/OS[2]	150/OS[2]	525/OFA
Steuerung/Stufenzahl		Direktkontroller f. Verschub		NStus/27
Fahrmotoren/Stückzahl		GR/1	GR/1	GR/2
maximale Motorspannung		800 V=	800 V=	800 V=
Antrieb		Tatzlager	Tatzlager	Tatzlager
Übersetzung		?	?	1:4,25
Elektrische Bremse		Gleichstrom-Widerstand	Gleichstrom-Widerstand	Gleichstr.-Widerstand 600 kW
Inbetriebnahme		1950	1952	1989
Ursprungsbaujahr				
Platzangebot I./II. Kl.				0/64 + 4
Hersteller mech./elektr. Teil		U St&H Vorchdorf/EBG Linz		BRW Wien/ELIN Wien
Literatur		EuM 1954, S. 18	EuM 1954, S. 18	SVa 1989, H. 10, S. 3

[1] Für Eigenfahrt Verschub.
[2] Speisung Triebfahrzeug.

V 43.321–332	ET 10.101	ET 10.103 und 10.104	ET 10.107	ET 13
GySEV/ROeEE	Montafonerbahn MBS	Montafonerbahn MBS	Montafonerbahn MBS	Steiermärkische Landesbahnen StLB
MÁV V 43.1321–1332	BEK ET 204	VT 63⁹ DB	Neuer Pendelzug SBB	SOB CFe bzw. BDe 4/4 No. 62
25 kV/50 Hz	15 kV/16⅔ Hz (bis 1972 800 V=)	15 kV/16⅔ Hz (ET 10.103 auch 800 V=)	15 kV/16⅔ Hz	15 kV/16⅔ Hz
B'B'	(1A)'(A1)'	Bo'2' bzw. Bo'Bo'[1]	Bo'Bo'	Bo'Bo'
11 400	12 950	17 650 bzw. 16 750[1]	19 400	18 800
15 700	18 470	22 080	25 000	23 040
1180	900	910 bzw. 950[1]	950	940
19,5	9	13 bzw. 14[1]	17,8	16
78,0	30/38	40 bzw. 42[1]	70/79	65
78,0	16	24 bzw. 42[1]	70/79	65
130	75	100 nominell/ÖBB 90	140	100
2220/41,0	185/33,5	300/35,3 bzw. 328/39,5[1]	1760/76	1268/60
2140/52,5	?	252/37,6 bzw. ?	1680/78	?
157	20,5	31 bzw. 30[1]	78	66
147	?	?	?	?
265	34	?	182	?
28,5	6,2	7,5 bzw. 7,8[1]	25	19,5
3150/OFA	–	310 kVA/OS	?/OFA	?/OFA
HStus/32	Direktkontr./19	NStus/28	Thyristor	EpnGS/20
GR/2	GR/2	GR/2 bzw. GR/4[1]	GF/4	1 ~ RS/4
1400 V=	800 V=	800 V=	1180 V=	?
Monomotor-Kardanring SFAC	Tatzlager	Tatzlager	BBC-Gummi	BBC-Federantrieb
1:2,5	1:4,05	1:6,6 bzw. 1:3,3[1]	1:3,52	?
–	Gleichstrom-Widerstand	–	Thyr. Nutzbr. 90 kN	Nutzbremse 20 Stufen
1987 (1963 MÁV)	1968/U 1972	1965 (10.103), 1974 (10.104)	1990 (SBB 1984)	1968
	1950	1935		1949
	0/68	8/56	0/56	0/48/3 t
Ganz MÁVAG/Ganz VM	Graaf Elze und AEG Berlin/Umbau MBS	Lindner/U. Fuchs Umbau AEG/MBS	Schindler Waggon/ABB	SWS/MFO/BBC/SAAS
El. B. 1966, S. 50 Ganz El. Rev. 1986, S. 3	MBM Nr. 6, S. 14	MBS-Broschüre 1965	SER 1984, S. 111 SER 1987, S. 87	SVa 1977, H. 5, S. 30

[1] nach Umrüstung auf zwei MD-Triebdrehgestelle ex KBE 1987.

Literatur

Zeitschriften (mit Abkürzungsbezeichnung)

Brown Boveri Mitteilungen (BBC-Mitt.), Verlag Ag, Brown, Boveri Cie., Baden (Schweiz)

Zeitschrift „Die Lokomotive", Wien

Eisenbahn, Bohmann Verlag, Wien

Eisenbahntechnik, Bohmann Verlag, Wien

Eisenbahntechnische Rundschau (ETR), Hestra Verlag, Darmstadt

Elektr. Kraftbetriebe und Bahnen (EKB), Vorgängerzeitschrift von „Elektrische Bahnen"

Elektrische Bahnen (EB), Oldenbourg Verlag, München

Elektrotechnik und Maschinenbau (EuM), Springer Verlag, Wien

ELIN Zeitschrift, Eigenverlag, Wien

Schienenverkehr aktuell (SVa), Spurkranz-Verlag, Wien

Schweizer Eisenbahn-Revue (SER), Minirex-Verlag, Luzern

Technische Rundschau (TR), Verlag Hallwag, Bern

Österr. Ingenieurzeitschrift (ÖIZ), Springer Verlag, Wien

ZEV Glasers Annalen (GA), Georg Siemens Verlag, Berlin

Sonstige Quellen (Bücher, Broschüren usw.)

Bäzold, Fiebig: Elektrische Lokomotiven deutscher Eisenbahnen, 1984, transpress VEB Verlag, Berlin

Griebl, Slezak und Sternhart: BBÖ Lokomotiv-Chronik 1923–1938, 1985, Verlag Slezak, Wien

Horn, Rank und Schuh: Die Wiener Schnellbahn und ihre Fahrzeuge, 1976, Bohmann Verlag, Wien

Koci: 75 Jahre elektrische Eisenbahnen in Österreich, 1955, Verlag Ployer, Wien

Kraus: Grundlagen elektrischer Bahnen, 1986, Werner Verlag, Düsseldorf

Kraus: Mit der Schmalspurbahn nach Mariazell, 1986, Österreichischer Bundesverlag, Wien

ÖBB Handbuch 1987, Bohmann Verlag, Wien

Rotter: Elektrische Triebfahrzeuge, die elektrischen Triebfahrzeuge der ÖBB, 1987, ÖBB Eigenverlag

Sachs: Elektrische Triebfahrzeuge, 1973, Springer Verlag, Wien–New York

Saurau: Die Entwicklung der elektrischen Lokomotiven und Motorwagen, 1927, Neuer Akad. Verlag, Leipzig–Wien

Schröpfer: Triebfahrzeuge österreichischer Eisenbahnen, Dampflokomotiven BBÖ und ÖBB, 1989, Alba Publikation, Düsseldorf

Seefehlner: Elektrische Zugförderung, 1924, Springer Verlag, Wien

Slezak: Die Lokomotiven der Republik Österreich, 1983, Verlag Slezak, Wien

Stockklausner: Die Wiener Lokomotivfabrik Floridsdorf, 1982, Eisenbahn-Kurier Verlag, Freiburg

Stockklausner: Wechselstromlokomotiven in Österreich und Deutschland, Bd. 1, 1983, Verlag Slezak, Wien

Strecker, Teich und Körber: Drehstromantriebstechnik für Schienenfahrzeuge, 1978, BBC Druckschr. DVK 80236D, Mannheim

Zipp: Elektrische Vollbahnlokomotiven für einphasigen Wechselstrom, 1917, Verlag Leiner, Leipzig

Eisenbahn-Fahrzeug-Archiv

Eine umfassende Dokumentation deutscher Eisenbahn-Fahrzeuge

In der Reihe „Eisenbahn-Fahrzeug-Archiv" sind bereits erschienen:

Weisbrod/Müller/Petznick
Dampflokomotiven deutscher Eisenbahnen
1.1 *Baureihe 01—39*
274 Seiten, 221 Abbildungen, DM 32,—
1.2 *Baureihe 41—59*
224 Seiten, 172 Abbildungen, DM 32,—
1.3 *Baureihe 60—96*
260 Seiten, 187 Abbildungen, DM 32,—
1.4 *Baureihe 97—99*
216 Seiten, 198 Abbildungen, DM 32,—

Näbrich/Preuß/Meyer
Lokomotiven sächsischer Eisenbahnen
2.1 *Schnellzug- und Personenzuglokomotiven*
2.2 *Güterzug- und Tenderlokomotiven, Triebwagen*
zusammen 432 Seiten, 589 Abbildungen, DM 60,—

Wagner/Bäzold/Zschech/Lüderitz
Lokomotiven preußischer Eisenbahnen
2.3.1. *Schnellzug- und Personenzuglokomotiven*
332 Seiten, 227 Abbildungen, DM 46,—
2.3.2. *Güterzuglokomotiven*
212 Seiten, 114 Abbildungen, DM 36,—

H. Schnabel
2.5 **Lokomotiven bayerischer Eisenbahnen**
400 Seiten, 426 Abbildungen, DM 42,—

Lohr/Thielmann
2.6 **Lokomotiven württembergischer Eisenbahnen**
172 Seiten, 186 Abbildungen, DM 28,—

Lohr/Thielmann
2.7 **Lokomotiven badischer Eisenbahnen**
198 Seiten, 212 Abbildungen, DM 28,—

Kirsche/Lohr/Thielmann
2.8 **Lokomotiven mecklenburgischer und oldenburgischer Eisenbahnen**
192 Seiten, 161 Abbildungen, DM 28,—

W. Glatte
3 **Diesellokomotiven deutscher Eisenbahnen**
296 Seiten, 224 Abbildungen, DM 32,—

Bäzold/Fiebig
4 **Elektrische Lokomotiven deutscher Eisenbahnen**
z. Zt. vergriffen, Neuauflage in Vorbereitung

R. Zschech
Triebwagen deutscher Eisenbahnen
5.1 *ETA und ET*
304 Seiten, 209 Abbildungen, DM 36,—
5.2 *VT und DT*
312 Seiten, 166 Abbildungen, DM 36,—

Wagner/Wagner/Deppmeyer
Reisezugwagen deutscher Eisenbahnen
6.1 *Länderbahnen und DRG*
264 Seiten, 286 Abbildungen, DM 32,—
6.2 *DB und DR*
296 Seiten, 278 Abbildungen, DM 32,—

Theurich/Deppmeyer
Reisezugwagen deutscher Eisenbahnen
6.3 *Speise-, Schlaf- und Salonwagen*
304 Seiten, 384 Abbildungen, DM 32,—

Behrends/Henschel/Wiedau
Güterwagen deutscher Eisenbahnen
7.1 *Länderbahnen und Deutsche Reichsbahn-Gesellschaft*
288 Seiten, 393 Abbildungen, DM 36,—
7.2 *Deutsche Bundesbahn und Deutsche Reichsbahn*
288 Seiten, 412 Abbildungen, DM 36,—

H. Schröpfer
A. 1 **Triebfahrzeuge österreichischer Eisenbahnen**
Dampflokomotiven BBÖ und ÖBB
288 Seiten, 212 Abbildungen, DM 42,—

Die Reihe wird fortgesetzt